微积分学

（下册）

（第二版）

唐志丰　莫国良　吴明华　主编

ZHEJIANG UNIVERSITY PRESS
浙江大学出版社

图书在版编目(CIP)数据

微积分学. 下册/唐志丰,莫国良,吴明华主编. —杭州:浙江大学出版社,2010.1(2015.7重印)
应用型本科规划教材. 数学
ISBN 978-7-308-07323-3

Ⅰ.微… Ⅱ.①唐… ②莫… ③吴… Ⅲ.微积分—高等学校—教材 Ⅳ.O172

中国版本图书馆CIP数据核字(2010)第008812号

内 容 简 介

本书是按照教育部"高等教育面向21世纪教学内容和课程体系改革计划"的基本精神,为独立学院高等数学课程而编写的教材。

全书分上下两册,主要内容包括:一元函数微积分、无穷级数、常微分方程、向量代数与空间解析几何、多元函数微积分。

本书可作为独立学院理、工、经、管、医类等专业高等数学课程教材,也可作为其他本科院校高等数学课程的选用教材。

微积分学(下册)(第二版)
唐志丰　莫国良　吴明华　主编

责任编辑　徐素君
封面设计　刘依群
出版发行　浙江大学出版社
(杭州市天目山路148号　邮政编码310007)
(网址:http://www.zjupress.com)
排　　版　杭州中大图文设计有限公司
印　　刷　杭州丰源印刷有限公司
开　　本　787mm×1092mm　1/16
印　　张　13.5
字　　数　340千
版 印 次　2013年2月第2版　2015年7月第5次印刷
书　　号　ISBN 978-7-308-07323-3
定　　价　26.00元

前　言

在全球经济一体化与科学技术快速发展的国际环境中，世界各国都竞相制定人才开发战略，大力发展高等教育，努力提高人力资本水平，中国独立学院的快速兴起就是新一轮高等教育发展的历史性选择；但独立学院的发展同时也要求与之相关联的各方面都要协调配套地发展，这其中教材建设就是相当重要的一环。

微积分是人类智力创造的最大成就之一，它有两方面巨大的功能。其一，它是解决数学物理、经济社会、工程与生物科学等领域中各种复杂问题的强有力的方法论工具。其二，它是锻炼与培养人类严密精确思维、逻辑抽象思维与几何直观思维的卓有成效的手段。正因为这样，普通高校的理工科系甚至文科系一般都在一年级开设微积分课程。

中国目前面向本科生的微积分教材林林总总，为数不少。但专门面向独立学院的微积分教材尚不多见。据查，现有独立学院在用的微积分教材大多采用国内流行的一般普通高校的微积分教材。

这些普通高校微积分教材大致可分为两大类：面向理工科类的与面向经管类的。面向理工科类的微积分教材较之面向经管类的微积分教材内容要多一些，全一些。比如大多数面向理工科类的微积分教材都包括场论初步，多元函数中的格林公式、高斯公式、斯托克斯公式，富里埃级数，二阶常系数微分方程的解等；而面向经管类的微积分教材则可能不涉及上述诸内容。此外，面向理工科类的微积分教材往往对 ε-δ 采用语言叙述极限理论，而面向经管类的微积分教材往往仅仅从数值的或直观的几何意义上来描述极限理论。

这类教材由于没有考虑独立学院学生的特点，也没有考虑独立学院的培养目标，因此内容往往叙述得较繁琐，习题的难易编配得不清晰，技巧大的问题没有很好地作分解。因此出版面向独立学院的、符合独立学院学生特点的微积分教材是非常有必要的。

浙江大学城市学院十分重视微积分教材的编写工作，先后两次投入资金，组织力量编写适合城市学院教学实际的微积分教材。第一次是2002年资助吴迪光、张彬两教授编写《高等数学教程》，该教程作为微积分(A)的教材一直使用至2007年。第二次是2003年资助莫国良、唐志丰两教师编写《微积分学教程》，该教材在试用一年后，由浙江大学出版社正式出版，它作为微积分(B)的教材一直应用至今。

该教材的主要特色是将微积分学相对直观的核心内容安排在第一、二学期进行学习，并冠以"直观微积分"的名称，而将繁难的部分放在第三学期让学生选修，并冠以"理性微积分"的名称。学生在学完了直观微积分部分内容后，将不影响后继课程的学习。实践表明，这种改革对独立学院的学生有较大的适应性，从几年使用的情况看，该教材在内容的选择与难易的取舍上比较适合独立学院学生的特点，师生反应较好。

但《微积分学教程》的内容与独立学院的教学管理还是存在一定的距离，主要表现在：一是该教材只适合于选学微积分(B)的学生，而选学微积分(A)的学生则需另选教材；二是重积分部内容的叙述还是嫌繁琐。此次新版，我们作了如下调整与改写：

一、本教材包含直观微积分与理性微积分两个体系,在主要章节中,其内容按一定次序编排,比如在极限与连续这一章,我们将先叙述极限的直观定义,然后再叙述极限的理性定义并叙述其各种性质(采用不同字体)。教师可以根据学生的水平与教学要求作一定的选择,比如,对经管类的学生,教师可以按直观微积分体系进行教学,对理工类的学生,教师既可按理性微积分体系进行教学,也可按直观微积分体系进行教学(根据教学要求而定),带*号的作为选讲内容。这样,不同层次、不同要求的学生均可使用该教材。

二、在内容编排上进行了模块化设计,教师可以按不同专业要求进行模块选择。以多元函数积分学为例,经管类专业只需选择二重积分模块,理工类专业另加三重积分、曲线曲面积分两个模块。这样不同专业的学生(不管是理工类的学生还是经管类的学生)都可使用该教材。

三、重新编写了多元函数积分学部分。多元函数积分学部分对学生来说,一直是个难点,叙述得过分繁琐,对学生的学习十分不利。此版中,我们对该部分内容重新编写,力求简洁、明了,适合教师的教学与学生的学习。

本教材上册执笔人员:莫国良、唐志丰,其中第一章、第二章、第六章、第七章由莫国良执笔;第三章、第四章、第五章由唐志丰执笔。本教材下册执笔人员:唐志丰、莫国良、吴明华,其中第八章、第九章由唐志丰执笔;第十章由莫国良执笔;第十一章、第十二章、第十三章、第十四章由吴明华执笔。吴明华对全书进行了审阅。

真诚地感谢徐素君女士,她作为本书的责任编辑,在成书的过程中,始终给予了热忱的支持与帮助。

要感谢试用本教材初稿的各位任课教师,他们不仅在初稿试用之前花费了许多时间进行错误甄别,还在使用过程中不断地将错误加以纠正,并提出了许多宝贵意见。

我们还要感谢浙江大学城市学院的院领导与教务部的领导,没有他们的支持与关心,这项工作是不可能完成的。

由于成书仓促,诚盼有关专家、各校同行与广大读者给予批评指正,编者在此谨致谢意。

编　者

2009 年 7 月

目　录

第八章 常微分方程初步

她出生时十分弱小，
但每个时刻都在长大。
她在大地上蔓延，
并震撼着周围的世界。
（这段话被公元3世纪一位主教用来形容数学的发展。）
引自荷马史诗《伊利亚特》

函数是客观事物内部联系的反映，利用函数联系可以对客观事物的规律性进行研究．因此寻找变量之间的函数关系对解决实际问题有着重要的作用．但在不少问题中，这种函数关系有时却不能直接找出，而往往只能先得到含有未知函数及其导数（或微分）的关系式，即微分方程，然后通过求解这种方程，求得变量之间的函数关系．

现实世界中，许多实际问题都可抽象为微分方程问题．例如，物体温度的变化，种群个体数量的变化，化学反应中元素含量的改变，电磁波的传播等等，都可归结为微分方程问题．

微分方程是一门独立的数学学科，有完整的理论体系，但我们只介绍微分方程的初步知识．本章先介绍微分的基本概念，再研究一些微分方程及其解法，然后列举若干来自微分方程模型的例子，以了解微分方程的广泛应用，最后介绍差分方程的一些基本概念及简单应用．

第一节 微分方程的概念

我们已经知道，函数的导数即为函数的瞬时变化率．在许多实际问题中，反映某一现象变化规律的未知函数及其变化率往往满足一定的约束条件．先看下面两个例子．

【例 1】 已知某一曲线上各点处的切线斜率与该点横坐标的平方之差为2，且曲线经过点$(0,1)$，求此曲线方程．

解 设曲线方程为$y=f(x)$，根据题意，未知函数y及其变化率$\frac{dy}{dx}$满足约束条件

$$\frac{dy}{dx}-x^2=2,$$

对此式进行移项得

$$\frac{\mathrm{d}y}{\mathrm{d}x}=x^2+2,$$

由不定积分的定义可得

$$y=\int(x^2+2)\mathrm{d}x=\frac{1}{3}x^3+2x+C,$$

因曲线经过(0,1)点,所以 $y\Big|_{x=0}=1$,代入 $y=\frac{1}{3}x^3+2x+C$ 即得 $C=1$,从而求得

$$f(x)=\frac{1}{3}x^3+2x+1.$$

【例 2】 实验表明,物体在自由下落过程中受到的空气阻力与物体下落的速度成正比.假设物体开始下落时初速度为零,求物体在开始下落 t 秒后的瞬时速度 $v(t)$.

解 设空气阻力与物体下落的速度的比例系数为 k,则作用在此物体上的合力

$$F=mg-kv(t),$$

由牛顿第二定理得

$$mg-kv(t)=ma,$$

而瞬时加速度 a 就是 $v(t)$ 的瞬时变化率,即

$$a=\frac{\mathrm{d}v(t)}{\mathrm{d}t},$$

由此可得未知函数 $v(t)$ 及其变化率 $\frac{\mathrm{d}v(t)}{\mathrm{d}t}$ 满足约束条件

$$mg-kv(t)=m\frac{\mathrm{d}v(t)}{\mathrm{d}t},$$

即

$$m\frac{\mathrm{d}v(t)}{\mathrm{d}t}+kv(t)=mg,$$

且

$$v(0)=0.$$

此问题中 $v(t)$ 的求解方法,将在下一节中给出.

一般地,含有未知函数导数(或微分)的方程称为**微分方程**.未知函数是一元函数的微分方程称为**常微分方程**,未知函数是多元函数的微分方程称为**偏微分方程**.本章只讨论常微分方程(简称为微分方程)的情形.

微分方程中未知函数导数的最高阶数称为该微分方程的**阶**.例如

$y'-xy=x^2$,$x\frac{\mathrm{d}y}{\mathrm{d}x}+y^2=3$ 是一阶微分方程;

$y''-3y'+4y=\mathrm{e}^x$,$\frac{\mathrm{d}^2y}{\mathrm{d}x^2}-xy=0$ 是二阶微分方程.

n 阶微分方程的一般形式可写成 $F(x,y,y',y'',\cdots,y^{(n)})=0$,此处 x 是自变量,y 是未知函数,$y',y'',\cdots,y^{(n)}$ 依次是未知函数的一阶,二阶,…,n 阶导数.

若微分方程是未知函数及其各阶导数的一次方程,则称此微分方程是**线性的**;否则称为**非线性的**.例如

$y'-xy=x^2$,$y''-3y'+4y=\mathrm{e}^x$ 都是线性的;而 $x\frac{\mathrm{d}y}{\mathrm{d}x}+y^2=3$ 及 $y'y=1$ 都是非线

性的.

若函数 $y=f(x)$ 满足微分方程 $F(x,y,y',y'',\cdots,y^{(n)})$，即

$$F(x,f(x),f'(x),f''(x),\cdots,f^{(n)}(x))=0,$$

则称函数 $y=f(x)$ 是微分方程 $F(x,y,y',y'',\cdots,y^{(n)})=0$ 的**解**. 微分方程的解可以是显函数，也可以是隐函数.

【例 3】 验证 $y=C_1\mathrm{e}^{2x}+C_2\mathrm{e}^{-x}$ 是二阶微分方程 $y''-y'-2y=0$ 的解.

证明

$$y=C_1\mathrm{e}^{2x}+C_2\mathrm{e}^{-x},$$

$$y'=2C_1\mathrm{e}^{2x}-C_2\mathrm{e}^{-x},$$

$$y''=4C_1\mathrm{e}^{2x}+C_2\mathrm{e}^{-x}.$$

将以上三式代入微分方程左边，得

$$y''-y'-2y=4C_1\mathrm{e}^{2x}+C_2\mathrm{e}^{-x}-(2C_1\mathrm{e}^{2x}-C_2\mathrm{e}^{-x})-2(C_1\mathrm{e}^{2x}+C_2\mathrm{e}^{-x})=0,$$

即 $y=C_1\mathrm{e}^{2x}+C_2\mathrm{e}^{-x}$ 满足方程 $y''-y'-2y=0$，因此 $y=C_1\mathrm{e}^{2x}+C_2\mathrm{e}^{-x}$ 是微分方程 $y''-y'-2y=0$ 的解. □

例 3 中，微分方程 $y''-y'-2y=0$ 的解 $y=C_1\mathrm{e}^{2x}+C_2\mathrm{e}^{-x}$ 含有两个独立的(即不可合并的)任意常数 C_1 和 C_2，当它们分别取不同的值时，就得到不同的解.

如果微分方程的解包含任意常数，且独立的任意常数个数与微分方程的阶数相同，那么此解称为微分方程的**通解**. 在通解中，当任意常数取确定的值时，相应得到的解称为微分方程的**特解**. 因此，特解中不再包含任意常数.

例 1 中，$y=\frac{1}{3}x^3+2x+C$ 即是 $\frac{\mathrm{d}y}{\mathrm{d}x}-x^2=2$ 的通解；$y=\frac{1}{3}x^3+2x+1$ 则是 $\frac{\mathrm{d}y}{\mathrm{d}x}-x^2=2$ 的一个特解.

例 3 中，$y=C_1\mathrm{e}^{2x}+C_2\mathrm{e}^{-x}$ 即是微分方程 $y''-y'-2y=0$ 的通解；而 $y=2\mathrm{e}^{2x}-\mathrm{e}^{-x}$ 则是一个特解.

如果给定一定的附加条件，则可由微分方程的通解得到相应的特解，称这样的附加条件为**初始条件**(也称**定解条件**). 如例 1 中的 $y\big|_{x=0}=1$，例 2 中的 $v(0)=0$ 都是初始条件. 由于 n 阶微分方程的通解中含有 n 个独立的任意常数，因此，n 阶微分方程的初始条件中往往需含有 n 个独立的条件，才能确定一个特解. 带有初始条件的常微分方程称为常微分方程的**初值问题**.

【例 4】 求微分方程初值问题 $\begin{cases}y''-y'-2y=0,\\ y\big|_{x=0}=0,y'\big|_{x=0}=3\end{cases}$ 的解.

解 从例 3 知 $y=C_1\mathrm{e}^{2x}+C_2\mathrm{e}^{-x}$ 是微分方程 $y''-y'-2y=0$ 的通解，则

$$y'=2C_1\mathrm{e}^{2x}-C_2\mathrm{e}^{-x},$$

由初始条件 $y\big|_{x=0}=0,y'\big|_{x=0}=3$ 得

$$\begin{cases}C_1+C_2=0,\\ 2C_1-C_2=3.\end{cases}$$

因此有

$$C_1=1,C_2=-1,$$

即得满足初始条件的特解为

$$y=\mathrm{e}^{2x}-\mathrm{e}^{-x}.$$

微分方程特解的图形是一条曲线,称此曲线为该方程的**积分曲线**.而通解的图形在几何上则表示**积分曲线族**.

第二节 一阶微分方程

一、可分离变量的微分方程

形如

$$\frac{dy}{dx} = f(x)g(y) \tag{8.1}$$

的微分方程称为**可分离变量的微分方程**.当 $g(y) \neq 0$ 时,此方程可化成

$$\frac{1}{g(y)}dy = f(x)dx. \tag{8.2}$$

(8.2) 式的左边只包含变量 y,而右边只包含变量 x,对变量进行了分离,两边同时积分,就可求出通解.

【例 1】 求微分方程$\frac{dy}{dx} = 3x^2y$ 的通解.

解 当 $y \neq 0$ 时,分离变量得

$$\frac{1}{y}dy = 3x^2dx,$$

两边积分
$$\int \frac{1}{y}dy = \int 3x^2dx,$$

得
$$\ln|y| = x^3 + C_1,$$

即
$$y = \pm e^{x^3+C_1} = \pm e^{C_1} \cdot e^{x^3},\text{其中 } C_1 \text{ 是任意常数}.$$

记 $C = \pm e^{C_1}$,则 C 是不等于零的任意常数,故当 $y \neq 0$ 时通解可写成

$$y = Ce^{x^3}.$$

当 $y = 0$ 时,常数函数 $y = 0$ 也满足微分方程$\frac{dy}{dx} = 3x^2y$,即常数函数 $y = 0$ 也是微分方程$\frac{dy}{dx} = 3x^2y$ 的解.式 $y = Ce^{x^3}$ 中,若取 $C = 0$,则包含了 $y = 0$ 这一特解.

综合 $y \neq 0$ 与 $y = 0$ 两种情形,微分方程$\frac{dy}{dx} = 3x^2y$ 的通解可写成

$$y = Ce^{x^3},$$

其中 C 是任意常数.

从本例可见,在解微分方程过程中,当两边同除某一式子时,需要注意除式不能等于零.而当除式等于零时,常需单独分析求解,但此时求得的特解往往又包含在通解之中.

【例 2】 求$(1 + x^2)ydy - xdx = 0$ 满足初始条件 $y\big|_{x=0} = 1$ 的特解.

解 将微分方程移项分离变量得

$$ydy = \frac{x}{1 + x^2}dx,$$

两边积分

$$\int y\mathrm{d}y = \int \frac{x}{1+x^2}\mathrm{d}x,$$

得通解

$$y^2 = \ln(1+x^2)+C,$$

即

$$y = \pm\sqrt{\ln(1+x^2)+C}.$$

由初始条件 $y\Big|_{x=0}=1$，得上式只能取正号，且 $1=\sqrt{\ln 1+C}$，即 $C=1$. 因此，满足初始条件 $y\Big|_{x=0}=1$ 的特解为

$$y = \sqrt{\ln(1+x^2)+1}.$$

二、齐次型微分方程

形如

$$\frac{\mathrm{d}y}{\mathrm{d}x} = \varphi\left(\frac{y}{x}\right) \tag{8.3}$$

的微分方程称为**齐次型微分方程**.

为了解齐次型方程(8.3)，可令 $\frac{y}{x}=u$，即 $y=ux$，代入(8.3)得

$$\frac{\mathrm{d}(ux)}{\mathrm{d}x} = \varphi(u),$$

$$u + x\frac{\mathrm{d}u}{\mathrm{d}x} = \varphi(u),$$

分离变量后得

$$\frac{\mathrm{d}u}{\varphi(u)-u} = \frac{\mathrm{d}x}{x},$$

对上式两边积分后，再用 $u=\frac{y}{x}$ 回代即可得到原齐次型微分方程的通解.

【例 3】　求微分方程 $(x^2+xy)\mathrm{d}y - y^2\mathrm{d}x = 0$ 的通解.

解　原方程即为

$$\frac{\mathrm{d}y}{\mathrm{d}x} = \frac{y^2}{xy+x^2},$$

即

$$\frac{\mathrm{d}y}{\mathrm{d}x} = \frac{\left(\frac{y}{x}\right)^2}{\left(\frac{y}{x}\right)+1}$$

此方程为齐次型微分方程，令 $\frac{y}{x}=u$，即 $y=ux$.

当 $u\neq 0$ 时，代入化简可得

$$\left(1+\frac{1}{u}\right)\mathrm{d}u = -\frac{\mathrm{d}x}{x},$$

两边积分得

$$u + \ln|u| = -\ln|x| + C_1,$$

即

$$\ln|ux| = -u + C_1,$$

从而有 $ux = \pm e^{C_1}e^{-u}$，记 $C = \pm e^{C_1}$，并用 $u = \frac{y}{x}$ 回代即得

$$y = Ce^{-\frac{y}{x}},$$

其中 C 是非零的任意常数.

当 $u = 0$ 时，这时 $y = 0$ 也是方程的解，它可从上式中取 $C = 0$ 得到. 因此微分方程的通解为

$$y = Ce^{-\frac{y}{x}}.$$

除齐次型微分方程可化为可分离变量微分方程外，有许多其他类型的方程，经过适当的变量代换后也可化为可分离变量的微分方程. 代换的方法常常根据方程的不同而不同，而没有一定的规律可循.

【例 4】 解初值问题 $\begin{cases} \frac{dy}{dx} = (x+y)^2, \\ y\Big|_{x=0} = 1. \end{cases}$

解 微分方程 $\frac{dy}{dx} = (x+y)^2$ 既不是齐次型微分方程，也不是可分离变量的微分方程. 作变换 $u = y + x$，即 $y = u - x$ 代入微分方程得

$$\frac{d(u-x)}{dx} = u^2,$$

即

$$\frac{du}{dx} = u^2 + 1,$$

分离变量后再两边积分

$$\int \frac{du}{u^2+1} = \int dx,$$

得

$$\arctan u = x + C,$$

用 $u = y + x$ 回代即得通解 $\arctan(x+y) = x + C$，

由初始条件 $y\Big|_{x=0} = 1$，得 $C = \frac{\pi}{4}$，因此初值问题的解为

$$\arctan(x+y) = x + \frac{\pi}{4}.$$

三、一阶线性微分方程

形如

$$y' + p(x)y = q(x) \tag{8.4}$$

的微分方程称为一阶线性微分方程. $q(x)$ 称为**自由项**，当 $q(x) \equiv 0$ 时，称方程(8.4)是**齐次的**；相应地，若 $q(x)$ 不恒等于 0，则称方程(8.4)是**非齐次的**. 有时，我们也称

$$y' + p(x)y = 0 \tag{8.5}$$

为非齐次线性方程(8.4)对应的**齐次线性方程**. 注意，这里所说的齐次线性方程与以前所述的形如 $\frac{dy}{dx} = \varphi\left(\frac{y}{x}\right)$ 的齐次型微分方程是两个完全不同的概念，读者需要加以区分.

1. 一阶齐次线性方程的通解

对于齐次线性方程(8.5)，可采用分离变量法求其通解.

当 $y \neq 0$ 时,方程(8.5) 分离变量得

$$\frac{\mathrm{d}y}{y} = -p(x)\mathrm{d}x,$$

两边积分
$$\int \frac{\mathrm{d}y}{y} = \int -p(x)\mathrm{d}x,$$

得
$$\ln|y| = -\int p(x)\mathrm{d}x + C_1,$$

即
$$y = C\mathrm{e}^{-\int p(x)\mathrm{d}x}, \tag{8.6}$$

其中 $C = \pm\mathrm{e}^{C_1}$ 为不等于 0 的任意常数.

当 $y = 0$ 时,这时 $y = 0$ 也是方程(8.5) 的解,它可从(8.6) 式中取 $C = 0$ 得到. 因此,当(8.6) 式中 C 取任意常数时,它就是方程(8.5) 的通解.

2. 一阶非齐次线性方程的通解

对于非齐次线性方程(8.4),一般难以直接采用分离变量法求得通解. 将方程(8.4) 改写为

$$\frac{\mathrm{d}y}{y} = \frac{q(x)}{y}\mathrm{d}x - p(x)\mathrm{d}x,$$

两边积分得
$$\ln|y| = \int \frac{q(x)}{y}\mathrm{d}x - \int p(x)\mathrm{d}x,$$

即
$$y = \pm\mathrm{e}^{\int \frac{q(x)}{y}\mathrm{d}x} \cdot \mathrm{e}^{-\int p(x)\mathrm{d}x},$$

记未知函数
$$\pm\mathrm{e}^{\int \frac{q(x)}{y}\mathrm{d}x} \equiv u(x),$$

上式变为

$$y = u(x)\mathrm{e}^{-\int p(x)\mathrm{d}x}. \tag{8.7}$$

由于 $u(x)$ 仍然是未知函数,因此(8.7) 式并未给出(8.4) 的通解. 然而(8.7) 式启发我们,方程(8.4) 的通解结构可能为对应的齐次方程(8.5) 的解 $\mathrm{e}^{-\int p(x)\mathrm{d}x}$ 乘以一个未知函数 $u(x)$. 或者说,只要将对应齐次方程的通解(8.6) 中的常数 C 替代成未知函数 $u(x)$,便得到非齐次线性方程(8.4) 的通解结构. 如果我们能设法求出未知函数 $u(x)$,由此也就求得了(8.4) 的解.

为了求出 $u(x)$,现将(8.7) 代入(8.4) 式:

$$[u(x)\mathrm{e}^{-\int p(x)\mathrm{d}x}]' + p(x)u(x)\mathrm{e}^{-\int p(x)\mathrm{d}x} = q(x),$$

即
$$u'(x)\mathrm{e}^{-\int p(x)\mathrm{d}x} + u(x)[\mathrm{e}^{-\int p(x)\mathrm{d}x}]' + p(x)u(x)\mathrm{e}^{-\int p(x)\mathrm{d}x} = q(x),$$

$$u'(x)\mathrm{e}^{-\int p(x)\mathrm{d}x} + u(x)\mathrm{e}^{-\int p(x)\mathrm{d}x}[-p(x)] + p(x)u(x)\mathrm{e}^{-\int p(x)\mathrm{d}x} = q(x),$$

得
$$u'(x)\mathrm{e}^{-\int p(x)\mathrm{d}x} = q(x),$$

于是有
$$u'(x) = q(x)\mathrm{e}^{\int p(x)\mathrm{d}x},$$

两边积分得
$$u(x) = \int q(x)\mathrm{e}^{\int p(x)\mathrm{d}x}\mathrm{d}x + C,$$

从而得到非齐次线性方程(8.4) 的通解为

$$y = e^{-\int p(x)dx}\left[\int q(x)e^{\int p(x)dx}dx + C\right]. \tag{8.8}$$

在解非齐次微分方程过程中，往往先求出对应的齐次方程的通解，再把此通解中的任意常数C改变为待定函数$u(x)$，代入相应的非齐次方程解得$u(x)$，从而得到非齐次方程的通解. 这种方法叫做**常数变易法**. 此方法具有一定的普遍性，对高阶线性微分方程及线性微分方程组也适用.

【例 5】 利用常数变易法求微分方程 $y' - \frac{1}{x+1}y = e^x(1+x)$ 的通解.

解 相应的齐次方程为

$$y' - \frac{1}{x+1}y = 0,$$

分离变量后即为

$$\frac{dy}{y} = \frac{1}{x+1}dx,$$

两边积分得

$$\ln|y| = \ln|x+1| + C_1,$$

由此得到齐次方程的通解

$$y = C(x+1).$$

令 $C = u(x)$，即设原方程的通解为 $y = u(x)(x+1)$，代入原方程，有

$$[u(x)(x+1)]' - \frac{1}{x+1}[u(x)(x+1)] = e^x(1+x),$$

求导并整理后得

$$u'(x) = e^x,$$

两边积分得

$$u(x) = e^x + C,$$

于是原方程的通解为

$$y = (x+1)(e^x + C).$$

也可用公式(8.8) 直接求一阶非齐次线性方程的通解.

【例 6】 解微分方程 $x\frac{dy}{dx} - 2y = x^3e^x$.

解 原方程可化为 $$\frac{dy}{dx} - \frac{2}{x}y = x^2e^x,$$

由公式(8.8) 得 $$y = e^{\int\frac{2}{x}dx}\left[\int x^2e^xe^{-\int\frac{2}{x}dx}dx + C\right] = e^{\ln x^2}\left(\int x^2e^xe^{-\ln x^2}dx + C\right)$$

$$= x^2\left(\int e^x dx + C\right) = x^2(e^x + C).$$

【例 7】 求解上一节例 2 中的初值问题$\begin{cases} m\dfrac{dv(t)}{dt} + kv(t) = mg, \\ v(0) = 0. \end{cases}$

解 方程即为 $$\frac{dv(t)}{dt} + \frac{k}{m}v(t) = g,$$

由公式(8.8) 得

$$v(t)=e^{-\int\frac{k}{m}dt}\left[\int g e^{\int\frac{k}{m}dt}dt+C\right]=e^{-\frac{k}{m}t}\left[\int g e^{\frac{k}{m}t}dt+C\right]=Ce^{-\frac{k}{m}t}+\frac{mg}{k},$$

将初始条件 $v(0)=0$ 代入上式得　$C=-\frac{mg}{k}$,

因此物体在开始下落 t 秒后的即时速度 $v(t)$ 为

$$v(t)=\frac{mg}{k}(1-e^{-\frac{k}{m}t}).$$

【例 8】　解微分方程 $\frac{dy}{dx}+\frac{1}{x}y=\frac{1}{2}\sqrt{x}y^2$.

解　此方程虽然是一阶的，却不是线性方程，但可通过变量代换化为线性方程求解.两边同除 y^2，得

$$\frac{1}{y^2}\frac{dy}{dx}+\frac{1}{y}\cdot\frac{1}{x}=\frac{1}{2}\sqrt{x},$$

即
$$-\frac{d\left(\frac{1}{y}\right)}{dx}+\frac{1}{x}\left(\frac{1}{y}\right)=\frac{1}{2}\sqrt{x},$$

令 $u=\frac{1}{y}$，则得
$$\frac{du}{dx}-\frac{1}{x}u=-\frac{1}{2}\sqrt{x},$$

由公式(8.8)得

$$u=e^{\int\frac{1}{x}dx}\left[\int\left(-\frac{1}{2}\sqrt{x}e^{-\int\frac{1}{x}dx}\right)dx+C\right]=x\left[\int\left(-\frac{1}{2\sqrt{x}}\right)dx+C\right]$$
$$=x(-\sqrt{x}+C)=-x\sqrt{x}+Cx,$$

所以原方程通解为
$$y=\frac{1}{-x\sqrt{x}+Cx}.$$

一般地，形如

$$\frac{dy}{dx}+p(x)y=q(x)y^{\alpha}(\alpha\neq 0,1)$$

的方程称为**贝努里(Bernoulli)方程**.将此方程两边同除 y^{α}，得

$$\frac{1}{y^{\alpha}}\frac{dy}{dx}+\frac{1}{y^{\alpha-1}}p(x)=q(x),$$

令 $u=y^{1-\alpha}$，得
$$\frac{1}{1-\alpha}\frac{du}{dx}+p(x)u=q(x),$$

即可化为一阶非齐次线性方程进行求解.

第三节　可降阶的二阶微分方程

实际问题中，不但会遇到一阶微分方程，还常会碰到高阶微分方程的情形，本节只讨论几类特殊的可降阶的二阶微分方程.

一、$y''=f(x)$ 型

此类方程令 $y'=p$，原方程可化为一阶方程

$$p'=f(x),$$

两边积分得
$$p=\int f(x)\mathrm{d}x+C_1,$$
即
$$y'=\int f(x)\mathrm{d}x+C_1,$$
然后再次积分得到通解
$$y=\int\left(\int f(x)\mathrm{d}x\right)\mathrm{d}x+C_1x+C_2,$$
其中 C_1,C_2 为任意常数.

【例 1】 求微分方程通解 $y''=\dfrac{x}{x^2+1}$.

解 令 $y'=p$,原方程即化为
$$p'=\frac{x}{x^2+1},$$
两边积分得
$$p=\int\frac{x}{x^2+1}\mathrm{d}x+C_1=\frac{1}{2}\ln(1+x^2)+C_1,$$
即
$$y'=\int\frac{x}{x^2+1}\mathrm{d}x+C_1=\frac{1}{2}\ln(1+x^2)+C_1,$$
再次积分得到通解
$$\begin{aligned}y&=\frac{1}{2}\int\ln(1+x^2)\mathrm{d}x+C_1x+C_2=\frac{1}{2}x\ln(1+x^2)-\int\frac{x^2}{1+x^2}\mathrm{d}x+C_1x+C_2\\&=\frac{1}{2}x\ln(1+x^2)-(x-\arctan x)+C_1x+C_2\\&=\frac{1}{2}x\ln(1+x^2)+\arctan x+(C_1-1)x+C_2\\&=\frac{1}{2}x\ln(1+x^2)+\arctan x+C_1x+C_2,\end{aligned}$$
其中由于 C_1 是任意常数,因此 C_1-1 仍可记为 C_1.

二、$F(x,y',y'')=0$ 型

这类方程包含 y 不明显,作变换 $p=y'$ 后,$y''=p'$,方程可化为关于 p 的一阶方程 $F(x,p,p')=0$.若由 $F(x,p,p')=0$ 解得 p,则对 $y'=p$ 两边积分即可得到原方程的通解.

【例 2】 求微分方程 $y''+\dfrac{2y'}{x}-3=0$ 的通解.

解 令 $p=y'$,原方程化为
$$p'+\frac{2p}{x}=3,$$
利用公式(8.8)得
$$p=\mathrm{e}^{-\int\frac{2}{x}\mathrm{d}x}\left(\int 3\mathrm{e}^{\int\frac{2}{x}\mathrm{d}x}\mathrm{d}x+C_1\right)=\frac{1}{x^2}\left(\int 3x^2\mathrm{d}x+C_1\right)=x+\frac{C_1}{x^2},$$
即
$$y'=x+\frac{C_1}{x^2},$$
两边积分得
$$y=\int\left(x+\frac{C_1}{x^2}\right)\mathrm{d}x=\frac{1}{2}x^2-\frac{C_1}{x}+C_2,$$
因此通解为
$$y=\frac{1}{2}x^2-\frac{C_1}{x}+C_2.$$

【例 3】 求解悬链线初值问题 $\begin{cases} y'' = \dfrac{1}{a}\sqrt{1+y'^2}, \\ y(0) = a, y'(0) = 0. \end{cases}$

解 令 $p = y'$,方程可化为 $p' = \dfrac{1}{a}\sqrt{1+p^2}$,分离变量得

$$\frac{\mathrm{d}p}{\sqrt{1+p^2}} = \frac{1}{a}\mathrm{d}x,$$

两边积分后可得

$$\ln(p + \sqrt{1+p^2}) = \frac{x}{a} + C_1,$$

由于 $y'(0) = 0$,即 $p(0) = 0$,代入上式可得 $C_1 = 0$,

所以有
$$\ln(p + \sqrt{1+p^2}) = \frac{x}{a},$$

即
$$p + \sqrt{1+p^2} = \mathrm{e}^{\frac{x}{a}},$$

两边同乘以 $p - \sqrt{1+p^2}$

得
$$p - \sqrt{1+p^2} = -\mathrm{e}^{-\frac{x}{a}},$$

把以上两式相加即得
$$p = \frac{\mathrm{e}^{\frac{x}{a}} - \mathrm{e}^{-\frac{x}{a}}}{2} = \mathrm{sh}\left(\frac{x}{a}\right),$$

即
$$y' = \mathrm{sh}\left(\frac{x}{a}\right),$$

两边再次积分得
$$y = \int \mathrm{sh}\left(\frac{x}{a}\right)\mathrm{d}x = a\mathrm{ch}\left(\frac{x}{a}\right) + C_2,$$

又由
$$y(0) = a,$$

代入上式可得
$$C_2 = 0,$$

最后得到初值问题的解为
$$y = a\mathrm{ch}\left(\frac{x}{a}\right).$$

三、$F(y,y',y'') = 0$ 型

此类方程不明显包含 x,但包含有 y. 对此仍可作变换 $p = y'$,此时 y'' 可化为

$$y'' = \frac{\mathrm{d}p}{\mathrm{d}x} = \frac{\mathrm{d}p}{\mathrm{d}y} \cdot \frac{\mathrm{d}y}{\mathrm{d}x} = \frac{\mathrm{d}p}{\mathrm{d}y} \cdot p,$$

代入方程 $F(y,y',y'') = 0$ 中,得到 p 关于 y 的一阶方程

$$F\left(y,p,p\frac{\mathrm{d}p}{\mathrm{d}y}\right) = 0,$$

若此方程的通解为
$$p = f(y,C_1),$$

即有
$$y' = f(y,C_1),$$

对此进行分离变量得

$$\frac{\mathrm{d}y}{f(y,C_1)} = \mathrm{d}x,$$

然后两边再次积分,得原方程通解(以隐函数表示)

$$x = \int \frac{\mathrm{d}y}{f(y,C_1)} + C_2.$$

【例 4】 求微分方程 $y''=\frac{2yy'^2}{1+y^2}$ 的通解.

解 令 $y'=p$,此时有 $y''=p\frac{\mathrm{d}p}{\mathrm{d}y}$,将此两式代入原方程得

$$p\frac{\mathrm{d}p}{\mathrm{d}y}=\frac{2yp^2}{1+y^2},$$

即

$$p\left(\frac{\mathrm{d}p}{\mathrm{d}y}-\frac{2yp}{1+y^2}\right)=0.$$

(1) 当$\frac{\mathrm{d}p}{\mathrm{d}y}-\frac{2yp}{1+y^2}=0$ 时,可分离变量得

$$\frac{\mathrm{d}p}{p}=\frac{2y}{1+y^2}\mathrm{d}y,$$

两边积分

$$\int\frac{\mathrm{d}p}{p}=\int\frac{2y}{1+y^2}\mathrm{d}y,$$

可得

$$p=C_1(1+y^2),$$

即

$$y'=C_1(1+y^2).$$

对上式再次分离变量并两边积分

$$\int\frac{\mathrm{d}y}{1+y^2}=\int C_1\mathrm{d}x,$$

有

$$\arctan y=C_1x+C_2,$$

即

$$y=\tan(C_1x+C_2).$$

(2) 当 $p=0$ 时,即 $y'=0$,得解 $y=C$. 此解已包含在(1) 的情形中(取 $C_1=0$).

因此,综合(1)(2) 两种情形,原方程的通解为

$$y=\tan(C_1x+C_2).$$

第四节　二阶线性微分方程解的结构

关于未知函数 y 及其导数 y',y'' 是一次式的二阶微分方程,称为**二阶线性微分方程**,它的一般形式为

$$y''+p(x)y'+q(x)y=f(x),\tag{8.9}$$

其中 $p(x),q(x),f(x)$ 都是已知函数,函数 $f(x)$ 称为方程(8.9) 的自由项. 特别地,当 $f(x)\equiv0$ 时,方程

$$y''+p(x)y'+q(x)y=0,\tag{8.10}$$

称为**二阶齐次线性微分方程**. 相应地,当 $f(x)$ 不恒为零时,(8.9) 称为**二阶非齐次线性微分方程**. 例如

$$y''+2y'+5y=0,$$
$$y''+2xy'+\mathrm{e}^xy=0,$$
$$y''+2xy'+\mathrm{e}^xy=\sin x,$$

都是二阶线性微分方程,前面两个是齐次的,第三个是非齐次的.

注 本节所讨论的二阶线性微分方程的解的一些理论和性质,可以推广到 n 阶线性微分方程

$$y^{(n)}+p_1(x)y^{(n-1)}+\cdots+p_{n-1}(x)y'+p_n(x)y=f(x).$$

在介绍二阶线性微分方程的通解结构之前,先给出方程(8.9)解的存在唯一性定理.

定理 8.1　若方程(8.9)的 $p(x),q(x),f(x)$ 都在某区间 $[a,b]$ 上连续,则对于任一组初始条件

$$y\big|_{x=x_0}=y_0,y'\big|_{x=x_0}=y_1,\text{其中}\quad a<x_0<b,$$

方程(8.9)在 $[a,b]$ 上存在唯一的满足上述初始条件的解 $y=\varphi(x)$.(证略)

以后若不另加说明,讨论都认为是在定理条件满足的情形下进行的.

一、二阶齐次线性微分方程解的结构

对于二阶齐次线性微分方程(8.10),有下述两个定理.

定理 8.2(叠加原理)　若 $y_1(x),y_2(x)$ 是齐次线性方程(8.10)的两个解,则它们的线性组合 $y=C_1y_1(x)+C_2y_2(x)$ 也是方程(8.10)的解,其中 C_1,C_2 是任意常数.

证明　将 $y=C_1y_1(x)+C_2y_2(x)$ 代入方程(8.10)左端,有

$$\begin{aligned}&[C_1y_1(x)+C_2y_2(x)]''+p(x)[C_1y_1(x)+C_2y_2(x)]'+q(x)[C_1y_1(x)+C_2y_2(x)]\\&=[C_1y''_1(x)+C_2y''_2(x)]+p(x)[C_1y'_1(x)+C_2y'_2(x)]+q(x)[C_1y_1(x)+C_2y_2(x)]\\&=C_1[y''_1(x)+p(x)y'_1(x)+q(x)y_1(x)]+C_2[y''_2(x)+p(x)y'_2(x)+q(x)y_2(x)]\\&=0,\end{aligned}$$

所以,$y=C_1y_1(x)+C_2y_2(x)$ 也是方程(8.10)的解. □

由叠加原理可知 $y=C_1y_1(x)+C_2y_2(x)$ 是齐次方程(8.10)的解,那么,它是否为齐次方程(8.10)的通解呢?

从 $y=C_1y_1(x)+C_2y_2(x)$ 的形式上看,此解含有两个任意常数 C_1,C_2,然而它不一定是齐次方程(8.10)的通解. 例如,假设 $y_1(x)$ 是齐次方程(8.10)的一个解,取 $y_2(x)=3y_1(x)$,显然 $y_2(x)$ 也是齐次方程(8.10)的一个解,则

$$y=C_1y_1(x)+C_2y_2(x)=(C_1+3C_2)y_1(x)=Cy_1(x),$$

其中 $C=C_1+3C_2$,此时表达式 $y=C_1y_1(x)+C_2y_2(x)$ 看上去有两个任意常数 C_1,C_2,实际上可化为只含一个任意常数 C 的表达式 $y=Cy_1(x)$,因此不是通解. 那么在什么情况下 $y=C_1y_1(x)+C_2y_2(x)$ 才是齐次方程(8.10)的通解呢?这就需要引入函数组的线性相关与线性无关的概念.

定义 8.1　设 $y_1(x),y_2(x)$ 为定义在 $[a,b]$ 上的两个函数. 如果存在两个不全为零的常数 k_1,k_2,使得当 $x\in[a,b]$ 时,恒等式

$$k_1y_1(x)+k_2y_2(x)\equiv 0$$

成立,那么称函数组 $y_1(x),y_2(x)$ 在区间 $[a,b]$ 上为**线性相关**. 反之,如果上述恒等式仅当 $k_1=k_2=0$ 时才成立,则称函数组 $y_1(x),y_2(x)$ 在区间 $[a,b]$ 上为**线性无关**.

为了简便,以后涉及线性相关或线性无关问题时,一般不再注明区间.

当 $y_1(x),y_2(x)$ 线性相关时,由于恒等式 $k_1y_1(x)+k_2y_2(x)\equiv 0$ 等价于 $y_2(x)\equiv-\dfrac{k_1}{k_2}y_1(x)$ 或 $\dfrac{y_2(x)}{y_1(x)}\equiv-\dfrac{k_1}{k_2}$(此时 k_1,k_2 至少有一个不为零,不妨设 k_2 不为零,且规定当 $y_1(x)$ 为零时,$y_2(x)$ 也为零). 因此,当 $\dfrac{y_2(x)}{y_1(x)}\equiv$ 常数时,函数组 $y_1(x),y_2(x)$ 为线性相关,否则函数组 $y_1(x),y_2(x)$ 为线性无关.

例如,函数组 $y_1 = e^{\alpha x}, y_2 = e^{\beta x}$($\alpha \neq \beta$ 均为常数),在实数范围内线性无关;函数组 $y_1 = x^2$, $y_2 = x$ 在实数范围内也线性无关.

若函数组 $y_1(x), y_2(x)$ 线性无关,则 $y = C_1 y_1(x) + C_2 y_2(x)$ 中两个常数不能合并,即它们是相互独立的,由此可证得以下定理:

定理 8.3 若 $y_1(x), y_2(x)$ 是齐次方程(8.10)的两个线性无关解.则

$$y = C_1 y_1(x) + C_2 y_2(x) \tag{8.11}$$

是齐次方程(8.10)的通解.其中 C_1, C_2 是任意常数.

二、二阶非齐次线性微分方程解的结构

我们已知道,一阶非齐次线性微分方程的通解等于它的一个特解与对应齐次线性微分方程的通解之和.对于二阶或一般的 n 阶情形,这个结论也成立.

定理 8.4 设 $\bar{y}$ 是二阶非齐次线性方程 $y'' + p(x)y' + q(x)y = f(x)$ 的一个特解,而

$$Y = C_1 y_1(x) + C_2 y_2(x)$$

是对应齐次方程 $y'' + p(x)y' + q(x)y = 0$ 的通解,则

$$y = Y + \bar{y} = C_1 y_1(x) + C_2 y_2(x) + \bar{y} \tag{8.12}$$

是非齐次线性方程 $y'' + p(x)y' + q(x)y = f(x)$ 的通解.

证明 把(8.12)代入方程(8.9)左端,得

$$\begin{aligned}
&(Y + \bar{y})'' + p(x)(Y + \bar{y})' + q(x)(Y + \bar{y}) \\
&= (Y'' + \bar{y}'') + p(x)(Y' + \bar{y}') + q(x)(Y + \bar{y}) \\
&= [Y'' + p(x)Y' + q(x)Y] + [\bar{y}'' + p(x)\bar{y}' + q(x)\bar{y}] \\
&= 0 + f(x) = f(x),
\end{aligned}$$

即 $y = Y + \bar{y}$ 是非齐次线性方程的解.由于对应齐次方程 $y'' + p(x)y' + q(x)y = 0$ 的通解 $Y = C_1 y_1(x) + C_2 y_2(x)$ 中含有两个任意常数,所以(8.12)中也含有两个任意常数.从而它就是非齐次线性方程(8.9)的通解. □

因此,求非齐次线性方程(8.9)的通解问题可归结为求出它的一个特解和对应齐次线性方程(8.10)的通解 Y,其中关键是求非齐次线性方程(8.9)的特解 $\bar{y}$.

定理 8.5 设 $y_1(x)$ 和 $y_2(x)$ 分别是方程

$$y'' + p(x)y' + q(x)y = f_1(x)$$

与

$$y'' + p(x)y' + q(x)y = f_2(x)$$

的解.则 $y_1(x) + y_2(x)$ 是方程

$$y'' + p(x)y' + q(x)y = f_1(x) + f_2(x)$$

的解.

证明 由假设有

$$y''_1 + p(x)\, y'_1 + q(x) y_1 = f_1(x),$$
$$y''_2 + p(x)\, y'_2 + q(x) y_2 = f_2(x),$$

故

$$\begin{aligned}
&(y_1 + y_2)'' + p(x)(y_1 + y_2)' + q(x)(y_1 + y_2) \\
&= (y''_1 + y''_2) + p(x)(y'_1 + y'_2) + q(x)(y_1 + y_2)
\end{aligned}$$

$$= y''_1 + p(x)\,y'_1 + q(x)y_1 + y''_2 + p(x)\,y'_2 + q(x)y_2$$
$$= f_1(x) + f_2(x),$$

即 $y_1(x) + y_2(x)$ 是方程 $y'' + p(x)y' + q(x)y = f_1(x) + f_2(x)$ 的解. □

定理 8.6　设 $u(x) + \mathrm{i}v(x)$ 是非齐次线性方程

$$y'' + p(x)y' + q(x)y = U(x) + \mathrm{i}V(x)$$

的解,其中 $p(x),q(x),U(x),V(x),u(x),v(x)$ 都是实函数,则解的实部 $u(x)$ 和虚部 $v(x)$ 分别是非齐次线性方程

$$y'' + p(x)y' + q(x)y = U(x)$$

与

$$y'' + p(x)y' + q(x)y = V(x)$$

的解.

证明　由假设有

$$(u + \mathrm{i}v)'' + p(x)(u + \mathrm{i}v)' + q(x)(u + \mathrm{i}v) = U(x) + \mathrm{i}V(x),$$

即

$$[u'' + p(x)u' + q(x)u] + \mathrm{i}[v'' + p(x)v' + q(x)v] = U(x) + \mathrm{i}V(x),$$

由等式两边的实部与虚部分别对应相等,得

$$u'' + p(x)u' + q(x)u = U(x),$$
$$v'' + p(x)v' + q(x)v = V(x),$$

结论得证. □

第五节　二阶常系数齐次线性微分方程

从解的结构定理知道,对二阶线性微分方程(8.10)来说,只需求出两个线性无关的特解 $y_1(x),y_2(x)$,则其通解为 $y = C_1y_1(x) + C_2y_2(x)$. 在一般情况下,要求得两个线性无关的特解是比较困难的. 当方程是常系数线性微分方程时,下面将看到,它的两个线性无关的特解 $y_1(x),y_2(x)$ 就比较容易求得.

常系数线性微分方程在工程中经常遇到. 物理问题为微分方程提供了很直观的实际背景,而微分方程为更深刻地理解物理现象提供了有力的工具,这在学习中应予以注意.

下面介绍常系数齐次线性微分方程的解法.

设二阶常系数齐次线性微分方程为

$$y'' + py' + qy = 0, \tag{8.13}$$

其中 p,q 为常数,求它的解的问题可转化为一元二次代数方程的求根问题.

由定理 8.3 知道,为求方程(8.13)的通解,只要求出该方程的两个线性无关的特解 $y_1(x),y_2(x)$. 下面讨论求两个线性无关的特解的方法.

容易知道,一阶常系数线性齐次方程 $y' + ay = 0$(a 为常数)的特解为 $y = \mathrm{e}^{-ax}$,通解为 $y = C\mathrm{e}^{-ax}$. 而二阶齐次方程(8.13)的系数 p,q 也为常数,又由于指数函数具有求导以后形式不变的性质,可以尝试采用 $y = \mathrm{e}^{rx}$(r 为待定常数)作为方程(8.13)的特解. 将 $y = \mathrm{e}^{rx}$ 代入方程(8.13),得

$$r^2\mathrm{e}^{rx} + pr\mathrm{e}^{rx} + q\mathrm{e}^{rx} = 0.$$

因为 $e^{rx}\neq 0$,所以有

$$r^2+pr+q=0. \tag{8.14}$$

由此可见,若 r 是一元二次方程(8.14)的根,那么 e^{rx} 便是方程(8.13)的特解.方程(8.14)称为微分方程(8.13)的**特征方程**.

特征方程(8.14)是一元二次代数方程,其中 r^2,r 的系数及常数项恰好依次为微分方程(8.13)中的 y'',y' 及 y 的系数.特征方程(8.14)的根可表示为

$$r_{1,2}=\frac{-p\pm\sqrt{p^2-4q}}{2}.$$

它有三种不同的形式:

① 当 $p^2-4q>0$ 时,r_1,r_2 为两个不同的实根,此时 e^{r_1x},e^{r_2x} 是微分方程(8.13)的两个特解,而且它们线性无关,即 $\frac{y_2(x)}{y_1(x)}\neq$ 常数.因此微分方程(8.13)的通解为

$$y=C_1e^{r_1x}+C_2e^{r_2x}.$$

② 当 $p^2-4q=0$ 时,$r_1=r_2$ 为两个相同的实根,这样只得到微分方程(8.13)的一个特解 $y_1(x)=e^{r_1x}$,还需求出另一个特解 $y_2(x)$,而且要使 $y_2(x)$ 与 $y_1(x)$ 线性无关,即 $\frac{y_2(x)}{y_1(x)}$ $\neq$ 常数.令

$$\frac{y_2(x)}{y_1(x)}=u(x),$$

其中 $u(x)$ 是待定函数,即

$$y_2(x)=u(x)y_1(x)=u(x)e^{r_1x},$$

于是

$$y_2'(x)=(u'(x)+r_1u(x))e^{r_1x},$$

$$y_2''(x)=[r_1^2u(x)+2r_1u'(x)+u''(x)]e^{r_1x},$$

把它们代入方程(8.13)中得

$$[r_1^2u(x)+2r_1u'(x)+u''(x)+p(u'(x)+r_1u(x))+qu(x)]e^{r_1x}=0,$$

因为 $e^{r_1x}\neq 0$.即有

$$u''(x)+(2r_1+p)u'(x)+(r_1^2+pr_1+q)u(x)=0.$$

因为 r_1 是特征方程的根,所以 $r_1^2+pr_1+q=0$;又 r_1 是两重根,即 $r_1=r_2=-\frac{p}{2}$,所以 $2r_1+p=0$.于是上式成为

$$u''(x)=0,$$

得 $u(x)=Ax+B$(A,B 为任意常数),我们取最简单的一次函数,即取 $u(x)=x$.于是得微分方程(8.13)的另一个特解

$$y_2(x)=xe^{r_1x}.$$

因为 $\frac{y_2(x)}{y_1(x)}=x\neq$ 常数,所以 $y_2(x)$ 与 $y_1(x)$ 线性无关.因此微分方程(8.13)的通解为

$$y=C_1e^{r_1x}+C_2xe^{r_2x}.$$

③ 当 $p^2-4q<0$ 时,r_1,r_2 为一对共轭复根,$r_1=\alpha+i\beta$,$r_2=\alpha-i\beta(\beta\neq 0)$.这时可得到微分方程(8.13)的两个线性无关的特解

$$y_1(x)=e^{(\alpha+i\beta)x} \text{ 和 } y_2(x)=e^{(\alpha-i\beta)x}.$$

由于这两个特解是复值函数，应用不方便，我们需设法得到实值函数形式的特解. 为此可利用欧拉公式 $e^{ix}=\cos x+i\sin x$，$e^{-ix}=\cos x-i\sin x$ 和齐次线性微分方程解的线性性质，令

$$\bar{y}_1(x)=\frac{1}{2}(y_1(x)+y_2(x))=\frac{1}{2}e^{\alpha x}(e^{i\beta x}+e^{-i\beta x})=e^{\alpha x}\cos\beta x,$$

$$\bar{y}_2(x)=\frac{1}{2i}(y_1(x)-y_2(x))=\frac{1}{2i}e^{\alpha x}(e^{i\beta x}-e^{-i\beta x})=e^{\alpha x}\sin\beta x,$$

得到两个实值函数形式的特解

$$\bar{y}_1(x)=e^{\alpha x}\cos\beta x \text{ 和 } \bar{y}_2(x)=e^{\alpha x}\sin\beta x.$$

由于$\dfrac{\bar{y}_2(x)}{\bar{y}_1(x)}\neq$ 常数，即它们为线性无关. 因此微分方程(8.13)的通解可表示为

$$y=C_1e^{\alpha x}\cos\beta x+C_2e^{\alpha x}\sin\beta x,$$

或

$$y=Ae^{\alpha x}\sin(\beta x+\varphi),$$

其中 $A=\sqrt{C_1^2+C_2^2}$，$\tan\varphi=\dfrac{C_1}{C_2}$，如图 8-1 所示.

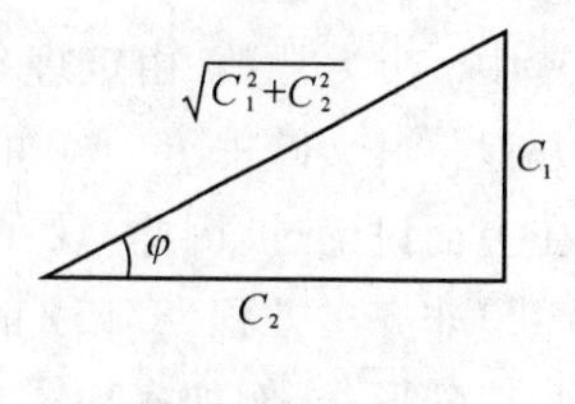

图 8-1

综上所述，求二阶常系数齐次线性微分方程

$$y''+py'+qy=0$$

的通解步骤为：

第一步：写出微分方程的特征方程 $r^2+pr+q=0$；

第二步：求出特征方程 $r^2+pr+q=0$ 的两个根 r_1,r_2；

第三步：由特征方程的两个根的三种不同形式，按照下表写出微分方程(8.13)的通解.

特征方程 $r^2+pr+q=0$ 的根 r_1,r_2	微分方程 $y''+py'+qy=0$ 的通解
不同的实根 $r_1\neq r_2$	$y=C_1e^{r_1x}+C_2e^{r_2x}$
相同实根 $r_1=r_2$	$y=C_1e^{r_1x}+C_2xe^{r_2x}$
共轭复根 $r_1=\alpha+i\beta$，$r_2=\alpha-i\beta$	$y=e^{\alpha x}(C_1\cos\beta x+C_2\sin\beta x)$ 或　$y=Ae^{\alpha x}\sin(\beta x+\varphi)$

【例 1】 求微分方程 $2y''+3y'+y=0$ 的通解.

解 特征方程为 $2r^2+3r+1=0$，即 $(r+1)\left(r+\frac{1}{2}\right)=0$. 特征根为 $r_1=-1$，$r_2=-\frac{1}{2}$. 故得通解为

$$y=C_1e^{-x}+C_2e^{-\frac{1}{2}x}.$$

【例 2】 求解初值问题 $\begin{cases}y''-4y'+4y=0,\\ y(0)=1,y'(0)=4.\end{cases}$

解 特征方程为 $r^2-4r+4=0$　即 $(r-2)^2=0$.
特征根为 $r_1=r_2=2$. 故得通解为

$$y=C_1e^{2x}+C_2xe^{2x}.$$

由初始条件 $y(0)=1$ 得 $C_1=1$；$y'(0)=4$ 得

$$(2C_1e^{2x}+C_2e^{2x}+2C_2xe^{2x})\Big|_{x=0}=2C_1+C_2=4;$$

解得 $C_1=1, C_2=2$. 于是所求的特解为

$$y=e^{2x}+2xe^{2x}=(1+2x)e^{2x}.$$

【例 3】 求微分方程 $y''+4y'+13y=0$ 的通解.

解 特征方程为 $r^2+4r+13=0$,特征根为 $r=-2\pm 3i$. 因此所求通解为

$$y=C_1e^{-2x}\cos 3x+C_2e^{-2x}\sin 3x.$$

第六节 二阶常系数非齐次线性微分方程

设二阶常系数非齐次线性微分方程为

$$y''+py'+qy=f(x), \tag{8.15}$$

其中 p,q 为常数. 由定理8.4知,非齐次方程(8.15)的通解等于它的一个特解 $\bar{y}$ 与对应齐次方程 $y''+py'+qy=0$ 的通解 $Y=C_1y_1(x)+C_2y_2(x)$ 之和,而齐次方程的通解的求法已在上面讨论过. 因此,现在的关键是求出非齐次方程(8.15)的一个特解 $\bar{y}$.

非齐次方程(8.15)的特解 $\bar{y}$ 的形式,显然与非齐次方程右端 $f(x)$ 有关. 当 $f(x)$ 是某些特殊形式,例如多项式、指数函数、正弦函数或它们的乘积时,可采用估计特解形式的"待定系数法"或"升阶法"得到特解 $\bar{y}$. 下面只就 $f(x)$ 的两种常见的特殊形式,先介绍如何采用"待定系数法"求得一个特解,然后对"升阶法"作一简单的介绍,最后给出一种可化为常系数线性微分方程的特殊微分方程 —— 欧拉方程的解法.

一、采用"待定系数法"求特解

1. $f(x)=p_n(x)e^{\alpha x}$

上式中 $p_n(x)$ 为 n 次多项式,α 为常数. 方程即为

$$y''+py'+qy=p_n(x)e^{\alpha x}. \tag{8.16}$$

由于 $p_n(x)e^{\alpha x}$ 的导数仍为多项式与指数函数的乘积,而方程具有常系数、线性的特点,故推测方程特解也为多项式与指数函数 $e^{\alpha x}$ 的乘积,设

$$\bar{y}=Q(x)e^{\alpha x}.$$

其中 $Q(x)$ 是多项式,次数与系数都是待定的. 对 $\bar{y}$ 求导,即

$$\bar{y}'=Q'(x)e^{\alpha x}+\alpha Q(x)e^{\alpha x},$$

$$\bar{y}''=Q''(x)e^{\alpha x}+2\alpha Q'(x)e^{\alpha x}+\alpha^2Q(x)e^{\alpha x},$$

代入方程(8.16)中,得

$$e^{\alpha x}[Q''(x)+(2\alpha+p)Q'(x)+(\alpha^2+p\alpha+q)Q(x)]\equiv p_n(x)e^{\alpha x},$$

或

$$Q''(x)+(2\alpha+p)Q'(x)+(\alpha^2+p\alpha+q)Q(x)\equiv p_n(x). \tag{8.17}$$

对(8.17)分三种情况讨论:

(1) 如果 $\alpha^2+p\alpha+q\neq 0$,即 α 不是特征根时,由于 $p_n(x)$ 是已知的 n 次多项式,要使恒等式(8.17)成立,$Q(x)$ 也应该是一个 n 次多项式,故可令 $Q(x)=Q_n(x)$,其系数待定. 特解形式为

$$\bar{y}=Q_n(x)e^{\alpha x},$$

把它代入恒等式(8.17)中,比较两边 x 的同次幂系数,求出 $Q_n(x)$ 的系数.

(2) 如果 $\alpha^2+p\alpha+q=0, 2\alpha+p\neq 0$，即 α 是特征方程的单根. 此时(8.17)式为

$$Q''(x)+(2\alpha+p)Q'(x)\equiv p_n(x),$$

由此可知 $Q(x)$ 应当为 $n+1$ 次多项式，为此可取 $Q(x)=xQ_n(x)$. 此时特解形式为

$$\bar{y}=xQ_n(x)e^{\alpha x},$$

把它代入恒等式(8.17)中，比较两边 x 的同次幂系数，定出 $Q_n(x)$ 的系数.

(3) 如果 $\alpha^2+p\alpha+q=0, 2\alpha+p=0$，即 α 是特征方程的二重根，此时(8.17)成为

$$Q''(x)\equiv p_n(x),$$

此时可知 $Q(x)$ 应为 $n+2$ 次多项式，为此取 $Q(x)=x^2Q_n(x)$，特解形式为

$$\bar{y}=x^2Q_n(x)e^{\alpha x},$$

把它代入恒等式(8.17)中，比较两边 x 的同次幂系数，定出 $Q_n(x)$ 的系数.

【例 1】　写出下列微分方程的特解形式：

(1) $y''+y'=xe^x$；

(2) $y''-2y'+y=(x^2+1)e^x$；

(3) $y''-y=x^2e^x$.

解　(1) 因为 $\alpha=1$ 不是特征方程 $r^2+r=0$ 的根，故方程的特解形式为 $\bar{y}=(Ax+B)e^x$，系数 A,B 待定.

(2) 因为 $\alpha=1$ 是特征方程 $r^2-2r+1=0$ 的二重根，故方程的特解形式为 $\bar{y}=x^2(Ax^2+Bx+C)e^x$，系数 A,B,C 待定.

(3) 因为 $\alpha=1$ 是特征方程 $r^2-1=0$ 的单根，故方程的特解形式为 $\bar{y}=x(Ax^2+Bx+C)e^x$，系数 A,B,C 待定.

【例 2】　求解微分方程 $y''+y=(5x+1)e^{3x}$ 的通解.

解　特征方程 $r^2+1=0$ 的根为 $r=\pm i$，得对应齐次方程通解为

$$Y=C_1\cos x+C_2\sin x.$$

由于 $\alpha=3$ 不是特征方程的根，可设特解为

$$\bar{y}=(Ax+B)e^{3x},$$

此时

$$\bar{y}'=(3Ax+3B+A)e^{3x},$$

$$\bar{y}''=(9Ax+9B+3A+3A)e^{3x},$$

代入原方程，并消去 e^{3x}，得

$$10Ax+10B+6A=5x+1,$$

比较两边同次幂系数得

$$\begin{cases}10A=5;\\ 6A+10B=1.\end{cases}\quad \text{解得 } A=\frac{1}{2}, B=-\frac{1}{5}.$$

因此得到一个特解：$\bar{y}=\left(\frac{1}{2}x-\frac{1}{5}\right)e^{3x}$，从而得通解为

$$y=Y+\bar{y}=C_1\cos x+C_2\sin x+\left(\frac{1}{2}x-\frac{1}{5}\right)e^{3x}.$$

【例 3】　求初值问题 $\begin{cases}y''+5y'+6y=xe^{-2x},\\ y(0)=1, y'(0)=0.\end{cases}$

解　特征方程 $r^2+5r+6=0$，即 $(r+2)(r+3)=0$，有两个实根，$r_1=-2, r_2=-3$，

得对应齐次方程通解为

$$Y = C_1 e^{-2x} + C_2 e^{-3x}.$$

由于 $\alpha = -2$ 是特征方程的单根,可设特解为

$$\bar{y} = x(Ax + B)e^{-2x} = (Ax^2 + Bx)e^{-2x},$$

把它代入原方程中,其中 $Q(x) = Ax^2 + Bx$ 得

$$2A + [2 \times (-2) + 5](2Ax + B) = x,$$

比较两边同次幂系数得

$$\begin{cases} 2A = 1, \\ 2A + B = 0. \end{cases} \text{解得 } A = \frac{1}{2}, B = -1.$$

得特解 $\bar{y} = x\left(\frac{1}{2}x - 1\right)e^{-2x}$,从而得通解

$$y = Y + \bar{y} = C_1 e^{-2x} + C_2 e^{-3x} + \left(\frac{1}{2}x^2 - x\right)e^{-2x}.$$

再把初始条件代入 $\begin{cases} y(0) = C_1 + C_2 = 1; \\ y'(0) = -2C_1 - 3C_2 - 1 = 0. \end{cases}$ 解得 $C_1 = 4, C_2 = -3$. 从而得到满足初始条件的特解为

$$y = 4e^{-2x} - 3e^{-3x} + \left(\frac{1}{2}x^2 - x\right)e^{-2x}.$$

2. $f(x) = p_n(x)e^{\alpha x}\cos\beta x$ 或 $f(x) = p_n(x)e^{\alpha x}\sin\beta x$.

上式中 $p_n(x)$ 为 n 次多项式,α, β 均为常数,方程即为

$$y'' + py' + qy = p_n(x)e^{\alpha x}\cos\beta x (\text{或 } p_n(x)e^{\alpha x}\sin\beta x). \tag{8.18}$$

由欧拉公式 $e^{i\theta} = \cos\theta + i\sin\theta$, 于是 $p_n(x)e^{\alpha x}\cos\beta x$ 是 $p_n(x)e^{(\alpha+i\beta)x}$ 的实部,$p_n(x)e^{\alpha x}\sin\beta x$ 是 $p_n(x)e^{(\alpha+i\beta)x}$ 的虚部. 先考虑辅助方程

$$y'' + py' + qy = p_n(x)e^{(\alpha+i\beta)x}. \tag{8.19}$$

按情况 1 的讨论,这里的 $\alpha + i\beta$ 相当于情况 1 的 α,所以有下面情况:

① 当 $\alpha + i\beta$ 不是特征方程的根时,辅助方程(8.19) 的特解可设

$$\bar{y} = Q_n(x)e^{(\alpha+i\beta)x}.$$

② 当 $\alpha + i\beta$ 是特征方程的单根时,辅助方程(8.19) 的特解可设

$$\bar{y} = xQ_n(x)e^{(\alpha+i\beta)x}.$$

于是原方程(8.18) 的特解,可取特解 $\bar{y}$ 的实部(或虚部).

【例 4】 求微分方程 $y'' - 4y = e^x \sin 2x$ 的通解.

解 特征方程 $r^2 - 4 = 0$ 的根为 $r = \pm 2$,得对应齐次方程的通解为

$$Y = C_1 e^{-2x} + C_2 e^{2x}.$$

为了求特解 $\bar{y}$,先考虑辅助方程 $y'' - 4y = e^{(1+2i)x}$,由于 $1 + 2i$ 不是特征方程的根,可以设辅助方程的特解形式为

$$\tilde{y} = Ae^{(1+2i)x} (A \text{ 为待定常数,一般来说为复数}).$$

此时 $\tilde{y}' = (1+2i)Ae^{(1+2i)x}$, $\tilde{y}'' = (1+2i)^2 Ae^{(1+2i)x} = (-3+4i)Ae^{(1+2i)x}$,代入辅助方程,并消去非零因子 $e^{(1+2i)x}$ 得

$$(-3 + 4i)A - 4A = 1,$$

即有
$$A=\frac{1}{-7+4\mathrm{i}}=\frac{-7-4\mathrm{i}}{65},$$
所以辅助方程特解为
$$\tilde{y}=\frac{-7-4\mathrm{i}}{65}\mathrm{e}^{(1+2\mathrm{i})x}=\frac{-1}{65}\mathrm{e}^{x}(7+4\mathrm{i})(\cos 2x+\mathrm{i}\sin 2x)$$
$$=\frac{-\mathrm{e}^{x}}{65}[7\cos 2x-4\sin 2x+\mathrm{i}(4\cos 2x+7\sin 2x)],$$
取 $\tilde{y}$ 的虚部记为 $\bar{y}_2$，即 $\bar{y}_2=I_m(\tilde{y})=\frac{-\mathrm{e}^{x}}{65}(4\cos 2x+7\sin 2x)$ 就是原方程的一个特解，从而得到原方程的通解为
$$y=Y+\bar{y}_2=C_1\mathrm{e}^{-2x}+C_2\mathrm{e}^{2x}-\frac{\mathrm{e}^{x}}{65}(4\cos 2x+7\sin 2x).$$

【例 5】 求解初值问题 $\begin{cases}y''+4y=3\cos 2x,\\ y(0)=0,y'(0)=1.\end{cases}$

解 特征方程 $r^2+4=0$ 的根为 $r=\pm 2\mathrm{i}$，得对应齐次方程的通解为
$$Y=C_1\cos 2x+C_2\sin 2x.$$

为了求特解 $\bar{y}$，先考虑辅助方程 $y''+4y=3\mathrm{e}^{2\mathrm{i}x}$，由于 $2\mathrm{i}$ 是特征方程的单根，可以设辅助方程的特解形式为
$$\tilde{y}=Ax\mathrm{e}^{2\mathrm{i}x}(A\text{ 为待定常数，一般来说为复数}).$$
此时 $\tilde{y}'=(2A\mathrm{i}x+A)\mathrm{e}^{2\mathrm{i}x}$，$\tilde{y}''=(-4Ax+4A\mathrm{i})\mathrm{e}^{2\mathrm{i}x}$ 代入辅助方程，并消去非零因子 $\mathrm{e}^{2\mathrm{i}x}$ 得
$$-4Ax+4A\mathrm{i}+4Ax=3,$$
即
$$A=\frac{3}{4\mathrm{i}}=-\frac{3\mathrm{i}}{4},$$
所以
$$\tilde{y}=-\frac{3}{4}\mathrm{i}x\mathrm{e}^{2\mathrm{i}x}=-\frac{3}{4}\mathrm{i}x(\cos 2x+\mathrm{i}\sin 2x)=\frac{3x}{4}\sin 2x-\mathrm{i}\,\frac{3}{4}x\cos 2x.$$
取 $\tilde{y}$ 的实部记为 $\bar{y}_1$，即为原方程的一个特解
$$\bar{y}_1=R_e(\tilde{y})=\frac{3}{4}x\sin 2x.$$
得原方程的通解为
$$y=Y+\bar{y}_1=C_1\cos 2x+C_2\sin 2x+\frac{3}{4}x\sin 2x,$$
把初始条件代入 $\begin{cases}y(0)=C_1=0,\\ y'(0)=2C_2=1.\end{cases}$ 解得 $C_1=0,C_2=\frac{1}{2}.$

最后得初值问题的解为
$$y=\frac{1}{2}\sin 2x+\frac{3}{4}x\sin 2x.$$

【例 6】 求解微分方程 $y''+4y=3\cos 2x+x\mathrm{e}^{2x}$ 的通解.

解 上例已求得对应齐次方程通解为
$$Y=C_1\cos 2x+C_2\sin 2x,$$
再分别求出方程 $y''+4y=3\cos 2x$ 与 $y''+4y=x\mathrm{e}^{2x}$ 的特解.

上例也已求得方程 $y''+4y=3\cos 2x$ 的一个特解 $\bar{y}_1=\frac{3}{4}x\sin 2x$,下面求方程 $y''+4y=xe^{2x}$ 的一个特解 $\bar{y}_2$.

因为 2 不是特征方程的根,可以设 $\bar{y}_2=(Ax+B)e^{2x}$,此时

$$\bar{y}_2'=(2Ax+2B+A)e^{2x},$$

$$\bar{y}_2''=(4Ax+4B+4A)e^{2x},$$

代入方程 $y''+4y=xe^{2x}$,并消去非零因子 e^{2x},得

$$4Ax+4B+4A+4Ax+4B=x.$$

比较两边同次幂系数

$$\begin{cases}8A=1,\\4A+8B=0.\end{cases}\quad 解得\ A=\frac{1}{8},B=-\frac{1}{16}.$$

所以

$$\bar{y}_2=\left(\frac{1}{8}x-\frac{1}{16}\right)e^{2x}.$$

故得原方程的通解为

$$y=Y+\bar{y}_1+\bar{y}_2=C_1\cos 2x+C_2\sin 2x+\frac{3}{4}x\sin 2x+\left(\frac{1}{8}x-\frac{1}{16}\right)e^{2x}.$$

* 二、采用“升阶法”求特解

对于上述 $f(x)$ 的两种特殊形式,方程求解最终都归结到(8.17)比较 x 的同次幂系数求得特解.下面我们介绍求方程(8.17)特解的另一种方法——**“升阶法”**.

设 $p_n(x)=a_nx^n+a_{n-1}x^{n-1}+\cdots+a_1x+a_0$,

在方程

$$y''+py'+qy=a_nx^n+a_{n-1}x^{n-1}+\cdots+a_1x+a_0 \tag{8.20}$$

的两边连续地求 n 次导数,可得

$$y'''+py''+qy'=a_nnx^{n-1}+a_{n-1}(n-1)x^{n-2}+\cdots+a_1,$$

$$y^{(4)}+py'''+qy''=a_nn(n-1)x^{n-2}+a_{n-1}(n-1)(n-2)x^{n-3}+\cdots+2a_2,$$

$$\cdots$$

$$y^{(n+1)}+py^{(n)}+qy^{(n-1)}=a_nn(n-1)\cdots 2x+a_{n-1}(n-1)!,$$

$$y^{(n+2)}+py^{(n+1)}+qy^{(n)}=a_nn!,$$

不妨设 $q\neq 0$($q=0$ 时求解方法类似),上面的最后一个方程有一个明显解

$$y^{(n)}=\frac{1}{q}a_nn!,$$

此时 $y^{(n+1)}=0,y^{(n+2)}=0$,这样由 $y^{(n)},y^{(n+1)}$ 通过最后第二个方程可得 $y^{(n-1)}$,以此类推,一直到(8.20),可得一个特解 $\bar{y}$.

由于这里的特解是通过在方程两边多次求导得到的,因此这个方法称之为“升阶法”.

【例 7】 求出微分方程 $y''+4y'+3y=9$ 的一个特解.

解 显然可取特解 $\bar{y}=\frac{9}{3}=3$.

【例 8】 求出微分方程 $y''-5y'+6y=6x^2-10x+2$ 的一个特解.

解 在所给方程两边同时求导二次,得

$$y'''-5y''+6y'=12x-10,$$

$$y^{(4)} - 5y''' + 6y'' = 12.$$

由上面第二个方程得 $y'' = 2$（此时 $y''' = y^{(4)} = 0$），代入第一个方程，得 $y' = 2x$，再将 $y'' = 2, y' = 2x$ 代入原方程，得所给微分方程的一个特解为

$$\bar{y} = x^2.$$

【例 9】 求出微分方程 $y'' + 2y' = x + 1$ 的一个特解.

解 由所给方程两边求导，得

$$y''' + 2y'' = 1,$$

故得 $y'' = \frac{1}{2}$，代入原方程得 $y' = \frac{1}{2}x + \frac{1}{4}$，因此可取一特解

$$\bar{y} = \frac{1}{4}x^2 + \frac{1}{4}x.$$

【例 10】 求出微分方程 $y'' - 2y' + 4y = (x+2)e^{3x}$ 的一个特解.

解 令 $\bar{y} = Q(x)e^{3x}$，代入所给方程，约去 e^{3x}，得

$$Q'' + 4Q' + 7Q = x + 2,$$

利用"升阶法"，上面方程的一个特解为 $\bar{y} = \frac{1}{7}x + \frac{10}{49}$，从而原方程的一个特解为

$$\bar{y} = \left(\frac{1}{7}x + \frac{10}{49}\right)e^{3x}.$$

【例 11】 求 $y'' + y = xe^x\cos x$ 的通解.

解 特征方程 $r^2 + 1 = 0$ 的根为 $r = \pm i$，对应齐次方程的通解为

$$Y = C_1\cos x + C_2\sin x.$$

为求原方程的一个特解，先求 $y'' + y = xe^{(1+i)x}$ 的一个特解，可令 $y = Q(x)e^{(1+i)x}$，代入方程可整理得 $Q'' + 2(1+i)Q' + (1+2i)Q = x$，用"升阶法"得其一特解为

$$Q = \left(\frac{1}{5}x - \frac{2}{25}\right) + i\left(\frac{14}{25} - \frac{2}{5}x\right).$$

于是

$$y = \left[\left(\frac{1}{5}x - \frac{2}{25}\right)\cos x + \left(\frac{2}{5}x - \frac{14}{25}\right)\sin x\right]e^x + i\left[\left(\frac{14}{25} - \frac{2}{5}x\right)\cos x + \left(\frac{1}{5}x - \frac{2}{25}\right)\sin x\right]e^x.$$

这样 y 的实部，$\bar{y} = \left[\left(\frac{1}{5}x - \frac{2}{25}\right)\cos x + \left(\frac{2}{5}x - \frac{14}{25}\right)\sin x\right]e^x$，便是原方程的一个特解，从而原方程的通解为

$$y = Y + \bar{y} = C_1\cos x + C_2\sin x + \left[\left(\frac{1}{5}x - \frac{2}{25}\right)\cos x + \left(\frac{2}{5}x - \frac{14}{25}\right)\sin x\right]e^x.$$

*三、欧拉(Euler)方程

欧拉方程是一个特殊的变系数微分方程. 这里只介绍二阶欧拉方程

$$a_0x^2\frac{d^2y}{dx^2} + a_1x\frac{dy}{dx} + a_2y = f(x) \tag{8.21}$$

的解法，其中 a_0, a_1, a_2 均为已知常数.

对自变量进行变量替换，使变系数化为常系数. 为此令 $x = e^t \quad (x > 0)$，即 $t = \ln x$，则

$$\frac{dy}{dx} = \frac{dy}{dt}\frac{dt}{dx} = \frac{1}{x}\frac{dy}{dt},$$

$$\frac{d^2y}{dx^2}=\frac{d}{dx}\left(\frac{1}{x}\frac{dy}{dt}\right)=\frac{1}{x}\frac{d}{dt}\left(\frac{dy}{dt}\right)\frac{dt}{dx}-\frac{1}{x^2}\frac{dy}{dt}=\frac{1}{x^2}\left(\frac{d^2y}{dt^2}-\frac{dy}{dt}\right).$$

代入二阶欧拉方程(8.21),得

$$a_0\frac{d^2y}{dt^2}+(a_1-a_0)\frac{dy}{dt}+a_2y=f(e^t).$$

它是关于自变量 t 的常系数线性微分方程,若 $f(e^t)$ 是前述介绍的两种形式之一,则可求得它的通解.

【例 12】 求 $x^2\frac{d^2y}{dx^2}+3x\frac{dy}{dx}+y=4\ln x$ 的通解.

解 令 $x=e^t$ 代入方程,方程可化为

$$\frac{d^2y}{dt^2}+2\frac{dy}{dt}+y=4t,$$

特征方程 $r^2+2r+1=0$ 的根为 $r_1=r_2=-1$,得对应齐次方程通解为

$$Y=(C_1+C_2t)e^{-t}.$$

利用"升阶法",可得方程$\frac{d^2y}{dt^2}+2\frac{dy}{dt}+y=4t$ 的一个特解为

$$\bar{y}=4t-8.$$

于是得方程$\frac{d^2y}{dt^2}+2\frac{dy}{dt}+y=4t$ 的通解为

$$y=Y+\bar{y}=(C_1+C_2t)e^{-t}+4t-8.$$

将 $t=\ln x$ 代入上式,得原方程通解为

$$y=(C_1+C_2\ln x)\frac{1}{x}+4\ln x-8.$$

*第七节　常系数线性微分方程组解法举例

前面讨论的微分方程所含的未知函数及方程的个数都只有一个,但在实际问题中,会遇到由几个微分方程联立起来共同确定几个具有相同自变量的函数的情形. 这种联立微分方程称为**微分方程组**. 如果微分方程组中的每一个方程都是常系数线性微分方程,称这种微分方程组为**常系数线性微分方程组**.

这里仅介绍微分方程组的消元法,将所给微分方程组的求解问题转化为求解高阶微分方程问题,以例说明.

【例 1】 求解方程组

$$\begin{cases}\dfrac{dx}{dt}=x+2y+e^t,\\[2mm]\dfrac{dy}{dt}=4x+3y.\end{cases}$$

解 从第一个方程中解出 y,得

$$y=\frac{1}{2}\left(\frac{dx}{dt}-x-e^t\right),$$

代入第二个方程,整理得

$$\frac{d^2x}{dt^2}-4\frac{dx}{dt}-5x=-2e^t,$$

可用前述方法解得此二阶非齐次方程的通解为

$$x=X+\bar{x}=C_1e^{5t}+C_2e^{-t}+\frac{1}{4}e^t,$$

把 x 代入 y 表达式得

$$y=2C_1e^{5t}-C_2e^{-t}-\frac{1}{2}e^t,$$

最后得通解

$$\begin{cases}x=C_1e^{5t}+C_2e^{-t}+\frac{1}{4}e^t,\\ y=2C_1e^{5t}-C_2e^{-t}-\frac{1}{2}e^t.\end{cases}$$

【例 2】　求解方程组

$$\begin{cases}2\frac{dx}{dt}+\frac{dy}{dt}+y-t=0,\\ \frac{dx}{dt}+\frac{dy}{dt}-x-y-2t=0.\end{cases}$$

解　为了消去 y,第一式减第二式得

$$\frac{dx}{dt}+x+2y+t=0,$$

即有

$$y=\frac{-1}{2}\left(\frac{dx}{dt}+x+t\right),$$

代入第二式,整理得

$$\frac{d^2x}{dt^2}-2\frac{dx}{dt}+x=-3t-1,$$

用前述方法解得此二阶非齐次方程的通解为

$$x=C_1e^t+C_2te^t-3t-7,$$

把 x 代入 y 表达式得

$$y=-C_1e^t-C_2\left(\frac{1}{2}+t\right)e^t+t+5,$$

最后得通解

$$\begin{cases}x=C_1e^t+C_2te^t-3t-7,\\ y=-C_1e^t+C_2\left(-\frac{1}{2}-t\right)e^t+t+5.\end{cases}$$

第八节　微分方程应用举例

微分方程应用非常广泛,许多实际问题建立数学模型后,最终可转化为求解微分方程的初值问题.下面给出几个典型的例子.

【例 1】　一定质量的放射性元素,随时间的变化,它的质量就会减少,这种现象称为**衰变**.实验显示,每一时刻放射性元素的衰变速度与该时刻放射性元素的含量成正比.设某物体最初放射性元素的含量为 m_0,求经过 t 时刻后该物体放射性元素的含量 $m(t)$.

解　由于放射性元素的衰变速度$\frac{\mathrm{d}m(t)}{\mathrm{d}t}$与该时刻放射性元素的含量$m(t)$成正比,且$m(t)$随时间$t$增大而减少,即$\frac{\mathrm{d}m(t)}{\mathrm{d}t}$小于零,因此有

$$\frac{\mathrm{d}m(t)}{\mathrm{d}t}=-km(t),\text{且 } m(0)=m_0.$$

其中k为一正的比例常数(称为衰变系数).将微分方程分离变量得

$$\frac{\mathrm{d}m(t)}{m(t)}=-k\mathrm{d}t,$$

两边积分

$$\int\frac{\mathrm{d}m(t)}{m(t)}=\int-k\mathrm{d}t,$$

得

$$m(t)=C\mathrm{e}^{-kt},$$

由初始条件$m(0)=m_0$,得$C=m_0$,从而得

$$m(t)=m_0\mathrm{e}^{-kt}.$$

放射性元素衰减到初始质量的一半所花的时间T称为该元素的"**半衰期**",由此,半衰期应满足

$$\frac{1}{2}m_0=m_0\mathrm{e}^{-kT},$$

即

$$T=\frac{\ln2}{k}.$$

此式表示,半衰期取决于衰变系数.人们已测得一些元素的半衰期,例如铅的半衰期为26.8分钟,镓的半衰期为276天,镭的半衰期为1620年.

【例2】　牛顿加热与冷却定理指出,物体温度的变化率正比于该物体的温度与环境温度的差.现设有一金属块,刚从高温炉中取出时的温度为800℃,经过20分钟后温度降为80℃,环境温度20℃保持不变.求金属块的温度T与从高温炉中取出后所经过的时间t之间的函数关系$T(t)$,并由此求从炉中取出经过半小时之后该金属块的温度.

解　由牛顿加热与冷却定理可知,$T(t)$满足

$$\begin{cases}\frac{\mathrm{d}T}{\mathrm{d}t}=-k(T-20),\\T(0)=800,T(20)=80.\end{cases}$$

其中$k>0$,它表示比例常数,"$-$"号表示金属块温度是递减的.解微分方程可得

$$T(t)=C\mathrm{e}^{-kt}+20,$$

由$T(0)=800,T(20)=80$,有

$$\begin{cases}C+20=800,\\C\mathrm{e}^{-20k}+20=80.\end{cases}$$

解得$C=780,k=0.1283$,T与t之间的函数关系为

$$T(t)=780\mathrm{e}^{-0.1283t}+20.$$

半小时之后该金属块的温度

$$T(30)=780\mathrm{e}^{-0.1283\times30}+20=36.6℃.$$

【例3】　设有一水池开始装有体积为V立方米的污水,污水的起始浓度为c_0.现假设以每分钟v_1立方米的速度向池内注入清水,同时又以每分钟v_2立方米的速度将冲淡后的污

水从池内排出($v_1 \geqslant v_2$).若不考虑污染沉积物的影响和水的蒸发,且假设在清水注入瞬间就将污水混合均匀,即水池中污水浓度时刻保持均匀.求经过 t 分钟后水池中污水的浓度.

解　设经过 t 分钟后污水的浓度为 $c(t)$,水池中污染物的含量为 $x(t)$,则 $x(t)$ 等于 t 时刻水池中污水的总量 $(V+v_1t-v_2t)$ 与浓度 $c(t)$ 的乘积,即

$$x(t)=(V+v_1t-v_2t)c(t),$$

从而在 $[t,t+\mathrm{d}t]$ 时间小区间内 $x(t)$ 的改变量

$$\mathrm{d}x=\mathrm{d}[(V+v_1t-v_2t)c(t)]=c(t)(v_1-v_2)\mathrm{d}t+(V+v_1t-v_2t)\mathrm{d}c(t).$$

由于 $\mathrm{d}t$ 很小,污染物在 t 到 $t+\mathrm{d}t$ 这段时间改变量 $\mathrm{d}x$ 也近似等于在 $[t,t+\mathrm{d}t]$ 时间区间内排出的污染物 $-c(t)(v_2\mathrm{d}t)$(负号表示 $x(t)$ 是减函数),因此有

$$c(t)(v_1-v_2)\mathrm{d}t+(V+v_1t-v_2t)\mathrm{d}c(t)=-c(t)(v_2\mathrm{d}t),$$

即

$$(V+v_1t-v_2t)\mathrm{d}c(t)=-v_1c(t)\mathrm{d}t,$$

解此微分方程得

$$c(t)=C\left(\frac{V}{v_1-v_2}+t\right)^{-\frac{v_1}{v_1-v_2}}.$$

将初始条件 $c(0)=c_0$ 代入上式得 $C=c_0\left(\dfrac{V}{v_1-v_2}\right)^{\frac{v_1}{v_1-v_2}}$,因此经过 t 分钟后水池中污水的浓度为

$$c(t)=c_0\left[\frac{V}{V+(v_1-v_2)t}\right]^{\frac{v_1}{v_1-v_2}}.$$

*【例 4】　(人口增长模型)荷兰生物学家 Verhulst 提出,在一定的自然资源和环境条件下,设 t 时刻的人口总数为 $N(t)$,则此时的人口净相对增长率(出生率减去死亡率称为净相对增长率)$\dfrac{\mathrm{d}N}{\mathrm{d}t}/N$ 与 $N(t)$ 之间满足关系

$$\frac{\mathrm{d}N}{\mathrm{d}t}\cdot\frac{1}{N}=a-bN,$$

即

$$\frac{\mathrm{d}N}{\mathrm{d}t}=N(a-bN),\tag{8.22}$$

其中 a,b 称为生命系数,并测得 a 的自然值为 0.029,而 b 依赖于该地区的自然资源和环境条件.用分离变量法解(8.22)可得

$$N(t)=\frac{aC\mathrm{e}^{at}}{1+bC\mathrm{e}^{at}},\tag{8.23}$$

设初始条件为

$$N(t_0)=N_0,$$

将它代入(8.23)式得

$$C=\frac{N_0}{a-bN_0}\mathrm{e}^{-at_0},$$

于是有

$$N(t)=\frac{aN_0}{bN_0+(a-bN_0)\mathrm{e}^{-a(t-t_0)}}.$$

利用20世纪60年代世界人口平均增长率为2%及1965年人口总数为33.4亿的数据,可计算得 $b=2.695\times10^{-12}$,从而估计得2000年的世界人口总数为59.6亿.这与实际情况

较接近,1999年世界人口达到60亿.

*【例5】 设有如图8-2所示的电路,其中电源的电动势为$E=E_0$,设电阻R与电感L都为常数,求电流$i(t)$.

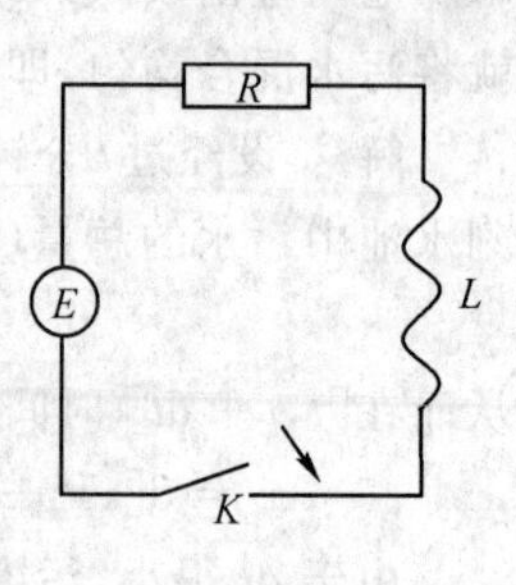

图8-2

解 由电学知识可知,若电路的电流为$i=i(t)$,则加在电阻两端的电压为iR,而电感两端的电压为$L\dfrac{\mathrm{d}i}{\mathrm{d}t}$,由回路定律得

$$L\frac{\mathrm{d}i}{\mathrm{d}t}+iR=E_0.$$

设开关闭合的时刻为$t=0$,则应有$i(0)=0$.因此电流$i(t)$应是初值问题

$$\begin{cases}L\dfrac{\mathrm{d}i}{\mathrm{d}t}+iR=E_0,\\ i(0)=0.\end{cases}$$

的解,容易求得解为

$$i=\frac{E_0}{R}(1-\mathrm{e}^{-\frac{Rt}{L}}).$$

上式中,当$t\to+\infty$时$i\to\dfrac{E_0}{R}$,即电感两端的电压逐渐趋向于0.

当电动势E为交流电时,比如$E=E_m\sin\omega t$,读者可作为练习自行求解并分析解的物理意义.

*【例6】 第二宇宙速度的计算.

发射人造卫星时,如给予卫星一个最小速度,使物体能摆脱地球的引力"逃逸"到太空而不再回来,称这个最小速度为第二宇宙速度.

设地球和物体的质量分别为M和m,地球半径为R,万有引力常数为k,物体以初速度v_0从地面向上竖直运动.记$r(t)$为物体离开地面经过时间t后与地球中心之间的距离,则$r(t)$满足

$$\begin{cases}m\dfrac{\mathrm{d}^2r}{\mathrm{d}t^2}=-k\dfrac{Mm}{r^2},\\ r(0)=R,r'(0)=v_0.\end{cases}$$

此微分方程属于可降阶的二阶微分方程的$F(y,y',y'')=0$型,令$\dfrac{\mathrm{d}r}{\mathrm{d}t}=v$,得

$$\frac{\mathrm{d}^2r}{\mathrm{d}t^2}=\frac{\mathrm{d}v}{\mathrm{d}t}=\frac{\mathrm{d}v}{\mathrm{d}r}\cdot\frac{\mathrm{d}r}{\mathrm{d}t}=v\frac{\mathrm{d}v}{\mathrm{d}r},$$

代入$m\dfrac{\mathrm{d}^2r}{\mathrm{d}t^2}=-k\dfrac{Mm}{r^2}$即有

$$v\frac{\mathrm{d}v}{\mathrm{d}r}=-k\frac{M}{r^2},$$

解得

$$\frac{1}{2}v^2=k\frac{M}{r}+C.$$

将初始条件$r(0)=R,r'(0)=v_0$代入,得

$$C=\frac{1}{2}v_0^2-k\frac{M}{R},$$

因此有

$$\frac{1}{2}v^2 = k\frac{M}{r} + \left(\frac{1}{2}v_0^2 - k\frac{M}{R}\right).$$

为了求出第二宇宙速度，只需求出使 $v>0$ 总成立的最小 v_0. 上式中，当 r 不断增大时，$k\frac{M}{r}$ 越来越小，趋向于 0，因此要求

$$\frac{1}{2}v_0^2 - k\frac{M}{R} \geqslant 0,$$

即

$$v_0 \geqslant \sqrt{\frac{2kM}{R}},$$

因此最小速度为

$$v_0 = \sqrt{\frac{2kM}{R}}.$$

由于重力加速度 $g=\frac{kM}{R^2}$，代入上式得第二宇宙速度

$$v_0 = \sqrt{2gR} = \sqrt{2\times 9.8\times 63\times 10^5} = 11.2\times 10^3(\text{m/s}).$$

*【例 7】　机械系统的振动.

(1) 无阻尼的简谐振动

设质量为 m 的物体，通过弹簧连在固定的壁上，如图 8-3 所示，物体的平衡位置位于 $x=0$ 处，若把物体拉开距离平衡位置 x，则弹簧恢复力(即弹性力)为 $f_1=-kx$(k 为正数). 在理想的状态下，假设是无阻尼的，由牛顿第二定律知

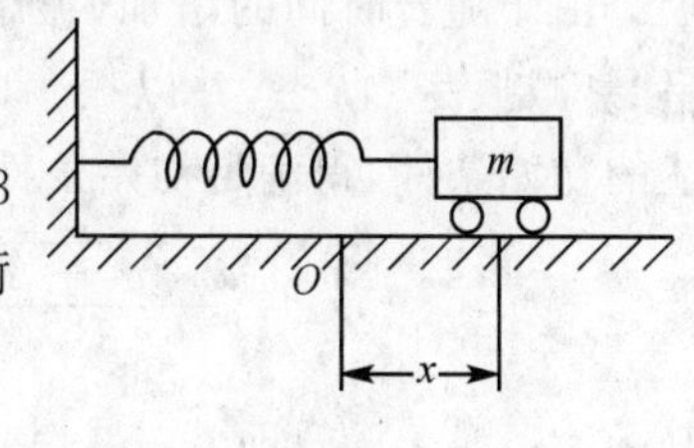

图 8-3

$$m\frac{\mathrm{d}^2x}{\mathrm{d}t^2} = -kx,$$

或

$$\frac{\mathrm{d}^2x}{\mathrm{d}t^2} + \frac{k}{m}x = 0.$$

此微分方程的通解为

$$x = A\sin\left(\sqrt{\frac{k}{m}}t + \varphi\right).$$

此时物体的运动称作**简谐振动**，振幅为 A，初位相为 φ，由初始条件可定出 A 和 φ.

(2) 阻尼振荡

假设物体在运动过程中，还受到阻力作用. 设阻力正比于速度，即 $f_{阻}=-c\frac{\mathrm{d}x}{\mathrm{d}t}$($c$ 为正数)，则由牛顿第二定律知

$$m\frac{\mathrm{d}^2x}{\mathrm{d}t^2} = -c\frac{\mathrm{d}x}{\mathrm{d}t} - kx,$$

或

$$\frac{\mathrm{d}^2x}{\mathrm{d}t^2} + \frac{c}{m}\frac{\mathrm{d}x}{\mathrm{d}t} + \frac{k}{m}x = 0.$$

记 $\omega_0^2=\frac{k}{m}$，$2\zeta\omega_0=\frac{c}{m}$，则有 $\zeta=\frac{c}{2\sqrt{mk}}$. 下面分三种情况进行讨论：

① 当 $\zeta>1$ 时称为大阻尼，特征根为两个相异负实根，通解为

$$x = C_1 e^{r_1 t} + C_2 e^{r_2 t} \quad (r_1 < 0, r_2 < 0).$$

解的几何图形是不振荡的,它只是缓缓地回到平衡位置.若取初始条件为 $x(0) = x_0, x'(0) = 0$,则满足初始条件的特解为

$$x = \frac{x_0}{r_1 - r_2}(r_1 e^{r_2 t} - r_2 e^{r_1 t}).$$

曲线如图 8-4 所示.

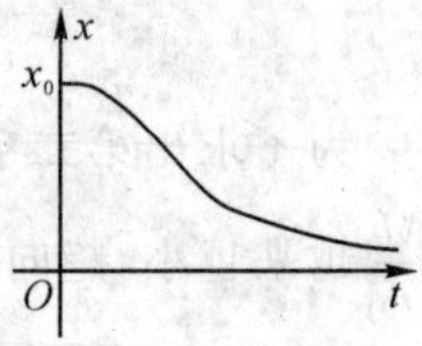

图 8-4

② 当 $\zeta = 1$ 时称为临界阻尼,特征根是两个相同负实根,通解为

$$x = (C_1 + C_2 t)e^{r_1 t} \quad (r_1 < 0).$$

这个解的图形也不产生振荡,若仍取上述的初始条件,得满足初始条件的特解为

$$x = x_0(1 - r_1 t)e^{r_1 t}.$$

这是临界衰减,是一种稳定情况,曲线的图形与图 8-4 相似.

③ 当 $0 < \zeta < 1$ 时称为衰减振荡,特征根是具有负实部的共轭复数,通解为

$$x = Ae^{\alpha t}\sin(\beta t + \varphi) \ (\alpha < 0).$$

由于随着时间的增加,振幅 $Ae^{\alpha t}$ 逐渐减少,因此它的图形呈"衰减振荡"状态,并以振荡的方式回到平衡位置.若仍取上述的初始条件,得满足初始条件的特解为

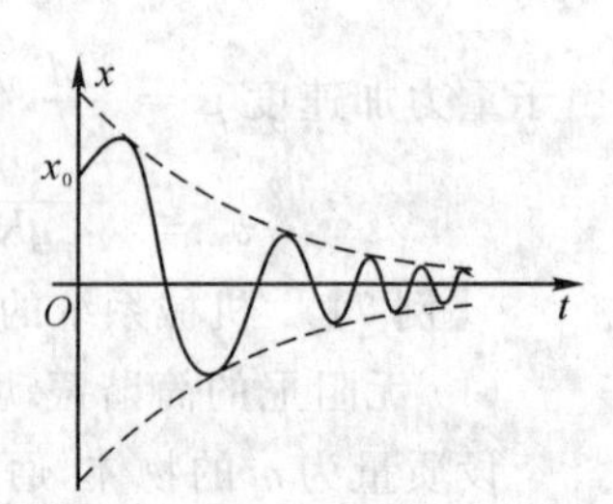

图 8-5

$$x = \frac{x_0\sqrt{\alpha^2 + \beta^2}}{\beta} e^{\alpha t}\sin(\beta t + \varphi).$$

其中 $\tan\varphi = -\dfrac{\beta}{\alpha}$,即 $\varphi = \arctan\left(-\dfrac{\beta}{\alpha}\right)$,曲线如图 8-5 所示.

(3) 强迫振荡

上述讨论均为自由振动.若物体还受外力 $F_{外} = F(t)$ 的作用,则由牛顿第二定律知

$$m\frac{d^2 x}{dt^2} = 外力 + 阻尼力 + 弹性力,$$

即

$$m\frac{d^2 x}{dt^2} = F(t) - c\frac{dx}{dt} - kx,$$

或

$$\frac{d^2 x}{dt^2} + \frac{c}{m}\frac{dx}{dt} + \frac{k}{m}x = \frac{1}{m}F(t).$$

这是一个二阶常系数非齐次线性微分方程,它的通解为

$$x = X + \bar{x}.$$

其中 X 是对应齐次方程的通解,$\bar{x}$ 是非齐次方程的一个特解.如果外力是周期性的,即

$$F(t) = mA_0\sin\omega t,$$

则方程即为

$$\frac{d^2 x}{dt^2} + \frac{c}{m}\frac{dx}{dt} + \frac{k}{m}x = A_0\sin\omega t.$$

假设实际问题中的情况为 $0 < \zeta < 1$,则对应齐次方程的通解为

$$X = Ae^{\alpha t}\sin(\beta t + \varphi) \quad (\alpha < 0).$$

由于 ωi 不是特征根,所以可设特解为 $\bar{x} = a_1 e^{\omega i t}$ 形式或直接设 $\bar{x} = a\cos\omega t + b\sin\omega t$ 代入方程,解得特解为

$$\bar{x}=\frac{-c\,\omega A_0\cos\omega t}{(k-m\omega^2)^2+c^2\omega^2}+\frac{(k-m\omega^2)A_0}{(k-m\omega^2)^2+c^2\omega^2}\sin\omega t.$$

所以方程的通解为

$$x=Ae^{\alpha t}\sin(\beta t+\varphi)+\frac{-c\,\omega A_0\cos\omega t}{(k-m\omega^2)^2+c^2\omega^2}+\frac{(k-m\omega^2)A_0}{(k-m\omega^2)^2+c^2\omega^2}\sin\omega t.$$

通解的第一部分 X 是衰减振荡,是二阶系统本身所固有的,当时间 t 愈来愈大时,它愈来愈趋于零;通解的第二部分 $\bar{x}$ 是由外力引起的强迫振动,它不随时间的增加而衰减. 当经过一段时间后,主要考虑第二项 $\bar{x}$,它与外力的频率同为 ω,当外力频率 ω 接近于系统频率 $\beta=\sqrt{1-\zeta^2}\,\omega_0=\sqrt{\frac{k}{m}-\frac{c^2}{4m^2}}$ 时,振幅很大,这种现象称为**共振**现象. 在生产实际中,某些情况下可利用共振现象;但在另一些情况下,共振会产生破坏作用,必须避免.

*【例 8】 振荡电路.

设有由电阻 R、电感 L、电容 C 和电源 E 串联成的 RLC 电路,如图 8-6 所示. R,L,C 都是已知的,分别求出:(1) 当电源 E 为直流电时电流 i 与时间 t 的关系;(2) 当电源 $E=E_0\sin\omega t$ 为交流电时电流 i 与时间 t 的关系.

解 (1) 由电学知,外加电压等于电路上电压降的总和. 在电阻上电压降为 Ri,在电感上的电压降为 $L\frac{di}{dt}$,在电容上的电压降为 $\frac{1}{C}\int i\mathrm{d}t$,于是有

$$L\frac{\mathrm{d}i}{\mathrm{d}t}+Ri+\frac{1}{C}\int i\mathrm{d}t=E.$$

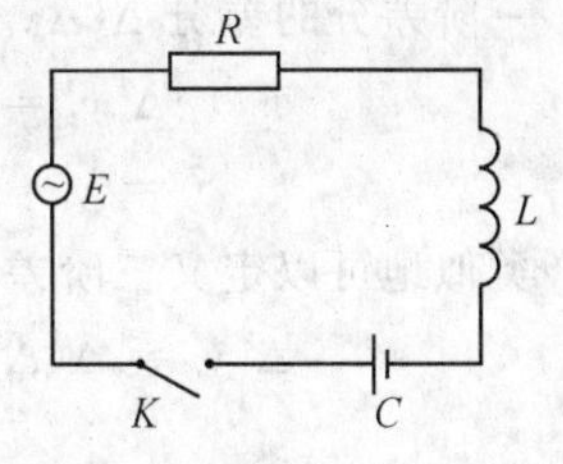

图 8-6

为了消去积分号,方程两边关于 t 求导并除以 L,于是得

$$\frac{\mathrm{d}^2 i}{\mathrm{d}t^2}+\frac{R}{L}\frac{\mathrm{d}i}{\mathrm{d}t}+\frac{1}{LC}i=0.$$

这个方程与上例中的阻尼振荡属同一类型,表示了电振荡与机械振动是相似的,可与上例完全类似地进行讨论.

(2) 可得相应的方程为

$$L\frac{\mathrm{d}i}{\mathrm{d}t}+Ri+\frac{1}{C}\int i\mathrm{d}t=E_0\sin\omega t,$$

方程的两边关于 t 求导,并除以 L,于是得

$$\frac{\mathrm{d}^2 i}{\mathrm{d}t^2}+\frac{R}{L}\frac{\mathrm{d}i}{\mathrm{d}t}+\frac{1}{LC}i=\frac{E_0\omega}{L}\cos\omega t,$$

这个方程与上例中的强迫振荡属同一类型,与上例的讨论也完全类似.

从以上两个实例看到,两种不同的物理现象具有相同形式的微分方程,数学处理也完全相同. 对于二阶温度系统也可得到相同形式的微分方程,由此可见,不同的物理现象往往可用同一个数学模型描述.

*第九节　差分方程

在微分方程中,我们所讨论的函数其变量都是连续的. 但在经济管理或其他实际问题

中,有很多函数问题它们的自变量是定义在整数集上的,函数值的变化以数列形式出现,例如总成本函数,银行存款按期计息等.通常称这类函数的自变量为离散型变量.本节介绍一种分析离散型变量函数关系的数学工具 —— 差分方程.

一、差分的概念和性质

一般地,在连续变化的时间区间内,变量 y 关于时间 t 的变化率是用导数 $\frac{dy}{dt}$ 来刻画的;对离散型的变量 y,我们常取在规定的时间区间上的差商 $\frac{\Delta y}{\Delta t}$ 来刻画它的变化率.若取 $\Delta t = 1$,则

$$\Delta y = y(t+1) - y(t)$$

可以近似地表示变量 y 变化率.由此我们给出差分的定义.

定义 8.2 给定函数 $y_t = y(t)$,称 $y_{t+1} - y_t$ 为函数 $y_t = y(t)$ 在时刻 t 的**一阶差分**,记为 Δy_t,即

$$\Delta y_t = y_{t+1} - y_t = y(t+1) - y(t).$$

一阶差分的差分 $\Delta(\Delta y_t)$ 称为函数 $y_t = y(t)$ 在时刻 t 的**二阶差分**,记 $\Delta^2 y_t$,即

$$\begin{aligned}\Delta^2 y_t &= \Delta(\Delta y_t) = \Delta y_{t+1} - \Delta y_t = y_{t+2} - y_{t+1} - (y_{t+1} - y_t) \\ &= y_{t+2} - 2y_{t+1} + y_t.\end{aligned}$$

类似地可以定义三阶差分

$$\Delta^3 y_t = \Delta(\Delta^2 y_t) = \Delta(y_{t+2} - 2y_{t+1} + y_t) = y_{t+3} - 3y_{t+2} + 3y_{t+1} - y_t,$$

$$\cdots$$

一般地,$y_t = y(t)$ 在时刻 t 的 n 阶差分定义为

$$\begin{aligned}\Delta^n y_t &= \Delta(\Delta^{n-1} y_t) = \Delta^{n-1}(y_{t+1}) - \Delta^{n-1} y_t \\ &= \sum_{i=0}^{n} (-1)^i C_n^i y_{t+n-i}, n = 1,2,\cdots\end{aligned}$$

其中,$C_n^i = \frac{n!}{i!(n-i)!}$.

【例 1】 设 $y_t = t^2$,求 $\Delta y_t, \Delta^2 y_t, \Delta^3 y_t$.

解

$$\begin{aligned}\Delta y_t &= \Delta(t^2) = (t+1)^2 - t^2 = 2t+1, \\ \Delta^2 y_t &= \Delta(\Delta y_t) = \Delta(2t+1) = [2(t+1)+1] - (2t+1) = 2, \\ \Delta^3 y_t &= \Delta(\Delta^2 y_t) = \Delta(2) = 2 - 2 = 0.\end{aligned}$$

注 若 $y_t = y(t)$ 为 t 的 n 次多项式,则 $\Delta^n y_t$ 为常数,且

$$\Delta^m y_t = 0 \quad (m > n).$$

设 $y_t = y(t), z_t = z(t)$,由差分的定义,可得到以下的性质:

(1)$\Delta(Cy_t) = C\Delta y_t$,其中 C 是常数;

(2)$\Delta(y_t \pm z_t) = \Delta y_t \pm \Delta z_t$;

(3)$\Delta(y_t \cdot z_t) = z_t \Delta y_t + y_{t+1} \Delta z_t$;

(4)$\Delta(\frac{y_t}{z_t}) = \frac{z_t \Delta y_t - y_t \Delta z_t}{z_{t+1} \cdot z_t}$ $(z_t \neq 0)$.

【例 2】 求 $y_t = t^2 \cdot 3^t$ 的差分.

解　由差分的性质，有

$$\Delta y_t = \Delta(t^2 \cdot 3^t) = 3^t\Delta(t^2) + (t+1)^2 \cdot \Delta(3^t)$$
$$= 3^t(2t+1) + (t+1)^2 \cdot 2 \cdot 3^t = 3^t(2t^2+6t+3).$$

二、差分方程的概念

先看一个例题.

设 A_0 是初始本金（$t=0$ 时的存款），银行年利率为 r，如以复利计息，试求 t 年末的本利和 A_t.

在该问题中，如将时间 t（t 以年为单位）看作自变量，则本利和 A_t 可看作是 t 的函数：$A_t = f(t)$. 由已知可得 A_{t+1} 与 A_t 之间满足以下关系：

$$A_{t+1} = A_t + rA_t (t = 0,1,2,\cdots), \tag{8.24}$$

由于 $A_t = f(t)$ 在 t 的差分为 $\Delta A_t = A_{t+1} - A_t$，因此上式可表示为

$$\Delta A_t = rA_t (r = 0,1,2,\cdots), \tag{8.25}$$

由(8.24)式容易计算得到 t 年末的本利和为

$$A_t = (1+r)^t A_0 (r = 0,1,2,\cdots). \tag{8.26}$$

在(8.24)式中含有两个未知函数的函数值 A_t 和 A_{t+1}，与之等价的(8.25)中含有未知函数的差分 ΔA_t，像这样的函数方程称为**差分方程**.

一般地，含有未知函数 y_t 以及 y_t 的差分 $\Delta y_t, \Delta^2 y_t, \cdots, \Delta^n y_t$ 的函数方程称为差分方程，其一般形式可表示为：

$$F(t, y_t, \Delta y_t, \Delta^2 y_t, \cdots, \Delta^n y_t) = 0, \tag{8.27}$$

或

$$G(t, y_t, y_{t+1}, \cdots, y_{t+n}) = 0. \tag{8.28}$$

差分方程中未知函数差分的最高阶数称为该**差分方程的阶**.

由差分的定义可知，差分方程的两种形式(8.27)与(8.28)相互之间可以转化.

【例 3】　差分方程 $\Delta^2 y_t - 3y_t = 5^t$ 等价于 $y_{t+2} - 2y_{t+1} - 2y_t = 5^t$.

类似于微分方程中有关的概念，满足差分方程的函数称为该差分方程的解. 若解中含有独立的任意常数的个数等于差分方程的阶数，该解称为差分方程的通解；给任意常数以确定值的解，称为差分方程的特解. 用以确定通解中任意常数的条件称为初始条件. n 阶差分方程的初始条件一般为

$$y_0 = a_0, y_1 = a_1, \cdots, y_{n-1} = a_{n-1}.$$

其中 $a_0, a_1, \cdots, a_{n-1}$ 是已知常数.

(8.26)式是 A_t 与 t 之间的函数关系式，它满足一阶差分方程(8.25)，且 A_0 是任意常数，所以它是差分方程(8.25)的通解.

三、线性差分方程解的基本定理

本节主要研究下列形式的差分方程

$$y_{t+n} + a_1(t) y_{t+n-1} + \cdots + a_n(t) y_t = f(t), \tag{8.29}$$

其中 $a_1(t), a_2(t), \cdots, a_n(t)$ 及 $f(t)$ 都是以 t 为变量的已知函数. 方程(8.29)称为 ***n* 阶线性差分方程**. 若 $f(t) \equiv 0$，则(8.29)称为**齐次线性差分方程**，否则(8.29)称为**非齐次线性差分方程**.

在(8.29)中,若 $a_1(t), a_2(t), \cdots, a_n(t)$ 都是常数,则称该方程为**常系数线性差分方程**.例如,(8.24)是一阶常系数齐次线性差分方程,例3中的差分方程为二阶常系数非齐次线性差分方程.

类似于线性微分方程解的基本定理,线性差分方程的解也具有类似性质.这里仅给出二阶线性差分方程的情形,对任意阶线性差分方程都有类似结论.

二阶线性差分方程的一般形式为

$$y_{t+2} + a(t)y_{t+1} + b(t)y_t = f(t), \tag{8.30}$$

其中 $a(t), b(t)$ 和 $f(t)$ 均为 t 的已知函数,且 $b(t) \neq 0$.若 $f(t) \equiv 0$,则相应的齐次线性差分方程即为

$$y_{t+2} + a(t)y_{t+1} + b(t)y_t = 0. \tag{8.31}$$

定理 8.7 若函数 $y^{[1]}(t), y^{[2]}(t)$ 都是二阶齐次线性差分方程(8.31)的解,则

$$y(t) = C_1 y^{[1]}(t) + C_2 y^{[2]}(t),$$

也是该方程的解,其中 C_1, C_2 是任意常数.

证明 将 $y(t) = C_1 y^{[1]}(t) + C_2 y^{[2]}(t)$ 代入(8.31),由于

$$y_{t+2} = C_1 y^{[1]}(t+2) + C_2 y^{[2]}(t+2),$$

$$y_{t+1} = C_1 y^{[1]}(t+1) + C_2 y^{[2]}(t+1),$$

因此(8.31)左边

$$\begin{aligned}
& y_{t+2} + a(t)y_{t+1} + b(t)y_t \\
&= [C_1 y^{[1]}(t+2) + C_2 y^{[2]}(t+2)] + a(t)[C_1 y^{[1]}(t+1) + C_2 y^{[2]}(t+1)] \\
&\quad + b(t)[C_1 y^{[1]}(t) + C_2 y^{[2]}(t)] \\
&= C_1[y^{[1]}(t+2) + a(t)y^{[1]}(t+1) + b(t)y^{[1]}(t)] + \\
&\quad C_2[y^{[2]}(t+2) + a(t)y^{[2]}(t+1) + b(t)y^{[2]}(t)] \\
&= C_1 \cdot 0 + C_2 \cdot 0 = 0,
\end{aligned}$$

所以 $y(t) = C_1 y^{[1]}(t) + C_2 y^{[2]}(t)$ 是方程(8.31)的解.

定理 8.8 若函数 $y^{[1]}(t), y^{[2]}(t)$ 是二阶齐次线性差分方程(8.31)的线性无关特解,则 $Y(t) = C_1 y^{[1]}(t) + C_2 y^{[2]}(t)$ 是该方程的通解,其中 C_1, C_2 是任意常数.

定理 8.9 若 $y^*(t)$ 是二阶非齐次线性差分方程(8.30)的一个特解,$Y(t)$ 是齐次线性差分方程(8.31)的通解,则差分方程(8.30)的通解为

$$y_t = Y(t) + y^*(t).$$

定理 8.10 若函数 $y^{[1]}(t), y^{[2]}(t)$ 分别是二阶非齐次线性差分方程

$$y_{t+2} + a(t)y_{t+1} + b(t)y_t = f_1(t)$$

与

$$y_{t+2} + a(t)y_{t+1} + b(t)y_t = f_2(t)$$

的特解,则 $y^{[1]}(t) + y^{[2]}(t)$ 是差分方程 $y_{t+2} + a(t)y_{t+1} + b(t)y_t = f_1(t) + f_2(t)$ 的特解.

定理 8.9 与定理 8.10 读者自己证明.

四、一阶常系数线性差分方程

一阶常系数线性差分方程的一般形式为

$$y_{t+1} + ay_t = f(t), \tag{8.32}$$

其中常数 $a \neq 0$，$f(t)$ 为 t 的已知函数，当 $f(t)$ 不恒为零时，(8.32) 式为一阶常系数非齐次线性差分方程；当 $f(t) \equiv 0$ 时，

$$y_{t+1} + ay_t = 0 \tag{8.33}$$

为一阶常系数齐次线性差分方程.

下面给出一阶常系数线性差分方程的解法.

1. 一阶常系数齐次线性差分方程

一阶常系数齐次线性差分方程的通解可用迭代法求得. 设 $y_0 = C$ 已知，将方程(8.33)表示成 $y_{t+1} = (-a)y_t$，把 $t = 0,1,2,\cdots$ 代入上式，得

$$y_1 = (-a)y_0 = C(-a),$$

$$y_2 = (-a)y_1 = C(-a)^2,$$

$$\cdots$$

$$y_t = (-a)y_{t-1} = C(-a)^t, \tag{8.34}$$

由于 C 是任意的，因此最后一式就是差分方程(8.33) 的通解.

【例 4】 求差分方程 $y_{t+1} - 2y_t = 0$ 的通解.

解 由公式(8.34) 得，方程的通解为

$$y_t = C2^t.$$

2. 一阶常系数非齐次线性差分方程

由定理 8.9 知，若 $Y(t)$ 是(8.32) 所对应的齐次差分方程(8.33) 的通解，$y^*(t)$ 是(8.32) 的一个特解，则(8.32) 的通解即为 $y_t = Y(t) + y^*(t)$. 齐次差分方程(8.33) 的通解 $Y(t)$ 已由(8.34) 给出，因此如果能求出(8.32) 的一个特解，就可得到(8.32) 的通解. 下面对右端项 $f(t)$ 的几种常用形式给出求其特解 $y^*(t)$ 的方法.

(1) $f(t) = b$ 为常数

此时，非齐次差分方程(8.32) 可写作

$$y_{t+1} = (-a)y_t + b.$$

分别以 $t = 0,1,2,\cdots$ 代入上式，得

$$y_1 = (-a)y_0 + b,$$

$$y_2 = (-a)y_1 + b = (-a)^2 y_0 + b[1 + (-a)],$$

$$y_3 = (-a)y_2 + b = (-a)^3 y_0 + b[1 + (-a) + (-a)^2],$$

$$\cdots$$

$$y_t = (-a)^t y_0 + b[1 + (-a) + (-a)^2 + \cdots + (-a)^{t-1}],$$

(i) 若 $a \neq -1$，

$$y_t = (-a)^t y_0 + b\frac{1-(-a)^t}{1+a} = (-a)^t\left(y_0 - \frac{b}{1+a}\right) + \frac{b}{1+a}$$

$$= C(-a)^t + \frac{b}{1+a}, t = 0,1,2,\cdots$$

其中 $C = y_0 - \dfrac{b}{1+a}$ 为任意常数.

(ii) 若 $a = -1$，则

$$y_t = y_0 + bt = C + bt, t = 0,1,2,\cdots$$

其中 $C = y_0$ 为任意常数.

综上所述,差分方程 $y_{t+1} + ay_t = b$ 的通解为

$$y = \begin{cases} C(-a)^t + \dfrac{b}{1+a}, & a \neq -1, \\ C + bt, & a = -1. \end{cases} \tag{8.35}$$

【例 5】 求解差分方程 $y_{t+1} - 3y_t = 2$.

解 由于 $a = -3, b = 2$,故方程的通解为

$$y_t = C3^t - 1. (C \text{ 为任意常数})$$

(2) $f(t) = p_n(t)$ 为关于自变量 t 的已知 n 次多项式

这时方程(8.32) 的形式为

$$y_{t+1} + ay_t = p_n(t), \tag{8.36}$$

其中 a 为已知常数, $p_n(t)$ 是关于自变量 t 的已知 n 次多项式. 即

$$p_n(t) = a_0 + a_1 t + \cdots + a_n t^n.$$

此时可设想方程(8.36) 有形如 $y^*(t) = t^s Q_n(t)$ 的特解,即

$$y^*(t) = t^s(b_0 + b_1 t + \cdots + b_n t^n) = b_0 t^s + b_1 t^{s+1} + \cdots + b_n t^{s+n}, \tag{8.37}$$

其中 $s, b_k (k = 0,1,2,\cdots,n)$ 为待定常数,且 $b_n \neq 0$.

由于将(8.37) 代入方程(8.36) 后等式左边的多项式最高次也必须是 n 次,考虑当(8.37) 中最高次项 $b_n t^{s+n}$ 代入(8.36) 情形

$$\begin{aligned} b_n(t+1)^{s+n} + ab_n t^{s+n} &= b_n[t^{s+n} + (s+n)t^{s+n-1} + \cdots + at^{s+n}] \\ &= b_n[(1+a)t^{s+n} + (s+n)t^{s+n-1} + \cdots + 1], \end{aligned}$$

由此可知,当 $a \neq -1$ 时,取 $s = 0$;当 $a = -1$ 时,取 $s = 1$. 故得下列特解形式:

$$y^*(t) = \begin{cases} tQ_n(t), & \text{当 } a = -1 \text{ 时}, \\ Q_n(t), & \text{当 } a \neq -1 \text{ 时}. \end{cases} \tag{8.38}$$

其中, $Q_n(t)$ 是与 $p_n(t)$ 同次多项式,其系数待定,即

$$Q_n(t) = b_0 + b_1 t + \cdots + b_n t^n,$$

式中的 $b_k (k = 0,1,2,\cdots,n)$,通过将所设(8.38) 中 $y^*(t)$ 代入方程(8.36),然后比较等式左右两边多项式的系数即可确定.

【例 6】 求差分方程 $y_{t+1} + y_t = 3 + 2t$ 的通解.

解 此方程对应的齐次差分方程 $y_{t+1} + y_t = 0$ 的通解为

$$Y(t) = C(-1)^t.$$

由于 $f(t) = 3 + 2t, a = 1$,因此非齐次差分方程的特解可设为

$$y^*(t) = b_0 + b_1 t,$$

将其代入已知差分方程得

$$2b_0 + b_1 + 2b_1 t = 3 + 2t,$$

比较该方程的两端关于 t 的同次幂的系数,可解得 $b_0 = 1, b_1 = 1$. 故 $y^*(t) = 1 + t$.

于是,所求通解为

$$y_t = Y(t) + y^* = C(-1)^t + 1 + t (C \text{ 为任意常数}).$$

(3) $f(t) = p_n(t) b^t$ (已知常数 $b \neq 0,1$)

这时方程(8.32) 的形式为

$$y_{t+1} + ay_t = p_n(t)b^t, \tag{8.39}$$

其中 a,b 为已知常数，$p_n(t)$ 是关于自变量 t 的已知 n 次多项式.

此时取形如

$$y^*(t) = t^s Q_n(t)b^t$$

的特解，其中 $Q_n(t)$ 是与 $p_n(t)$ 同次多项式，其系数待定；s 也是待定常数，与(2)中类似分析方法可得，当 $a \neq -b$ 时，取 $s=0$；$a=-b$ 时，取 $s=1$. 即方程(8.39)的特解形式为

$$y^*(t) = \begin{cases} tQ_n(t)b^t, \text{当 } a=-b \text{ 时}, \\ Q_n(t)b^t, \text{当 } a \neq -b \text{ 时}. \end{cases} \tag{8.40}$$

【例 7】 求差分方程 $y_{t+1} + y_t = 2^t$ 的通解.

解 对应的齐次差分方程的通解为

$$Y(t) = C(-1)^t.$$

由于 $f(t) = 2^t, a=1, b=2$，因此设非齐次差分方程特解形式为

$$y^*(t) = b_0 2^t.$$

将其代入已知方程，有

$$b_0 2^{t+1} + b_0 2^t = 2^t,$$

解得 $b_0 = \frac{1}{3}$，所以 $y^*(t) = \frac{1}{3}2^t$. 于是，所求通解为

$$y_t = Y(t) + y^*(t) = C(-1)^t + \frac{1}{3}2^t, (C \text{ 为任意常数}).$$

【例 8】 求差分方程 $y_{t+1} - y_t = (t+1)3^t + \frac{1}{3}$ 的通解.

解 可先求解如下两个方程

$$y_{t+1} - y_t = 3^t(t+1), \tag{8.41}$$

$$y_{t+1} - y_t = \frac{1}{3}, \tag{8.42}$$

对于方程(8.41)：$f(t) = 3^t(t+1), b=3, a=-1$，设特解为 $y_1^*(t) = 3^t(b_0 + b_1 t)$，将其代入方程(8.41)有

$$3^{t+1}[b_0 + b_1(t+1)] - 3^t(b_0 + b_1 t) = 3^t(t+1),$$

可解得 $b_0 = -\frac{1}{4}, b_1 = \frac{1}{2}$. 故 $y_1^*(t) = 3^t(-\frac{1}{4} + \frac{1}{2}t)$.

对于方程(8.42)：$f(t) = \frac{1}{3}$，由(8.35)可得一个特解为 $y_2^*(t) = \frac{1}{3}t$.

而相应的齐次差分方程 $y_{t+1} - y_t = 0$ 的通解为 $Y(t) = C$，因此所求通解为

$$y_t = Y(t) + y_1^* + y_2^* = C + 3^t(\frac{1}{2}t - \frac{1}{4}) + \frac{1}{3}t, (C \text{ 为任意常数}).$$

五、二阶常系数线性差分方程的解法

二阶常系数线性差分方程的一般形式为

$$y_{t+2} + ay_{t+1} + by_t = f(t), \tag{8.43}$$

其中 a,b 为已知常数，且 $b \neq 0$，$f(t)$ 为已知函数. 与方程(8.43)相对应的二阶齐次线性差分方程为

$$y_{t+2}+ay_{t+1}+by_t=0. \tag{8.44}$$

1. 二阶常系数齐次线性差分方程

为了求出二阶非齐次差分方程(8.43)的通解,首先要求出两个线性无关的特解.与二阶常系数线性齐次微分方程同样分析,注意到方程(8.44)的特点,使得 y_{t+2},y_{t+1} 均是 y_t 的常数倍即可解决求方程(8.44)特解问题,而函数 $\lambda^{t+1}=\lambda\cdot\lambda^t$ 恰满足这个特点.不妨设方程有形如下式的特解

$$y_t=\lambda^t,$$

其中 λ 是非零待定常数.将其代入方程(8.44)式有

$$\lambda^t(\lambda^2+a\lambda+b)=0.$$

因为 $\lambda^t\neq 0$,所以 $y_t=\lambda^t$ 是方程(8.44)的解的充要条件是

$$\lambda^2+a\lambda+b=0. \tag{8.45}$$

称二次代数方程(8.45)为差分方程(8.43)或(8.44)的**特征方程**,对应的根称为**特征根**.仿照二阶常系数线性齐次微分方程,根据特征根的三种情况,可分别给出方程(8.44)的通解.

(1) 特征方程有两个相异实根 λ_1 与 λ_2

此时,齐次差分方程(8.44)有两个特解 $y^{[1]}(t)=\lambda_1^t$ 和 $y^{[2]}(t)=\lambda_2^t$,且它们线性无关.于是,其通解为

$$y_t=C_1\lambda_1^t+C_2\lambda_2^t(C_1,C_2\text{ 为任意常数}).$$

(2) 特征方程有同根 $\lambda_1=\lambda_2$

这时,$\lambda_1=\lambda_2=-\frac{1}{2}a$,齐次差分方程(8.44)有一个特解

$$y^{[1]}(t)=(-\frac{1}{2}a)^t,$$

直接验证可知 $y^{[2]}(t)=t(-\frac{1}{2}a)^t$ 也是齐次差分方程(8.44)的特解.显然,$y^{[1]}(t)$ 与 $y^{[2]}(t)$ 线性无关.于是,齐次差分方程(8.44)的通解为

$$y_t=(C_1+C_2t)(-\frac{1}{2}a)^t(C_1,C_2\text{ 为任意常数}).$$

(3) 特征方程有共轭复根 $\lambda_{1,2}=\alpha\pm \mathrm{i}\beta$

此时,通解的形式为

$$y_t=C_1(\alpha+\mathrm{i}\beta)^t+C_2(\alpha-\mathrm{i}\beta)^t(C_1,C_2\text{ 为任意常数}),$$

为了得到实数形式的通解,利用欧拉公式,记

$$\alpha\pm\mathrm{i}\beta=r(\cos\theta\pm\mathrm{i}\sin\theta),$$

其中 $r=\sqrt{\alpha^2+\beta^2}\,\theta$ 由 $\tan\theta=\frac{\beta}{\alpha}$ 确定,$\theta\in(0,\pi)$.则

$$y^{[1]}(t)=\lambda_1^t=r^t(\cos\theta t+\mathrm{i}\sin\theta t),\quad y^{[2]}(t)=\lambda_2^t=r^t(\cos\theta t-\mathrm{i}\sin\theta t),$$

都是方程(8.44)的特解,易证

$$\frac{1}{2}[y^{[1]}(t)+y^{[2]}(t)]\text{及}\frac{1}{2\mathrm{i}}[y^{[1]}(t)-y^{[2]}(t)]$$

也都是方程(8.44)的特解,即 $r^t\cos\theta t$ 及 $r^t\sin\theta t$ 是(8.44)两个实数形式的特解,从而齐次差分方程(8.44)的通解为

$$y_t = r^t(C_1\cos\theta t + C_2\sin\theta t)(C_1, C_2 \text{ 为任意常数}).$$

【例 9】　求差分方程 $y_{t+2} - 6y_{t+1} + 9y_t = 0$ 的通解.

解　特征方程是 $\lambda^2 - 6\lambda + 9 = 0$,特征根为二重根 $\lambda_1 = \lambda_2 = 3$,于是,所求通解为

$$y_t = (C_1 + C_2 t)3^t(C_1, C_2 \text{ 为任意常数}).$$

【例 10】　求差分方程 $y_{t+2} - 4y_{t+1} + 16y_t = 0$ 满足初值条件 $y_0 = 1$, $y_1 = 2 + 2\sqrt{3}$ 的特解.

解　特征方程为 $\lambda^2 - 4\lambda + 16 = 0$,它有一对共轭复根 $\lambda_{1,2} = 2 \pm 2\sqrt{3}i$. $r = \sqrt{16} = 4$, $\tan\theta = \sqrt{3}$,得 $\theta = \frac{\pi}{3}$. 于是原方程的通解为

$$y_t = 4^t(C_1\cos\frac{\pi}{3}t + C_2\sin\frac{\pi}{3}t).$$

将初值条件 $y_0 = 1$, $y_1 = 2 + 2\sqrt{3}$ 代入上式解得 $C_1 = 1, C_2 = 1$. 于是所求特解为

$$y(t) = 4^t(\cos\frac{\pi}{3}t + \sin\frac{\pi}{3}t).$$

2. 二阶常系数非齐次线性差分方程

仅考虑方程(8.43)中 $f(t)$ 取某些特殊形式的函数时的情形.

(1) $f(t) = p_n(t)$ 为关于自变量 t 的已知 n 次多项式

这时方程(8.43)的形式为

$$y_{t+2} + ay_{t+1} + by_t = p_n(t), \tag{8.46}$$

其中 a, b 为已知常数, $p_n(t)$ 是关于自变量 t 的已知 n 次多项式.

根据方程(8.46)中系数 a, b 的不同情形,该方程有以下形式特解

$$y^*(t) = \begin{cases} Q_n(t), & 1 + a + b \neq 0, \\ tQ_n(t), & 1 + a + b = 0, \text{但 } 2 + a \neq 0, \\ t^2Q_n(t), & 1 + a + b = 0, \text{且 } 2 + a = 0. \end{cases} \tag{8.47}$$

其中 $Q_n(t) = b_0 + b_1 t + \cdots + b_n t^n$,式中的 $b_k(k = 0, 1, 2, \cdots, n)$,通过将所设(8.47)中 $y^*(t)$ 代入方程(8.46),然后比较等式左右两边多项式的系数即可确定.

【例 11】　求差分方程 $y_{t+2} + 3y_{t+1} - 4y_t = t$ 的通解.

解　特征方程为 $\lambda^2 + 3\lambda - 4 = 0$,解得特征根为 $\lambda_1 = 1, \lambda_2 = -4$.

于是对应的齐次方程的通解为

$$Y(t) = C_1 + C_2(-4)^t,$$

而 $1 + a + b = 1 + 3 - 4 = 0$,但 $2 + a = 5 \neq 0$,故设 $y^*(t) = t(b_0 + b_1 t)$,代入题设方程,得

$$b_0(t + 2) + b_1(t + 2)^2 + 3b_1(t + 1)^2 + 3b_0(t + 1) - 4b_0 t - 4b_1 t^2 = t,$$

比较两边同次项系数,得

$$b_0 = -\frac{7}{50}, b_1 = \frac{1}{10},$$

因此特解为 $y^*(t) = t(-\frac{7}{50} + \frac{1}{10}t)$. 所求通解为

$$y_t = Y(t) + y^* = C_1 + C_2(-4)^t + t(-\frac{7}{50} + \frac{1}{10}t)(C_1, C_2 \text{ 为任意常数}).$$

(2)$f(t)=p_n(t)q^t$(已知常数 $q\neq 0,1$)

这时方程(8.43)的形式为

$$y_{t+2}+ay_{t+1}+by_t=p_n(t)q^t, \tag{8.48}$$

其中 a,b 为已知常数,$p_n(t)$ 是关于自变量 t 的已知 n 次多项式.

类似地,根据方程(8.48)中系数 q 的不同情形,该方程有以下形式特解

$$y^*(t)=\begin{cases}Q_n(t)q^t, & q\text{ 不是特征根},\\ tQ_n(t)q^t, & q\text{ 是特征方程单根},\\ t^2Q_n(t)q^t, & q\text{ 是特征方程的重根}.\end{cases} \tag{8.49}$$

其中 $Q_n(t)=b_0+b_1t+\cdots+b_nt^n$,式中的 $b_k(k=0,1,2,\cdots,n)$,通过将所设(8.49)中 $y^*(t)$ 代入方程(8.48),然后比较等式左右两边多项式的系数即可确定.

【例 12】 求差分方程 $y_{t+2}-6y_{t+1}+9y_t=3^t$ 的通解.

解 特征方程为 $\lambda^2-6\lambda+9=0$,特征根为

$$\lambda_1=\lambda_2=3.$$

$f(t)=3^t$,因 $q=3$ 为二重根,应设特解为

$$y^*(t)=b_0t^23^t,$$

将其代入差分方程得

$$b_0(t+2)^23^{t+2}-6b_0(t+1)^23^{t+1}+9b_0t^23^t=3^t,$$

解得

$$b_0=\frac{1}{18},$$

特解为

$$y^*(t)=\frac{1}{18}t^23^t,$$

通解为

$$y_t=Y(t)+y^*(t)=(C_1+C_2t)3^t+\frac{1}{18}t^23^t(C_1,C_2\text{ 为任意常数}).$$

六、差分方程在经济学中的应用举例

1. 筹措教育经费模型

某家庭从现在开始,从每月工资中拿出一部分资金存入银行,用于投资子女的教育,计划20年后开始从投资账户中每月支取1000元,直到10年后子女大学毕业用完全部资金.要实现这个投资目标,20年内共要筹措多少资金?每月要在银行存入多少钱?假设投资的月利率为0.5%.

为此,设第 t 个月投资账户资金为 S_t 元,每月存入资金为 a 元.于是,20年后关于 S_t 的差分方程模型为

$$S_{t+1}=1.005S_t-1000. \tag{8.50}$$

且 $S_{120}=0,S_0=x$.

解方程(8.50)得通解

$$S_t=1.005^tC-\frac{1000}{1-1.005}=1.005^tC+200000,$$

其中 C 为任意常数，由

$$S_{120} = 1.005^{120}C + 200000 = 0,$$
$$S_0 = C + 200000 = x,$$

从而有

$$x = 200000 - \frac{200000}{1.005^{120}} = 90073.45.$$

从现在到 20 年内，S_n 满足的差分方程为

$$S_{t+1} = 1.005S_t + a, \tag{8.51}$$

且 $S_0 = 0, S_{240} = 90073.45$.

解方程(8.51)，得通解

$$S_t = 1.005^t C + \frac{a}{1-1.005} = 1.005^t C - 200a,$$

以及

$$S_{240} = 1.005^{240}C - 200a = 90073.45,$$
$$S_0 = C - 200a = 0,$$

从而有

$$a = 194.95.$$

即要达到投资目标，20 年内要筹措资金 90073.45 元，平均每月要存入银行 194.95 元.

2. 价格与库存模型

经济学中，库存与价格两者之间有密切的联系，下面建立相应的数学模型. 设 P_t 为 t 时段某产品的价格，L_t 为 t 时段产品的库存量，$\widetilde{L}$ 为该产品的合理库存量. 一般情况下，如果库存量超过合理库存量，则该产品的售价就会下跌，如果库存量低于合理库存量，则该产品的售价就会上涨，由此可建立方程

$$P_{t+1} - P_t = C(\widetilde{L} - L_t), \tag{8.52}$$

其中 C 为比例常数. 由(8.52) 变形可得

$$P_{t+2} - 2P_{t+1} + P_t = -C(L_{t+1} - L_t). \tag{8.53}$$

又设库存量 L_t 的改变与产品销售状态有关，且在第 $t+1$ 时段库存增加量等于该时段的供求之差，即

$$L_{t+1} - L_t = S_{t+1} - D_{t+1}, \tag{8.54}$$

假若供给函数和需求函数分别为

$$S_t = a(P_t - \alpha), \quad D_t = -b(P_t - \alpha) + \beta,$$

代入到(8.54) 式得

$$L_{t+1} - L_t = (a+b)P_{t+1} - a\alpha - b\alpha,$$

再由(8.53) 式得方程

$$P_{t+2} + [C(a+b) - 2]P_{t+1} + P_t = (a+b)\alpha. \tag{8.55}$$

设方程(8.55) 的特解为 $P_t^* = A$，代入方程得 $A = \alpha$，方程(8.55) 对应的齐次方程的特征方程为

$$\lambda^2 + [C(a+b) - 2]\lambda + 1 = 0,$$

解得 $\lambda_{1,2} = -r \pm \sqrt{r^2 - 1}$，$r = \dfrac{1}{2}[C(a+b) - 2]$.

若 $|r|<1$,并设 $r=\cos\theta$,则方程(8.55) 的通解为

$$P_t = B_1\cos t\theta + B_2\sin t\theta + \alpha.$$

若 $|r|>1$,则 λ_1,λ_2 为两个实根,方程(8.55) 的通解为

$$P_t = A_1\lambda_1^t + A_2\lambda_2^t + \alpha.$$

此时由于 $\lambda_2=-r-\sqrt{r^2-1}<-r<-1$,则当 $t\to+\infty$ 时,λ_2^t 将迅速变化,方程无稳定解.

因此,当 $-1<r<1$,即 $0<r+1<2$,亦即 $0<C<\dfrac{4}{a+b}$ 时,价格相对稳定.其中 a,b,C 为正常数.

阅读

高斯(Gauss, Carl Friedrich, 1777－1855),德国数学家、物理学家、天文学家

高斯,1777 年 4 月 30 日生于布伦瑞克,祖父是农民,父亲是园丁兼泥瓦匠。高斯幼年时就显露出非凡的数学才华。10 岁时,发现了 1＋2＋3＋…＋100 的简捷算法;11 岁时,发现了二项式定理。在卡罗林学院学习期间,他发现了素数定理(未证明)与最小二乘法,并提出了概率论中的正态分布;在哥廷根大学深造期间,他证明了正十七边形能用尺规作图;22 岁时,获黑尔姆斯泰特大学博士学位;30 岁时被聘为哥廷根大学数学和天文学教授,并担任该校天文台的台长。

高斯是世界上最伟大的数学家之一,他在数学的各个领域处处“留芳”。他第一次严格证明了代数基本定理,即“每一个实系数或复系数的任意多项式方程必存在实根或复根”;他的《算术研究》奠定了近代数论的基础;他的《一般曲面论》是近代微分几何的开端;他的《无穷级数的一般研究》开创了关于级数收敛性研究的新时代;以高斯的姓名命名的“专有名词”比比皆是:高斯公式、高斯积分、高斯曲率、高斯分布、高斯方程、高斯曲线、高斯平面……

在慕尼黑博物馆内存有高斯的画像,画像下面有一首称赞高斯的诗:

“他的思想深入数学、空间、大自然的奥秘。他测量了星星的路径、地球的形状和自然力。他推动了数学的进展直到下个世纪。”

高斯 1855 年 2 月 23 日卒于哥廷根。

习题八

基本题

第一节习题

1. 指出下列微分方程的阶数.

(1) $y''-6y^{(3)}=0$;　　(2) $y^4(y')^2-x^2y=x^3$;

(3) $(y'')^2-5(y')^3=\sin x$;　　(4) $(x^2+y^2)\mathrm{d}y-xy\mathrm{d}x=0$.

2. 验证函数 $y=x\sqrt{1-x^2}$ 是否满足微分方程 $yy'=x-2x^3$.

3. 验证函数 $y=(C_1+C_2x)\mathrm{e}^x$ 是否满足微分方程 $y''-2y'+y=0$.

4. 验证由方程 $y-x=ce^y$ 确定的隐函数 $y=f(x)$ 是微分方程 $(x-y+1)y'=1$ 的解.

5. 求下列初值问题的解.

(1) $\begin{cases}\dfrac{dy}{dx}=\tan x,\\ y\big|_{x=0}=1.\end{cases}$　(2) $\begin{cases}\dfrac{d^2s}{dt^2}=g(g\text{ 为常数}),\\ s(0)=10,s'(0)=-5.\end{cases}$

第二节习题

6. 求下列可分离变量微分方程的解(或特解).

(1) $xyy'=1-x^2$；　(2) $xdy+dx=e^ydx$；

(3) $x(1-y)+(y+xy)y'=0$；　(4) $(x^2-x^2y)dy+(y^2+xy^2)dx=0$；

(5) $y'(x^2-4)=2xy,y\big|_{x=0}=1$；　(6) $\dfrac{dx}{dt}=(1+\ln t)x,x(1)=1$.

7. 求下列齐次型微分方程的通解(或特解).

(1) $xy'-x\sin\dfrac{y}{x}-y=0$；　(2) $\dfrac{dy}{dx}=e^{\frac{y}{x}}+\dfrac{y}{x}$；

(3) $\dfrac{dy}{dx}=\dfrac{xy}{x^2+y^2},y\big|_{x=0}=1$；　(4) $xy'-y-\sqrt{x^2+y^2}=0,y\big|_{x=1}=0$.

8. 用适当的变量代换求解下列微分方程的通解.

(1) $y'=\dfrac{1}{x-y}+1$；　(2) $y'=(2-x+y)^2$；

(3) $xdy+ydx=e^{xy}dx$.

9. 求下列一阶线性微分方程的通解(或特解).

(1) $y'-\dfrac{2}{x+1}y=(x+1)^3$；　(2) $y'+y\cos x=\dfrac{1}{2}\sin 2x$；

(3) $(x^2+1)\dfrac{dy}{dx}+2xy=4x^2$；　(4) $y\ln ydx+(x-\ln y)dy=0$；

(5) $y'-2xy=xe^{-x^2},y\big|_{x=0}=1$；　(6) $(1-x^2)y'+xy=1,y\big|_{x=0}=1$.

10. 求下列微分方程的通解(或特解).

(1) $yy'-xy^2=x$；　(2) $y'=\dfrac{y}{y-x},y\big|_{x=1}=1$；

(3) $(y+x)dy+(x-y)dx=0$；　(4) $\begin{cases}\dfrac{dy}{dx}-\dfrac{1}{x}y=e^xx,\\ y\big|_{x=1}=e+1;\end{cases}$

(5) $t\dfrac{dx}{dt}=t\sin t-x$；　(6) $\dfrac{dy}{dx}-3xy=xy^2,y\big|_{x=0}=-\dfrac{3}{2}$.

第三节习题

11. 求下列微分方程的通解(或特解).

(1) $y''=x\sin x$；　(2) $y''=6x-4\sin(2x),y\big|_{x=0}=1,y'\big|_{x=0}=2$；

(3) $y''=y'+e^x$；　(4) $(1+x^2)y''-2xy'=0;y\big|_{x=1}=6,y'\big|_{x=1}=6$；

(5) $xy''+y'=0$；　(6) $y''=3\sqrt{y}, y\big|_{x=0}=1, y'\big|_{x=0}=2$；

(7) $yy''-(y')^2-y'=0$；　(8) $yy''=(y')^2, y\big|_{x=0}=1, y'\big|_{x=0}=2$.

第五节习题

12. 求下列常系数齐次线性方程的通解或初值问题的解.

(1) $y''-2y'=0$；　(2) $y''+2y=0$；　(3) $y''-2y'+y=0$；

(4) $y''-2y'-2y=0$；　(5) $y''-5y'+4y=0,\ y(0)=5, y'(0)=8$；

(6) $y''+2y'+y=0,\ y(0)=4, y'(0)=-2$；　(7) $4y''-8y'+5y=0$.

13. 建立二阶常系数齐次线性微分方程,已知系数是实数,且一个特征根为 $r_1=3+2i$,并写出微分方程的通解.

14. 设边值问题,$y''+\lambda y=0, y(0)=y(1)=0$,讨论 λ 的取值使方程有非零解.

15. 讨论当 p,q 取什么值时,方程 $y''+py'+qy=0$ 的一切解,当 x 趋向于正无穷大时,都趋向于零.

第六节习题

16. 求下列常系数非齐次线性方程的通解或初值问题的解.

(1) $y''+4y'=-1$；　(2) $y''+6y'+5y=-10x+8$；

(3) $y''+y=xe^{-x}$；　(4) $y''-4y=e^{2x}, y(0)=1, y'(0)=2$；

(5) $2y''+y'-y=2e^x$；　(6) $y''+3y'+2y=3xe^{-x}$；

(7) $y''-6y'+9y=(x+1)e^{3x}$；　(8) $y''+y=\sin x$；

(9) $y''+y=e^x+\cos x$；　(10) $y''+y=\sin x\cos x$；

(11) $2y''+5y'=\cos^2 x$；　(12) $y''-2y'+2y=e^{-x}\cos x$.

17. 设 $\varphi(x)=e^x-\int_0^x(x-\mu)\varphi(\mu)\mathrm{d}\mu$,其中 $\varphi(x)$ 为连续函数,求 $\varphi(x)$.

18. 求下列欧拉方程的通解或初值问题的解.

(1) $x^2y''-2xy'+2y=x\ln x$；　(2) $x^3y''-x^2y'+xy=1$；

(3) $x^2y''+xy'-4y=x^3$；　(4) $x^2y''-3xy'+4y=x+x^2\ln x$；

(5) $x^2y''-xy'+y=2x,\ y(1)=0, y'(1)=1$.

***第七节习题**

19. 求下列微分方程组的通解或初值问题的特解.

(1) $\begin{cases}\dfrac{\mathrm{d}y}{\mathrm{d}x}=z,\\ \dfrac{\mathrm{d}z}{\mathrm{d}x}=y;\end{cases}$　(2) $\begin{cases}\dfrac{\mathrm{d}x}{\mathrm{d}t}+\dfrac{\mathrm{d}y}{\mathrm{d}t}=-x+y+3,\\ \dfrac{\mathrm{d}x}{\mathrm{d}t}-\dfrac{\mathrm{d}y}{\mathrm{d}t}=x+y-3;\end{cases}$

(3) $\begin{cases}\dfrac{\mathrm{d}x}{\mathrm{d}t}+3x-y=0, x|_{t=0}=1,\\ \dfrac{\mathrm{d}y}{\mathrm{d}t}-8x+y=0, y|_{t=0}=4;\end{cases}$　(4) $\begin{cases}2\dfrac{\mathrm{d}x}{\mathrm{d}t}-4x+\dfrac{\mathrm{d}y}{\mathrm{d}t}-y=e^t, x|_{t=0}=\dfrac{3}{2},\\ \dfrac{\mathrm{d}x}{\mathrm{d}t}+3x+y=0, y|_{t=0}=0.\end{cases}$

第八节习题

20. 在化学反应中，设某物质的数量随时间改变的速率是与这一物质当时的数量成正比的. 如果一小时内 100g 的该物质减为 54.9g，求 10 小时后还剩下多少克该物质？

21. 试写出一瓶从 5℃ 电冰箱中取出放于 20℃ 房间中的橙汁其温度随时间变化的微分方程，并解此微分方程.

22. 某商品的需求量 Q 对价格 P 的弹性为 $P\ln 3$. 已知该商品的最大需求量为 1200（即当 $P=0$ 时，$Q=1200$），求需求量 Q 对价格 P 的函数关系.

23. 一质量为 m 克的物体在 $t=0$ 时刻由静止开始下落，已知空气阻力的大小等于瞬时速度的 2 倍，试求该物体的运动方程.

24. 假设人们开始在一间空间大小为 $60\mathrm{m}^3$ 的房间里吸烟，从而向房间内输入含 5% 一氧化碳的空气，输入速率为 $0.002\mathrm{m}^3/\mathrm{min}$. 假设烟气与其他空气立即均匀混合起来，并且混合气体也是以 $0.002\mathrm{m}^3/\mathrm{min}$ 的速率排出房间. 设最初房间内一氧化碳的浓度为零，求：

(1) 经过 t 分钟后房间内一氧化碳的浓度.

(2) 有研究表明，在含有 0.1% 一氧化碳的空气中待上一会儿可导致昏迷，试问多长时间后房间内的一氧化碳达到这一浓度？

25. 设曲线对称于 x 轴，且原点发射出的光线经该曲线反射后都平行于 x 轴的正方向，求此曲线方程.

26. 物体在冲击作用下得到初速 v_0，沿着水平面滑动，摩擦力为 $-km$（k 为比例常数，m 为物体质量），求物体所能走的距离.

*27. 设电阻 $R=250$ 欧，电感 $L=1$ 亨，电容 $C=10^{-4}$ 法拉的串联电路，外加直流电压 $E=100$ 伏，当时间 $t=0$ 时，电流 $i=0$ 安及 $\dfrac{\mathrm{d}i}{\mathrm{d}t}=100$ 安 / 秒. 求电路中电流与时间的函数关系.

***第九节习题**

28. 求下列函数的一阶差分与二阶差分.

(1) $y=t^2+2t$；　　(2) $y=\mathrm{e}^{2t}$；

(3) $y=\ln t$；　　(4) $y=\sin 3t$.

29. 证明下列等式.

(1) $\Delta(u_tv_t)=u_{t+1}\Delta v_t+v_t\Delta u_t$；　　(2) $\Delta\left(\dfrac{u_t}{v_t}\right)=\dfrac{v_t\Delta u_t-u_t\Delta v_t}{v_tv_{t+1}}$.

30. 求下列差分方程或初始问题的解.

(1) $y_{t+1}+y_t=2^t$；　　(2) $\begin{cases} y_{t+1}+y_t=2t^2+t-1, \\ y_0=1. \end{cases}$

31. 求下列差分方程或初始问题的解.

(1) $\begin{cases} y_{t+2}+y_{t+1}-2y_t=12, \\ y_0=0, \\ y_1=0; \end{cases}$

(2) $y_{t+2}+5y_{t+1}+4y_t=t$;

(3) $y_{t+2}+3y_{t+1}-4y_t=\mathrm{e}^t$.

32. 设 $u_n=f(n), n=0,1,2,\cdots$ 由下列递推关系确定,即

$$u_0=0, u_1=1, u_n=u_{n-1}+u_{n-2}\ (n=2,3,\cdots),$$

试求 u_n 的表达式.

33. 设某产品在时期 t 的价格、总供给量与总需求分别为 P_t, S_t 与 D_t,并满足 (i) $S_t=D_t$, (ii) $D_t=-4P_t+5$, (iii) $S_t=2P_t+2$.

(1) 试求 P_t 所满足的差分方程;

(2) 若 $P_0=1$,试求(1)中差分方程的解.

自测题

一、填空

1. 微分方程 $y^3\dfrac{\mathrm{d}^2y}{\mathrm{d}x^2}+1=0$ 是________阶微分方程.

2. 微分方程 $y'-3y=0$ 的通解为________.

3. 微分方程 $(xy+x^3y)\mathrm{d}y-(1+y^2)\mathrm{d}x=0$ 的通解为________.

4. 微分方程 $y'=x+y+1$ 满足初始条件 $y\big|_{x=0}=1$ 的特解为________.

5. 设方程 $y''+py'+qy=0$(p,q 为常数)的一个特征根为 $-3+i$,则该方程的通解为 $y=$________.

6. 方程 $y''+9y=2x+1$ 的通解为 $y=$________.

二、求解初值问题 $\begin{cases}(y^2-6x)y'+2y=0,\\ y\big|_{x=0}=1.\end{cases}$

三、求微分方程 $\dfrac{\mathrm{d}y}{\mathrm{d}x}=\dfrac{y}{x}+\dfrac{x}{2y}$ 的通解.

四、求微分方程 $y'=(y'')^2$ 的通解.

五、求方程 $y''+3y'=2\sin x$ 的通解.

六、有连接两点 $A(0,1)$, $B(1,0)$ 的一条曲线,它位于弦 AB 的上方,$P(x,y)$ 为曲线上任意一点,已知曲线与弦 AP 之间的面积为 x^3,求曲线方程.

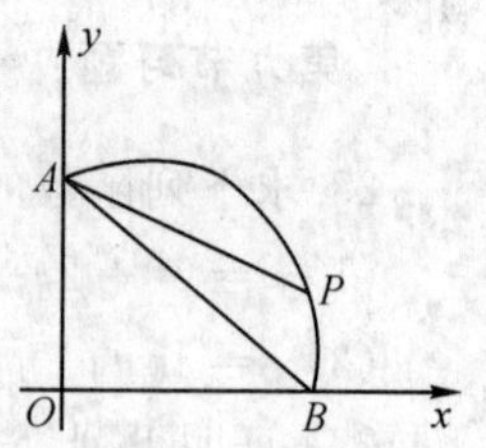

第六题图

七、一船从河边点 O 处以恒定速度 v_0 垂直向对岸行驶,假定水流速度(方向与两岸平行)与船离两岸的距离乘积成正比,设比例系数为 k,河宽为 a. 求船所行的路线及到达对岸的地点.(提示:取 O 点为坐标原点,水流方向为 x 轴正向,y 轴正向指向河对岸)

第九章 向量代数与空间解析几何

不知道正方形的边与对角线是不可公度的人，愧生为人。

(He is unworthy of the name of man who does not know that the diagonal of a square incommensurable with its side.)

柏拉图(Plato, 427—347 B.C.)

学习欧几里得几何是我一生中的大事。它使我像初恋一样入迷。我没有想到世界上竟有如此有趣的东西。

英国数学家　罗素(B. A. W. Russel, 1872—1970)

在一元函数微积分中，我们知道：平面解析几何的知识使许多代数问题与几何问题得以相互转化，人们能够理解问题的实质并进而找到解决问题的途径. 同理，为了研究多元函数微积分与空间曲面、曲线等问题，我们需要学习与应用空间解析几何知识. 本章先介绍向量代数和空间解析几何的有关概念，然后以向量为工具讨论空间的平面和直线，最后介绍空间曲线和空间曲面的有关内容.

第一节　空间直角坐标系

过空间某一定点O，作三条互相垂直的数轴Ox，Oy，Oz，并要求Ox，Oy，Oz的正向符合右手系(见图 9-1)，即将右手伸直、拇指朝上并与其余四指垂直，记拇指的指向为Oz的正向，其余四指的指向为Ox的正向，四指弯曲$90°$后的指向为Oy轴的正向. 由此，三条数轴组成了一个**空间直角坐标系**.

点O称为**坐标原点**，三条数轴分别称为 **x 轴**、**y 轴**、**z 轴**，统称为**坐标轴**. 任意两条坐标轴所确定的平面称为**坐标平面**，由x轴和y轴所确定的坐标平面称为xOy平面，类似地有yOz平面和zOx平面. 三个坐标平面将空间分成八个部分，称为八个**卦限**(见图 9-2).

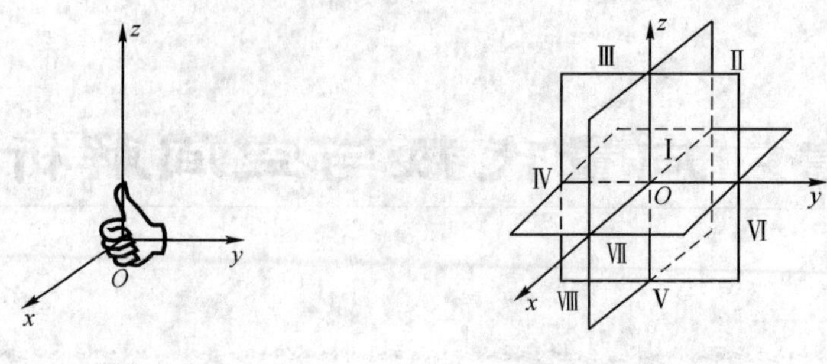

图 9-1　　图 9-2

建立空间直角坐标系之后,可以用类似于平面直角坐标系中的方法,定义空间任意点 M 的坐标. 过点 M 作三个平面(见图 9-3),分别垂直于 x 轴、y 轴、z 轴,且与这三个轴分别交于 P,Q,R 三点,设这三点在各自所在的坐标轴上的坐标分别为 a,b,c,则点 M 唯一确定了一个三元有序数组 (a,b,c);反之,对任意一个三元有序数组 (a,b,c),在 x,y,z 轴上分别取坐标为 a,b,c 的三个点 P,Q,R,然后过三点分别作垂直于 x,y,z 轴的平面,这三个平面相交于一点 M,则由一个三元有序数组 (a,b,c) 唯一确定了空间的一个点 M. 由此,空间任意一个点 M 和一个三元有序数组 (a,b,c) 建立了一一对应关系. 我们称这个三元有序数组为点 M 的**坐标**,记为 $M(a,b,c)$.

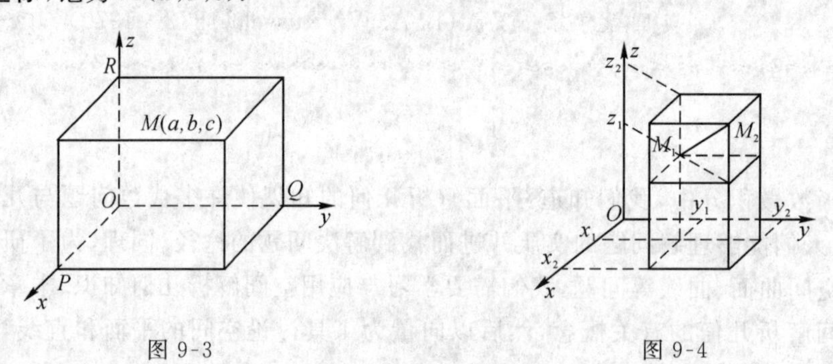

图 9-3　　图 9-4

易知,原点 O 的坐标为 $(0,0,0)$;x 轴、y 轴、z 轴上的点的坐标分别为 $(a,0,0)$,$(0,b,0)$,$(0,0,c)$;xOy,yOz,zOx 平面上点的坐标分别为 $(a,b,0)$,$(0,b,c)$,$(a,0,c)$.

设 $M_1(x_1,y_1,z_1)$,$M_2(x_2,y_2,z_2)$ 是空间中任意两点,过 M_1,M_2 各作三个垂直于坐标轴的平面,这六个平面构成一个以线段 M_1M_2 为一条对角线的长方体(见图 9-4). 长方体的三条棱长分别为 $|x_2-x_1|$,$|y_2-y_1|$,$|z_2-z_1|$,由勾股定理得线段 M_1M_2 的长为

$$|M_1M_2|=\sqrt{(x_2-x_1)^2+(y_2-y_1)^2+(z_2-z_1)^2}.$$

这就是**空间两点间的距离公式**.

特别地,点 $M(x,y,z)$ 与原点 $O(0,0,0)$ 的距离为

$$|OM|=\sqrt{x^2+y^2+z^2}.$$

【例 1】 在 y 轴上求一点 P,使之与点 $A(2,-1,3)$ 和 $B(4,1,2)$ 的距离相等.

解 因为点 P 在 y 轴上,所以该点的坐标为 $P(0,y,0)$,按题意有

$$|PA|=|PB|,$$

即

$$\sqrt{2^2+(y+1)^2+3^2}=\sqrt{4^2+(y-1)^2+2^2},$$

解得 $y=\frac{7}{4}$. 因此所求的点为 $P(0,\frac{7}{4},0)$.

第二节　向量、向量的线性运算和向量的坐标表示

一、向量的概念

物理学中常见的量有两种：一种称为**数量**或**标量**，这种量只有大小而没有方向，例如质量、时间、温度、面积等；另一种称为**向量**或**矢量**，这种量既有大小又有方向，例如力、力矩、位移、速度、加速度等. 向量不仅在物理学中有重要意义，在许多数学分支中也有重要应用.

向量常用有向线段表示. 有向线段的长度表示向量的大小，有向线段的方向表示向量的方向. 以 A 为起点，B 为终点的有向线段所表示的向量，记为$\overrightarrow{AB}$. 习惯上，向量也可用一个粗体字母表示（多用于书本上的印刷体），例如 $\boldsymbol{a}$，$\boldsymbol{b}$ 等，又可用带箭头的小写字母表示（多用于书写时），例如$\vec{a}$，$\vec{b}$ 等（见图 9-5）.

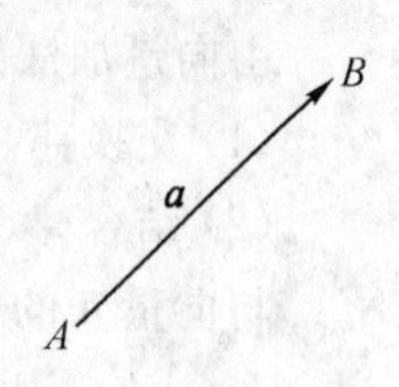

图 9-5

向量的大小称为**向量的模**. 向量$\overrightarrow{AB}$，$\boldsymbol{a}$ 的模可分别记为 $|\overrightarrow{AB}|$，$|\boldsymbol{a}|$. 模为 1 的向量称为**单位向量**. 模为零的向量称为**零向量**，记作 $\mathbf{0}$ 或$\vec{0}$. 零向量没有确定的方向，也可以认为它的方向是任意的.

如果向量 $\boldsymbol{a}$ 与 $\boldsymbol{b}$ 方向相同，且 $|\boldsymbol{a}|=|\boldsymbol{b}|$，则称 $\boldsymbol{a}$ 和 $\boldsymbol{b}$ **相等**，记作 $\boldsymbol{a}=\boldsymbol{b}$. 由向量相等的定义知，两个相等的向量，始点不一定重合. 与始点无关的向量称为**自由向量**. 经过平移后能完全重合的两个自由向量是相等的.

设向量 $\boldsymbol{a}$ 与 $\boldsymbol{b}$ 用有向线段表示，将它们平移使始点重合，此两有向线段之间的夹角 θ（规定 $0\leqslant\theta\leqslant\pi$）称为向量 $\boldsymbol{a}$ 与 $\boldsymbol{b}$ 的**夹角**. 易知，当 $\theta=0$ 时，向量 $\boldsymbol{a}$ 与 $\boldsymbol{b}$ 方向相同；当 $\theta=\pi$ 时，向量 $\boldsymbol{a}$ 与 $\boldsymbol{b}$ 方向相反. 当 $\boldsymbol{a}$ 与 $\boldsymbol{b}$ 方向相同或相反时，称向量 $\boldsymbol{a}$ 与 $\boldsymbol{b}$ **平行**，记为$\boldsymbol{a}\parallel\boldsymbol{b}$. 当 $\theta=\dfrac{\pi}{2}$ 时，称向量 $\boldsymbol{a}$ 与 $\boldsymbol{b}$ **垂直**，记为 $\boldsymbol{a}\perp\boldsymbol{b}$.

二、向量的线性运算

1. 向量的加减法

定义 9.1　设有两向量 $\boldsymbol{a}$ 和 $\boldsymbol{b}$，将 $\boldsymbol{b}$ 平移使其始点与 $\boldsymbol{a}$ 的终点重合，则以 $\boldsymbol{a}$ 的始点为始点，以 $\boldsymbol{b}$ 的终点为终点的向量 $\boldsymbol{c}$（见图 9-6），称为向量 $\boldsymbol{a}$ 与 $\boldsymbol{b}$ 的**和向量**，记作 $\boldsymbol{a}+\boldsymbol{b}$，即 $\boldsymbol{c}=\boldsymbol{a}+\boldsymbol{b}$.

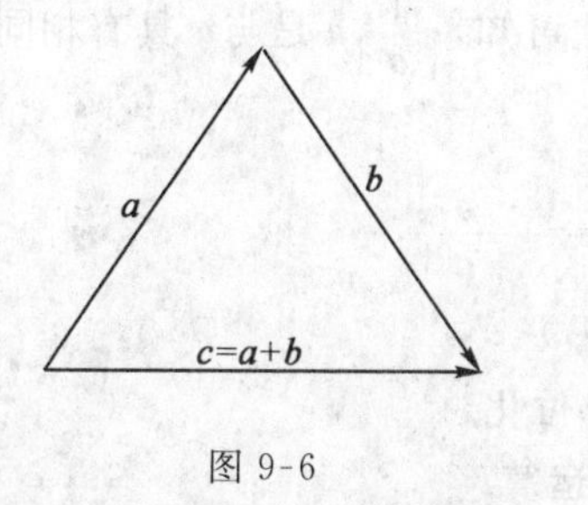

图 9-6

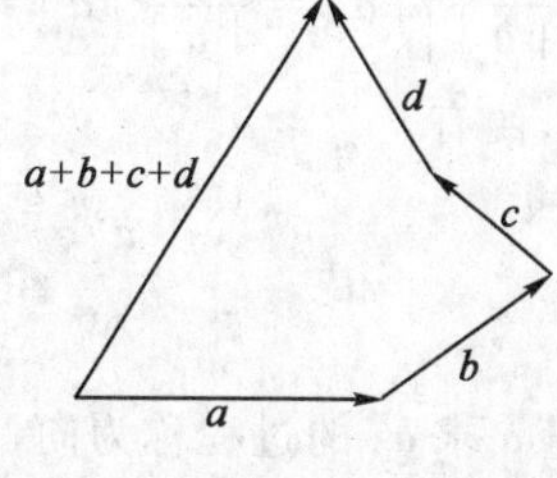

图 9-7

由定义不难看出，如果将 $\boldsymbol{a}$ 平移使其始点与 $\boldsymbol{b}$ 的终点重合，则以 $\boldsymbol{b}$ 的始点为始点，以 $\boldsymbol{a}$ 的终点为终点的向量也为 $\boldsymbol{a}+\boldsymbol{b}$.

由定义 9.1 作出两向量之和的方法称为向量加法的**三角形法则**. 三角形法则可以推广到求空间中任意有限个向量的和(见图 9-7).

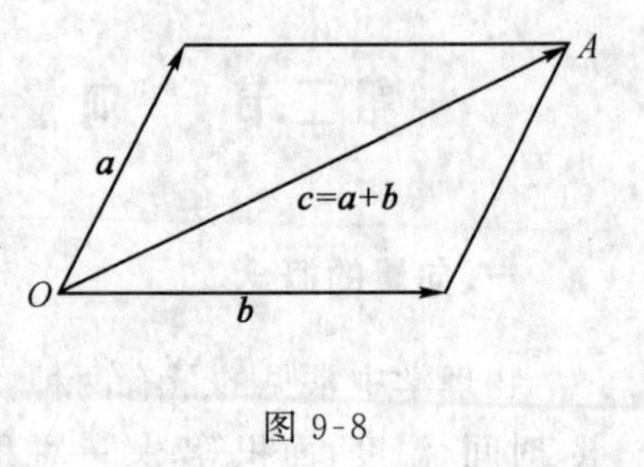

图 9-8

和向量 $\boldsymbol{a}+\boldsymbol{b}$ 还可以用如图 9-8 作平行四边形的方法得到,即当 $\boldsymbol{a}$ 与 $\boldsymbol{b}$ 不平行时,将 $\boldsymbol{a}$ 与 $\boldsymbol{b}$ 平移,使它们始点移到同一点 O 处,然后以这两个向量为邻边作平行四边形,记 A 为与 O 成对角的另一顶点,则 $\overrightarrow{OA}$ 即为 $\boldsymbol{a}+\boldsymbol{b}$. 此法称为向量加法的**平行四边形法则**.

由向量加法定义不难证明向量的加法符合下列运算规律:

(1) 交换律　$\boldsymbol{a}+\boldsymbol{b}=\boldsymbol{b}+\boldsymbol{a}$;

(2) 结合律　$(\boldsymbol{a}+\boldsymbol{b})+\boldsymbol{c}=\boldsymbol{a}+(\boldsymbol{b}+\boldsymbol{c})$.

与向量 $\boldsymbol{a}$ 的模相同而方向相反的向量叫做 $\boldsymbol{a}$ 的**负向量**,记作 $-\boldsymbol{a}$. 定义向量 $\boldsymbol{a}$ 与 $\boldsymbol{b}$ 的**差**为 $\boldsymbol{a}+(-\boldsymbol{b})$,记作 $\boldsymbol{a}-\boldsymbol{b}$,即

$$\boldsymbol{a}-\boldsymbol{b}=\boldsymbol{a}+(-\boldsymbol{b}).$$

由差的定义经分析不难知道,$\boldsymbol{a}-\boldsymbol{b}$ 可由以下方法得到:将 $\boldsymbol{a}$ 平移使其始点与 $\boldsymbol{b}$ 的始点重合,以 $\boldsymbol{b}$ 的终点为始点,以 $\boldsymbol{a}$ 的终点为终点的向量即为 $\boldsymbol{a}-\boldsymbol{b}$(见图 9-9).

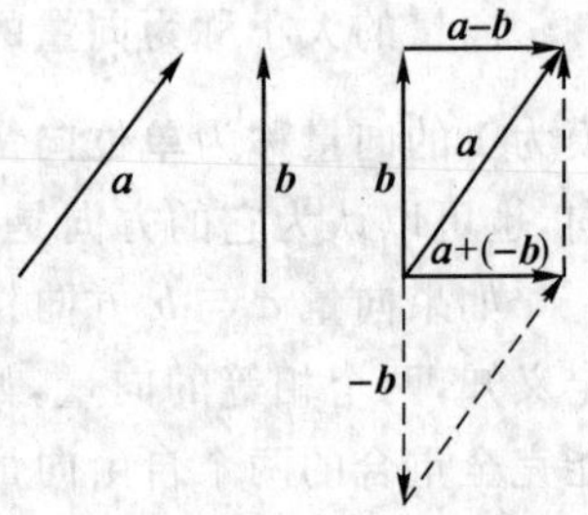

特殊地,$\boldsymbol{a}-\boldsymbol{a}=\boldsymbol{a}+(-\boldsymbol{a})=\boldsymbol{0}$.

2. 向量的数乘运算

定义 9.2　实数 λ 与向量 $\boldsymbol{a}$ 的乘积定义为一个向量,此向量称为 λ 与 $\boldsymbol{a}$ 的**数乘**,记作 $\lambda\boldsymbol{a}$. 它的模 $|\lambda\boldsymbol{a}|$ 等于 $|\lambda||\boldsymbol{a}|$. 它的方向规定为:当 $\lambda>0$ 时与 $\boldsymbol{a}$ 同向;当 $\lambda<0$ 时与 $\boldsymbol{a}$ 反向. 当 $\lambda=0$ 或 $\boldsymbol{a}=\boldsymbol{0}$ 时,$\lambda\boldsymbol{a}=\boldsymbol{0}$.

图 9-9

特殊地,当 $\lambda=\pm 1$ 时,有

$$1\boldsymbol{a}=\boldsymbol{a},(-1)\boldsymbol{a}=-\boldsymbol{a}.$$

可以证明向量与数的乘积符合以下运算规律:

(1) 结合律　$\lambda(\mu\boldsymbol{a})=\mu(\lambda\boldsymbol{a})=(\lambda\mu)\boldsymbol{a}$;

(2) 分配律　$(\lambda+\mu)\boldsymbol{a}=\lambda\boldsymbol{a}+\mu\boldsymbol{a}$,

$\lambda(\boldsymbol{a}+\boldsymbol{b})=\lambda\boldsymbol{a}+\lambda\boldsymbol{b}$.

设 $\boldsymbol{a}$ 为一非零向量,由于 $\dfrac{1}{|\boldsymbol{a}|}$ 为一大于零的实数,因此向量 $\dfrac{1}{|\boldsymbol{a}|}\boldsymbol{a}$ 的方向与 $\boldsymbol{a}$ 相同,而模 $\left|\dfrac{1}{|\boldsymbol{a}|}\boldsymbol{a}\right|=\left|\dfrac{1}{|\boldsymbol{a}|}\right||\boldsymbol{a}|=\dfrac{1}{|\boldsymbol{a}|}|\boldsymbol{a}|=1$. 由此可知,$\dfrac{1}{|\boldsymbol{a}|}\boldsymbol{a}$ 是与 $\boldsymbol{a}$ 具有相同方向的单位向量,将它记为 $\boldsymbol{a}^{\circ}$,便有

$$\boldsymbol{a}^{\circ}=\frac{1}{|\boldsymbol{a}|}\boldsymbol{a}\xlongequal{\text{def}}\frac{\boldsymbol{a}}{|\boldsymbol{a}|},$$

或

$$\boldsymbol{a}=|\boldsymbol{a}|\boldsymbol{a}^{\circ}.$$

由非零向量 $\boldsymbol{a}$ 求 $\boldsymbol{a}^{\circ}$ 的过程称为向量 $\boldsymbol{a}$ 的**单位化**.

向量的加减法和数乘运算叫做向量的**线性运算**.

三、向量的坐标表示

为了更加方便地利用坐标讨论向量问题，下面介绍向量的坐标表示.

由于我们所讨论的是自由向量，关心的只是它的大小与方向，而与始点的位置无关，因此，在空间直角坐标系中引入向量的坐标表示时，不妨设向量都是以坐标原点为始点. 以坐标原点 O 为始点，空间点 $P(x,y,z)$ 为终点的向量 $\overrightarrow{OP}$ 称为**点 P 的向径**. 由此，空间一点 P 与向径 $\overrightarrow{OP}$ 建立了一一对应关系.

记 $\boldsymbol{i},\boldsymbol{j},\boldsymbol{k}$ 分别为方向与 x 轴、y 轴、z 轴正向一致的单位向量，它们也称为**基本单位向量**. 如图 9-10，设点 P 坐标为 (x,y,z)，过 P 分别作垂直于 x 轴、y 轴、z 轴的三个平面，依次交 x 轴、y 轴、z 轴于点 M,N,Q，记 P_1 为 P 在坐标平面 xOy 上的投影，则有

$$\overrightarrow{OM}=x\boldsymbol{i},\overrightarrow{ON}=y\boldsymbol{j},\overrightarrow{OQ}=z\boldsymbol{k},$$

于是

$$\overrightarrow{OP}=\overrightarrow{OP_2}+\overrightarrow{OQ}=\overrightarrow{OM}+\overrightarrow{ON}+\overrightarrow{OQ}=x\boldsymbol{i}+y\boldsymbol{j}+z\boldsymbol{k}.$$

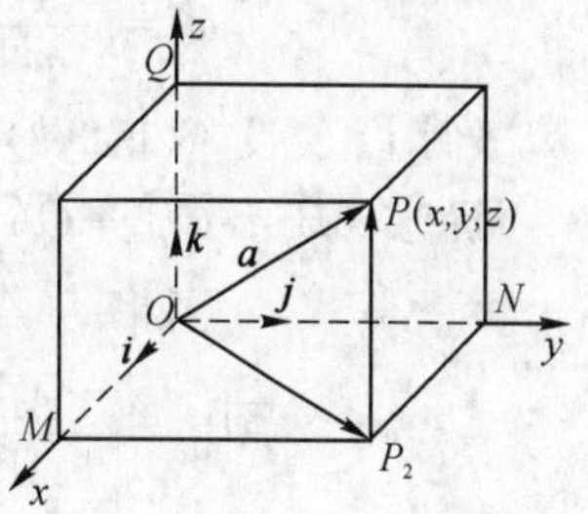

称 $x\boldsymbol{i}+y\boldsymbol{j}+z\boldsymbol{k}$ 为向量 $\overrightarrow{OP}$ 的坐标分解式，其中 (x,y,z) 是 P 的坐标，而 $x\boldsymbol{i},y\boldsymbol{j},z\boldsymbol{k}$ 分别称为向量 $\overrightarrow{OP}$ 在坐标轴上的**分向量**.

图 9-10

有时我们也将 $x\boldsymbol{i}+y\boldsymbol{j}+z\boldsymbol{k}$ 记为 $\{x,y,z\}$，即

$$\overrightarrow{OP}=\{x,y,z\},\tag{9.1}$$

并称 $\{x,y,z\}$ 为向量 $\overrightarrow{OP}$ 的坐标，称 (9.1) 式为向量 $\overrightarrow{OP}$ 的**坐标表示**.

特别地，$\boldsymbol{i}=\{1,0,0\},\boldsymbol{j}=\{0,1,0\},\boldsymbol{k}=\{0,0,1\}$.

设 $A(x_1,y_1,z_1),B(x_2,y_2,z_2)$ 是空间中的两点，则 $\overrightarrow{OA}=\{x_1,y_1,z_1\},\overrightarrow{OB}=\{x_2,y_2,z_2\}$，如图 9-11 所示，向量 $\overrightarrow{AB}$ 的坐标表示为

$$\begin{aligned}\overrightarrow{AB}&=\overrightarrow{OB}-\overrightarrow{OA}=\{x_2,y_2,z_2\}-\{x_1,y_1,z_1\}\\&=x_2\boldsymbol{i}+y_2\boldsymbol{j}+z_2\boldsymbol{k}-(x_1\boldsymbol{i}+y_1\boldsymbol{j}+z_1\boldsymbol{k})\\&=(x_2-x_1)\boldsymbol{i}+(y_2-y_1)\boldsymbol{j}+(z_2-z_1)\boldsymbol{k},\end{aligned}$$

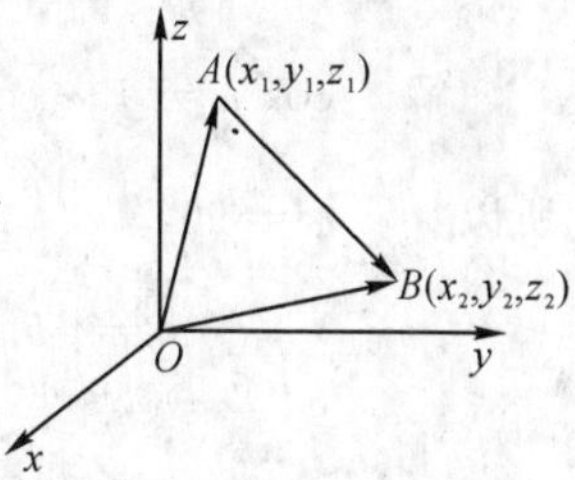

图 9-11

即

$$\overrightarrow{AB}=\{x_2-x_1,y_2-y_1,z_2-z_1\}.\tag{9.2}$$

因此，对任一向量，只要给出始点坐标与终点坐标，那么就可以由 (9.2) 式非常方便地得到这一向量的坐标表示式.

利用向量的坐标表示，很容易进行向量的线性运算. 设 $\boldsymbol{a}=\{a_x,a_y,a_z\},\boldsymbol{b}=\{b_x,b_y,b_z\}$，则可用推导 (9.1) 式类似的方法得

$$\boldsymbol{a}+\boldsymbol{b}=\{a_x+b_x,a_y+b_y,a_z+b_z\},$$

$$\boldsymbol{a}-\boldsymbol{b}=\{a_x-b_x,a_y-b_y,a_z-b_z\},$$

$$\lambda\boldsymbol{a}=\{\lambda a_x,\lambda a_y,\lambda a_z\}(\lambda \text{ 为实数}).$$

设向量 $\boldsymbol{a}=\{x,y,z\}$，则它的模为原点到 $\boldsymbol{a}$ 的终点的距离，即

$$|\boldsymbol{a}|=\sqrt{x^2+y^2+z^2}.$$

当 $\boldsymbol{a}$ 为非零向量时，它的方向可以由它与 x 轴、y 轴、z 轴的正向夹角 α,β,γ 决定，称 α,β,γ 为向量 $\boldsymbol{a}$ 的三个**方向角**（见图 9-12，$0\leqslant\alpha,\beta,\gamma\leqslant\pi$），而称它们的余弦 $\cos\alpha,\cos\beta,\cos\gamma$ 为

向量 $\boldsymbol{a}$ 的**方向余弦**.由三角函数定义可知

$$\begin{cases}\cos\alpha = \dfrac{x}{|\boldsymbol{a}|} = \dfrac{x}{\sqrt{x^2+y^2+z^2}},\\ \cos\beta = \dfrac{y}{|\boldsymbol{a}|} = \dfrac{y}{\sqrt{x^2+y^2+z^2}},\\ \cos\gamma = \dfrac{z}{|\boldsymbol{a}|} = \dfrac{z}{\sqrt{x^2+y^2+z^2}}.\end{cases}$$

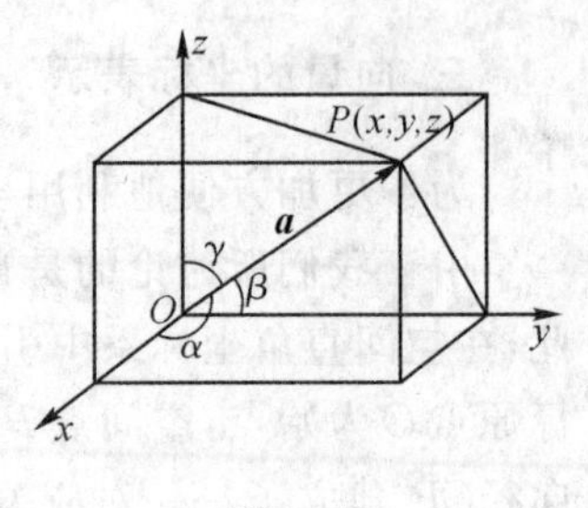

图 9-12

由上式可知

$$\cos^2\alpha + \cos^2\beta + \cos^2\gamma = 1,$$

且与 $\boldsymbol{a}$ 具有相同方向的单位向量

$$\boldsymbol{a}^\circ = \frac{1}{|\boldsymbol{a}|}\boldsymbol{a} = \left\{\frac{x}{|\boldsymbol{a}|},\frac{y}{|\boldsymbol{a}|},\frac{z}{|\boldsymbol{a}|}\right\} = \{\cos\alpha,\cos\beta,\cos\gamma\}.$$

【例 1】 设 $A(1,2,3)$,$B(-1,3,5)$,求 $\overrightarrow{AB}$,$|\overrightarrow{AB}|$,$\overrightarrow{AB}^\circ$ 和 $\overrightarrow{AB}$ 的三个方向角.

解 $\overrightarrow{AB} = \overrightarrow{OB} - \overrightarrow{OA} = \{-1,3,5\} - \{1,2,3\} = \{-2,1,2\}$,

$$|\overrightarrow{AB}| = \sqrt{(-2)^2+1^2+2^2} = 3,$$

$$\overrightarrow{AB}^\circ = \frac{\overrightarrow{AB}}{|\overrightarrow{AB}|} = \frac{1}{3}\overrightarrow{AB} = \left\{-\frac{2}{3},\frac{1}{3},\frac{2}{3}\right\}.$$

三个方向角:$\alpha = \arccos\left(-\dfrac{2}{3}\right)$,$\beta = \arccos\left(\dfrac{1}{3}\right)$,$\gamma = \arccos\left(\dfrac{2}{3}\right)$.

【例 2】 向量 $\boldsymbol{b}$ 和 y 轴、z 轴的正向夹角分别为 $\beta = 60^\circ$,$\gamma = 150^\circ$,且模 $|\boldsymbol{b}| = 6$,求向量 $\boldsymbol{b}$ 的另一个方向角 α 和坐标分解式.

解 $\cos^2\alpha = 1 - \cos^2\beta - \cos^2\gamma = 1 - \left(\dfrac{1}{2}\right)^2 - \left(-\dfrac{\sqrt{3}}{2}\right)^2 = 0$,

所以　$\alpha = 90^\circ$,

$$x = |\boldsymbol{b}|\cos\alpha = 6\times 0 = 0,\ y = |\boldsymbol{b}|\cos\beta = 6\times\frac{1}{2} = 3,$$

$$z = |\boldsymbol{b}|\cos\gamma = 6\times\left(-\frac{\sqrt{3}}{2}\right) = -3\sqrt{3},$$

于是向量 $\boldsymbol{b}$ 的坐标分解式为

$$\boldsymbol{b} = x\boldsymbol{i} + y\boldsymbol{j} + z\boldsymbol{k} = 3\boldsymbol{j} - 3\sqrt{3}\boldsymbol{k}.$$

第三节　向量的数量积与向量积

向量除上节介绍的线性运算外,还有两种特殊意义的“乘积”—— 数量积和向量积.向量的数量积和向量积称为向量的**非线性运算**.

一、向量的数量积

如图 9-13 所示,设一质点在常力 $\boldsymbol{F}$ 的作用下从 A 移到 B,产生一个位移 $\boldsymbol{s}$,若 $\boldsymbol{F}$ 与 $\boldsymbol{s}$ 的夹角为 θ,则力 $\boldsymbol{F}$ 所做的功为

$$W = |\boldsymbol{F}||\boldsymbol{s}|\cos\theta.$$

由物理学知，功是一个数量，而力与位移都是向量，两个向量作上述运算之后得到了一个数量. 这种运算在其他实际问题中还会常常遇见. 为此我们给出以下定义

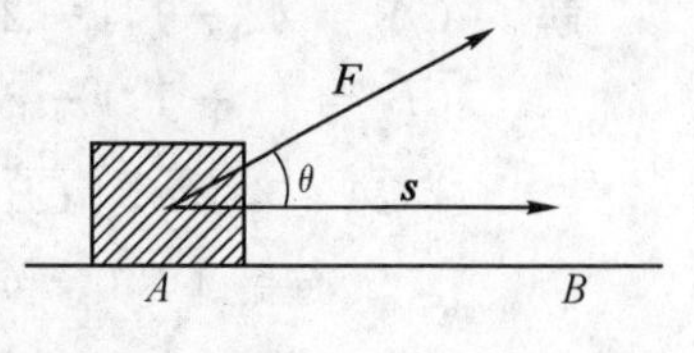

图 9-13

定义 9.3　两向量 $\boldsymbol{a}$ 和 $\boldsymbol{b}$ 的模与它们夹角的余弦之乘积——$|\boldsymbol{a}||\boldsymbol{b}|\cos\theta$，称为 $\boldsymbol{a}$ 和 $\boldsymbol{b}$ 的**数量积**(又称**点积**或**内积**)，记作 $\boldsymbol{a}\cdot\boldsymbol{b}$，即

$$\boldsymbol{a}\cdot\boldsymbol{b}=|\boldsymbol{a}||\boldsymbol{b}|\cos\theta. \tag{9.3}$$

"$\boldsymbol{a}\cdot\boldsymbol{b}$"读作"$\boldsymbol{a}$ 点乘 $\boldsymbol{b}$".

由定义 9.3 可知，上述问题中的功 W 是力 $\boldsymbol{F}$ 与位移 $\boldsymbol{s}$ 的数量积，即 $W=\boldsymbol{F}\cdot\boldsymbol{s}$.

由数量积的定义可以证明数量积满足以下运算律：

(1) 交换律　$\boldsymbol{a}\cdot\boldsymbol{b}=\boldsymbol{b}\cdot\boldsymbol{a}$；

(2) 分配律　$\boldsymbol{a}\cdot(\boldsymbol{b}+\boldsymbol{c})=\boldsymbol{a}\cdot\boldsymbol{b}+\boldsymbol{a}\cdot\boldsymbol{c}$；

(3) 结合律　$(\lambda\boldsymbol{a})\cdot\boldsymbol{b}=\lambda(\boldsymbol{a}\cdot\boldsymbol{b})=\boldsymbol{a}\cdot(\lambda\boldsymbol{b})$(这里 λ 为数).

由(9.3)式还可得到：

(1) $\boldsymbol{a}\cdot\boldsymbol{a}=|\boldsymbol{a}|^2$，$\boldsymbol{a}\cdot\boldsymbol{a}$ 可简记为 $\boldsymbol{a}^2$；

(2) 两非零向量 $\boldsymbol{a}$ 和 $\boldsymbol{b}$ 的夹角 θ 的余弦 $\cos\theta=\dfrac{\boldsymbol{a}\cdot\boldsymbol{b}}{|\boldsymbol{a}||\boldsymbol{b}|}$；

(3) 对于两非零向量 $\boldsymbol{a}$ 与 $\boldsymbol{b}$，$\boldsymbol{a}\cdot\boldsymbol{b}=0$ 的充要条件是 $\boldsymbol{a}\perp\boldsymbol{b}$.

由此，三个基本单位向量 $\boldsymbol{i},\boldsymbol{j},\boldsymbol{k}$ 满足

$$\begin{cases}\boldsymbol{i}\cdot\boldsymbol{i}=\boldsymbol{j}\cdot\boldsymbol{j}=\boldsymbol{k}\cdot\boldsymbol{k}=1;\\ \boldsymbol{i}\cdot\boldsymbol{j}=\boldsymbol{j}\cdot\boldsymbol{k}=\boldsymbol{k}\cdot\boldsymbol{i}=0.\end{cases}$$

设 $\boldsymbol{a}=\{x_1,y_1,z_1\}$，$\boldsymbol{b}=\{x_2,y_2,z_2\}$，则

$$\begin{aligned}\boldsymbol{a}\cdot\boldsymbol{b}&=\{x_1,y_1,z_1\}\cdot\{x_2,y_2,z_2\}=(x_1\boldsymbol{i}+y_1\boldsymbol{j}+z_1\boldsymbol{k})\cdot(x_2\boldsymbol{i}+y_2\boldsymbol{j}+z_2\boldsymbol{k})\\&=x_1x_2\boldsymbol{i}\cdot\boldsymbol{i}+x_1y_2\boldsymbol{i}\cdot\boldsymbol{j}+x_1z_2\boldsymbol{i}\cdot\boldsymbol{k}+y_1x_2\boldsymbol{j}\cdot\boldsymbol{i}+y_1y_2\boldsymbol{j}\cdot\boldsymbol{j}+y_1z_2\boldsymbol{j}\cdot\boldsymbol{k}\\&\quad+z_1x_2\boldsymbol{k}\cdot\boldsymbol{i}+z_1y_2\boldsymbol{k}\cdot\boldsymbol{j}+z_1z_2\boldsymbol{k}\cdot\boldsymbol{k}\\&=x_1x_2+y_1y_2+z_1z_2,\end{aligned}$$

即

$$\boldsymbol{a}\cdot\boldsymbol{b}=x_1x_2+y_1y_2+z_1z_2, \tag{9.4}$$

(9.4)式称为两向量数量积的坐标表示式.

由(9.4)可知，对于非零向量 $\boldsymbol{a}$ 和 $\boldsymbol{b}$，它们的夹角 θ 满足

$$\cos\theta=\frac{\boldsymbol{a}\cdot\boldsymbol{b}}{|\boldsymbol{a}||\boldsymbol{b}|}=\frac{x_1x_2+y_1y_2+z_1z_2}{\sqrt{x_1^2+y_1^2+z_1^2}\sqrt{x_2^2+y_2^2+z_2^2}},$$

进而得

$$\boldsymbol{a}\perp\boldsymbol{b}\Leftrightarrow\boldsymbol{a}\cdot\boldsymbol{b}=0\Leftrightarrow x_1x_2+y_1y_2+z_1z_2=0.$$

【例 1】　已知 $\boldsymbol{a}=\{2,-1,3\}$，$\boldsymbol{b}=\{3,1,4\}$. 求 (1) $\boldsymbol{a}\cdot\boldsymbol{b}$；(2) $\boldsymbol{b}^2\boldsymbol{a}-\boldsymbol{a}^2\boldsymbol{b}$.

解　(1) $\boldsymbol{a}\cdot\boldsymbol{b}=2\times3+(-1)\times1+3\times4=17$；

(2) 由于 $\boldsymbol{a}^2=2^2+(-1)^2+3^2=14$，$\boldsymbol{b}^2=3^2+1^2+4^2=26$，

因此　$\boldsymbol{b}^2\boldsymbol{a}-\boldsymbol{a}^2\boldsymbol{b}=26\{2,-1,3\}-14\{3,1,4\}=\{10,-40,22\}$.

【例 2】　已知空间三点 $A(2,1,-2)$，$B(1,1,-1)$，$C(1,2,-2)$，求 $\angle ACB$.

解 $\overrightarrow{CA}=\{2-1,1-2,-2-(-2)\}=\{1,-1,0\}$,

$\overrightarrow{CB}=\{1-1,1-2,-1-(-2)\}=\{0,-1,1\}$,

$|\overrightarrow{CA}|=\sqrt{2},|\overrightarrow{CB}|=\sqrt{2},\overrightarrow{CA}\cdot\overrightarrow{CB}=\{1,-1,0\}\cdot\{0,-1,1\}$

$=1\times 0+(-1)\times(-1)+0\times 1=1$,

则
$$\cos\angle ACB=\frac{\overrightarrow{CA}\cdot\overrightarrow{CB}}{|\overrightarrow{CA}||\overrightarrow{CB}|}=\frac{1}{2},$$

因此
$$\angle ACB=\frac{\pi}{3}.$$

二、向量的向量积

由上面分析可知,两个向量的数量积是一个数量.在物理学中,还会碰到两个向量进行运算后仍是一个向量的情形(例如力矩的计算).为此,我们给出向量积的概念.

定义 9.4 设向量 $\boldsymbol{a}$ 与 $\boldsymbol{b}$ 的夹角为 θ,称满足下列条件的向量为 $\boldsymbol{a}$ 与 $\boldsymbol{b}$ 的**向量积**(又称**叉积**或**外积**),记作 $\boldsymbol{a}\times\boldsymbol{b}$:

(1) 它的模 $|\boldsymbol{a}\times\boldsymbol{b}|=|\boldsymbol{a}||\boldsymbol{b}|\sin\theta$;

(2) 它的方向既垂直于 $\boldsymbol{a}$,又垂直于 $\boldsymbol{b}$,且使 $\boldsymbol{a},\boldsymbol{b},\boldsymbol{a}\times\boldsymbol{b}$ 依次构成右手系(见图 9-14).

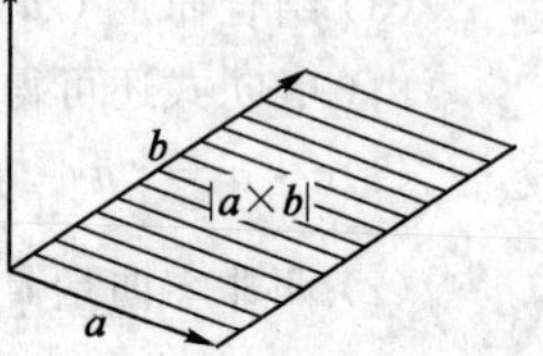

图 9-14

"$\boldsymbol{a}\times\boldsymbol{b}$"读作"$\boldsymbol{a}$ 叉乘 $\boldsymbol{b}$".由向量积的定义可知,向量 $\boldsymbol{a}\times\boldsymbol{b}$ 的模即是以向量 $\boldsymbol{a}$ 与向量 $\boldsymbol{b}$ 为邻边的平行四边形的面积.

由向量积的定义可以证明向量积满足以下运算律:

(1) 反交换律 $\boldsymbol{a}\times\boldsymbol{b}=-\boldsymbol{b}\times\boldsymbol{a}$,即 $\boldsymbol{a}\times\boldsymbol{b}$ 与 $\boldsymbol{b}\times\boldsymbol{a}$ 模相等但方向相反;

(2) 分配律 $\boldsymbol{a}\times(\boldsymbol{b}+\boldsymbol{c})=\boldsymbol{a}\times\boldsymbol{b}+\boldsymbol{a}\times\boldsymbol{c}$;

(3) 结合律 $(\lambda\boldsymbol{a})\times\boldsymbol{b}=\lambda(\boldsymbol{a}\times\boldsymbol{b})=\boldsymbol{a}\times(\lambda\boldsymbol{b})$($\lambda$ 为系数).

由定义还可得到:

(1) $\boldsymbol{a}\times\boldsymbol{a}=\boldsymbol{0}$;

(2) 对于两个非零向量 $\boldsymbol{a}$ 与 $\boldsymbol{b}$,$\boldsymbol{a}\,/\!/\,\boldsymbol{b}$ 的充要条件是 $\boldsymbol{a}\times\boldsymbol{b}=\boldsymbol{0}$,即

$$\boldsymbol{a}\,/\!/\,\boldsymbol{b}\Leftrightarrow\boldsymbol{a}\times\boldsymbol{b}=\boldsymbol{0}.$$

由此,对于三个基本单位向量 $\boldsymbol{i},\boldsymbol{j},\boldsymbol{k}$,它们满足:

$$\begin{cases}\boldsymbol{i}\times\boldsymbol{i}=\boldsymbol{j}\times\boldsymbol{j}=\boldsymbol{k}\times\boldsymbol{k}=\boldsymbol{0};\\ \boldsymbol{i}\times\boldsymbol{j}=\boldsymbol{k},\boldsymbol{j}\times\boldsymbol{k}=\boldsymbol{i},\boldsymbol{k}\times\boldsymbol{i}=\boldsymbol{j};\\ \boldsymbol{j}\times\boldsymbol{i}=-\boldsymbol{k},\boldsymbol{k}\times\boldsymbol{j}=-\boldsymbol{i},\boldsymbol{i}\times\boldsymbol{k}=-\boldsymbol{j}.\end{cases}$$

下面,我们来推导向量积的坐标公式.

设 $\boldsymbol{a}=\{x_1,y_1,z_1\},\boldsymbol{b}=\{x_2,y_2,z_2\}$,则

$$\begin{aligned}\boldsymbol{a}\times\boldsymbol{b}&=(x_1\boldsymbol{i}+y_1\boldsymbol{j}+z_1\boldsymbol{k})\times(x_2\boldsymbol{i}+y_2\boldsymbol{j}+z_2\boldsymbol{k})\\&=x_1x_2\boldsymbol{i}\times\boldsymbol{i}+x_1y_2\boldsymbol{i}\times\boldsymbol{j}+x_1z_2\boldsymbol{i}\times\boldsymbol{k}+y_1x_2\boldsymbol{j}\times\boldsymbol{i}+y_1y_2\boldsymbol{j}\times\boldsymbol{j}+y_1z_2\boldsymbol{j}\times\boldsymbol{k}+z_1x_2\boldsymbol{k}\\&\quad\times\boldsymbol{i}+z_1y_2\boldsymbol{k}\times\boldsymbol{j}+z_1z_2\boldsymbol{k}\times\boldsymbol{k}\\&=x_1y_2\boldsymbol{k}-x_1z_2\boldsymbol{j}-y_1x_2\boldsymbol{k}+y_1z_2\boldsymbol{i}+z_1x_2\boldsymbol{j}-z_1y_2\boldsymbol{i}\\&=(y_1z_2-z_1y_2)\boldsymbol{i}+(z_1x_2-x_1z_2)\boldsymbol{j}+(x_1y_2-y_1x_2)\boldsymbol{k}.\end{aligned}$$

为了便于记忆,引入记号

$$\begin{vmatrix} a & b \\ c & d \end{vmatrix} = ad - bc \text{（称为}\textbf{二阶行列式}\text{）}$$

及

$$\begin{vmatrix} x & y & z \\ a & b & c \\ e & f & g \end{vmatrix} = x\begin{vmatrix} b & c \\ f & g \end{vmatrix} - y\begin{vmatrix} a & c \\ e & g \end{vmatrix} + z\begin{vmatrix} a & b \\ e & f \end{vmatrix} \text{（称为}\textbf{三阶行列式}\text{），}$$

于是有

$$\begin{aligned} \boldsymbol{a}\times\boldsymbol{b} &= (y_1z_2 - z_1y_2)\boldsymbol{i} + (z_1x_2 - x_1z_2)\boldsymbol{j} + (x_1y_2 - y_1x_2)\boldsymbol{k} \\ &= \begin{vmatrix} y_1 & z_1 \\ y_2 & z_2 \end{vmatrix}\boldsymbol{i} - \begin{vmatrix} x_1 & z_1 \\ x_2 & z_2 \end{vmatrix}\boldsymbol{j} + \begin{vmatrix} x_1 & y_1 \\ x_2 & y_2 \end{vmatrix}\boldsymbol{k} = \begin{vmatrix} \boldsymbol{i} & \boldsymbol{j} & \boldsymbol{k} \\ x_1 & y_1 & z_1 \\ x_2 & y_2 & z_2 \end{vmatrix}, \end{aligned}$$

因此有

$$\boldsymbol{a}\times\boldsymbol{b} = \begin{vmatrix} \boldsymbol{i} & \boldsymbol{j} & \boldsymbol{k} \\ x_1 & y_1 & z_1 \\ x_2 & y_2 & z_2 \end{vmatrix} = (y_1z_2 - z_1y_2)\boldsymbol{i} + (z_1x_2 - x_1z_2)\boldsymbol{j} + (x_1y_2 - y_1x_2)\boldsymbol{k}, \quad (9.5)$$

(9.5) 式称为**向量积的坐标表示式**.

由(9.5) 式及 $\boldsymbol{a} /\!/ \boldsymbol{b} \Leftrightarrow \boldsymbol{a}\times\boldsymbol{b} = \boldsymbol{0}$,进而可推得　$\boldsymbol{a} /\!/ \boldsymbol{b} \Leftrightarrow \dfrac{x_1}{x_2} = \dfrac{y_1}{y_2} = \dfrac{z_1}{z_2}$.

上式中若分母为零,则规定分子也为零.

【例 3】　设 $\boldsymbol{a} = \{2, -1, 3\}$,$\boldsymbol{b} = \{3, 1, 4\}$,求 $\boldsymbol{a}\times\boldsymbol{b}$.

解　$$\boldsymbol{a}\times\boldsymbol{b} = \begin{vmatrix} \boldsymbol{i} & \boldsymbol{j} & \boldsymbol{k} \\ 2 & -1 & 3 \\ 3 & 1 & 4 \end{vmatrix} = \begin{vmatrix} -1 & 3 \\ 1 & 4 \end{vmatrix}\boldsymbol{i} - \begin{vmatrix} 2 & 3 \\ 3 & 4 \end{vmatrix}\boldsymbol{j} + \begin{vmatrix} 2 & -1 \\ 3 & 1 \end{vmatrix}\boldsymbol{k}$$

$$= -7\boldsymbol{i} + \boldsymbol{j} + 5\boldsymbol{k} = \{-7, 1, 5\}.$$

【例 4】　已知三角形三个顶点的坐标分别为 $A(1,2,3)$,$B(-2,1,2)$,$C(2,0,4)$,求三角形的面积.

解　$\overrightarrow{AB} = \{-3, -1, -1\}$,$\overrightarrow{AC} = \{1, -2, 1\}$,

$$\overrightarrow{AB}\times\overrightarrow{AC} = \begin{vmatrix} \boldsymbol{i} & \boldsymbol{j} & \boldsymbol{k} \\ -3 & -1 & -1 \\ 1 & -2 & 1 \end{vmatrix} = \begin{vmatrix} -1 & -1 \\ -2 & 1 \end{vmatrix}\boldsymbol{i} - \begin{vmatrix} -3 & -1 \\ 1 & 1 \end{vmatrix}\boldsymbol{j} + \begin{vmatrix} -3 & -1 \\ 1 & -2 \end{vmatrix}\boldsymbol{k}$$

$$= -3\boldsymbol{i} + 2\boldsymbol{j} + 7\boldsymbol{k},$$

三角形的面积

$$S_{ABC} = \frac{1}{2}\left|\overrightarrow{AB}\times\overrightarrow{AC}\right| = \frac{1}{2}\sqrt{(-3)^2 + 2^2 + 7^2} = \frac{\sqrt{62}}{2}.$$

【例 5】　设 $\boldsymbol{a} = \{x_1, y_1, z_1\}$,$\boldsymbol{b} = \{x_2, y_2, z_2\}$,$\boldsymbol{c} = \{x_3, y_3, z_3\}$,求$(\boldsymbol{a}\times\boldsymbol{b})\cdot\boldsymbol{c}$.

解　$$\boldsymbol{a}\times\boldsymbol{b} = \begin{vmatrix} \boldsymbol{i} & \boldsymbol{j} & \boldsymbol{k} \\ x_1 & y_1 & z_1 \\ x_2 & y_2 & z_2 \end{vmatrix} = \begin{vmatrix} y_1 & z_1 \\ y_2 & z_2 \end{vmatrix}\boldsymbol{i} - \begin{vmatrix} x_1 & z_1 \\ x_2 & z_2 \end{vmatrix}\boldsymbol{j} + \begin{vmatrix} x_1 & y_1 \\ x_2 & y_2 \end{vmatrix}\boldsymbol{k},$$

$$(\boldsymbol{a}\times\boldsymbol{b})\cdot\boldsymbol{c} = \left\{\begin{vmatrix} y_1 & z_1 \\ y_2 & z_2 \end{vmatrix}, -\begin{vmatrix} x_1 & z_1 \\ x_2 & z_2 \end{vmatrix}, \begin{vmatrix} x_1 & y_1 \\ x_2 & y_2 \end{vmatrix}\right\}\cdot\{x_3, y_3, z_3\}$$

$$=\begin{vmatrix} y_1 & z_1 \\ y_2 & z_2 \end{vmatrix} x_3 - \begin{vmatrix} x_1 & z_1 \\ x_2 & z_2 \end{vmatrix} y_3 + \begin{vmatrix} x_1 & y_1 \\ x_2 & y_2 \end{vmatrix} z_3 = \begin{vmatrix} x_3 & y_3 & z_3 \\ x_1 & y_1 & z_1 \\ x_2 & y_2 & z_2 \end{vmatrix},$$

由行列式性质(互换行列式任意两行元素的位置,行列式值变号)可得

$$\begin{vmatrix} x_3 & y_3 & z_3 \\ x_1 & y_1 & z_1 \\ x_2 & y_2 & z_2 \end{vmatrix} = \begin{vmatrix} x_1 & y_1 & z_1 \\ x_2 & y_2 & z_2 \\ x_3 & y_3 & z_3 \end{vmatrix},$$

所以有

$$(\boldsymbol{a} \times \boldsymbol{b}) \cdot \boldsymbol{c} = \begin{vmatrix} x_1 & y_1 & z_1 \\ x_2 & y_2 & z_2 \\ x_3 & y_3 & z_3 \end{vmatrix}. \tag{9.6}$$

数值$(\boldsymbol{a}\times\boldsymbol{b})\cdot\boldsymbol{c}$称为三向量$\boldsymbol{a},\boldsymbol{b},\boldsymbol{c}$的**混合积**,(9.6)式称为**混合积的坐标表示式**.可以证明它具有以下性质:

(1)$(\boldsymbol{a}\times\boldsymbol{b})\cdot\boldsymbol{c}$的绝对值就是以$\boldsymbol{a},\boldsymbol{b},\boldsymbol{c}$为棱的平行六面体的体积.

(2) 混合积具有轮换性,即

$$(\boldsymbol{a}\times\boldsymbol{b})\cdot\boldsymbol{c} = (\boldsymbol{b}\times\boldsymbol{c})\cdot\boldsymbol{a} = (\boldsymbol{c}\times\boldsymbol{a})\cdot\boldsymbol{b}.$$

由性质(1)可得,$\boldsymbol{a},\boldsymbol{b},\boldsymbol{c}$共面的充要条件是$(\boldsymbol{a}\times\boldsymbol{b})\cdot\boldsymbol{c}=0$.

【例 6】 判别$A(2,-1,-1)$,$B(1,1,2)$,$C(-1,3,4)$,$D(3,0,2)$四点是否共面?

解 只要判别三个向量$\overrightarrow{AB},\overrightarrow{AC},\overrightarrow{AD}$是否共面即可.由

$$\overrightarrow{AB}=\{-1,2,3\},\overrightarrow{AC}=\{-3,4,5\},\overrightarrow{AD}=\{1,1,3\}\text{ 得}$$

$$(\overrightarrow{AB}\times\overrightarrow{AC})\cdot\overrightarrow{AD} = \begin{vmatrix} -1 & 2 & 3 \\ -3 & 4 & 5 \\ 1 & 1 & 3 \end{vmatrix} = (-1)\begin{vmatrix} 4 & 5 \\ 1 & 3 \end{vmatrix} - (2)\begin{vmatrix} -3 & 5 \\ 1 & 3 \end{vmatrix} + 3\begin{vmatrix} -3 & 4 \\ 1 & 1 \end{vmatrix} = 0.$$

因此A,B,C,D四点共面.

第四节　平面方程与空间直线方程

本节运用向量这一工具,讨论在空间直角坐标系下平面方程和空间直线方程.

一、平面及其方程

1.平面的点法式方程

由空间图形知识可知,经过空间一定点且垂直于一个已知向量(非零向量)的平面是唯一的.垂直于平面π的向量称为平面π的**法向量**(简称**法向**).若单位向量$\mathbf{e}$是平面π的法向量,则称$\mathbf{e}$是平面π的**单位法向**.由定义不难知道,一个确定的平面有两个单位法向,这两个单位法向方向相反.

由于平面与其法向垂直,因此位于该平面上的任一向量与法向都垂直.设平面π经过点$P_0(x_0,y_0,z_0)$,$\boldsymbol{n}=\{A,B,C\}$是平面π的一个法向,如图9-15,易知任一点$P(x,y,z)$位于平面π上的充要条件为$\overrightarrow{P_0P}\perp\boldsymbol{n}$,即

$$\overrightarrow{P_0P}\cdot\boldsymbol{n}=0.$$

从而得到 $\{x-x_0, y-y_0, z-z_0\}\cdot\{A,B,C\}=0$,

即

$$A(x-x_0)+B(y-y_0)+C(z-z_0)=0. \qquad (9.7)$$

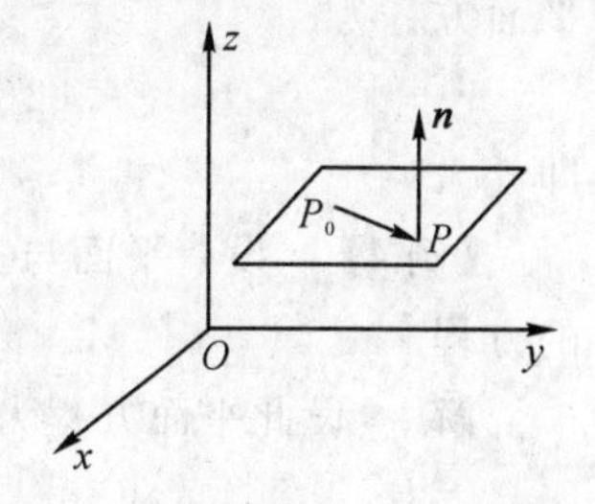

图 9-15

式(9.7) 称为平面 π 的**点法式方程**.

【例 1】 求经过点 $P(1,-2,3)$ 且以 $\boldsymbol{n}=\{2,0,-1\}$ 为法向的平面点法式方程.

解 由平面的点法式方程(9.7),得所求的平面点法式方程为

$$2(x-1)+0(y+2)+(-1)(z-3)=0,$$

即

$$2x-z+1=0.$$

【例 2】 求经过空间三点 $A(1,0,-1)$,$B(2,1,2)$,$C(-1,1,1)$ 的平面点法式方程.

解 先求出平面的一个法向量. 由于向量 $\overrightarrow{AB}=\{1,1,3\}$,$\overrightarrow{AC}=\{-2,1,2\}$ 是所求平面上两个不平行的向量,因此,与这两个向量同时垂直的向量 $\overrightarrow{AB}\times\overrightarrow{AC}$ 即是所求平面的一个法向量 $\boldsymbol{n}$.

$$\boldsymbol{n}=\overrightarrow{AB}\times\overrightarrow{AC}=\begin{vmatrix}\boldsymbol{i} & \boldsymbol{j} & \boldsymbol{k}\\ 1 & 1 & 3\\ -2 & 1 & 2\end{vmatrix}=-\boldsymbol{i}-8\boldsymbol{j}+3\boldsymbol{k},$$

再取点 $A(1,0,-1)$,由点法式方程(9.7) 可得所求的平面点法式方程为

$$(-1)(x-1)+(-8)(y-0)+3(z+1)=0,$$

即

$$x+8y-3z-4=0.$$

2. 平面的一般方程

平面的点法式方程(9.7) 式可写成 $Ax+By+Cz-Ax_0-By_0-Cz_0=0$,

令

$$D=-Ax_0-By_0-Cz_0,$$

即为三元一次方程

$$Ax+By+Cz+D=0. \qquad (9.8)$$

另一方面,对任意给定的三元一次方程(9.8),任取满足此方程的一组解 (x_0,y_0,z_0),

即

$$Ax_0+By_0+Cz_0+D=0,$$

得

$$D=-(Ax_0+By_0+Cz_0),$$

将此式代入(9.8) 式,方程即化为

$$A(x-x_0)+B(y-y_0)+C(z-z_0)=0.$$

这是经过点 (x_0,y_0,z_0),且以 $\boldsymbol{n}=\{A,B,C\}$ 为法向量的平面点法式方程. 由此可见,给定的三元一次方程 $Ax+By+Cz+D=0$,当 A,B,C 不全为零时一定表示一个平面.

称(9.8) 为**平面的一般方程(简称平面方程)**. 由方程 $Ax+By+Cz+D=0$ 所确定的平面也称为**平面** $Ax+By+Cz+D=0$.

由以上分析可知,平面 $Ax+By+Cz+D=0$ 的一个法向为 $\boldsymbol{n}=\{A,B,C\}$.

【例 3】 求经过点 $P(1,-1,2)$ 且平行于平面 $2x-3y+z+1=0$ 的平面方程.

解 向量 $\{2,-3,1\}$ 是平面 $2x-3y+z+1=0$ 的一个法向. 由于所求平面平行于平面 $2x-3y+z+1=0$,所以 $\{2,-3,1\}$ 也是所求平面的一个法向. 由点法式方程,得所求的

平面方程为

$$2(x-1)+(-3)(y+1)+(z-2)=0,$$

即

$$2x-3y+z-7=0.$$

【例 4】 设一平面与三坐标轴分别交于点 $P(3,0,0)$,$Q(0,2,0)$,$R(0,0,4)$,求此平面的方程.

解 设此平面方程为 $Ax+By+Cz+D=0$,由于点 P,Q,R 都在平面上,因此有

$$\begin{cases}3A+D=0;\\2B+D=0;\\4C+D=0.\end{cases}$$

即 $A=-\dfrac{D}{3}$,$B=-\dfrac{D}{2}$,$C=-\dfrac{D}{4}$. 将此代入 $Ax+By+Cz+D=0$,并除以 D(由于 A,B,C 不同时为 0,故 $D\neq 0$) 得平面方程:

$$\frac{x}{3}+\frac{y}{2}+\frac{z}{4}=1.$$

一般地,如果一平面与三坐标轴分别交于点 $P(a,0,0)$,$Q(0,b,0)$,$R(0,0,c)$(a,b,c 都不为 0),则该平面的方程为

$$\frac{x}{a}+\frac{y}{b}+\frac{z}{c}=1.$$

上式称为平面的**截距式方程**,a,b,c 分别称为平面在 x,y,z 轴上的**截距**(见图 9-16).

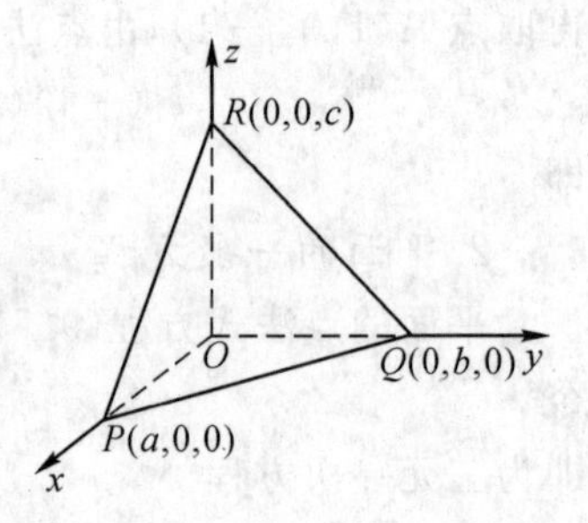

图 9-16

【例 5】 求平面 $Ax+By+Cz+D=0$ 外一点 $P(x_0,y_0,z_0)$ 到该平面的距离.

解 如图 9-17,过 P 作平面的垂线,设垂足为 Q. 在平面内任取一点 $M(x,y,z)$,则点 P 到平面的距离为

$$|\overrightarrow{PQ}|=|\overrightarrow{PM}\cdot\overrightarrow{PQ}^{\circ}|=|\overrightarrow{PM}\cdot\boldsymbol{n}^{\circ}|.$$

由于 $$\boldsymbol{n}^{\circ}=\frac{\boldsymbol{n}}{|\boldsymbol{n}|}=\frac{\{A,B,C\}}{\sqrt{A^2+B^2+C^2}},$$

于是

$$\begin{aligned}|\overrightarrow{PQ}|&=\left|\{x-x_0,y-y_0,z-z_0\}\cdot\frac{\{A,B,C\}}{\sqrt{A^2+B^2+C^2}}\right|\\&=\frac{|A(x-x_0)+B(y-y_0)+C(z-z_0)|}{\sqrt{A^2+B^2+C^2}}\\&=\frac{|Ax+By+Cz-Ax_0-By_0-Cz_0|}{\sqrt{A^2+B^2+C^2}}\\&=\frac{|Ax_0+By_0+Cz_0+D|}{\sqrt{A^2+B^2+C^2}}.\end{aligned}$$

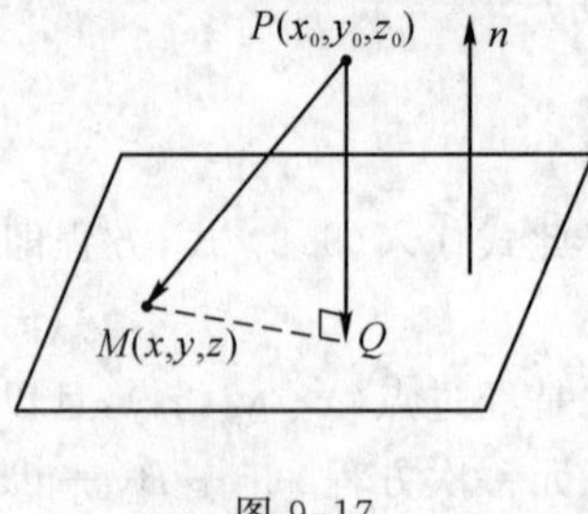

图 9-17

(因为 $Ax+By+Cz+D=0$.)

3. 两平面的平行与垂直

设有平面 π_1:$A_1x+B_1y+C_1z+D_1=0$ 和 π_2:$A_2x+B_2y+C_2z+D_2=0$,它们的法向分别为 $\boldsymbol{n}_1=\{A_1,B_1,C_1\}$ 和 $\boldsymbol{n}_2=\{A_2,B_2,C_2\}$.

由向量相互平行的条件,可得两平面相互平行的条件为

$$\frac{A_1}{A_2}=\frac{B_1}{B_2}=\frac{C_1}{C_2}\text{(式中若分母为零,则规定分子也为零)}. \tag{9.9}$$

由向量相互垂直的条件,可得两平面相互垂直的条件为

$$A_1A_2+B_1B_2+C_1C_2=0. \tag{9.10}$$

向量 $\boldsymbol{n}_1$ 和 $\boldsymbol{n}_2$ 之间的夹角 θ(或 $\pi-\theta$) 即为两平面的夹角.

【例 6】 求经过点 $A(1,-2,1)$ 和点 $B(-1,0,1)$,且垂直于平面 $x-y+2z=2$ 的平面方程.

解 由已知分析可得,所求平面的法向既垂直于向量$\overrightarrow{AB}$,又垂直于平面 $x-y+2z=2$ 的法向 $\boldsymbol{n}_0=\{1,-1,2\}$,故可取$\overrightarrow{AB}\times\boldsymbol{n}_0$ 作为所求平面的法向 $\boldsymbol{n}$. 由 A 和 B 的坐标可得$\overrightarrow{AB}=\{-2,2,0\}$,故有

$$\boldsymbol{n}=\overrightarrow{AB}\times\boldsymbol{n}_0=\begin{vmatrix}\boldsymbol{i}&\boldsymbol{j}&\boldsymbol{k}\\-2&2&0\\1&-1&2\end{vmatrix}=4\boldsymbol{i}+4\boldsymbol{j},$$

取平面经过的点 $B(-1,0,1)$,由点法式方程(9.7),可得所求平面方程为

$$4(x+1)+4y=0,$$

即

$$x+y+1=0.$$

二、空间直线方程

1. 空间直线的一般式方程

由空间图形知识可知,两相交平面的交线是一条直线,而空间任意一条直线也一定可以看作某两个相交平面 $\pi_1:A_1x+B_1y+C_1z+D_1=0$ 和 $\pi_2:A_2x+B_2y+C_2z+D_2=0$ 的交线. 因此,直线方程可以用两个相交平面的方程联立式表示

$$\begin{cases}A_1x+B_1y+C_1z+D_1=0,\\A_2x+B_2y+C_2z+D_2=0.\end{cases} \tag{9.11}$$

称(9.11) 式为空间直线的**一般式方程**.

2. 空间直线的点向式方程

如果一个非零向量 $\boldsymbol{s}=\{l,m,n\}$ 平行于一条已知直线,就称向量 $\boldsymbol{s}$ 为这条直线的**方向向量**,而 l,m,n 称为此直线的**方向数**.

设直线 L 经过点 $M_0(x_0,y_0,z_0)$,且 $\boldsymbol{s}=\{l,m,n\}$ 是 L 的一个方向向量,若 $M(x,y,z)$ 是空间任意一点,则点 M 位于直线 L 上的充要条件是$\overrightarrow{M_0M}\parallel\boldsymbol{s}$. 由向量平行的充要条件可得$\overrightarrow{M_0M}\parallel\boldsymbol{s}$. 即为

$$\frac{x-x_0}{l}=\frac{y-y_0}{m}=\frac{z-z_0}{n}. \tag{9.12}$$

此式称为**直线的点向式方程**(又称**直线的对称式方程**).

(9.12) 式中,若直线的某个方向数为零,则相应的分子也为零. 例如

$$\frac{x-x_0}{0}=\frac{y-y_0}{m}=\frac{z-z_0}{n}\text{ 等价于}\begin{cases}x=x_0,\\\dfrac{y-y_0}{m}=\dfrac{z-z_0}{n}.\end{cases}$$

而

$$\frac{x-x_0}{0}=\frac{y-y_0}{0}=\frac{z-z_0}{n} \text{ 等价于} \begin{cases} x=x_0, \\ y=y_0. \end{cases}$$

令 $\frac{x-x_0}{l}=\frac{y-y_0}{m}=\frac{z-z_0}{n}=t$,则得

$$\begin{cases} x=x_0+lt, \\ y=y_0+mt, \\ z=z_0+nt. \end{cases} \tag{9.13}$$

(9.13) 称为**直线的参数方程**.

【例 7】 求经过点 $P(1,-2,3)$ 且垂直于平面 $2x-y+z=1$ 的直线方程.

解 由已知,可取平面 $2x-y+z=1$ 的法向 $\{2,-1,1\}$ 为直线的方向向量. 由直线的点向式方程,所求直线方程为

$$\frac{x-1}{2}=\frac{y+2}{-1}=\frac{z-3}{1}.$$

【例 8】 求过点 $M_1(x_1,y_1,z_1)$,$M_2(x_2,y_2,z_2)$ 的直线方程.

解 取直线的方向向量为

$$\boldsymbol{s}=\overrightarrow{M_1M_2}=\{x_2-x_1,y_2-y_1,z_2-z_1\},$$

由直线的点向式方程,可得所求直线方程为

$$\frac{x-x_1}{x_2-x_1}=\frac{y-y_1}{y_2-y_1}=\frac{z-z_1}{z_2-z_1}. \tag{9.14}$$

(9.14) 称为**直线的两点式方程**.

【例 9】 将直线一般方程 $\begin{cases} 2x-y+z=2, \\ x-2y-3z=1 \end{cases}$ 化为对称式方程及参数方程.

解 此直线可以看作平面 $2x-y+z=2$ 与平面 $x-2y-3z=1$ 的交线,它同时垂直这两个平面的法向量 $\boldsymbol{n}_1=\{2,-1,1\}$ 和 $\boldsymbol{n}_2=\{1,-2,-3\}$,因此可取 $\boldsymbol{n}_1\times\boldsymbol{n}_2$ 作为直线的方向向量 $\boldsymbol{s}$

$$\boldsymbol{s}=\boldsymbol{n}_1\times\boldsymbol{n}_2=\begin{vmatrix} \boldsymbol{i} & \boldsymbol{j} & \boldsymbol{k} \\ 2 & -1 & 1 \\ 1 & -2 & -3 \end{vmatrix}=5\boldsymbol{i}+7\boldsymbol{j}-3\boldsymbol{k}.$$

再在直线上求一点. 在直线一般方程中,令 $z=0$,得 $\begin{cases} 2x-y=2, \\ x-2y=1. \end{cases}$ 解得 $x=1,y=0$,即(1,0,0) 是直线上的一点. 直线的对称式方程为

$$\frac{x-1}{5}=\frac{y}{7}=\frac{z}{-3},$$

而参数方程为

$$\begin{cases} x=1+5t, \\ y=7t, \\ z=-3t. \end{cases}$$

第五节　曲面方程与空间曲线方程

上一节已经讨论了平面与空间直线，并建立了平面方程与空间直线方程. 本节将进一步阐述曲面、空间曲线与代数方程之间的一般联系，并给出几种常见曲面的方程.

一、曲面方程

在平面解析几何中，已经给出了平面曲线与二元方程之间的联系. 在空间直角坐标系下，由上节也知道了平面与三元一次方程的联系. 现在类似地建立曲面与三元方程之间的内在联系.

定义 9.5　在空间直角坐标系下，若曲面 S 与三元方程

$$F(x,y,z)=0 \tag{9.15}$$

有下述关系：

(1) 曲面 S 上的点 $M(x,y,z)$ 的坐标都满足方程(9.15)；

(2) 不在曲面 S 上的点的坐标都不满足方程(9.15)，则称方程(9.15)为**曲面 S 的方程**，而称曲面 S 为**方程**(9.15)的图形(见图 9-18).

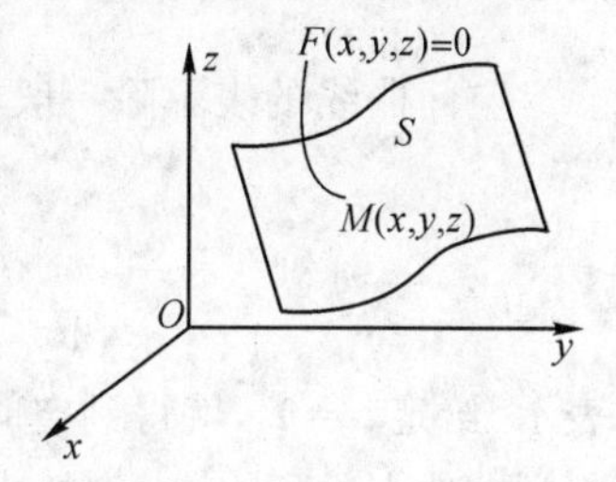

图 9-18

【例 1】　建立以 $C(x_0,y_0,z_0)$ 为球心，R 为半径的球面方程.

解　设 $M(x,y,z)$ 是球面上一点，则点 M 到 C 的距离 $|MC|$ 为 R，由此得方程

$$\sqrt{(x-x_0)^2+(y-y_0)^2+(z-z_0)^2}=R,$$

即

$$(x-x_0)^2+(y-y_0)^2+(z-z_0)^2=R^2. \tag{9.16}$$

由于球面上任意点的坐标都满足方程(9.16)，而不在球面上的点到点 C 的距离不为 R，故而它的坐标不满足方程(9.16). 因此，(9.16)式即为以 $C(x_0,y_0,z_0)$ 为球心、R 为半径的球面方程.

特别地，以原点 $O(0,0,0)$ 为球心、R 为半径的球面方程为

$$x^2+y^2+z^2=R^2. \tag{9.17}$$

【例 2】　方程 $x^2+y^2+z^2-2x+4y-1=0$ 表示什么曲面?

解　原方程通过配方后即为

$$(x-1)^2+(y+2)^2+z^2=6.$$

由此可知，此方程表示以$(1,-2,0)$为球心，$\sqrt{6}$ 为半径的球面.

【例 3】　求到空间两点 $A(2,-1,3)$ 和 $B(4,1,2)$ 距离相等的点的轨迹.

解　设点 $M(x,y,z)$ 是所求轨迹上的一点，则 $|MA|=|MB|$，即

$$\sqrt{(x-2)^2+(y+1)^2+(z-3)^2}=\sqrt{(x-4)^2+(y-1)^2+(z-2)^2},$$

化简得

$$4x+4y-2z-7=0.$$

这是一个平面方程,可知所求的轨迹是一个平面.事实上此平面为线段 AB 的垂直平分面.

二、空间曲线方程

空间直线可以看作两个平面的交线,空间曲线也可看成两个曲面的交线.设有两相交的曲面,它们的方程分别为 $F_1(x,y,z)=0$ 和 $F_2(x,y,z)=0$,则交线上点的坐标必定同时满足这两个方程,而交线外点的坐标不可能同时满足这两个方程.由此,方程组

$$\begin{cases}F_1(x,y,z)=0,\\F_2(x,y,z)=0.\end{cases}\tag{9.18}$$

即为两曲面交线的方程式,称(9.18)为**空间曲线的一般方程**.

特别地,平面可以看作是空间曲面的特殊情形,而直线可以看作是空间曲线的特殊情形.

例如,坐标轴可以看作两坐标平面的交线,x 轴的方程可用 $\begin{cases}y=0,\\z=0\end{cases}$ 表示;而在 xOy 平面上以原点为圆心的单位圆可表示为 $\begin{cases}x^2+y^2+z^2=1,\\z=0.\end{cases}$

空间曲线的表示除一般方程外,还可以用**参数方程**

$$\begin{cases}x=x(t),\\y=y(t),\\z=z(t)\end{cases}\tag{9.19}$$

表示.给定 $t=t_0$,就得到空间曲线上的一个点 $(x(t_0),y(t_0),z(t_0))$,随着 t 的变动便可得到空间曲线上的所有点.例如,参数方程

$$\begin{cases}x=R\cos\omega t,\\y=R\sin\omega t,(0\leqslant t<+\infty)\\z=vt\end{cases}$$

表示:空间一点 M(如图 9-19 所示)从 A 点开始,一方面绕半径为 R 的圆柱以等角速度 ω 转动,另一方面又平行于圆柱轴线(图 9-19 中 z 轴)以等速 v 上升,所构成的几何轨迹.此曲线称为**圆柱螺线**.

三、柱面

先看一个具体的例子.

【例 4】 方程 $x^2+y^2=a^2$ 表示什么样的曲面?

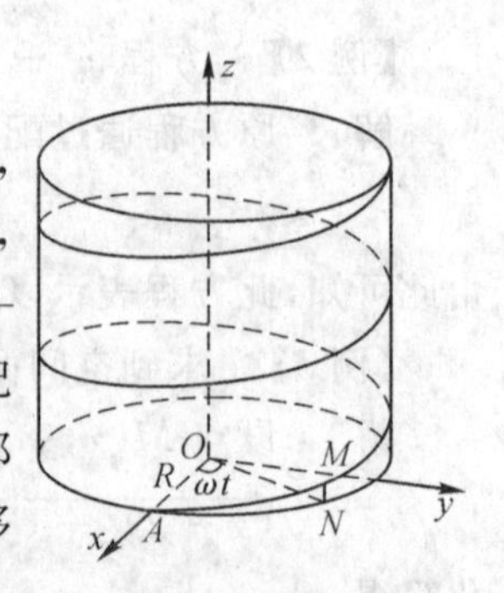

图 9-19

解 由于此方程不含变量 z,因此对空间任意点 $M(x,y,z)$,不管 z 取何值,当且仅当它的 x 和 y 坐标满足方程 $x^2+y^2=a^2$ 时,点 $M(x,y,z)$ 才在曲面上.设 $P(x_1,y_1,0)$ 是 xOy 平面内圆 C:$x^2+y^2=a^2$ 上一点(见图 9-20),则 $x_1^2+y_1^2=a^2$,即 P 点在曲面上.记经过 P 点且平行于 z 轴的直线为 L,则直线 L 上任意点的 x 坐标都为 x_1,y 坐标都为 y_1,即直线 L 整条都在曲面上.当 P 点沿着圆 C 移动时,直线 L 相应平行移动所经过的轨迹构成了一个曲面,记为 S.由以上分析知,曲面 S 上的任何点的坐标都满足方程 $x^2+y^2=a^2$.

另一方面，不在曲面 S 上的点，它在 xOy 坐标平面上的投影一定不在圆 C 上，故该点坐标也就不满足方程 $x^2+y^2=a^2$. 因此，$x^2+y^2=a^2$ 的图形可以看作是由一条平行于 z 轴的直线 L 沿 xOy 平面上圆 $C:x^2+y^2=a^2$ 平行移动而形成的曲面，这个曲面称为**圆柱面**.

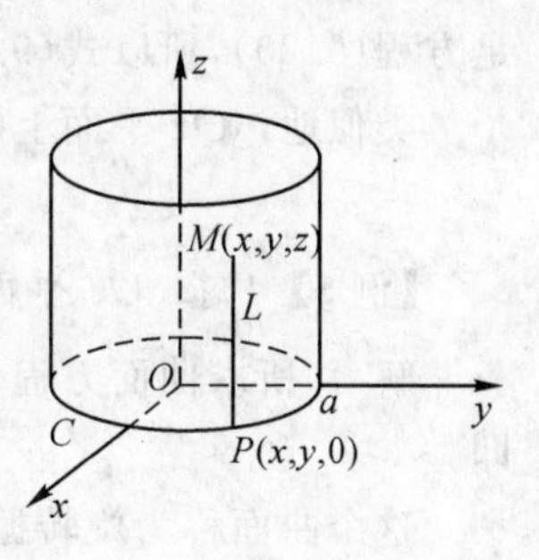

图 9-20

一般地，平行于定直线并沿定曲线 C 移动的直线 L 所形成的轨迹叫做**柱面**，定曲线 C 叫做柱面的**准线**，动直线 L 叫做柱面的**母线**.

仿照例 4 可分析得到，只含 x,y 而缺 z 的方程 $F(x,y)=0$ 所表示的图形，是母线平行于 z 轴的柱面，其准线是 xOy 平面上的曲线：$F(x,y)=0$.

例如，方程 $y^2=2px$ 的图形是母线平行于 z 轴的**抛物柱面**，如图 9-21 所示.

类似地，方程 $G(x,z)=0$ 和 $H(y,z)=0$ 的图形分别为母线平行于 y 轴和 x 轴的柱面.

例如，$\frac{x^2}{a^2}+\frac{z^2}{b^2}=1$ 的图形是母线平行于 y 轴的**椭圆柱面**，如图 9-22 所示.

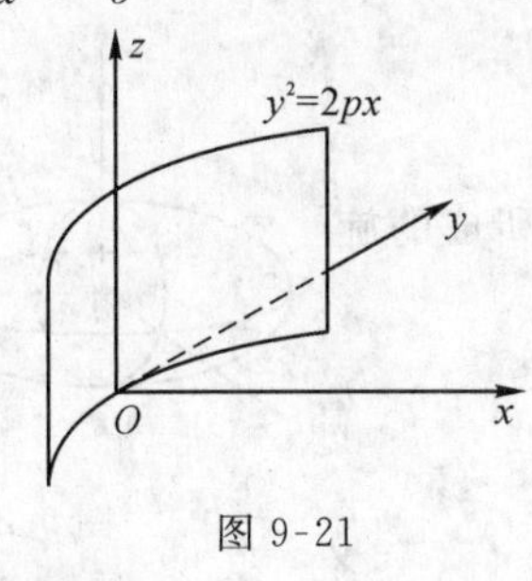

图 9-21

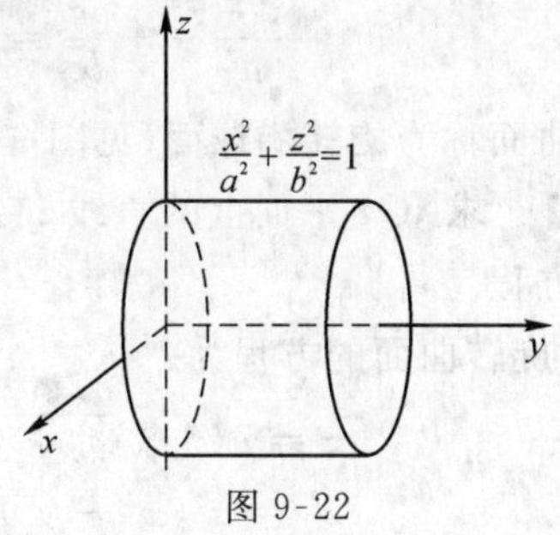

图 9-22

四、旋转曲面

一条平面曲线绕所在平面上一条定直线在空间旋转一周所成的曲面叫做**旋转曲面**. 这条定直线叫做旋转曲面的**轴**.

球面，圆柱面都是旋转曲面.

设 yOz 平面上的曲线 C 的方程为 $f(y,z)=0$，将此曲线绕 z 轴旋转一周，即得到一个以 z 轴为轴的旋转曲面，如图 9-23 所示.

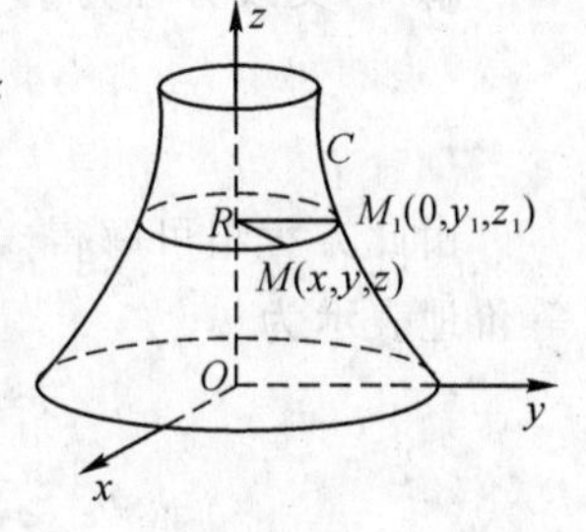

图 9-23

在旋转曲面上任取一点 $M(x,y,z)$，设该点位于曲线 C 上的点 $M_1(0,y_1,z_1)$ 绕 z 轴旋转得到的圆上（见图 9-23），由点 M 到 z 轴的距离与点 M_1 到 z 轴的距离相等可得

$$|y_1|=\sqrt{x^2+y^2},$$

即

$$y_1=\pm\sqrt{x^2+y^2},$$

而点 M 和点 M_1 具有相同的竖坐标，因此有

$$z_1=z.$$

因为点 M_1 在曲线 C 上，所以 $f(y_1,z_1)=0$，从而得

$$f(\pm\sqrt{x^2+y^2},z)=0. \tag{9.20}$$

由以上分析可知，旋转曲面上的点都满足方程(9.20)，而不在旋转曲面上的点都不满

足方程(9.20),所以式(9.20)即为旋转曲面的方程.

类似地,yOz 平面上的曲线 $C: f(y,z)=0$ 绕 y 轴旋转一周,得到旋转曲面方程为

$$f(y, \pm\sqrt{x^2+z^2})=0.$$

【例 5】 求 yOz 平面上的抛物线 $z=y^2$ 绕 z 轴旋转所成的旋转曲面的方程.

解 所求曲面方程为 $$z=(\pm\sqrt{x^2+y^2})^2,$$
即 $$z=x^2+y^2.$$

这个曲面称为**旋转抛物面**(见图 9-24).

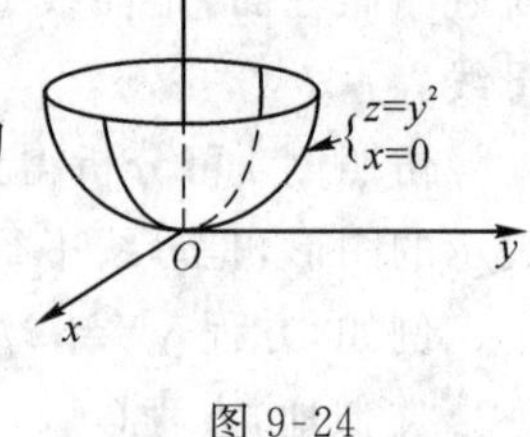

图 9-24

【例 6】 求 xOy 平面上的曲线 $\dfrac{x^2}{a^2}+\dfrac{y^2}{b^2}=1$ 绕 y 轴旋转而成的曲面方程.

解 所求曲面方程为

$$\frac{(\pm\sqrt{x^2+z^2})^2}{a^2}+\frac{y^2}{b^2}=1,$$

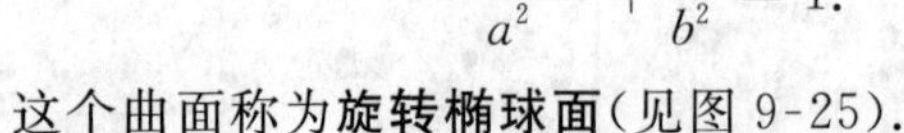

即 $$\frac{x^2+z^2}{a^2}+\frac{y^2}{b^2}=1.$$

这个曲面称为**旋转椭球面**(见图 9-25).

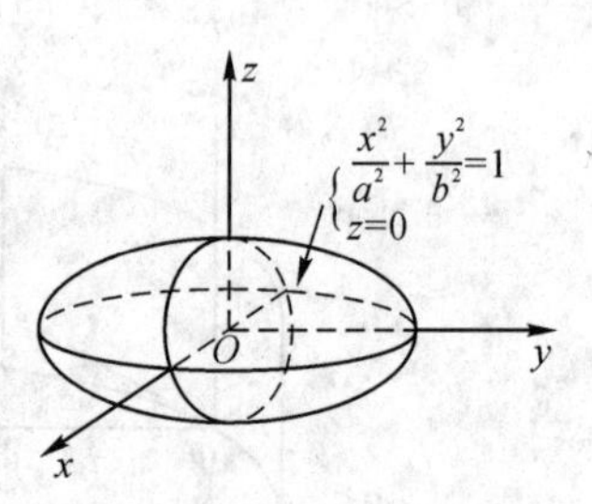

图 9-25

【例 7】 求 yOz 平面上的直线 $z=ay$ 绕 z 轴旋转所成的旋转曲面的方程.

解 旋转曲面的方程为

$$z=a(\pm\sqrt{x^2+y^2}),$$

即 $$z^2=a^2(x^2+y^2).$$

此曲面称为**圆锥面**,其中 $a=\cot\alpha$,2α 为**圆锥顶角**(见图 9-26).

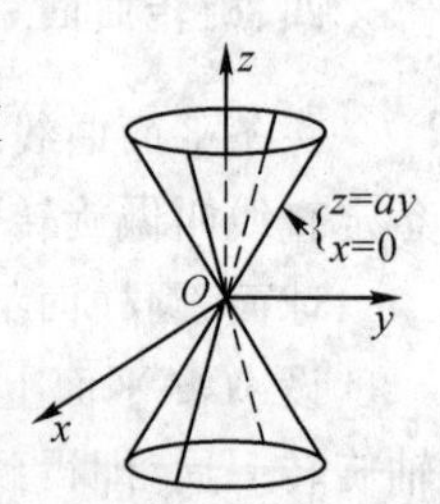

图 9-26

【例 8】 观察球面 $x^2+y^2+z^2=2$ 与旋转抛物面 $z=x^2+y^2$ 相交所生成的曲线.

解 交线方程为

$$\begin{cases}x^2+y^2+z^2=2,\\ z=x^2+y^2.\end{cases}$$

由此方程组可解得 $z=1$,即曲线在平面 $z=1$ 上.由此,曲线方程可等价地表示为

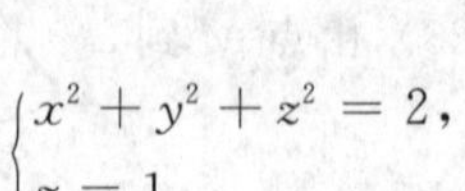

$$\begin{cases}x^2+y^2+z^2=2,\\ z=1\end{cases}$$

或

$$\begin{cases}x^2+y^2=1,\\ z=1.\end{cases}$$

即曲线是球面 $x^2+y^2+z^2=2$ 与平面 $z=1$ 的交线,也是柱面 $x^2+y^2=1$ 与平面 $z=1$ 的交线.因此它是平面 $z=1$ 上的一个单位圆,如图 9-27 所示.

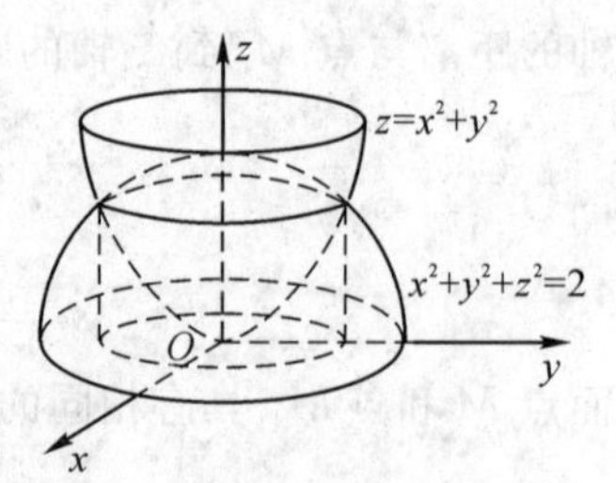

图 9-27

例 8 中,将曲线方程 $\begin{cases}x^2+y^2+z^2=2,\\ z=x^2+y^2\end{cases}$ 中的 z 消去,得柱面方程 $x^2+y^2=1$,我们称此

柱面为曲线$\begin{cases}x^2+y^2+z^2=2,\\ z=x^2+y^2\end{cases}$在 xOy 平面上的**投影柱面**.而称曲线$\begin{cases}x^2+y^2=1,\\ z=0\end{cases}$为空间曲线$\begin{cases}x^2+y^2+z^2=2,\\ z=x^2+y^2\end{cases}$在 xOy 平面上的**投影曲线**.

一般地,将空间曲线$\Gamma\begin{cases}F_1(x,y,z)=0,\\ F_2(x,y,z)=0\end{cases}$中的 z 消去,得到的柱面方程 $G(x,y)=0$ 便是曲线 Γ 投影到 xOy 平面上的**投影柱面方程**,而$\begin{cases}G(x,y)=0,\\ z=0\end{cases}$则是曲线 Γ 在 xOy 平面上的**投影曲线方程**.类似地可求出曲线 Γ 投影到 zOx 和 yOz 平面上的投影柱面方程和投影曲线方程.

五、二次曲面

在平面解析几何中,称平面直角坐标下由二元二次方程所表示的曲线为二次曲线.类似地,在空间直角坐标系下,三元二次方程的图形称为**二次曲面**.相应地平面叫做**一次曲面**.

本节所述的球面、圆柱面、旋转椭球面、旋转抛物面、圆锥面等都是二次曲面.下面再介绍几个常用的二次曲面.

为了讨论二次曲面的形态,常用一组平行平面与曲面相截,然后根据交线形状的变化判别曲面的概貌,这种方法称为**截痕法**.

1.椭球面

由方程
$$\frac{x^2}{a^2}+\frac{y^2}{b^2}+\frac{z^2}{c^2}=1\quad(a>0,b>0,c>0)\tag{9.21}$$
所表示的曲面称为**椭球面**.

特别地,当 $a=b=c$ 时,(9.21) 即为球面方程.

用一组平行于 xOy 平面的平面 $z=k$ 截椭球面,得截线的方程为
$$\begin{cases}\dfrac{x^2}{a^2}+\dfrac{y^2}{b^2}=1-\dfrac{k^2}{c^2},\\ z=k.\end{cases}$$

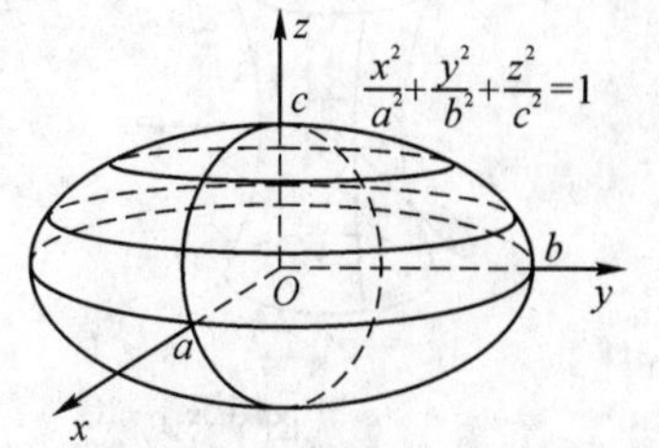

图 9-28

当 $|k|<c$ 时,截线是在平面 $z=k$ 上的椭圆,它的两个半轴为 $a\sqrt{1-\dfrac{k^2}{c^2}}$ 和 $b\sqrt{1-\dfrac{k^2}{c^2}}$.当 $|k|$ 由 0 逐渐增大时,椭圆越来越小;当 $|k|=c$ 时,截线缩成为一个交点;而当 $|k|>c$ 时,截线的方程无解,即无交点.

若用平行于另外两个坐标平面的两组平面去截椭球面,有完全类似的结果.由此可得椭球面的形状如图 9-28 所示.

2.椭圆抛物面

由方程
$$z=\frac{x^2}{a^2}+\frac{y^2}{b^2}\quad(a>0,b>0)\tag{9.22}$$

所表示的曲面称为**椭圆抛物面**.

特别地,当 $a=b$ 时,(9.22) 即为旋转抛物面的方程.

用一组平行于 xOy 平面的平面 $z=k$ 截此曲面,得截线的方程为

$$\begin{cases}\dfrac{x^2}{a^2}+\dfrac{y^2}{b^2}=k,\\ z=k.\end{cases}$$

当 $k>0$ 时,截线为椭圆,且当 k 由大变小时椭圆也由大变小;当 $k=0$ 时,截线缩成一点(0,0);而当 $k<0$ 时,无截线.

若用平面 $x=0$ 和 $y=0$ 去截此曲面,截线方程分别为

$$\begin{cases}z=\dfrac{y^2}{b^2},\\ x=0\end{cases} \text{和} \begin{cases}z=\dfrac{x^2}{a^2},\\ y=0.\end{cases}$$

截线为以原点为顶点开口向上的抛物线. 由此可得椭圆抛物面的形状如图 9-29 所示.

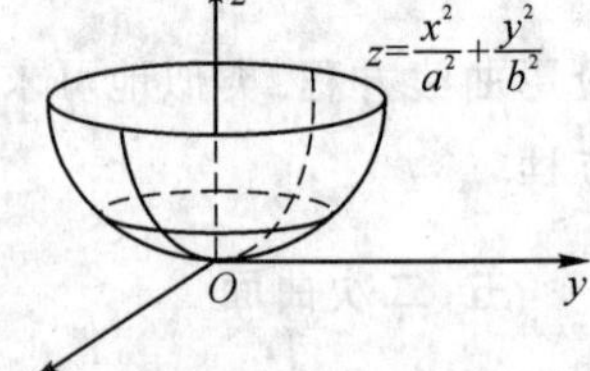

图 9-29

常见的二次曲面还有

单叶双曲面: $$\frac{x^2}{a^2}+\frac{y^2}{b^2}-\frac{z^2}{c^2}=1 \quad (a>0,b>0,c>0). \tag{9.23}$$

双叶双曲面: $$\frac{x^2}{a^2}+\frac{y^2}{b^2}-\frac{z^2}{c^2}=-1 \quad (a>0,b>0,c>0). \tag{9.24}$$

双曲抛物面: $$z=-\frac{x^2}{a^2}+\frac{y^2}{b^2} \quad (a>0,b>0). \tag{9.25}$$

它们的形状分别见图 9-30、图 9-31 和图 9-32.

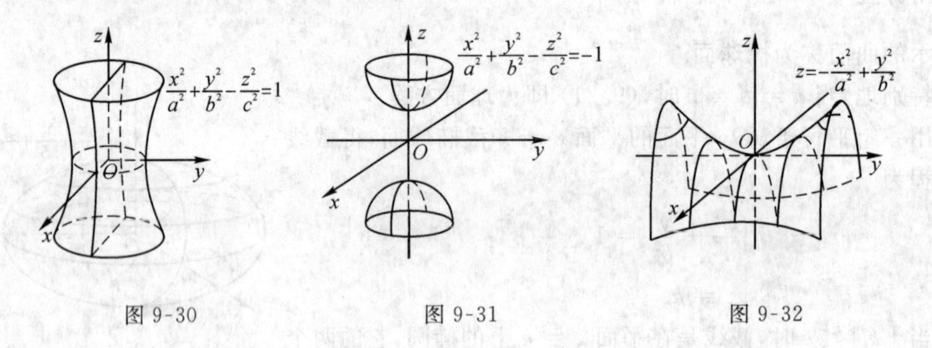

图 9-30　　图 9-31　　图 9-32

阅读

开普勒(Kepler, Johannes, 1571－1630),德国天文学家、数学家

开普勒,1571 年 12 月 27 日生于符腾堡州魏尔的一个新教徒家庭,父亲酗酒成性,后又入伍当兵。开普勒自幼体弱多病,5 岁染天花,留下满脸麻子,又双手残疾,视力低下,经常受高烧折磨,可谓历经磨难。但他与命运抗争,身残而志坚。他 17 岁进图林根大学学习数学与天文学,20 岁获硕士学位,23 岁任奥地利格拉茨大学讲师,27 岁时前往布拉格。在那里,他

结识了天文学家第谷，后来在第谷去世后，他继承了第谷的工作。

开普勒是微积分的先驱者之一，他系统地用无穷小方法计算面积和体积。比如，他将球看作是由无限多个无限小的锥体组成，锥的顶点是球的中心，底面构成球的表面，从而指出球的体积是半径与球面积乘积的$\frac{1}{3}$。他的无穷小求和方法，整理在他的名著《酒桶新立体几何》一书中，这本著作被誉为所有历代求体积方法的灵感源泉。

酒桶的测量，启发开普勒考虑很多的极大与极小问题。比如，他指出在所有有公共对角线的正圆柱中，当直径和高之比为$\sqrt{2}$时体积最大。他的这种结果是通过列出表格而获得的，即是对给定的直径、高的值列出体积的值，从中选出最佳的比例。他注意到当体积接近极大值时，由尺寸的变化产生的体积变化将越来越小，实际上他已接近得出极值点处一阶导数为零这一结论(这个结论不久为费尔马获得)。

开普勒还建立了所谓的连续性原理，实质上他提出了一条公设：在平面上无穷远处存在某些理想点和一条理想线，它们具有普通点和线的许多性质。从而说明了一条直线可被认为是闭合于无穷远点处，两条平行直线被认为相交于无穷远处，抛物线可看作是椭圆或双曲线的一个焦点退到无穷远处的极限情形。他的这种奇异的思维给予后世几何学家以很大的启发。

开普勒是一个杰出的数学家，又是一个伟大的天文学家，他发现的行星三定律奠定了天体力学的基础。

开普勒一生坎坷，少时疾病缠身，婚后生活也殊无欢趣，第一个妻子死于疯病，爱子死于天花。第二次结婚时，他十分认真地“计算”了11个姑娘的优缺点，但还是“算错了”。由于天主教徒的迫害，他的母亲被投入监狱，他为了营救母亲而四处奔走，历时近一年；他的薪俸也被长期拖欠，1630年，他在索取长期拖欠的工资的旅途中染病去世。

他的豪迈而悲壮的墓志铭是：我曾神算天机，巧妙测量大地。而今灵魂升天，身躯留此安息。

习题九

基本题

第一节习题

1. 在空间直角坐标系中，指出下列各点位置的特殊性.

(1)$(0,0,0)$；　(2)$(0,3,0)$；　(3)$(-1,0,2)$；　(4)$(1,1,0)$.

2. 写出点$P(1,-2,3)$的下列对称点的坐标.

(1) 关于原点对称；　(2) 关于y轴对称；　(3) 关于yOz平面对称.

3. 分别求出点$P(2,-1,4)$到坐标原点、y轴及xOz平面的距离.

4. 求出以$A(-1,2,1)$，$B(3,2,-2)$，$C(2,0,3)$为顶点的三角形各边长.

第二节习题

5. 设$\boldsymbol{a}=\{1,-2,3\}$，$\boldsymbol{b}=\{2,-1,0\}$，求 (1)$-\frac{1}{2}\boldsymbol{b}$；(2)$2\boldsymbol{a}-\boldsymbol{b}$.

6. 设 $\boldsymbol{a}=3\boldsymbol{i}-4\boldsymbol{j}+5\boldsymbol{k}$,求 $|\boldsymbol{a}|$ 和与 $\boldsymbol{a}$ 平行的单位向量.

7. 设点 $P_1(1,-2,3)$,$P_2(-1,1,0)$,求向量 $\overrightarrow{P_1P_2}$ 的坐标.

8. 一向量模为 5,且其方向与向量 $\{2,-1,2\}$ 相同,求此向量的坐标分解式.

9. 已知向量 $\boldsymbol{a}=3\boldsymbol{i}-4\boldsymbol{j}+5\boldsymbol{k}$,其起点坐标为 $(-1,0,2)$,求 $\boldsymbol{a}$ 的终点坐标及其方向余弦.

10. 设向量 $\boldsymbol{a}$ 与 x 轴、y 轴正向夹角分别为 $\alpha=30°$,$\beta=120°$,且模 $|\boldsymbol{a}|=4$,求向量 $\boldsymbol{a}$ 的另一个方向角 γ 和坐标.

11. 设有一位于原点质量为 m 的质点和一位于点 (x,y,z) 质量为 M 的质点,求出质点 m 对质点 M 的引力 $\boldsymbol{F}$ 的表示式.

第三节习题

12. 设 $\boldsymbol{a}=\{1,-2,3\}$,$\boldsymbol{b}=\{2,-1,0\}$,求 $\boldsymbol{a}\cdot\boldsymbol{b}$ 和 $\boldsymbol{a}\times\boldsymbol{b}$.

13. 已知向量 $\boldsymbol{a}$ 与 $\boldsymbol{b}$ 的夹角为 $\frac{2\pi}{3}$,且 $|\boldsymbol{a}|=2$,$|\boldsymbol{b}|=3$,求:

(1) $\boldsymbol{a}\cdot\boldsymbol{b}$;　(2) $\boldsymbol{a}^2$;　(3) $(3\boldsymbol{a}-2\boldsymbol{b})\cdot(\boldsymbol{a}+2\boldsymbol{b})$;　(4) $|\boldsymbol{a}+2\boldsymbol{b}|$;

(5) $|(3\boldsymbol{a}-2\boldsymbol{b})\times(\boldsymbol{a}+2\boldsymbol{b})|$.

14. 求向量 $\boldsymbol{a}=\{1,-2,2\}$ 和 $\boldsymbol{b}=\{2,-1,1\}$ 之间的夹角.

15. 设向量 $\boldsymbol{a}=\{1,2,1\}$,$\boldsymbol{b}=\{-1,3,-5\}$. 问:(1) 向量 $\boldsymbol{a}$ 与 $\boldsymbol{b}$ 是否垂直?(2) k 为何值时,向量 $(k\boldsymbol{a}+2\boldsymbol{b})$ 与 $(3\boldsymbol{a}-\boldsymbol{b})$ 垂直.

16. 已知三角形的顶点为 $A(-1,2,1)$,$B(3,2,-2)$,$C(2,0,3)$,求此三角形的面积及 $\angle A$ 的正弦.

17. 证明恒等式 $(\boldsymbol{a}\times\boldsymbol{b})^2+(\boldsymbol{a}\cdot\boldsymbol{b})^2=\boldsymbol{a}^2\boldsymbol{b}^2$.

18. 求同时垂直于向量 $\boldsymbol{a}=\{1,2,-1\}$ 和 $\boldsymbol{b}=\{-1,3,-2\}$ 的单位向量.

19. 已知向量 $\boldsymbol{a}=\{3,2,1\}$,$\boldsymbol{b}=\{-1,3,2\}$,$\boldsymbol{c}=\{0,-1,3\}$,求:$(\boldsymbol{a}\times\boldsymbol{b})\cdot\boldsymbol{c}$ 和 $(\boldsymbol{a}\times\boldsymbol{b})\times\boldsymbol{c}$.

第四节习题

20. 求过点 $P(-1,0,2)$,且垂直于向量 $\{1,-2,3\}$ 的平面方程.

21. 求过点 $P(-2,3,2)$,且与平面 $2x-3y+4z-1=0$ 平行的平面方程.

22. 设平面经过点 $(-1,2,1)$,且在三个坐标轴上的截距相等,求此平面方程.

23. 求过点 $(0,0,0)$、$(-1,2,2)$ 和 $(3,-1,2)$ 的平面方程.

24. 求过点 $A(-2,1,1)$ 和 x 轴的平面方程.

25. 求点 $(-1,2,1)$ 到平面 $x-2y+3z-2=0$ 的距离.

26. 求平面 $x-y+2z-3=0$ 与平面 $2x+y+z+5=0$ 的夹角.

27. 求过点 $P(-1,2,2)$ 且平行于向量 $\{1,-2,3\}$ 的直线点向式方程.

28. 求过点 $A(-1,2,0)$ 及 $B(2,3,-1)$ 的直线点向式方程.

29. 求直线 $\frac{x+2}{2}=\frac{y-2}{-1}=\frac{z}{3}$ 与平面 $2x-3y+1=0$ 的交点.

30. 求过点 $(-1,2,1)$ 且与两平面 $x-2y+z=0$ 和 $y-2z=1$ 都平行的直线对称式方程.

31. 将直线的一般式方程 $\begin{cases}2x-2y+3z=1,\\3x-y+2z=2\end{cases}$ 化为点向式方程和参数方程.

32. 已知点 $P(-1,0,2)$ 及直线 $L:\begin{cases}2x-y+3z=1,\\3x-2y+2z=3.\end{cases}$ 求：(1) 过点 P 且与直线 L 平行的直线点向式方程.(2) 过点 P 且与直线 L 垂直的平面方程.(3) 过点 P 且与直线 L 垂直相交的直线方程.

第五节习题

33. 试求球心在点 $M(-2,1,3)$，且通过点 $(1,0,0)$ 的球面方程.

34. 求经过空间四点 $O(0,0,0)$，$A(-1,0,0)$，$B(1,0,-1)$，$C(0,2,1)$ 的球面方程.

35. 指出下列方程在空间各表示什么图形，并作出其草图.

(1) $x^2+y^2+z^2-2y=0$；　(2) $x^2+y^2=1$；　(3) $\dfrac{x^2}{4}+\dfrac{y^2}{9}=1$；

(4) $z=x^2$；　(5) $z=x^2+y^2$.

36. 写出曲面 $\dfrac{x^2}{9}-\dfrac{y^2}{16}+\dfrac{z^2}{4}=1$ 在下列各平面上截线的方程，并指出截线是什么曲线.

(1) $x=0$；　(2) $y=4$；　(3) $z=2$.

37. 求下列旋转曲面的方程，并画出其草图：

(1) zOx 面上的抛物线 $z=2x^2$ 绕 x 轴；

(2) xOy 面上的椭圆 $4x^2+y^2=4$ 绕 y 轴；

(3) yOz 面上的双曲线 $4y^2-9z^2=36$ 绕 z 轴.

38. 求曲线 $\begin{cases}z=\sqrt{x^2+y^2},\\2x^2+2y^2+z^2=1\end{cases}$ 投影到 xOy 平面上的投影柱面方程和在 xOy 平面上的投影曲线方程.

39. 说出下列方程所表示的曲面的名称：

(1) $x^2+2y^2+2z^2=1$；　(2) $x^2-2y^2+2z^2=1$；　(3) $x^2-2y^2-2z^2=1$；

(4) $x^2-2y^2-2z^2=0$；　(5) $x^2-2y^2=2z$；　(6) $x^2+y^2+2z=1$.

自测题

一、填空

1. 设向量 $\boldsymbol{a}=\{1,-2,l\}$，$\boldsymbol{b}=\{-2,4,3\}$，(1) 若 $\boldsymbol{a}\perp\boldsymbol{b}$，则 l 等于________；(2) 若 $\boldsymbol{a}\parallel\boldsymbol{b}$，则 l 等于________.

2. 平行于向量 $\boldsymbol{a}=\{2,-2,1\}$ 的单位向量为________.

3. 设 $\boldsymbol{a},\boldsymbol{b},\boldsymbol{c}$ 为单位向量，且 $\boldsymbol{a}+\boldsymbol{b}+\boldsymbol{c}=\boldsymbol{0}$，则 $\boldsymbol{a}\cdot\boldsymbol{b}+\boldsymbol{b}\cdot\boldsymbol{c}+\boldsymbol{c}\cdot\boldsymbol{a}$ 等于________.

4. 设 $\boldsymbol{a}=\{-2,2,3\}$，$\boldsymbol{b}=\{2,1,4\}$，则 $\boldsymbol{a}\times\boldsymbol{b}$ 等于________.

5. 过点 $P(-1,2,0)$，且平行于平面 $x-3y+4z-2=0$ 的平面方程为________.

6. 过点 $P(-1,2,0)$，且垂直于平面 $x-3y+4z-2=0$ 的直线方程为________；垂足为________.

7. 点 $P(-1,2,2)$ 到平面 $x-3y+4z-2=0$ 的距离为________.

8. xOy 面上的椭圆 $4x^2+y^2=4$ 绕 y 轴旋转而成的曲面方程为________.

二、求过点 $A(-2,1,2)$ 和 $B(1,0,-2)$ 且平行于 x 轴的平面方程.

三、求过直线$\frac{x-2}{2}=\frac{y}{4}=\frac{z-1}{-1}$且与平面 $x+2y-z=2$ 相垂直的平面方程.

四、一直线在平面 $x+2y=0$ 上,且与两直线$\frac{x}{1}=\frac{y}{4}=\frac{z-1}{-1}$及$\frac{x-4}{2}=\frac{y-1}{0}=\frac{z-2}{1}$都相交,求此直线的对称式方程.

五、化直线方程$\begin{cases}2x-2y+z=1,\\x+4y-z=2\end{cases}$为参数方程.

六、求过点 $A(1,2,0)$ 和 $B(0,0,2)$ 且球心在 y 轴上的球面方程.

七、求曲线$\begin{cases}z=6-2x^2-y^2,\\z=x^2+2y^2\end{cases}$投影到 xOy 平面上的投影柱面方程和在 xOy 平面上的投影曲线方程.

第十章　多元函数微分学

数学是这样一种学科：她提醒你有无形的灵魂；她赋予所发现的真理以生命；她唤起心神，澄清智慧；她给我们的内心思想添辉；她涤尽我们有生以来的蒙昧与无知。

希腊数学家　普罗克洛斯(约 410—485)

在大多数的学科里，一代人的建筑为下一代人所折毁，一个人的创造被另一个人所破坏。唯独数学，每一代人都在这个古老的大厦上添加一层楼。

德国数学家　汉克尔(H. Hankel, 1839—1873)

函数 $y=f(x)$ 的特点是自变量的个数只有一个，因此它被称为一元函数，它表示因变量 y 只依赖于一个变量的变化而变化. 而在现实生活或科学研究中，经常会出现因变量 y 依赖于多个变量的变化而变化的情况，于是就抽象出了多元函数的概念. 为了研究多元函数的性态，我们相应地引入了多元函数的极限、连续、偏导数、微分等概念. 从二元函数到更多元的函数，概念的内涵与相互关系往往是可以类推的，而从一元函数到二元函数，概念的内涵与相互关系却有很大的变化. 正是由于二元函数可以典型性地表征出多元函数的诸概念以及它们之间的相互关系，因此我们的叙述以二元函数为主.

第一节　多元函数的基本概念

一、二元函数的定义

在现实生活中. 我们会经常碰到一个变量(因变量)依赖于另两个变量(自变量)的变化而变化的情况. 例如，圆柱体的体积 V 与它的底半径 r、高 h 之间有关系式 $V=\pi r^2 h$. 由电阻 R_1 和电阻 R_2 并联而成的电路总电阻 R 与 R_1，R_2 之间有关系式 $R=\dfrac{R_1R_2}{R_1+R_2}$，等等.

由关系式 $V=\pi r^2 h$，我们称变量 V 是变量 r 与变量 h 的二元函数，r 和 h 的取值范围都是 $(0,+\infty)$. 若建立平面直角坐标系 rOh，则 r，h 的取值范围构成平面点集

$$D_1=\{(r,h)\mid r>0,h>0\}.$$

当点 (r,h) 确定后，V 的对应值也就随之唯一确定.

类似地，$R = \dfrac{R_1 R_2}{R_1 + R_2}$ 也是一个二元函数，R_1, R_2 的取值范围构成平面直角坐标系 $R_1 O R_2$ 上的点集

$$D_2 = \{(R_1, R_2) \mid R_1 > 0, R_2 > 0\}.$$

当一对值(R_1, R_2)确定后，R 的对应值也就随之唯一确定.

一般地，我们有下面二元函数的定义.

定义 10.1　设 D 是 xOy 平面上的一个非空点集，如果存在一个对应法则 f，使得对于每个点 $P(x,y) \in D$，都有唯一确定的实值 z 与之对应，则称 f 为定义在 D 上的点 P 的函数，习惯上也称 z 是变量 x, y 的**二元函数**（或是点 P 的函数），记为

$$z = f(x,y)\ (\text{或 } z = f(P)).$$

x, y 称为**自变量**，z 称为**因变量**，点集 D 称为函数 f 的**定义域**，数集

$$\{z \mid z = f(x,y), (x,y) \in D\}$$

称为函数 f 的**值域**.

二、二元函数的定义域与平面区域

对一个二元函数 $z = f(x,y)$ 来说，如果没有指定其定义域，则它的定义域是指使 $f(x,y)$ 有意义的一切数对的全体，它对应于平面直角坐标系 xOy 平面上的一个点集.

【例 1】　求下列函数的定义域.

(1) $z = \ln(x - y^2)$；　　(2) $z = \arcsin(x - y)$；

(3) $z = \sqrt{1 - x^2 - y^2}$；　　(4) $z = \dfrac{1}{\sqrt{1 - x^2 - y^2}}$.

解　(1) 要使 $\ln(x - y^2)$ 有意义，必须 $x - y^2 > 0$，也即 $x > y^2$，于是该函数的定义域可以写成

$$D_1 = \{(x,y) \mid x > y^2\}.$$

D_1 的几何图形如图 10-1 所示.

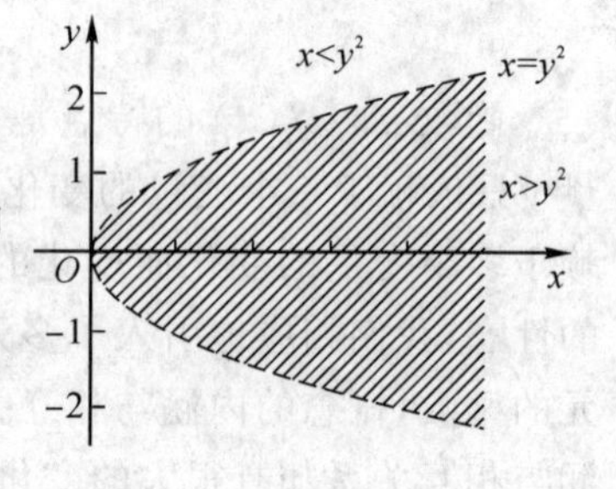

图 10-1

(2) 要使 $\arcsin(x - y)$ 有意义，必须 $|x - y| \leqslant 1$，于是该函数的定义域可以写成

$$D_2 = \{(x,y) \mid |x - y| \leqslant 1\} = \{(x,y) \mid -1 \leqslant x - y \leqslant 1\}.$$

D_2 的几何图形如图 10-2 所示.

(3) 要使 $\sqrt{1 - x^2 - y^2}$ 有意义，必须 $x^2 + y^2 \leqslant 1$，于是该函数的定义域为

$$D_3 = \{(x,y) \mid x^2 + y^2 \leqslant 1\}.$$

D_3 的几何图形如图 10-3 所示.

(4) 要使 $\dfrac{1}{\sqrt{1 - x^2 - y^2}}$ 有意义，必须 $x^2 + y^2 < 1$，于是该函数的定义域为

$$D_4 = \{(x,y) \mid x^2 + y^2 < 1\}.$$

D_4 的几何图形如图 10-4 所示.

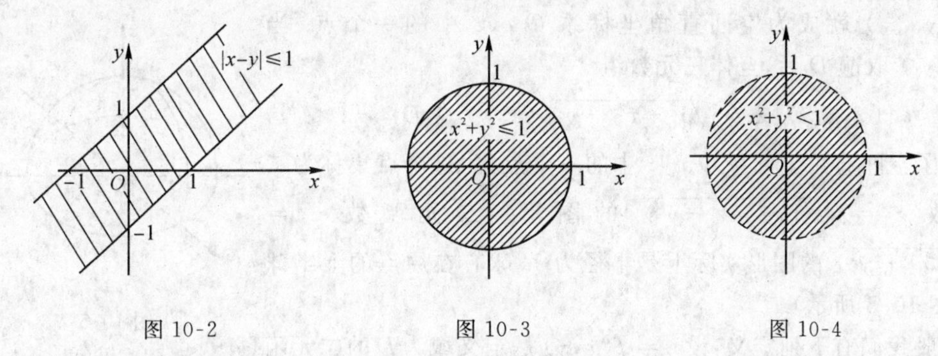

图 10-2　　图 10-3　　图 10-4

在一元函数的内容中,有邻域与区间两个重要概念. 在二元函数的内容中,则相应有邻域与区域两个重要概念.

在 xOy 平面上,点 $P_0(x_0,y_0)$ 的 $\delta(\delta>0)$ **邻域**是指点集

$$\{(x,y)\Big|\sqrt{(x-x_0)^2+(y-y_0)^2}<\delta\}.$$

其几何意义是以 $P_0(x_0,y_0)$ 为圆心、δ 为半径的圆内部点的全体,记为 $U(P_0,\delta)$. 点 $P_0(x_0,y_0)$ 的**去心** $\delta(\delta>0)$ **邻域**是指点集

$$\{(x,y)\Big|0<\sqrt{(x-x_0)^2+(y-y_0)^2}<\delta\}.$$

其几何意义即是以 $P_0(x_0,y_0)$ 为圆心、δ 为半径的圆的内部不包含圆心 $P_0(x_0,y_0)$ 的点的全体,记为 $\mathring{U}(P_0,\delta)$.

设 G 是平面点集,点 $Q(x_1,y_1)\in G$,如果存在点 $Q(x_1,y_1)$ 的某个 $\delta(\delta>0)$ 邻域,使该邻域内的点都包含在 G 内,则称 $Q(x_1,y_1)$ 是 G 的**内点**.

如果 G 中的每个点都是 G 的内点,则称 G 是**开集**.

如果开集中的任意两点,都可以用一条全属于 G 的折线连接起来,则这个开集称为**连通的开集**,连通的开集又称为**开区域**.

设 G 是平面点集,$Q(x_1,y_1)$ 是某一点,它可以属于 G,也可以不属于 G,如果 $Q(x_1,y_1)$ 的任意 δ 邻域都既包含 G 中的点,又包含非 G 中的点,则称 $Q(x_1,y_1)$ 为 G 的**边界点**.

G 的边界点的全体称为 G 的**边界**.

开区域连同它的边界,称为**闭区域**.

开区域与闭区域统称为**区域**.

若存在常数 $K>0$,使得区域中的任意点到原点的距离都小于 K,则称这个区域为**有界区域**,否则称为**无界区域**.

在上面例 1 中,点集 D_1,D_2,D_3,D_4 都是区域,其中 D_1,D_4 是开区域,D_2,D_3 是闭区域. D_1,D_2 是无界区域,D_3,D_4 是有界区域.

D_1 的边界是点集$\{(x,y)\Big|x=y^2\}$. D_2 的边界是点集$\{(x,y)\Big||x-y|=1\}$. D_3,D_4 的边界都是点集$\{(x,y)\Big|x^2+y^2=1\}$.

三、二元函数的图形

对二元函数 $z=\sqrt{1-(x^2+y^2)}$ 来说,它的定义域是圆 $D=\{(x,y)\Big|x^2+y^2\leqslant1\}$. 对任意 $P_0(x_0,y_0)\in D$,都有唯一的一个值 $z_0=\sqrt{1-(x_0^2+y_0^2)}$ 与之对应,于是有序三元数

组(x_0,y_0,z_0)就成为空间直角坐标系 $O\text{-}xyz$ 中的一个点. 当$P_0(x_0,y_0)$取遍 D 后,全体三元数组

$$\{(x,y,z)\mid z=\sqrt{1-x^2-y^2},(x,y)\in D\}$$

就组成了空间直角坐标系 $O\text{-}xyz$ 中的一个点集,这个点集称为二元函数 $z=\sqrt{1-(x^2+y^2)}$ 的图形. 二元函数 $z=\sqrt{1-(x^2+y^2)}$ 的图形实际上是半径为 1,球心在原点的上半球面(如图 10-5 所示).

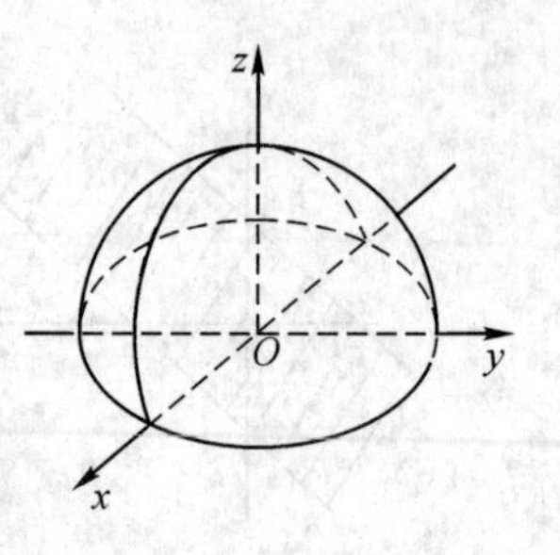

图 10-5

一般我们有下列定义:设 $z=f(x,y)$ 是定义域为 D 的二元函数,称空间点集

$$\{(x,y,z)\mid z=f(x,y),(x,y)\in D\}$$

为**二元函数 $z=f(x,y)$ 的图形.**

二元函数的图形常常是一个空间曲面,见图 10-6.

例如,二元函数 $z=1+x^2+y^2$ 的图形是顶点在$(0,0,1)$,开口向上的旋转抛物面,如图 10-7 所示.

二元函数 $z=1-\sqrt{x^2+y^2}$ 的图形是顶点在$(0,0,1)$,开口向下的圆锥面,如图 10-8 所示.

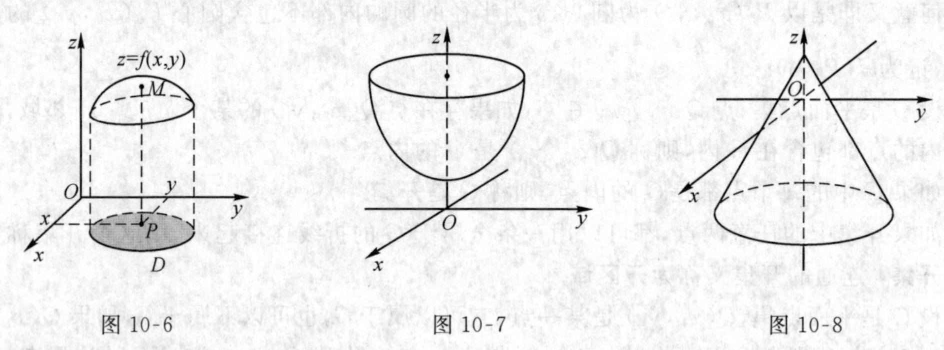

图 10-6 图 10-7 图 10-8

四、二元函数的极限

类似于一元函数极限的直观定义,现给出二元函数极限的直观定义.

定义 10.2 设二元函数 $f(x,y)$ 在点 $P_0(x_0,y_0)$ 的某去心邻域内有定义,A 是某一固定常数,$P(x,y)$ 是该去心邻域内的动点,若当点 $P(x,y)$ 无限接近点 $P_0(x_0,y_0)$ 时(记为 $P(x,y)\to P_0(x_0,y_0)$),$f(x,y)$ 与 A 无限接近,则称 A 是二元函数 $f(x,y)$ 当 $P(x,y)$ 趋于 $P_0(x_0,y_0)$ 时的极限. 记作

$$\lim_{P(x,y)\to P_0(x_0,y_0)} f(x,y)=A \text{ 或 } \lim_{P\to P_0} f(x,y)=A.$$

注一 $f(x,y)$ 与某常数 A 无限接近是指 $|f(x,y)-A|\to 0$.

注二 点 $P(x,y)$ 无限接近点 $P_0(x_0,y_0)$ 是指点 $P(x,y)$ 与点 $P_0(x_0,y_0)$ 的距离(常用 $|PP_0|$ 表示)趋于 0,即 $\sqrt{(x-x_0)^2+(y-y_0)^2}\to 0$,它等价于 $|x-x_0|\to 0$ 且 $|y-y_0|\to 0$(即 $x\to x_0$,且 $y\to y_0$). 因此极限 $\lim\limits_{P(x,y)\to P_0(x_0,y_0)} f(x,y)=A$ 也常写成

$$\lim_{\substack{x\to x_0\\ y\to y_0}} f(x,y)=A.$$

在一元函数极限中，$\lim\limits_{x\to x_0}f(x)=A$ 等价于 $\lim\limits_{x\to x_0^+}f(x)=A$ 且 $\lim\limits_{x\to x_0^-}f(x)=A$. 而在二元函数极限中，$\lim\limits_{P\to P_0}f(x,y)=A$ 是指点 $P(x,y)$ 以任何方式趋于 $P_0(x_0,y_0)$ 时都有 $|f(x,y)-A|\to 0$（如图 10-9 所示）. 故若能找出两个路径，使当 $P(x,y)$ 沿这两个路径趋于 $P_0(x_0,y_0)$ 时，$f(x,y)$ 趋于两个不同的值，则自然意味着极限 $\lim\limits_{\substack{x\to x_0\\y\to y_0}}f(x,y)$ 不存在.

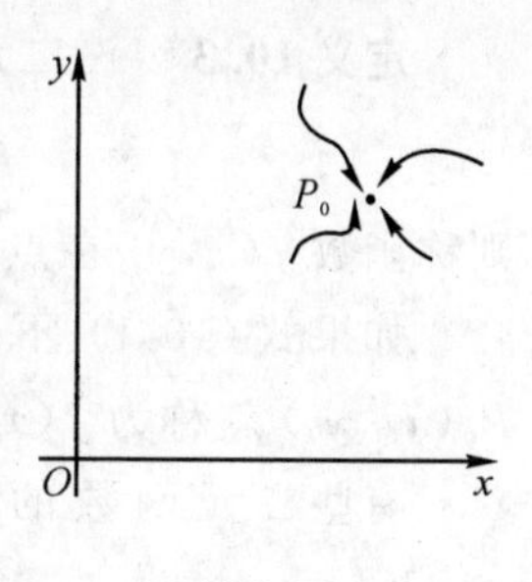

图 10-9

【例 2】 求极限 $\lim\limits_{\substack{x\to 0\\y\to 0}}(x+y)\arctan\dfrac{1}{x^2+y^2}$.

解 因为

$$0\leqslant\left|(x+y)\arctan\frac{1}{x^2+y^2}-0\right|\leqslant\frac{\pi}{2}(|x|+|y|)\leqslant\pi\sqrt{x^2+y^2},$$

而当 $(x,y)\to(0,0)$ 时，上面不等式的右端极限为零，故

$$\lim_{\substack{x\to 0\\y\to 0}}(x+y)\arctan\frac{1}{x^2+y^2}=0.$$

【例 3】 证明极限 $\lim\limits_{\substack{x\to 0\\y\to 0}}\dfrac{2x^2y}{x^4+y^2}$ 不存在.

证明 当点 $P(x,y)$ 沿直线 $y=kx$ 趋于 $(0,0)$ 时，

$$\lim_{y=kx\to 0}\frac{2x^2y}{x^4+y^2}=\lim_{x\to 0}\frac{2kx^3}{x^4+k^2x^2}=\lim_{x\to 0}\frac{2kx}{x^2+k^2}=0;$$

当点 $P(x,y)$ 沿抛物线 $y=x^2$ 趋于 $(0,0)$ 时，

$$\lim_{y=x^2\to 0}\frac{2x^2y}{x^4+y^2}=\lim_{x\to 0}\frac{2x^4}{x^4+x^4}=1,$$

故极限 $\lim\limits_{\substack{x\to 0\\y\to 0}}\dfrac{2x^2y}{x^4+y^2}$ 不存在. □

由此例可知，对于二元函数 $f(x,y)$，即使点 $P(x,y)$ 沿所有直线方向趋于 $P_0(x_0,y_0)$ 时都有 $|f(x,y)-A|\to 0$，也不能保证 $\lim\limits_{P\to P_0}f(x,y)=A$.

二元函数的极限运算与一元函数的极限运算类似.

比如，如果 $\lim\limits_{\substack{x\to x_0\\y\to y_0}}f(x,y)=A$，$\lim\limits_{\substack{x\to x_0\\y\to y_0}}g(x,y)=B$，那么

(1) $\lim\limits_{\substack{x\to x_0\\y\to y_0}}(f(x,y)\pm g(x,y))=A\pm B$;

(2) $\lim\limits_{\substack{x\to x_0\\y\to y_0}}f(x,y)\cdot g(x,y)=A\cdot B$;

(3) 若 $B\neq 0$，则 $\lim\limits_{\substack{x\to x_0\\y\to y_0}}\dfrac{f(x,y)}{g(x,y)}=\dfrac{A}{B}$.

五、二元函数的连续性

类似于一元函数的连续性定义，我们有下面的二元函数的连续性定义.

定义 10.3　设二元函数 $f(x,y)$ 在 $P_0(x_0,y_0)$ 的某个邻域中有定义,若

$$\lim_{P\to P_0} f(x,y)=f(x_0,y_0), \tag{10.1}$$

则称函数 $f(x,y)$ 在点 $P_0(x_0,y_0)$ 处**连续**,并称 $P_0(x_0,y_0)$ 是 $f(x,y)$ 的**连续点**.

如果式(10.1)不成立,那么称函数 $f(x,y)$ 在点 $P_0(x_0,y_0)$ 处**不连续或间断**,点 $P_0(x_0,y_0)$ 就称为 $f(x,y)$ 的**间断点**.

有些二元函数的间断点可能很多,以致形成间断线,如二元函数 $f(x,y)=\begin{cases}\dfrac{1}{y^2-x}, & y^2\neq x,\\ 0, & \text{其他}\end{cases}$ 在整个抛物线 $y^2=x$ 上均不连续.

如果 $f(x,y)$ 在开区域 D 中的每一点连续,那么称 $f(x,y)$ 在**开区域 D 上连续**.

设 D 是闭区域,且 $P_0(x_0,y_0)$ 是 D 的边界点,若 $\lim\limits_{\substack{P\to P_0\\ P\in D}} f(x,y)=f(x_0,y_0)$ 成立,则称 $f(x,y)$ 在边界点 $P_0(x_0,y_0)$ 处连续. 当函数 $f(x,y)$ 在闭区域的每一点都连续时,称 $f(x,y)$ 在**闭区域 D 上连续**.

与一元函数一样,可以证明,**二元连续函数的和、差、积、商(在分母不为零处)仍是连续函数,二元连续函数的复合函数仍是连续函数.**

形如 $x^2+y\sin x,\dfrac{\ln x+3y}{\sqrt{\sin x-\cos x}},\arctan\dfrac{x}{y}$ 等函数称为**二元初等函数**,它们是以 x,y 为自变量的一元基本初等函数经过有限次的四则运算与有限次的复合运算而构成的函数.

可以证明,二元初等函数在其定义区域内都是连续的. 所谓的定义区域是指包含于函数定义域内的区域.

由这个结论,我们在求某些二元函数的极限时就特别简单.

【例 4】　求下列极限:

(1) $\lim\limits_{\substack{x\to 0\\ y\to 1}}\dfrac{x-xy+3}{x^2y+5xy-y^3}$;　　(2) $\lim\limits_{\substack{x\to 1\\ y\to 0}}\arctan\dfrac{\sin xy}{x}$.

解　(1) 因为点(0,1)在初等二元函数 $\dfrac{x-xy+3}{x^2y+5xy-y^3}$ 的定义区域内,故

$$\lim_{\substack{x\to 0\\ y\to 1}}\frac{x-xy+3}{x^2y+5xy-y^3}=\frac{0-0\cdot 1+3}{0^2\cdot 1+5\cdot 0\cdot 1-1^3}=-3.$$

(2) $\lim\limits_{\substack{x\to 1\\ y\to 0}}\arctan\dfrac{\sin xy}{x}=\arctan\left(\lim\limits_{\substack{x\to 1\\ y\to 0}}\dfrac{\sin xy}{x}\right)=\arctan 0=0.$

如同在闭区间上的一元连续函数有很好的性质一样,在平面有界闭区域上的连续函数也有很好的性质,我们不加证明地叙述如下.

定理 10.1 (最大值与最小值定理)　设 $f(x,y)$ 在有界闭区域 D 上连续,则存在点 $P_1(x_1,y_1)\in D$ 与点 $P_2(x_2,y_2)\in D$,使对任意 $P(x,y)\in D$,皆有

$$f(x_1,y_1)\leqslant f(x,y)\leqslant f(x_2,y_2).$$

亦即
$$f(x_2,y_2)=\max_{(x,y)\in D}\{f(x,y)\},f(x_1,y_1)=\min_{(x,y)\in D}\{f(x,y)\}.$$

定理 10.2 (介值定理)　设 $f(x,y)$ 在有界闭区域 D 上连续,又

$$M=\max_{(x,y)\in D}\{f(x,y)\},m=\min_{(x,y)\in D}\{f(x,y)\},$$

若 $m < c < M$,则存在$(x^*, y^*) \in D$,使得 $f(x^*, y^*) = c$.

六、n 维空间与 n 元函数的概念

实数轴上的任一点 P 皆可用唯一的实数 x 表示,反之任一实数也唯一地表示实数轴上的一个点,因此实数轴上的所有点与全体实数是一一对应的.正因为如此,实数轴上的点我们常用 $P(x)$ 表示.实数轴上两点 $P_1(x_1)$ 与 $P_2(x_2)$ 的距离(记为 $|P_1P_2|$)为

$$|P_1P_2| = |x_1 - x_2| = \sqrt{(x_1 - x_2)^2}.$$

引入平面直角坐标系后,平面上的点 P 与有序实数对(x,y)一一对应.平面上的两点 $P_1(x_1, y_1)$ 与 $P_2(x_2, y_2)$ 的距离为

$$|P_1P_2| = \sqrt{(x_1 - x_2)^2 + (y_1 - y_2)^2}.$$

引入空间直角坐标系后,空间内点 P 与有序三元实数组(x,y,z)一一对应.空间中的两点 $P_1(x_1, y_1, z_1)$ 与 $P_2(x_2, y_2, z_2)$ 的距离为

$$|P_1P_2| = \sqrt{(x_1 - x_2)^2 + (y_1 - y_2)^2 + (z_1 - z_2)^2}.$$

我们把全体实数称为一维空间,用 $\mathbf{R}$ 表示;把实数对的全体$\{(x,y) \mid x, y \in \mathbf{R}\}$称为二维空间,用 $\mathbf{R}^2$ 表示;把三元实数组的全体$\{(x,y,z) \mid x,y,z \in \mathbf{R}\}$称为三维空间,用 $\mathbf{R}^3$ 表示;把 n 元实数组的全体$\{(x_1, x_2, \cdots, x_n) \mid x_i \in \mathbf{R}, i = 1,2,\cdots,n\}$称为 **$n$ 维空间**,用 $\mathbf{R}^n$ 表示.

n 维空间中的点记为 $P(x_1, x_2, \cdots, x_n)$,数 x_i 称为该点的第 i 个坐标.

设 $P_1(x_1, x_2, \cdots, x_n)$,$P_2(y_1, y_2, \cdots, y_n)$ 是 $\mathbf{R}^n$ 中的两个点,P_1 与 P_2 的距离定义为

$$|P_1P_2| = \sqrt{(x_1 - y_1)^2 + (x_2 - y_2)^2 + \cdots + (x_n - y_n)^2}. \tag{10.2}$$

设 P_1,P_2 与 P_3 是 $\mathbf{R}^n$ 中的三个点,按照(10.2)的定义,可以证明:

(1) $|P_1P_2| \geqslant 0$,且 $|P_1P_2| = 0 \Leftrightarrow P_1 = P_2$,即 P_1 与 P_2 的所有坐标都相同.

(2) $|P_1P_2| = |P_2P_1|$.

(3) $|P_1P_2| \leqslant |P_1P_3| + |P_3P_2|$(三角不等式).

当 $n = 1,2,3$ 时,这个规定与已知的距离公式是相吻合的.

n 维空间 $\mathbf{R}^n$ 中有了距离的定义,相应地就有了邻域、开集、边界、闭集、开区域、闭区域、区域、有界集等概念.

例如,设 $P_0 \in \mathbf{R}^n$,δ 是某一正数,则 P_0 的 δ 邻域定义为

$$\{P \mid |PP_0| < \delta, P \in \mathbf{R}^n\}.$$

类似于二元函数的定义,我们也有 n 元函数的定义:

设 D 是 $\mathbf{R}^n$ 中的一个非空点集,如果对于每个点 $P(x_1, x_2, \cdots, x_n) \in D$,按照一定的对应法则 f,总有唯一确定的实数值 z 与之对应,则称 f 是定义在 D 上的变量 $x_1, x_2, \cdots, x_n$ 的 **n 元函数**(或点 P 的函数),记为

$$z = f(x_1, x_2, \cdots, x_n)\ (\text{或 } z = f(P)).$$

有了 n 维空间中距离、邻域、函数的概念,相应地也就有了 n 元函数的极限、连续等概念.在 n 维空间中,有界闭区域上 n 元连续函数的相关定理也都成立.

第二节　偏导数

在一元函数微分学中，为了研究函数的性态，我们引入了导数的概念. 在多元函数微分学中，为了研究多元函数的性态，我们也同样引入“导数”的概念，只是因为现在的自变量不止一个，现在的“导数”称为偏导数.

一、偏导数的定义与记号

设 $z=f(x,y)$ 在点 $P_0(x_0,y_0)$ 的某邻域中有定义，垂直于 y 轴的平面 $y=y_0$ 与曲面 $z=f(x,y)$ 相交成曲线 Γ：$\begin{cases}z=f(x,y),\\ y=y_0.\end{cases}$ 此曲线也等同于曲线 Γ：$\begin{cases}z=f(x,y_0),\\ y=y_0\end{cases}$（如图 10-10 所示）. 我们把 $z=f(x,y)$ 在点 $P_0(x_0,y_0)$ 处关于 x 的偏导数定义为一元函数 $f(x,y_0)$ 关于 x 的导数，据此得到下面的定义.

定义 10.4　设函数 $z=f(x,y)$ 在点 $P_0(x_0,y_0)$ 的某邻域中有定义，若极限 $\lim\limits_{\Delta x\to 0}\dfrac{f(x_0+\Delta x,y_0)-f(x_0,y_0)}{\Delta x}$ 存在，则称此极限为函数 $z=f(x,y)$ 在点 $P_0(x_0,y_0)$ **处关于 x 的偏导数**，记作 $\left.\dfrac{\partial f}{\partial x}\right|_{(x_0,y_0)}$，即

$$\left.\frac{\partial f}{\partial x}\right|_{(x_0,y_0)}=\lim_{\Delta x\to 0}\frac{f(x_0+\Delta x,y_0)-f(x_0,y_0)}{\Delta x}.$$

类似于一元函数导数的记号，$\left.\dfrac{\partial f}{\partial x}\right|_{(x_0,y_0)}$ 也可记作 $f'_x(x_0,y_0)$，$\left.\dfrac{\partial z}{\partial x}\right|_{(x_0,y_0)}$ 或 $z'_x(x_0,y_0)$.

偏导数 $\left.\dfrac{\partial f}{\partial x}\right|_{(x_0,y_0)}$ 也可以表示成 $\left.\dfrac{\mathrm{d}}{\mathrm{d}x}f(x,y_0)\right|_{x=x_0}$. 由于一元函数 $y=f(x)$ 在 $x=x_0$ 处导数的意义为曲线 $y=f(x)$ 在点 $(x_0,f(x_0))$ 处的切线的斜率，故偏导数 $\left.\dfrac{\partial f}{\partial x}\right|_{(x_0,y_0)}$ 的意义就是空间曲线 $\begin{cases}z=f(x,y_0),\\ y=y_0\end{cases}$ 在点 $(x_0,y_0,f(x_0,y_0))$ 处的切线的斜率 $\tan\alpha$（切线落在平面 $y=y_0$ 中），如图 10-11 所示.

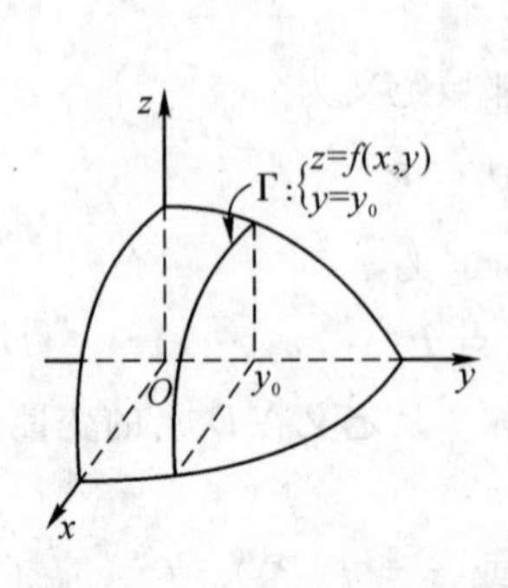

图 10-10

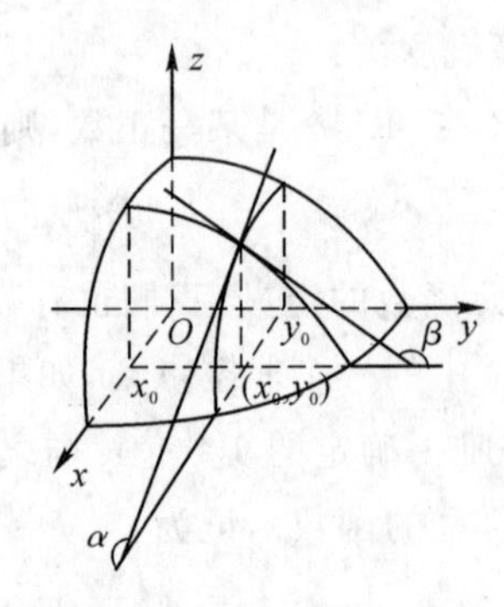

图 10-11

类似地，函数 $z=f(x,y)$ 在点 $P_0(x_0,y_0)$ 处**关于 y 的偏导数** $\left.\dfrac{\partial f}{\partial y}\right|_{(x_0,y_0)}$ 定义为

$$\left.\frac{\partial f}{\partial y}\right|_{(x_0,y_0)}=\lim_{\Delta y\to 0}\frac{f(x_0,y_0+\Delta y)-f(x_0,y_0)}{\Delta y},$$

它的意义即为图 10-11 中所示角 β 的正切，即 $\tan\beta$.

$\left.\dfrac{\partial f}{\partial y}\right|_{(x_0,y_0)}$ 有时也记作 $f'_y(x_0,y_0)$，$\left.\dfrac{\partial z}{\partial y}\right|_{(x_0,y_0)}$ 或 $z'_y(x_0,y_0)$. 偏导数 $\left.\dfrac{\partial f}{\partial y}\right|_{(x_0,y_0)}$ 也可以表示成 $\left.\dfrac{\mathrm{d}}{\mathrm{d}y}f(x_0,y)\right|_{y=y_0}$.

【例 1】 求函数 $f(x,y)=x^2+3xy+y-1$ 在点 $(4,-5)$ 处的偏导数 $\left.\dfrac{\partial f}{\partial x}\right|_{(4,-5)}$，$\left.\dfrac{\partial f}{\partial y}\right|_{(4,-5)}$.

解 $\left.\dfrac{\partial f}{\partial x}\right|_{(4,-5)}=\left.\dfrac{\mathrm{d}}{\mathrm{d}x}(x^2+3x\cdot(-5)-5-1)\right|_{x=4}=\left.(2x-15)\right|_{x=4}=-7$；

$$\left.\frac{\partial f}{\partial y}\right|_{(4,-5)}=\left.\frac{\mathrm{d}}{\mathrm{d}y}(4^2+3\cdot 4\cdot y+y-1)\right|_{y=-5}=13.$$

【例 2】 平面 $x=1$ 与抛物面 $z=x^2+y^2$ 交成空间抛物线 $\begin{cases}z=1+y^2,\\x=1.\end{cases}$ 求此抛物线在点 $(1,2,5)$ 处的切线(关于 y 轴) 的斜率，并画出草图.

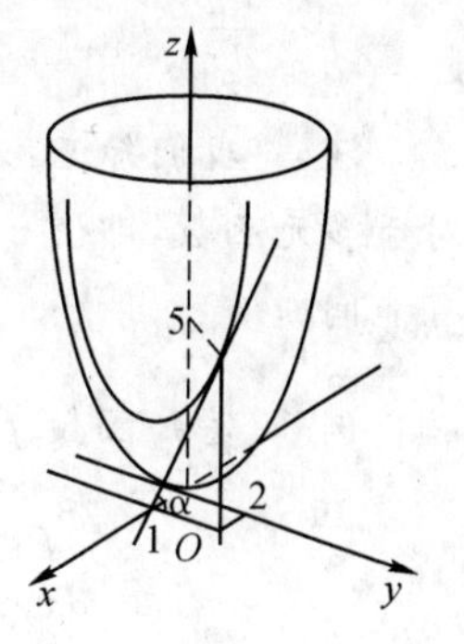

图 10-12

解 所求斜率即是偏导数 $\left.\dfrac{\partial z}{\partial y}\right|_{(1,2)}$. 而

$$\left.\frac{\partial z}{\partial y}\right|_{(1,2)}=\left.\frac{\mathrm{d}}{\mathrm{d}y}(1^2+y^2)\right|_{y=2}=\left.(2y)\right|_{y=2}=4,$$

4 即为此空间抛物线在点 $(1,2,5)$ 处的切线的斜率. 如图 10-12 所示.

如果函数 $z=f(x,y)$ 在区域 D 中有定义，且在 D 上每一点 $P(x,y)$ 处偏导数都存在，那么 $\left.\dfrac{\partial f}{\partial x}\right|_{(x,y)}$ 与 $\left.\dfrac{\partial f}{\partial y}\right|_{(x,y)}$ 就形成了 D 上**二元偏导函数**(简称为**偏导数**)，简记为 $\dfrac{\partial f}{\partial x}$，$\dfrac{\partial f}{\partial y}$ 或 $f'_x(x,y)$，$f'_y(x,y)$. 在具体函数的情况下，此记号又常记为 $\dfrac{\partial z}{\partial x}$ 与 $\dfrac{\partial z}{\partial y}$，或 z'_x 或 z'_y.

按照偏导函数的定义，我们有下列等式

$$\left.\frac{\partial f}{\partial x}\right|_{(x_0,y_0)}=\left.f'_x(x,y)\right|_{(x_0,y_0)},$$

$$\left.\frac{\partial f}{\partial y}\right|_{(x_0,y_0)}=\left.f'_y(x,y)\right|_{(x_0,y_0)}.$$

由以上分析可知，求偏导函数 $f'_x(x,y)$ 实际上就是在表达式 $f(x,y)$ 中将 y 看作常数而对 x 进行求导，求偏导函数 $f'_y(x,y)$ 则是将 x 看作常数而对 y 进行求导.

【例 3】 求下列函数的偏导数：

(1) $z=\mathrm{e}^{x^2+xy}$；　　　(2) $z=(1+\sin x\sin y)^y$.

解 (1) $\frac{\partial z}{\partial x}=e^{x^2+xy}(2x+y),\frac{\partial z}{\partial y}=e^{x^2+xy}x.$

(2) $\frac{\partial z}{\partial x}=y(1+\sin x\sin y)^{y-1}\sin y\cos x.$

$$\frac{\partial z}{\partial y}=(1+\sin x\sin y)^y\left(\ln(1+\sin x\sin y)+\frac{y\sin x\cos y}{1+\sin x\sin y}\right).$$

对于自变量多于两个的多元函数,可类似地给出偏导数的定义与记号.例如三元函数 $u=f(x,y,z)$ 在点 (x_0,y_0,z_0) 处对 x 的偏导数定义为

$$f'_x(x_0,y_0,z_0)=\left.\frac{\partial f}{\partial x}\right|_{(x_0,y_0,z_0)}=\left.\frac{\partial u}{\partial x}\right|_{(x_0,y_0,z_0)}$$
$$=\lim_{\Delta x\to 0}\frac{f(x_0+\Delta x,y_0,z_0)-f(x_0,y_0,z_0)}{\Delta x}.$$

【例 4】 已知 $u=\sqrt{x^2+y^2+z^2}$,求 $\frac{\partial u}{\partial x},\left.\frac{\partial u}{\partial x}\right|_{(1,1,1)}$.

解 $\frac{\partial u}{\partial x}=\frac{1}{2}(x^2+y^2+z^2)^{-\frac{1}{2}}\cdot 2x=\frac{x}{\sqrt{x^2+y^2+z^2}}$;

$$\left.\frac{\partial u}{\partial x}\right|_{(1,1,1)}=\left.\frac{x}{\sqrt{x^2+y^2+z^2}}\right|_{(1,1,1)}=\frac{1}{\sqrt{3}}.$$

注 我们知道,若一元函数 $y=f(x)$ 在 x_0 处可导,则 $y=f(x)$ 在 x_0 处一定连续.但对于多元函数,即使 $z=f(x,y)$ 在 (x_0,y_0) 处的两个偏导都存在,该函数在 (x_0,y_0) 处仍有可能间断.

例如,易知函数 $f(x,y)=\begin{cases}0, xy\neq 0,\\1, xy=0\end{cases}$ 在 $(0,0)$ 处不连续,但

$$\left.\frac{\partial f}{\partial x}\right|_{(0,0)}=\lim_{h\to 0}\frac{f(0+h,0)-f(0,0)}{h}=\lim_{h\to 0}\frac{1-1}{h}=0;$$
$$\left.\frac{\partial f}{\partial y}\right|_{(0,0)}=\lim_{h\to 0}\frac{f(0,0+h)-f(0,0)}{h}=\lim_{h\to 0}\frac{1-1}{h}=0.$$

二、高阶偏导数

设函数 $z=f(x,y)$ 在区域 D 内的两个偏导函数 $\frac{\partial z}{\partial x}=f'_x(x,y),\frac{\partial z}{\partial y}=f'_y(x,y)$ 都存在,那么在区域 D 内 $f'_x(x,y),f'_y(x,y)$ 仍然是 x,y 的二元函数.若 $\frac{\partial z}{\partial x}$ 及 $\frac{\partial z}{\partial y}$ 的偏导数也存在,则称它们是函数 $z=f(x,y)$ 的**二阶偏导函数**.根据对变量求导次序的不同可得下面四个二阶偏导数

$$\frac{\partial}{\partial x}\left(\frac{\partial z}{\partial x}\right);\frac{\partial}{\partial y}\left(\frac{\partial z}{\partial x}\right);\frac{\partial}{\partial x}\left(\frac{\partial z}{\partial y}\right);\frac{\partial}{\partial y}\left(\frac{\partial z}{\partial y}\right).$$

它们分别记为

$$\frac{\partial^2 z}{\partial x^2},z''_{xx}(x,y)\text{ 或 }f''_{xx}(x,y);\frac{\partial^2 z}{\partial x\partial y},z''_{xy}(x,y)\text{ 或 }f''_{xy}(x,y);$$
$$\frac{\partial^2 z}{\partial y\partial x},z''_{yx}(x,y)\text{ 或 }f''_{yx}(x,y);\frac{\partial^2 z}{\partial y^2},z''_{yy}(x,y)\text{ 或 }f''_{yy}(x,y).$$

其中第二、第三个偏导数称为**混合偏导数**.

同样可得三阶,四阶,…,以及 n 阶偏导数, 二阶及二阶以上的偏导数统称为**高阶偏导数**.

注　$\dfrac{\partial^2 z}{\partial x \partial y} = f''_{xy}(x,y)$ 是先对 x 求偏导,再对 y 求偏导.

【例 5】　设 $f(x,y) = x\cos y + ye^x$,求 $f''_{xx}(x,y), f''_{xy}(x,y), f''_{yy}(x,y), f''_{yx}(x,y)$.

解　$f'_x(x,y) = \cos y + ye^x, f'_y(x,y) = -x\sin y + e^x$.

故　$f''_{xx}(x,y) = ye^x, f''_{xy}(x,y) = -\sin y + e^x$;

$f''_{yy}(x,y) = -x\cos y, f''_{yx}(x,y) = -\sin y + e^x$.

我们看到此例中的两个混合偏导数相等, 即 $f''_{xy}(x,y) = f''_{yx}(x,y)$,这并非是偶然的,事实上,我们有下面的定理:

定理 10.3　如果 $z = f(x,y)$ 的两个混合偏导数 $f''_{xy}(x,y), f''_{yx}(x,y)$ 在区域 D 内连续,则在 D 内有

$$f''_{xy}(x,y) = f''_{yx}(x,y).$$

证略.

这一结果可推广到二阶以上的混合偏导数的情形及二元以上的多元函数的混合偏导数的情形.

第三节　多元复合函数的偏导数

多元函数当然也可以进行加、减、乘、除、复合等运算,多元函数的加、减、乘、除求偏导法则与一元函数的加、减、乘、除求导法则差不多. 例如,设 $f(x,y)$ 与 $g(x,y)$ 是两个在区域 D 上可偏导的函数,则有下列求偏导法则:

$$\frac{\partial}{\partial x}(\alpha f(x,y) + \beta g(x,y)) = \alpha \frac{\partial}{\partial x}(f(x,y)) + \beta \frac{\partial}{\partial x}(g(x,y)) \ (\alpha,\beta \text{是常数}),$$

$$\frac{\partial}{\partial x}(f(x,y)g(x,y)) = \frac{\partial f(x,y)}{\partial x} g(x,y) + f(x,y) \frac{\partial g(x,y)}{\partial x},$$

$$\frac{\partial}{\partial x}\left(\frac{f(x,y)}{g(x,y)}\right) = \frac{f'_x(x,y)g(x,y) - f(x,y)g'_x(x,y)}{g^2(x,y)} (g(x,y) \neq 0).$$

由于多元复合函数的情形比一元复合函数要复杂得多,所以多元复合函数的求偏导法则与一元复合函数的求导法则有较大的差别,本节将予以讨论.

一、多元复合函数与拉格朗日中值定理的应用

设 $z = f(u,v), u = \varphi(x,y), v = \psi(x,y)$,且 $u = \varphi(x,y)$ 的定义域为 D_1, $\psi(x,y)$ 的定义域为 D_2,若 $f(u,v)$ 的定义域与集合

$$\{(u,v) \mid u = \varphi(x,y), v = \psi(x,y), (x,y) \in D_1 \cap D_2\}$$

的交非空,则 z 通过 u,v 可构成为 x,y 的函数,我们称 z 为 x,y 的复合函数,记为

$$z = f(u,v) = f[\varphi(x,y), \psi(x,y)],$$

这里 u,v 称为中间变量.

例如 $z = u^2 + v, u = \sin x\cos y, v = \sqrt{\ln x + \ln y}$,则 z 通过 u,v 可成为 x,y 的复合函数 $z = (\sin x\cos y)^2 + \sqrt{\ln x + \ln y}$. 反过来, 如函数 $z = (1 + xy)^{x^2+y}$ 也可看作是$z = u^v$ 通过

中间变量 $u=1+xy, v=x^2+y$ 复合而成的 x,y 的复合函数.

在一元函数微分学中，有一个十分重要的定理，那就是拉格朗日中值定理. 在二元函数微分学中，如果我们让一个变量固定，则也可以应用一元函数的拉格朗日中值定理来建立函数值与导数之间的关系.

事实上，设 $z=f(x,y)$ 在区域 D 内对 x 与 y 的偏导数都存在. 我们可以让变量 y 固定，而让 $f(t,y)$ 在以 x 与 $x+\Delta x$ 为端点的区间上应用拉格朗日中值定理，于是存在 $\theta_1 (0<\theta_1<1)$，使

$$f(x+\Delta x,y)-f(x,y)=f'_x(x+\theta_1\Delta x,y)\Delta x,\text{其中 } 0<\theta_1<1.$$

类似地在复合函数的情况下，我们也可以用拉格朗日中值定理.

设 $z=f(u,v), u=\varphi(x,y), v=\psi(x,y)$，$z$ 通过 u,v 为 x,y 的复合函数. 若 $z=f(u,v)$ 关于 u 偏导数存在. 现将 v 固定，而对 u 在 $\varphi(x,y)$ 与 $\psi(x+\Delta x,y)$ 为端点的区间上应用拉格朗日中值定理，于是存在 $\theta_2 (0<\theta_2<1)$，使

$$\begin{aligned}&f[\varphi(x+\Delta x,y),v]-f[\varphi(x,y),v]\\&=f'_u[\varphi(x,y)+\theta_2(\varphi(x+\Delta x,y)-\varphi(x,y)),v)](\varphi(x+\Delta x,y)-\varphi(x,y)),\end{aligned}$$

即

$$\begin{aligned}&f[\varphi(x+\Delta x,y),\psi(x,y)]-f[\varphi(x,y),\psi(x,y)]\\&=f'_u[\varphi(x,y)+\theta_2(\varphi(x+\Delta x,y)-\varphi(x,y)),\psi(x,y)](\varphi(x+\Delta x,y)-\varphi(x,y)).\end{aligned}\tag{10.3}$$

二、多元复合函数的求导法则

定理 10.4(复合函数求导法则) 设 $z=f(u,v), u=\varphi(x,y), v=\psi(x,y)$，$z$ 通过 u,v 为 x,y 的复合函数，若 $u=\varphi(x,y), v=\psi(x,y)$ 在点 (x,y) 处的各偏导数均存在，$z=f(u,v)$ 在相应的点 (u,v) 的偏导数存在且连续，则复合函数 $z=f(u,v)=f[\varphi(x,y),\psi(x,y)]$ 在点 (x,y) 处的偏导数存在，且成立着

$$\frac{\partial z}{\partial x}=\frac{\partial z}{\partial u}\frac{\partial u}{\partial x}+\frac{\partial z}{\partial v}\frac{\partial v}{\partial x},\tag{10.4}$$

$$\frac{\partial z}{\partial y}=\frac{\partial z}{\partial u}\frac{\partial u}{\partial y}+\frac{\partial z}{\partial v}\frac{\partial v}{\partial y}.\tag{10.5}$$

证明

$$\begin{aligned}\frac{\partial z}{\partial x}&=\lim_{\Delta x\to 0}\frac{f[\varphi(x+\Delta x,y),\psi(x+\Delta x,y)]-f[\varphi(x,y),\psi(x,y)]}{\Delta x}\\&=\lim_{\Delta x\to 0}\frac{f[\varphi(x+\Delta x,y),\psi(x+\Delta x,y)]-f[\varphi(x,y),\psi(x+\Delta x,y)]}{\Delta x}\\&\quad+\lim_{\Delta x\to 0}\frac{f[\varphi(x,y),\psi(x+\Delta x,y)]-f[\varphi(x,y),\psi(x,y)]}{\Delta x},\end{aligned}\tag{10.6}$$

而由(10.3)

$$\begin{aligned}&\lim_{\Delta x\to 0}\frac{f[\varphi(x+\Delta x,y),\psi(x+\Delta x,y)]-f[\varphi(x,y),\psi(x+\Delta x,y)]}{\Delta x}\\&=\lim_{\Delta x\to 0}\frac{f'_u[\varphi(x,y)+\theta_1(\varphi(x+\Delta x,y)-\varphi(x,y)),\psi(x+\Delta x,y)](\varphi(x+\Delta x,y)-\varphi(x,y))}{\Delta x},\end{aligned}$$

因为 $z=f(u,v)$ 在相应的点 $(u,v)=(\varphi(x,y),\psi(x,y))$ 处的偏导数存在且连续，$u=\varphi(x,y)$ 在 (x,y) 处的偏导数 $\varphi'_x(x,y)$ 存在. 故上式取极限即为 $f'_u(u,v)\varphi'_x(x,y)$.

同理

$$\lim_{\Delta x\to 0}\frac{f[\varphi(x,y),\psi(x+\Delta x,y)]-f[\varphi(x,y),\psi(x,y)]}{\Delta x}=f'_v(u,v)\psi'_x(x,y).$$

将上面两式代入(10.6)，即得

$$\frac{\partial z}{\partial x}=f'_u(u,v)\varphi'_x(x,y)+f'_v(u,v)\psi'_x(x,y),$$

此即(10.4)式.同理可证(10.5)式. □

【例 1】 设 $z=e^u v^3, u=\sin(xy), v=(x+y)^2$，求$\frac{\partial z}{\partial x},\frac{\partial z}{\partial y}$.

解法 1（直接解法）：将 $u=\sin(xy), v=(x+y)^2$ 代入 $z=e^u v^3$，得

$$z=e^{\sin(xy)}(x+y)^6,$$

于是

$$\frac{\partial z}{\partial x}=ye^{\sin(xy)}\cos(xy)(x+y)^6+6e^{\sin(xy)}(x+y)^5;$$

$$\frac{\partial z}{\partial y}=xe^{\sin(xy)}\cos(xy)(x+y)^6+6e^{\sin(xy)}(x+y)^5.$$

解法 2（用复合函数求导法则）：

$$\begin{aligned}\frac{\partial z}{\partial x}&=\frac{\partial}{\partial u}(e^u v^3)\frac{\partial}{\partial x}(\sin(xy))+\frac{\partial}{\partial v}(e^u v^3)\frac{\partial}{\partial x}((x+y)^2)\\&=e^u v^3\cos(xy)y+(e^u 3v^2)2(x+y)\\&=ye^{\sin(xy)}\cos(xy)(x+y)^6+6e^{\sin(xy)}(x+y)^5;\\\frac{\partial z}{\partial y}&=\frac{\partial}{\partial u}(e^u v^3)\frac{\partial}{\partial y}(\sin(xy))+\frac{\partial}{\partial v}(e^u v^3)\frac{\partial}{\partial y}((x+y)^2)\\&=e^u v^3\cos(xy)x+(e^u 3v^2)2(x+y)\\&=xe^{\sin(xy)}\cos(xy)(x+y)^6+6e^{\sin(xy)}(x+y)^5.\end{aligned}$$

三、多元复合函数求导法则的其他情形

我们是在二元复合函数的情形下推得复合函数的求导法则的，但实际上，多元复合函数的情形有许多，我们必须掌握这种法则的根本，才能在具体的求导过程中不发生错误，现再列举一些其他情形.

1. $z=f(u,v,w), u=u(x,y), v=v(x,y), w=w(x,y)$.

这是含有三个中间变量及两个自变量的复合函数，此时公式(10.4)与(10.5)变成如下形式

$$\frac{\partial z}{\partial x}=\frac{\partial z}{\partial u}\frac{\partial u}{\partial x}+\frac{\partial z}{\partial v}\frac{\partial v}{\partial x}+\frac{\partial z}{\partial w}\frac{\partial w}{\partial x};$$

$$\frac{\partial z}{\partial y}=\frac{\partial z}{\partial u}\frac{\partial u}{\partial y}+\frac{\partial z}{\partial v}\frac{\partial v}{\partial y}+\frac{\partial z}{\partial w}\frac{\partial w}{\partial y}.$$

【例 2】 设 $w=\sqrt{x^2+y^2+z^2}, x=\cos st, y=\sin st, z=s^2t$，求$\frac{\partial w}{\partial s}$.

解

$$\begin{aligned}\frac{\partial w}{\partial s}&=\frac{\partial w}{\partial x}\frac{\partial x}{\partial s}+\frac{\partial w}{\partial y}\frac{\partial y}{\partial s}+\frac{\partial w}{\partial z}\frac{\partial z}{\partial s}\\&=\frac{x}{\sqrt{x^2+y^2+z^2}}(-t\sin st)+\frac{y}{\sqrt{x^2+y^2+z^2}}(t\cos st)+\frac{z}{\sqrt{x^2+y^2+z^2}}2st\end{aligned}$$

$$= \frac{s^2 t}{\sqrt{1+s^4t^2}} 2st = \frac{2s^3t^2}{\sqrt{1+s^4t^2}}.$$

2. $z = f(u,v), u = u(x,y,s), v = v(x,y,s)$.

这是含有两个中间变量及三个自变量(x, y 与 s)的复合函数,此时公式(10.4)与(10.5)变成如下形式

$$\frac{\partial z}{\partial x} = \frac{\partial z}{\partial u}\frac{\partial u}{\partial x} + \frac{\partial z}{\partial v}\frac{\partial v}{\partial x};$$

$$\frac{\partial z}{\partial y} = \frac{\partial z}{\partial u}\frac{\partial u}{\partial y} + \frac{\partial z}{\partial v}\frac{\partial v}{\partial y};$$

$$\frac{\partial z}{\partial s} = \frac{\partial z}{\partial u}\frac{\partial u}{\partial s} + \frac{\partial z}{\partial v}\frac{\partial v}{\partial s}.$$

【例 3】 设 $z = x^2 + y^2, x = \rho\cos\alpha\cos\beta, y = \rho\sin(\alpha\beta)$,求$\frac{\partial z}{\partial \rho}, \frac{\partial z}{\partial \alpha}, \frac{\partial z}{\partial \beta}$.

解 $\frac{\partial z}{\partial \rho} = \frac{\partial z}{\partial x}\frac{\partial x}{\partial \rho} + \frac{\partial z}{\partial y}\frac{\partial y}{\partial \rho} = 2x\cos\alpha\cos\beta + 2y\sin(\alpha\beta)$

$= 2\rho\cos^2\alpha\cos^2\beta + 2\rho\sin^2(\alpha\beta)$;

$\frac{\partial z}{\partial \alpha} = \frac{\partial z}{\partial x}\frac{\partial x}{\partial \alpha} + \frac{\partial z}{\partial y}\frac{\partial y}{\partial \alpha} = 2x\rho(-\sin\alpha)\cos\beta + 2y\rho\beta\cos(\alpha\beta)$

$= -2\rho^2\sin\alpha\cos\alpha\cos^2\beta + 2\rho^2\beta\sin(\alpha\beta)\cos(\alpha\beta)$;

$\frac{\partial z}{\partial \beta} = \frac{\partial z}{\partial x}\frac{\partial x}{\partial \beta} + \frac{\partial z}{\partial y}\frac{\partial y}{\partial \beta} = 2x\rho(-\sin\beta)\cos\alpha + 2y\rho\alpha\cos(\alpha\beta)$

$= -2\rho^2\sin\beta\cos\beta\cos^2\alpha + 2\rho^2\alpha\sin(\alpha\beta)\cos(\alpha\beta)$.

3. $z = f(u,v,w), u = u(t), v = v(t), w = w(t)$.

这是含有三个中间变量与一个自变量的复合函数,这时如果把 $u = u(t), v = v(t), w = w(t)$ 代入 $z = f(u,v,w)$,则 z 就是 t 的一元函数,此时 z 对 t 的导数称为**全导数**,公式(10.4)就变为

$$\frac{dz}{dt} = \frac{\partial z}{\partial u}\frac{du}{dt} + \frac{\partial z}{\partial v}\frac{dv}{dt} + \frac{\partial z}{\partial w}\frac{dw}{dt}.$$

【例 4】 设 $w = xy + yz + xz, x = t^2, y = 1 - t^2, z = 1 - t$,求全导数$\frac{dw}{dt}$.

解 $\frac{dw}{dt} = \frac{\partial w}{\partial x}\frac{dx}{dt} + \frac{\partial w}{\partial y}\frac{dy}{dt} + \frac{\partial w}{\partial z}\frac{dz}{dt}$

$= (y+z)2t + (x+z)(-2t) + (x+y)(-1) = -4t^3 + 2t - 1$.

4. $z = f(x,y,w)$,而 $w = w(x,y)$.

此时可看作上面所介绍的类型 1 中当 $u = x, v = y$ 的特殊情形,即

$$z = f(u,v,w), u = x, v = y, w = w(x,y).$$

因为此时

$$\frac{\partial u}{\partial x} = 1, \frac{\partial v}{\partial x} = 0,$$

故

$$\frac{\partial z}{\partial x} = \frac{\partial f}{\partial u}\frac{\partial u}{\partial x} + \frac{\partial f}{\partial v}\frac{\partial v}{\partial x} + \frac{\partial f}{\partial w}\frac{\partial w}{\partial x} = \frac{\partial f}{\partial u} + \frac{\partial f}{\partial w}\frac{\partial w}{\partial x} = \frac{\partial f}{\partial x} + \frac{\partial f}{\partial w}\frac{\partial w}{\partial x}.$$

即

$$\frac{\partial z}{\partial x}=\frac{\partial f}{\partial x}+\frac{\partial f}{\partial w}\frac{\partial w}{\partial x}.$$

注　这里等式左边$\frac{\partial z}{\partial x}$与等式右边$\frac{\partial f}{\partial x}$含义是不同的,等式左端的$\frac{\partial z}{\partial x}$是复合函数对自变量$x$的偏导数,$y$看成常数,而$w=w(x,y)$已经代入,等式右端的$\frac{\partial f}{\partial x}$是$f(x,y,w)$对中间变量$x$(由于$u=x$)求偏导,此时$y$与$w$都看成是常数,$w=w(x,y)$尚未代入.

同理

$$\frac{\partial z}{\partial y}=\frac{\partial f}{\partial y}+\frac{\partial f}{\partial w}\frac{\partial w}{\partial y},$$

$\frac{\partial z}{\partial y}$与$\frac{\partial f}{\partial y}$也有类似的区别.

【例 5】　设$z=\ln x+\sin y+\cos w, w=\sin(x^2y)$,求$\frac{\partial z}{\partial x},\frac{\partial z}{\partial y}$.

解

$$\frac{\partial z}{\partial x}=\frac{1}{x}+(-\sin w)\frac{\partial w}{\partial x}=\frac{1}{x}+(-\sin w)\cos(x^2y)(2xy)$$

$$=\frac{1}{x}-2xy\cos(x^2y)\sin(\sin(x^2y)).$$

$$\frac{\partial z}{\partial y}=\cos y+(-\sin w)\frac{\partial w}{\partial y}=\cos y+(-\sin w)\cos(x^2y)x^2$$

$$=\cos y-x^2\cos(x^2y)\sin(\sin(x^2y)).$$

上述介绍的四种类型中的例题,函数表达式都已经具体给出.有时我们会遇到函数表达式并未具体给出而要求计算偏导数的问题.

【例 6】设$z=f(x^2y,\sqrt{x^2+y^2})$,求$\frac{\partial z}{\partial x},\frac{\partial z}{\partial y}$(这里$f(\cdot,\cdot)$的表达式并未具体给出).

解　设中间变量$u=x^2y, v=\sqrt{x^2+y^2}$,于是

$$\frac{\partial z}{\partial x}=\frac{\partial f}{\partial u}\frac{\partial u}{\partial x}+\frac{\partial f}{\partial v}\frac{\partial v}{\partial x}=f'_u(u,v)(2xy)+f'_v(u,v)\frac{x}{\sqrt{x^2+y^2}}$$

$$=f'_u(x^2y,\sqrt{x^2+y^2})(2xy)+f'_v(x^2y,\sqrt{x^2+y^2})\frac{x}{\sqrt{x^2+y^2}};$$

$$\frac{\partial z}{\partial y}=\frac{\partial f}{\partial u}\frac{\partial u}{\partial y}+\frac{\partial f}{\partial v}\frac{\partial v}{\partial y}=f'_u(u,v)\cdot x^2+f'_v(u,v)\frac{y}{\sqrt{x^2+y^2}}$$

$$=f'_u(x^2y,\sqrt{x^2+y^2})x^2+f'_v(x^2y,\sqrt{x^2+y^2})\frac{y}{\sqrt{x^2+y^2}}.$$

有时,为了简便,常将中间变量字母u,v依次用序号 1,2 替代,如f'_1,f'_2分别表示$f(u,v)$对第 1 个变量u和第 2 个变量v求偏导数.于是上例可记成

$$\frac{\partial z}{\partial x}=f'_1(x^2y,\sqrt{x^2+y^2})\cdot 2xy+f'_2(x^2y,\sqrt{x^2+y^2})\frac{x}{\sqrt{x^2+y^2}};$$

$$\frac{\partial z}{\partial y}=f'_1(x^2y,\sqrt{x^2+y^2})\cdot x^2+f'_2(x^2y,\sqrt{x^2+y^2})\frac{y}{\sqrt{x^2+y^2}}.$$

这种记法对高阶偏导数也比较方便.

如设 $z=f(u,v)$，则 $f''_{12}(u,v)$ 就表示$\dfrac{\partial^2 f(u,v)}{\partial u\partial v}$，$f''_{11}(u,v)$ 就表示$\dfrac{\partial^2 f(u,v)}{\partial u^2}$ 等等.

【例 7】 设 $z=f(x-y,xy)$，求 z''_{xx}，z''_{xy} 与 z''_{yy}.

解

$$z'_x=f'_1+f'_2y,$$

$$z'_y=-f'_1+f'_2x,$$

从而

$$z''_{xx}=(f'_1+f'_2y)'_x=f''_{11}+f''_{12}y+f''_{21}y+f''_{22}y^2,$$

$$z''_{xy}=(f'_1+f'_2y)'_y=-f''_{11}+f''_{12}x-f''_{21}y+f''_{22}xy+f'_2,$$

$$z''_{yy}=(-f'_1+f'_2x)'_y=f''_{11}-f''_{12}x-f''_{21}x+f''_{22}x^2.$$

第四节　隐函数的偏导数

在一元函数微分学中，我们已经介绍了形如 $F(x,y)=0$ 的隐函数的求导方法. 这里我们运用多元复合函数的求导法则，给出求隐函数导数(或偏导数)的一般公式.

设函数 $y=y(x)$ 在 x 的某邻域内由二元方程 $F(x,y)=0$ 确定，并设二元函数 $F(x,y)$ 在相应邻域内对 x 及 y 的偏导数都存在. 将 $y=y(x)$ 代入 $F(x,y)=0$，得到恒等式 $F(x,y(x))\equiv 0$，将此恒等式的两边同时对 x 求导，由多元复合函数的求导法则，得

$$F'_x(x,y)+F'_y(x,y)y'(x)=0.$$

若 $F'_y(x,y)\neq 0$，则由上式得

$$y'(x)=-\frac{F'_x(x,y)}{F'_y(x,y)}, \tag{10.7}$$

这就是由二元方程所确定的隐函数的求导公式.

对三元方程 $F(x,y,z)=0$ 也可作类似的讨论.

设函数 $z=f(x,y)$ 在 (x,y) 的某邻域内由三元方程 $F(x,y,z)=0$ 确定，并设三元函数 $F(x,y,z)$ 在相应的 (x,y,z) 的某邻域内各偏导数均存在. 将 $z=f(x,y)$ 代入 $F(x,y,z)=0$，就得到恒等式 $F(x,y,f(x,y))\equiv 0$，将此恒等式的两边分别对 x 及 y 求偏导数，由多元复合函数的求导法则，得

$$F'_x(x,y,z)+F'_z(x,y,z)\frac{\partial z}{\partial x}=0;$$

$$F'_y(x,y,z)+F'_z(x,y,z)\frac{\partial z}{\partial y}=0.$$

如果 $F'_z(x,y,z)\neq 0$，则从上两式可解得

$$\frac{\partial z}{\partial x}=-\frac{F'_x(x,y,z)}{F'_z(x,y,z)}; \tag{10.8}$$

$$\frac{\partial z}{\partial y}=-\frac{F'_y(x,y,z)}{F'_z(x,y,z)}. \tag{10.9}$$

【例 1】 设 $xy+yz+zx=1$，求$\dfrac{\partial z}{\partial x}$，$\dfrac{\partial z}{\partial y}$.

解　记 $F(x,y,z)=xy+yz+zx-1$，则

$$F'_x(x,y,z)=y+z, F'_y(x,y,z)=x+z, F'_z(x,y,z)=x+y.$$

当 $F'_z(x,y,z)=x+y\neq 0$ 时，就有

$$\frac{\partial z}{\partial x}=-\frac{F'_x(x,y,z)}{F'_z(x,y,z)}=-\frac{y+z}{x+y}, \tag{10.10}$$

$$\frac{\partial z}{\partial y}=-\frac{F'_y(x,y,z)}{F'_z(x,y,z)}=-\frac{x+z}{x+y}. \tag{10.11}$$

注　在 $xy+yz+zx=1$ 中可直接解得 $z=\dfrac{1-xy}{x+y}$，当 $x+y\neq 0$ 时，直接求得

$$\frac{\partial z}{\partial x}=\frac{(-y)(x+y)-(1-xy)}{(x+y)^2}=-\frac{1+y^2}{(x+y)^2};$$

$$\frac{\partial z}{\partial y}=\frac{(-x)(x+y)-(1-xy)}{(x+y)^2}=-\frac{1+x^2}{(x+y)^2}.$$

它们与式(10.10),(10.11)的形式不一样，但通过 $z=\dfrac{1-xy}{x+y}$ 知，它们是一致的.

正如在求由方程 $F(x,y)=0$ 所确定的隐函数的导数 $y'(x)$ 时，可不套用公式(10.7)一样，在从 $F(x,y,z)=0$ 中求偏导数 $\dfrac{\partial z}{\partial x},\dfrac{\partial z}{\partial y}$ 时，也可不套用公式(10.8)与(10.9)而进行计算.

【例 2】　设 $x^3+y^3+z^3+6xyz=1$，求 $\dfrac{\partial z}{\partial x},\dfrac{\partial z}{\partial y}$.

解　为了求 $\dfrac{\partial z}{\partial x}$，我们在方程 $x^3+y^3+z^3+6xyz=1$ 两边直接对 x 求偏导(记住 x,y 是独立变量，而 z 是 x,y 的函数)，得

$$3x^2+3z^2\frac{\partial z}{\partial x}+6yz+6xy\frac{\partial z}{\partial x}=0,$$

从而解得

$$\frac{\partial z}{\partial x}=-\frac{x^2+2yz}{z^2+2xy}.$$

同理在方程 $x^3+y^3+z^3=6xyz=1$ 两边直接对 y 求偏导，得

$$3y^2+3z^2\frac{\partial z}{\partial y}+6xz+6xy\frac{\partial z}{\partial y}=0,$$

从而解得

$$\frac{\partial z}{\partial y}=-\frac{y^2+2xz}{z^2+2xy}.$$

第五节　全微分

我们知道，在一元函数微分学中，如果函数 $y=f(x)$ 在点 x 处可微，则

$$\Delta y=f(x+\Delta x)-f(x)=f'(x)\Delta x+o(\Delta x),$$

于是当 Δx 很小时，我们可以用微分 $\mathrm{d}f(x)=f'(x)\Delta x=f'(x)\mathrm{d}x$ 来近似地代替 Δy，$f'(x)\Delta x$ 也就是 Δy 的线性主部.

在多元函数的情况下，也有类似的讨论.

一、全增量公式

设 $z=f(x,y)$ 在 $P_0(x_0,y_0)$ 的某个邻域内具有连续的偏导数，当 x,y 在 $P_0(x_0,y_0)$ 处分别有改变量 Δx 及 Δy 时，称

$$\Delta z = f(x_0 + \Delta x, y_0 + \Delta y) - f(x_0, y_0)$$

为 $z = f(x,y)$ 在 $P_0(x_0,y_0)$ 处的**全增量**(当然要求 Δx 与 Δy 充分小).

又
$$\begin{aligned}\Delta z &= f(x_0 + \Delta x, y_0 + \Delta y) - f(x_0, y_0)\\ &= f(x_0 + \Delta x, y_0 + \Delta y) - f(x_0, y_0 + \Delta y) + f(x_0, y_0 + \Delta y) - f(x_0, y_0).\end{aligned} \tag{10.12}$$

对于式(10.12)的第一个差式,让 $y_0 + \Delta y$ 固定,对一元函数 $f(x, y_0 + \Delta y)$ 在区间 $[x_0, x_0 + \Delta x]$ 上应用拉格朗日中值定理,得

$$f(x_0 + \Delta x, y_0 + \Delta y) - f(x_0, y_0 + \Delta y) = f'_x(x_0 + \theta_1 \Delta x, y_0 + \Delta y)\Delta x,$$

其中 $0 < \theta_1 < 1$.

对于(10.12)的第二个差式,让 x_0 固定,对一元函数 $f(x_0, y)$ 在区间 $[y_0, y_0 + \Delta y]$ 上应用拉格朗日中值定理,得到

$$f(x_0, y_0 + \Delta y) - f(x_0, y_0) = f'_y(x_0, y_0 + \theta_2 \Delta y)\Delta y, \text{ 其中 } 0 < \theta_2 < 1.$$

于是 $\Delta z = f(x_0 + \Delta x, y_0 + \Delta y) - f(x_0, y_0)$ 可写成

$$f'_x(x_0 + \theta_1 \Delta x, y_0 + \Delta y)\Delta x + f'_y(x_0, y_0 + \theta_2 \Delta y)\Delta y, \text{ 其中 } 0 < \theta_1 < 1, 0 < \theta_2 < 1.$$

由于 $z = f(x,y)$ 的两个偏导数 $f'_x(x,y)$ 与 $f'_y(x,y)$ 在 $P_0(x_0,y_0)$ 都连续,则

$$\lim_{\substack{\Delta x \to 0 \\ \Delta y \to 0}} f'_x(x_0 + \theta_1 \Delta x, y_0 + \Delta y) = f'_x(x_0, y_0),$$

$$\lim_{\substack{\Delta x \to 0 \\ \Delta y \to 0}} f'_y(x_0, y_0 + \theta_2 \Delta y) = f'_y(x_0, y_0).$$

利用极限与无穷小量之间的关系,可得

$$f'_x(x_0 + \theta_1 \Delta x, y_0 + \Delta y) = f'_x(x_0, y_0) + \varepsilon_1, \text{ 其中} \lim_{\substack{\Delta x \to 0 \\ \Delta y \to 0}} \varepsilon_1 = 0,$$

$$f'_y(x_0, y_0 + \theta_2 \Delta y) = f'_y(x_0, y_0) + \varepsilon_2, \text{ 其中} \lim_{\substack{\Delta x \to 0 \\ \Delta y \to 0}} \varepsilon_2 = 0.$$

于是

$$\Delta z = f'_x(x_0, y_0)\Delta x + f'_y(x_0, y_0)\Delta y + \varepsilon_1 \Delta x + \varepsilon_2 \Delta y. \tag{10.13}$$

我们知道从点 $P_0(x_0,y_0)$ 到点 $P_0(x_0 + \Delta x, y_0 + \Delta y)$ 的距离为 $\rho = \sqrt{\Delta x^2 + \Delta y^2}$,而 $\Delta x \to 0$ 且 $\Delta y \to 0$ 的充要条件是 $\rho \to 0$, 又

$$\left|\frac{\Delta x}{\rho}\right| \leqslant 1, \left|\frac{\Delta y}{\rho}\right| \leqslant 1,$$

而

$$\lim_{\rho \to 0} \varepsilon_1 = \lim_{\substack{\Delta x \to 0 \\ \Delta y \to 0}} \varepsilon_1 = 0, \lim_{\rho \to 0} \varepsilon_2 = \lim_{\substack{\Delta x \to 0 \\ \Delta y \to 0}} \varepsilon_2 = 0,$$

由有界变量与无穷小的乘积还是无穷小的结论,得

$$\lim_{\rho \to 0} \frac{\varepsilon_1 \Delta x + \varepsilon_2 \Delta y}{\rho} = \lim_{\rho \to 0} \varepsilon_1 \frac{\Delta x}{\rho} + \lim_{\rho \to 0} \varepsilon_1 \frac{\Delta x}{\rho} = 0.$$

于是
$$\varepsilon_1 \Delta x + \varepsilon_2 \Delta y = o(\rho).$$

从而(10.13) 可进一步写成

$$\Delta z = f(x_0 + \Delta x, y_0 + \Delta y) - f(x_0, y_0) = f'_x(x_0, y_0)\Delta x + f'_y(x_0, y_0)\Delta y + o(\rho), \tag{10.14}$$

(10.14) 称为函数 $z = f(x,y)$ 在 $P_0(x_0,y_0)$ 处的**全增量公式**.

二、全微分的定义

由(10.14)式的启示,我们给出二元函数全微分的定义如下:

定义 10.5　若函数 $z=f(x,y)$ 在区域 D 上有定义,$P_0(x_0,y_0)$ 是 D 内的一点,如果全增量

$$\Delta z=f(x_0+\Delta x,y_0+\Delta y)-f(x_0,y_0)$$

可表示为

$$\Delta z=A(x_0,y_0)\Delta x+B(x_0,y_0)\Delta y+o(\rho),\tag{10.15}$$

其中 $A(x_0,y_0)$,$B(x_0,y_0)$ 仅与 x_0,y_0 有关,而与 Δx,Δy 无关,$\rho=\sqrt{\Delta x^2+\Delta y^2}$,则称 $z=f(x,y)$ 在点 $P_0(x_0,y_0)$ 处**可微**,并称线性主部 $A(x_0,y_0)\Delta x+B(x_0,y_0)\Delta y$ 为 $z=f(x,y)$ 在点 $P_0(x_0,y_0)$ 处的**全微分**,记作 $\mathrm{d}z\Big|_{(x_0,y_0)}$,即

$$\mathrm{d}z\Big|_{(x_0,y_0)}=A(x_0,y_0)\Delta x+B(x_0,y_0)\Delta y.$$

习惯上,Δx,Δy 分别记为 $\mathrm{d}x$,$\mathrm{d}y$,并称它们是**自变量的微分**.

于是 $z=f(x,y)$ 在点 $P_0(x_0,y_0)$ 处的全微分可写成

$$\mathrm{d}z\Big|_{(x_0,y_0)}=A(x_0,y_0)\mathrm{d}x+B(x_0,y_0)\mathrm{d}y.$$

如果 $z=f(x,y)$ 在区域 D 内每点都可微,则称 $z=f(x,y)$ 在 D 内**可微**,并记 D 内任一点(x,y) 处的微分为 $\mathrm{d}z$,即

$$\mathrm{d}z=A(x,y)\mathrm{d}x+B(x,y)\mathrm{d}y.$$

我们已经知道,函数 $z=f(x,y)$ 在点(x,y) 处即使存在偏导数,它在该点也未必连续.但是,若函数 $z=f(x,y)$ 在点(x,y) 处可微,由于 $\lim\limits_{\substack{\Delta x\to 0\\ \Delta y\to 0}}o(\rho)=\lim\limits_{\rho\to 0}\dfrac{o(\rho)}{\rho}\rho=0$,故有

$$\lim_{\substack{\Delta x\to 0\\ \Delta y\to 0}}\Delta z=\lim_{\substack{\Delta x\to 0\\ \Delta y\to 0}}(A(x,y)\Delta x+B(x,y)\Delta y+o(\rho))=0.$$

由此可得,**若 $z=f(x,y)$ 在点(x,y) 处可微,则它在点(x,y) 处必连续**.

上面给出了可微的定义,并指出了二元函数若可微必连续(其实对更多元函数也有类似性质).下面讨论如何求得 $A(x,y)$ 与 $B(x,y)$,并给出二元函数可微所应满足的条件.

设 $z=f(x,y)$ 在点(x,y) 处可微,在(10.15)式中,令 $\Delta y=0$,则(10.15)就变成

$$f(x+\Delta x,y)-f(x,y)=A(x,y)\Delta x+o(|\Delta x|),$$

从而

$$\frac{f(x+\Delta x,y)-f(x,y)}{\Delta x}=A(x,y)+\frac{o(|\Delta x|)}{\Delta x},$$

令 $\Delta x\to 0$,因为

$$\lim_{\Delta x\to 0}\frac{o(|\Delta x|)}{\Delta x}=\lim_{\Delta x\to 0}\frac{o(|\Delta x|)}{|\Delta x|}\frac{|\Delta x|}{\Delta x}=0,$$

所以

$$\frac{\partial z}{\partial x}=\lim_{\Delta x\to 0}\frac{f(x+\Delta x,y)-f(x,y)}{\Delta x}=\lim_{\Delta x\to 0}\left(A(x,y)+\frac{o(|\Delta x|)}{\Delta x}\right)=A(x,y).$$

从而说明 $z=f(x,y)$ 在(x,y) 处的偏导数 $\dfrac{\partial z}{\partial x}$ 存在,且

$$\frac{\partial z}{\partial x}=A(x,y).$$

同理也有
$$\frac{\partial z}{\partial y}=B(x,y).$$

于是得到下面的定理.

定理 10.5(必要条件)　如果函数 $z=f(x,y)$ 在点 (x,y) 处可微,则它在点 (x,y) 处必可偏导,且

$$\mathrm{d}z=\frac{\partial z}{\partial x}\mathrm{d}x+\frac{\partial z}{\partial y}\mathrm{d}y. \tag{10.16}$$

我们知道,对于一元函数,可导是可微的充要条件. 然而对多元函数,由于偏导数存在不能保证连续,因此同样也就不能保证可微.

但当 $z=f(x,y)$ 的两个偏导数 $f'_x(x,y)$ 与 $f'_y(x,y)$ 在 (x,y) 处都连续时,由式(10.14)知,$z=f(x,y)$ 在 (x,y) 处必可微. 故得到下面的定理:

定理 10.6(充分条件)　如果函数 $z=f(x,y)$ 的两个偏导数 $f'_x(x,y)$ 与 $f'_y(x,y)$ 在 (x,y) 处都连续,则 $z=f(x,y)$ 在 (x,y) 处必可微.

【例 1】　设 $z=\mathrm{e}^{2x^2+y^2}$,求 $\mathrm{d}z$.

解　因为
$$\frac{\partial z}{\partial x}=\mathrm{e}^{2x^2+y^2}(4x),\frac{\partial z}{\partial y}=\mathrm{e}^{2x^2+y^2}(2y),$$

故
$$\mathrm{d}z=\mathrm{e}^{2x^2+y^2}4x\mathrm{d}x+\mathrm{e}^{2x^2+y^2}2y\mathrm{d}y=2\mathrm{e}^{2x^2+y^2}(2x\mathrm{d}x+y\mathrm{d}y).$$

对于三元或三元以上的函数,有类似定理 10.5 及定理 10.6 的结论. 例如,如果函数 $u=f(x,y,z)$ 的三个偏导数 $f'_x(x,y,z)$,$f'_y(x,y,z)$ 及 $f'_z(x,y,z)$ 在 (x,y,z) 处都连续,则 $u=f(x,y,z)$ 在 (x,y,z) 处可微,且有

$$\mathrm{d}u=f'_x(x,y,z)\mathrm{d}x+f'_y(x,y,z)\mathrm{d}y+f'_z(x,y,z)\mathrm{d}z.$$

三、全微分的一阶形式不变性

一元函数有一阶微分形式不变性性质,多元函数也有类似的性质.

设函数 $z=f(u,v)$ 具有连续偏导数,$u=\varphi(x,y)$ 与 $v=\psi(x,y)$ 也具有连续偏导数,且函数 $z=f(u,y)$ 通过中间变量 u,v 成为 x,y 的复合函数.

由复合函数的求导法则

$$\frac{\partial z}{\partial x}=\frac{\partial z}{\partial u}\frac{\partial u}{\partial x}+\frac{\partial z}{\partial v}\frac{\partial v}{\partial x},\frac{\partial z}{\partial y}=\frac{\partial z}{\partial u}\frac{\partial u}{\partial y}+\frac{\partial z}{\partial v}\frac{\partial v}{\partial y}.$$

将这两式代入(10.16),得

$$\begin{aligned}\mathrm{d}z&=\left(\frac{\partial z}{\partial u}\frac{\partial u}{\partial x}+\frac{\partial z}{\partial v}\frac{\partial v}{\partial x}\right)\mathrm{d}x+\left(\frac{\partial z}{\partial u}\frac{\partial u}{\partial y}+\frac{\partial z}{\partial v}\frac{\partial v}{\partial y}\right)\mathrm{d}y\\&=\frac{\partial z}{\partial u}\left(\frac{\partial u}{\partial x}\mathrm{d}x+\frac{\partial u}{\partial y}\mathrm{d}y\right)+\frac{\partial z}{\partial v}\left(\frac{\partial v}{\partial x}\mathrm{d}x+\frac{\partial v}{\partial y}\mathrm{d}y\right)\\&=\frac{\partial z}{\partial u}\mathrm{d}u+\frac{\partial z}{\partial v}\mathrm{d}v.\end{aligned}$$

这说明,在函数 $z=f(u,v)$ 中,不管 u,v 是中间变量还是自变量,

$$\mathrm{d}z=\frac{\partial z}{\partial u}\mathrm{d}u+\frac{\partial z}{\partial v}\mathrm{d}v$$

总成立,此性质称为**全微分的一阶形式不变性**.

特别地,当 $z=u\pm v, z=uv, z=\frac{u}{v}$ 时,就得到下列运算法则:

(1) $\mathrm{d}(u\pm v)=\mathrm{d}u\pm\mathrm{d}v$;

(2) $\mathrm{d}(uv)=v\mathrm{d}u+u\mathrm{d}v$;

(3) $\mathrm{d}\left(\frac{u}{v}\right)=\frac{1}{v}\mathrm{d}u-u\frac{1}{v^2}\mathrm{d}v=\frac{v\mathrm{d}u-u\mathrm{d}v}{v^2}$.

利用全微分的形式不变性,有时可简化某些计算.

【例 2】 设 $z=f(r\sin\theta,r\cos\theta)$ 可微,求 $\mathrm{d}z,\frac{\partial z}{\partial r},\frac{\partial z}{\partial\theta}$.

解
$$\begin{aligned}\mathrm{d}z&=f'_1\mathrm{d}(r\sin\theta)+f'_2\mathrm{d}(r\cos\theta)\\&=f'_1(\sin\theta\mathrm{d}r+r\cos\theta\mathrm{d}\theta)+f'_2(\cos\theta\mathrm{d}r-r\sin\theta\mathrm{d}\theta)\\&=(f'_1\sin\theta+f'_2\cos\theta)\mathrm{d}r+r(f'_1\cos\theta-f'_2\sin\theta)\mathrm{d}\theta.\end{aligned}$$

从而
$$\frac{\partial z}{\partial r}=f'_1\sin\theta+f'_2\cos\theta,\frac{\partial z}{\partial\theta}=r(f'_1\cos\theta-f'_2\sin\theta).$$

四、利用全微分进行近似计算

设函数 $z=f(x,y)$ 在 (x,y) 处可微,则 $\Delta z=\frac{\partial z}{\partial x}\Delta x+\frac{\partial z}{\partial y}\Delta y+o(\rho)$,又

$$\Delta z=f(x+\Delta x,y+\Delta y)-f(x,y),$$

故
$$f(x+\Delta x,y+\Delta y)=f(x,y)+\frac{\partial z}{\partial x}\Delta x+\frac{\partial z}{\partial y}\Delta y+o(\rho).$$

从而
$$f(x+\Delta x,y+\Delta y)\approx f(x,y)+\frac{\partial z}{\partial x}\Delta x+\frac{\partial z}{\partial y}\Delta y.$$

利用此式,可进行二元函数的近似计算.

【例 3】 求 $2\cdot(2.03)^3+(2.03)\cdot0.98-(0.98)^3$ 的近似值.

解 设 $f(x,y)=2x^3+xy-y^3$,则

$$2\cdot(2.03)^3+(2.03)\cdot0.98-(0.98)^3=f(2.03,0.98).$$

又
$$\begin{aligned}f(2.03,0.98)&=f(2+0.03,1-0.02)\\&\approx f(2,1)+f'_x(2,1)\cdot(0.03)+f'_y(2,1)\cdot(-0.02),\end{aligned}$$

而
$$f(2,1)=17,$$
$$f'_x(2,1)=(6x^2+y)\Big|_{(2,1)}=25,f'_y(2,1)=(x-3y^2)\Big|_{(2,1)}=-1,$$

故
$$f(2.03,0.98)\approx17.77.$$

第六节　空间曲线的切线与法平面,曲面的切平面与法线

一、空间曲线的切线与法平面

设空间曲线 Γ 的参数方程为

$$x = x(t), y = y(t), z = z(t), t \in [a,b].$$

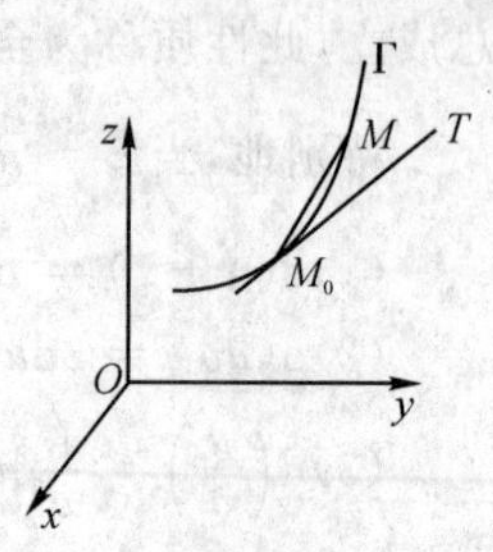

设 $t_0 \in [a,b]$,则点 $M_0(x(t_0), y(t_0), z(t_0))$ 就是曲线 Γ 上的一点;又设 $\delta > 0$,且 $\mathring{U}(t_0,\delta) \subseteq [a,b]$, $\forall t_1 \in \mathring{U}(t_0,\delta)$,点 $M(x(t_1), y(t_1), z(t_1))$ 就是曲线 Γ 上 M_0 附近的点,如图 10-13 所示. 过点 M_0 与 M 的割线方程为

$$\frac{x - x(t_0)}{x(t_1) - x(t_0)} = \frac{y - y(t_0)}{y(t_1) - y(t_0)} = \frac{z - z(t_0)}{z(t_1) - z(t_0)}. \quad (10.17)$$

图 10-13

设 $x(t), y(t), z(t)$ 都可导,则当 $t_1 \to t_0$ 时, $M \to M_0$,割线 MM_0 趋向于曲线 Γ 的过 M_0 的**切线** MT. 由(10.17)得

$$\frac{x - x(t_0)}{\dfrac{x(t_1) - x(t_0)}{t_1 - t_0}} = \frac{y - y(t_0)}{\dfrac{y(t_1) - y(t_0)}{t_1 - t_0}} = \frac{z - z(t_0)}{\dfrac{z(t_1) - z(t_0)}{t_1 - t_0}}. \quad (10.18)$$

令 $t_1 \to t_0$,就得曲线 Γ 的过 M_0 的切线方程为

$$\frac{x - x(t_0)}{x'(t_0)} = \frac{y - y(t_0)}{y'(t_0)} = \frac{z - z(t_0)}{z'(t_0)}.$$

这里,要求 $x'(t_0), y'(t_0), z'(t_0)$ 不同时为零.

我们称向量 $\{x'(t_0), y'(t_0), z'(t_0)\}$ 为曲线 Γ 在 M_0 处的**切向量**.

过 M_0 且垂直于切线的平面称为曲线 Γ 在 M_0 处的**法平面**,容易知道,该法平面的方程为

$$x'(t_0)(x - x(t_0)) + y'(t_0)(y - y(t_0)) + z'(t_0)(z - z(t_0)) = 0.$$

【例 1】 求曲线 $x = \sin t, y = \cos t, z = 2t$,在点 $(1,0,\pi)$ 处的切线方程与法平面方程.

解 点 $(1,0,\pi)$ 对应的参数为 $t = \dfrac{\pi}{2}$,且因为 $(\sin t)' = \cos t, (\cos t)' = -\sin t, (2t)' = 2$,故该点处的切向量为 $\{0, -1, 2\}$,从而切线方程为

$$\frac{x-1}{0} = \frac{y}{-1} = \frac{z-\pi}{2}.$$

法平面方程为
$$0(x-1) + (-1)y + 2(z-\pi) = 0,$$
即
$$y - 2z + 2\pi = 0.$$

【例 2】 设曲线 L 为旋转抛物面 $z = x^2 + y^2$ 与平面 $x + y = 0$ 的交线,求 L 上点 $(1,-1,2)$ 处的切线方程与法平面方程.

解 把 x 看作参数,则交线的参数方程可以写成

$$x = x, y = -x, z = 2x^2.$$

由 $x' = 1, (-x)' = -1, (2x^2)' = 4x$,得点 $(1,-1,2)$ 处的曲线的切向量为 $\{1,-1,4\}$,从而切线方程为

$$\frac{x-1}{1} = \frac{y+1}{-1} = \frac{z-2}{4}.$$

法平面方程为
$$1(x-1) + (-1)(y+1) + 4(z-2) = 0,$$
即
$$x - y + 4z - 10 = 0.$$

二、曲面的切平面与法线

如图 10-14,设曲面 Σ 的方程为 $F(x,y,z) = 0$,点 $M_0(x_0, y_0, z_0)$ 在曲面 Σ 上,即 $F(x_0,$

$y_0,z_0)=0$，又设函数 $F(x,y,z)$ 对各个自变量的一阶偏导数在 $M_0(x_0,y_0,z_0)$ 处连续且不同时为零，Γ 是曲面 Σ 上的过点 M_0 的任一曲线，其参数方程是

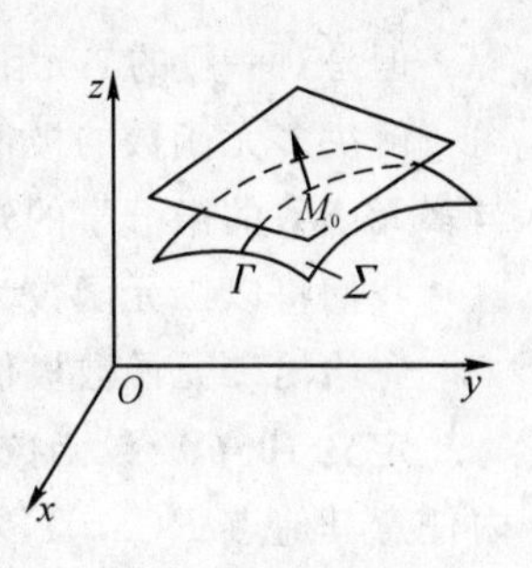

图 10-14

$$x=x(t),y=y(t),z=z(t),$$

满足 $x_0=x(t_0),y_0=y(t_0),z_0=z(t_0)$，并设导数 $x'(t_0),y'(t_0)$，$z'(t_0)$ 均存在. 由于曲线 Γ 整个落在曲面 Σ 上，因而

$$F(x(t),y(t),z(t))\equiv 0.$$

利用复合函数求导法则，上式两边关于 t 求导(并将 $t=t_0$ 代入)，得

$$F'_x(x_0,y_0,z_0)x'(t_0)+F'_y(x_0,y_0,z_0)y'(t_0)+F'_z(x_0,y_0,z_0)z'(t_0)=0, \tag{10.19}$$

由于$\{x'(t_0),y'(t_0),z'(t_0)\}$ 是曲线 Γ 在 M_0 处的切向量，而

$$\{F'_x(x_0,y_0,z_0),F'_y(x_0,y_0,z_0),F'_z(x_0,y_0,z_0)\}$$

是常向量，因此由式(10.19) 可知，曲面 Σ 上任意通过点 M_0 的曲线 Γ 在点 M_0 处的切线均在同一平面内，这个平面称为曲面在点 M_0 处的**切平面**，向量

$$\{F'_x(x_0,y_0,z_0),F'_y(x_0,y_0,z_0),F'_z(x_0,y_0,z_0)\}$$

就是该切平面的法向量，切平面的方程为

$$F'_x(x_0,y_0,z_0)(x-x_0)+F'_y(x_0,y_0,z_0)(y-y_0)+F'_z(x_0,y_0,z_0)(z-z_0)=0.$$

通过点 M_0 且垂直于此切平面的直线称为曲面在点 M_0 处的**法线**，其方程是

$$\frac{x-x_0}{F'_x(x_0,y_0,z_0)}=\frac{y-y_0}{F'_y(x_0,y_0,z_0)}=\frac{z-z_0}{F'_z(x_0,y_0,z_0)}.$$

【例 3】 求曲面 $e^z-z+xy=5$ 在点(2,2,0) 处切平面方程与法线方程.

解 记 $F(x,y,z)=e^z-z+xy-5$，则 $F'_x=y,F'_y=x,F'_z=e^z-1$，于是曲面在点(2,2,0) 处的法向量为$\{2,2,0\}$，从而切平面方程为

$$2(x-2)+2(y-2)+0(z-0)=0,$$

即

$$x+y-4=0.$$

而法线方程为

$$\frac{x-2}{2}=\frac{y-2}{2}=\frac{z}{0}.$$

第七节　多元函数的极值及应用

一、多元函数的极值

由于二元函数

$$z=x^2+y^2$$

所表示的曲面是以(0,0,0) 为最低点且开口向上的旋转抛物面，因此容易知道该函数在点(0,0) 处取得的值最小.

同样，二元函数

$$z=-\sqrt{x^2+y^2}$$

所表示的曲面是以(0,0,0) 为最高点且开口向下的旋转锥面，易知它在(0,0) 处取得最大值.

但是对一般的二元函数 $z=f(x,y)$,我们如何求得它的极值点与极值、最值点与最值呢?

解决多元函数的极值问题类似于解决一元函数的极值问题,我们所依赖的工具是一元与多元函数的微分学的知识.

我们将以二元函数为主来讨论有关的极值问题,相应的结论可推广到更多元的情形.

先给出二元函数极值的定义.

定义 10.6 设函数 $z=f(x,y)$ 在点 $P_0(x_0,y_0)$ 的某个邻域内有定义,若对于该邻域内任意其他点 $P(x,y)$,均成立

$$f(x,y)\leqslant f(x_0,y_0)\ (\text{或 } f(x,y)\geqslant f(x_0,y_0)),$$

则称 $f(x_0,y_0)$ 为函数 $z=f(x,y)$ 的一个极大值(或极小值),而点 $P_0(x_0,y_0)$ 就称为该函数的**极大值点**(或**极小值点**). 极大值与极小值统称为**极值**,极大值点与极小值点统称为**极值点**.

由这个定义知,函数 $z=xy$ 在原点(0,0) 处不可能取得极值,因为在(0,0) 处,$z=xy$ 取值为 0,但在(0,0) 的任何邻域内,$z=xy$ 既可以取到正值,也可以取到负值.

现在假设 $z=f(x,y)$ 在点 $P_0(x_0,y_0)$ 的某邻域内对 x 与 y 的偏导数均存在,并假设 $z=f(x,y)$ 在 $P_0(x_0,y_0)$ 处取得极大值. 固定 $y=y_0$,则一元函数 $f(x,y_0)$ 就在 x_0 处取到极大值,由一元函数极值存在的必要条件知

$$\frac{\mathrm{d}}{\mathrm{d}x}(f(x,y_0))\Big|_{x=x_0}=0,$$

而

$$\frac{\mathrm{d}}{\mathrm{d}x}(f(x,y_0))\Big|_{x=x_0}=f'_x(x_0,y_0),$$

故有

$$f'_x(x_0,y_0)=0.$$

同理有

$$f'_y(x_0,y_0)=0.$$

类似地,如果 $z=f(x,y)$ 在点 $P_0(x_0,y_0)$ 的某邻域内对 x 与 y 的偏导数均存在,并且 $z=f(x,y)$ 在 $P_0(x_0,y_0)$ 处取得极小值,则 $f'_x(x_0,y_0)=0$,$f'_y(x_0,y_0)=0$ 依然成立.

从而我们得到二元函数极值存在的一个必要条件.

定理 10.7 (极值的必要条件) 如果 $z=f(x,y)$ 在点 $P_0(x_0,y_0)$ 的某邻域里对 x 与 y 的偏导数均存在,并且 $z=f(x,y)$ 在 $P_0(x_0,y_0)$ 处取得极值,则

$$\begin{cases} f'_x(x_0,y_0)=0, \\ f'_y(x_0,y_0)=0. \end{cases} \tag{10.20}$$

当然,如果 $z=f(x,y)$ 在 $P_0(x_0,y_0)$ 处的偏导数不存在,$z=f(x,y)$ 还是有可能取得极值,例如前面讲到的函数 $z=f(x,y)=-\sqrt{x^2+y^2}$ 在(0,0) 处的偏导数不存在,但它依然在(0,0) 处取到极大值.

满足(10.20) 的点 $P_0(x_0,y_0)$ 称为函数 $f(x,y)$ 的**驻点**.

定理 10.7 是极值存在的必要条件,而非充分条件,即在偏导数存在的条件下,极值点必然是驻点,但驻点却不一定是极值点. 例如,(0,0) 是函数 $z=xy$ 的驻点,但它并非是此函数的极值点.

那么,如果当 $z=f(x,y)$ 在 $P_0(x_0,y_0)$ 处的偏导数存在,且 $P_0(x_0,y_0)$ 是 $z=f(x,y)$ 的驻点,又如何判别 $P_0(x_0,y_0)$ 是否是 $z=f(x,y)$ 的极值点呢?

我们有下面的充分性定理.

定理 10.8（极值的充分条件）　设 $P_0(x_0,y_0)$ 是函数 $z=f(x,y)$ 的驻点，又函数 $z=f(x,y)$ 在点 $P_0(x_0,y_0)$ 的某邻域内对 x 与 y 的一阶及二阶偏导数连续，记

$$A=f''_{xx}(x_0,y_0),B=f''_{xy}(x_0,y_0),C=f''_{yy}(x_0,y_0),$$

则

(1) 当 $AC-B^2>0$ 时，函数 $z=f(x,y)$ 在 $P_0(x_0,y_0)$ 处具有极值，且当 $A>0$ 时，取到极小值；当 $A<0$ 时，取到极大值.

(2) 当 $AC-B^2<0$ 时，函数 $z=f(x,y)$ 在 $P_0(x_0,y_0)$ 处没有极值.

(3) 当 $AC-B^2=0$ 时，函数 $z=f(x,y)$ 在 $P_0(x_0,y_0)$ 处可能有极值，也可能没有极值，需用别的方法讨论.

证略.

【例 1】　求函数 $f(x,y)=x^4+y^4-4xy+1$ 的极值.

解　由方程组

$$\begin{cases}f'_x(x,y)=4x^3-4y=0,\\ f'_y(x,y)=4y^3-4x=0,\end{cases}$$

得驻点为(0,0)，(1,1)，(−1，−1). 又

$$f''_{xx}(x,y)=12x^2,f''_{yy}(x,y)=12y^2,f''_{xy}(x,y)=-4.$$

在驻点(0,0)处，$A=0,B=-4,C=0$，因为 $AC-B^2=-16<0$，故(0,0)不是极值点.

在驻点(1,1)处，$A=12>0,B=-4,C=12$，因为 $AC-B^2=128>0$，故(1,1)是极小值点，且极小值为 $f(1,1)=-1$.

在驻点(−1，−1)处，$A=12>0,B=-4,C=12$，因为 $AC-B^2=128>0$，故(−1，−1)是极小值点，且极小值为 $f(-1,-1)=-1$.

二、多元函数的最值问题

在本章的第一节，我们已经知道有界闭区域 D 上的连续函数 $z=f(x,y)$ 一定能在其上取得最大值与最小值，那么如何来求出可偏导函数 $z=f(x,y)$ 在 D 上的最值呢？

设有界闭区域 D 由内点的全体 $\mathring{D}$ 与边界点的全体 L 组成，为简单起见，设 L 由 $L_1:y=\varphi_1(x)(a\leqslant x\leqslant b)$ 与 $L_2:y=\varphi_2(x)(a\leqslant x\leqslant b)$ 组成，如图 10-15 所示.

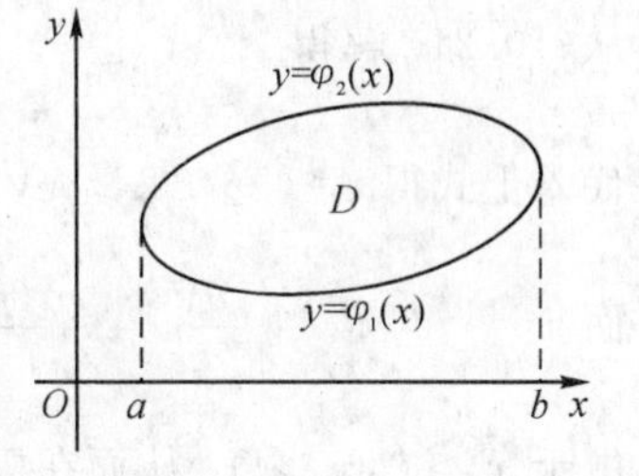

图 10-15

我们可以通过下面的步骤来求得 $z=f(x,y)$ 在 D 上的最值.

(1) 求出 $z=f(x,y)$ 在 $\mathring{D}$ 中的所有驻点，并计算出相应的值.

(2) 求出一元函数 $z=f(x,\varphi_1(x))$ 在闭区间 $[a,b]$ 上的最值.

(3) 求出一元函数 $z=f(x,\varphi_2(x))$ 在闭区间 $[a,b]$ 上的最值.

(4) 将上面三种值作比较，则最大的那个值就是 $z=f(x,y)$ 在 D 上的最大值，最小的那个值就是 $z=f(x,y)$ 在 D 上的最小值.

【例 2】　求函数 $f(x,y)=x^2-2xy+2y$ 在矩形区域 $D=\{(x,y)\,|\,0\leqslant x\leqslant 3,$

$0 \leqslant y \leqslant 2\}$ 上的最大值与最小值.

解 D 的内点全体为$\mathring{D} = \{(x,y) \mid 0 < x < 3, 0 < y < 2\}$，$D$ 的边界由 L_1, L_2, L_3, L_4 四条线段组成，如图 10-16 所示，它们分别可以表示为

$$L_1: y = 0, 0 \leqslant x \leqslant 3;\ L_2: x = 3, 0 \leqslant y \leqslant 2;$$
$$L_3: y = 2, 0 \leqslant x \leqslant 3;\ L_4: x = 0, 0 \leqslant y \leqslant 2.$$

(1) 由联立方程

$$\begin{cases} f'_x(x,y) = 2x - 2y = 0 \\ f'_y(x,y) = -2x + 2 = 0 \end{cases}$$

得 $f(x,y) = x^2 - 2xy + 2y$ 在

$$\mathring{D} = \{(x,y) \mid 0 < x < 3, 0 < y < 2\}$$

内的驻点为$(1,1)$，且 $f(1,1) = 1$.

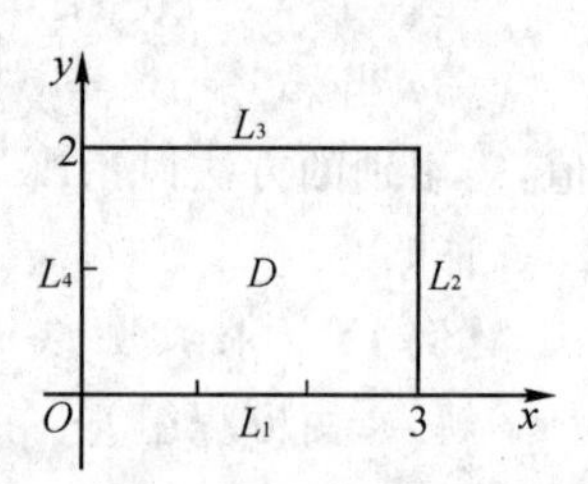

图 10-16

(2) 在 $L_1: y = 0, 0 \leqslant x \leqslant 3$ 上，$z = f(x,0) = x^2$，故它的最大值是 9，最小值是 0.

(3) 在 $L_2: x = 3, 0 \leqslant y \leqslant 2$ 上，$z = f(3,y) = 3^2 - 2 \cdot 3 \cdot y + 2y = 9 - 4y$，故它的最大值是 9，最小值是 1.

(4) 在 $L_3: y = 2, 0 \leqslant x \leqslant 3$ 上，$z = f(x,2) = x^2 - 2x \cdot 2 + 2 \cdot 2 = (x-2)^2$，故它的最大值是 4，最小值是 0.

(5) 在 $L_4: x = 0, 0 \leqslant y \leqslant 2$ 上，$z = f(0,y) = 2y$，故它的最大值是 4，最小值是 0.

综上所述，得 $z = f(x,y) = x^2 - 2xy + 2y$ 在 D 上最大值是 9，最小值是 0.

【例 3】 一个无盖的长方体的箱子由面积为 12m^2 的纸板做成，求当这个纸箱的长宽高各是多少时，这个箱子的体积最大？

解 设这个纸箱的长宽高分别为 x, y, z，则

$$2xz + 2yz + xy = 12. \tag{10.21}$$

设箱子的体积为 V，则
$$V = xyz,$$

从(10.21)解得
$$z = \frac{12 - xy}{2x + 2y},$$

代入上式得
$$V = xy \cdot \frac{12 - xy}{2x + 2y} = \frac{12xy - x^2y^2}{2(x+y)}.$$

而
$$\frac{\partial V}{\partial x} = \frac{y^2(12 - 2xy - x^2)}{2(x+y)^2}, \frac{\partial V}{\partial y} = \frac{x^2(12 - 2xy - y^2)}{2(x+y)^2}.$$

由于 $x > 0, y > 0$，从而在极值点处，要$\dfrac{\partial V}{\partial x} = 0$ 与$\dfrac{\partial V}{\partial y} = 0$，必须

$$\begin{cases} 12 - 2xy - x^2 = 0, \\ 12 - 2xy - y^2 = 0. \end{cases}$$

故得唯一驻点$(2,2)$.

由于材料面积一定，故纸箱的最大体积一定存在，现当 $x > 0, y > 0$ 时，$V = \dfrac{12xy - x^2y^2}{2(x+y)}$ 只有唯一的一个驻点，故可断定当 $x = 2, y = 2, z = 1$ 时，V 取得最大值，且最大值为 4.

注　在对实际问题的求极值过程中,往往事先知道最值一定存在,当算得 $z=f(x,y)$ 只有一个驻点时,则这个驻点往往就是最值点,相应的值就是最值.

三、条件极值问题

在上面例 3 中,我们是在条件 $2xz+2yz+xy=12$ 的限制下求三元函数 $V=xyz$ 的极值的,这里,方程 $2xz+2yz+xy=12$ 称为函数 $V=xyz$ 的限制条件.

一般情况下,求多元函数在其自变量有附加条件下的极值问题称为**条件极值问题**.

例如,求函数 $z=f(x,y)$ 在条件 $\varphi(x,y)=0$ 下的极值问题或求函数 $u=f(x,y,z)$ 在条件 $\varphi(x,y,z)=0$ 下的极值问题都是条件极值问题.

解决条件极值问题的关键是找出可能的极值点,可以用例 3 那样的方法求解,但更多的是用下面介绍的**拉格朗日乘数法**求解.

我们以求函数 $z=f(x,y)$ 在条件 $\varphi(x,y)=0$ 下的极值问题为例来介绍拉格朗日乘数法.

设从限制条件 $\varphi(x,y)=0$ 中能解出 $y=y(x)$,将它代入 $z=f(x,y)$ 得 $z=f(x,y(x))$,则求函数 $z=f(x,y)$ 在条件 $\varphi(x,y)=0$ 下的条件极值问题就转化求 $z=f(x,y(x))$ 的无条件极值问题了.

又设函数 $z=f(x,y)$ 在 (x_0,y_0) 处取得极值,则 $\varphi(x_0,y_0)=0$,即 $y_0=y(x_0)$,且意味着 $z=f(x,y(x))$ 在 x_0 处取得极值,由一元函数取得极值的必要条件得

$$\left.\frac{\mathrm{d}z}{\mathrm{d}x}\right|_{x=x_0}=0, \tag{10.22}$$

而由复合函数求导法则得

$$\left.\frac{\mathrm{d}z}{\mathrm{d}x}\right|_{x=x_0}=f'_x(x_0,y_0)+f'_y(x_0,y_0)\cdot\left.\frac{\mathrm{d}y}{\mathrm{d}x}\right|_{x=x_0}, \tag{10.23}$$

又由隐函数求导法则得

$$\left.\frac{\mathrm{d}y}{\mathrm{d}x}\right|_{x=x_0}=-\frac{\varphi'_x(x_0,y_0)}{\varphi'_y(x_0,y_0)}, \tag{10.24}$$

将(10.24)代入(10.23),并由(10.22)得

$$f'_x(x_0,y_0)+f'_y(x_0,y_0)\left(-\frac{\varphi'_x(x_0,y_0)}{\varphi'_y(x_0,y_0)}\right)=0.$$

此式可写成对称的形式

$$\frac{f'_x(x_0,y_0)}{\varphi'_x(x_0,y_0)}=\frac{f'_y(x_0,y_0)}{\varphi'_y(x_0,y_0)}, \tag{10.25}$$

这就是极值点 (x_0,y_0) 需满足的另一条件,令(10.25)等于 $-\lambda$,则(10.25)又可写为

$$\begin{cases}f'_x(x_0,y_0)+\lambda\varphi'_x(x_0,y_0)=0,\\ f'_y(x_0,y_0)+\lambda\varphi'_y(x_0,y_0)=0.\end{cases} \tag{10.26}$$

如果我们作函数

$$F(x,y,\lambda)=f(x,y)+\lambda\varphi(x,y),$$

则等式(10.26)与 $\varphi(x,y)=0$ 就相当于 $\begin{cases}F'_x(x,y,\lambda)=0,\\ F'_y(x,y,\lambda)=0,\\ F'_\lambda(x,y,\lambda)=0.\end{cases}$

一般地,用拉格朗日乘数法求函数 $z=f(x,y)$ 在条件 $\varphi(x,y)=0$ 下的极值问题可以按照下面的步骤进行:

(1) 作拉格朗日函数 $F(x,y,\lambda)=f(x,y)+\lambda\varphi(x,y)$.

(2) 联列方程组 $\begin{cases}F'_x(x,y,\lambda)=f'_x(x,y)+\lambda\varphi'_x(x,y)=0,\\ F'_y(x,y,\lambda)=f'_y(x,y)+\lambda\varphi'_{(}x,y)=0,\\ F'_\lambda(x,y,\lambda)=\varphi(x,y)=0.\end{cases}$

(3) 解这个方程组,求得驻点(x_0,y_0,λ_0),则(x_0,y_0)就是函数 $z=f(x,y)$ 在条件 $\varphi(x,y)=0$ 下的可能的极值点.

用这个步骤求条件极值的方法称为**拉格朗日乘数法**,式 $F(x,y,\lambda)=f(x,y)+\lambda\varphi(x,y)$ 中的 λ 称为**拉格朗日乘数**.

对于一般的多元函数的条件极值问题,也有相应的拉格朗日乘数法.

比如求函数 $u=f(x,y,z)$ 在约束条件 $\varphi(x,y,z)=0$ 与 $\psi(x,y,z)=0$ 的可能极值点,可按如下的步骤进行.

1. 作拉格朗日函数

$$F(x,y,z,\lambda)=f(x,y,z)+\lambda\varphi(x,y,z)+\mu\psi(x,y,z).$$

2. 建立联立方程组

$$\begin{cases}F'_x(x,y,z,\lambda)=f'_x(x,y,z)+\lambda\varphi'_x(x,y,z)+\mu\psi'_x(x,y,z)=0,\\ F'_y(x,y,z,\lambda)=f'_y(x,y,z)+\lambda\varphi'_y(x,y,z)+\mu\psi'_y(x,y,z)=0,\\ F'_z(x,y,z,\lambda)=f'_z(x,y,z)+\lambda\varphi'_z(x,y,z)+\mu\psi'_z(x,y,z)=0,\\ \varphi(x,y,z)=0,\\ \psi(x,y,y)=0.\end{cases}$$

3. 解此方程组,求出驻点(x,y,z,λ,μ),则点(x,y,z)就是可能的极值点.

【例 4】 求函数 $z=f(x,y)=x^2+2y^2$ 在条件 $x^2+y^2=1$ 下的极值.

解 作拉格朗日函数

$$F(x,y,\lambda)=x^2+2y^2+\lambda(x^2+y^2-1).$$

求 $F(x,y,\lambda)$ 关于 x,y,λ 的一阶偏导数,并令其等于零,得

$$\begin{cases}2x+\lambda 2x=0,\\ 4y+\lambda 2y=0,\\ x^2+y^2-1=0.\end{cases}$$

解此联立方程组,得驻点$(0,1,-2)$,$(0,-1,-2)$,$(1,0,-1)$,$(-1,0,-1)$,故可能的极值点是$(0,1)$,$(0,-1)$,$(1,0)$,$(-1,0)$.

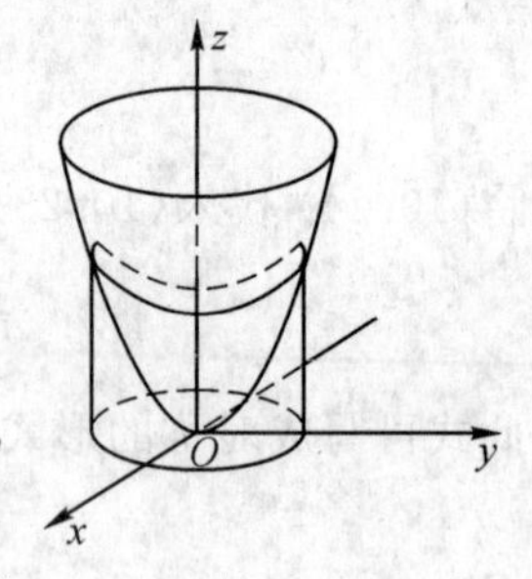

图 10-17

由于函数 $z=f(x,y)=x^2+2y^2$ 在条件 $x^2+y^2=1$ 下表示的曲线是椭圆抛物面与圆柱面的交线,从图 10-17 上不难看出,点$(0,1)$,$(0,-1)$是极大值点,且极大值都是

$$f(0,1)=f(0,-1)=2,$$

而$(1,0)$,$(-1,0)$都是极小值点,且极小值都是

$$f(1,0)=f(-1,0)=1.$$

【例 5】 求平面 $2x+y-z-5=0$ 上一点 $P(x,y,z)$,使它到原点 O 的距离最短.

解 点 $P(x,y,z)$ 到原点 O 的距离为

$$|OP|=\sqrt{x^2+y^2+z^2},$$

故所求最短距离问题即求函数 $f(x,y,z)=\sqrt{x^2+y^2+z^2}$ 在条件 $2x+y-z-5=0$ 下的极值问题. 由于 $\sqrt{x^2+y^2+z^2}$ 与 $x^2+y^2+z^2$ 同时取得极值,故我们只需考虑求函数

$$g(x,y,z)=x^2+y^2+z^2$$

在条件 $2x+y-z-5=0$ 下的极值就可以了.

作拉格朗日函数

$$F(x,y,z,\lambda)=x^2+y^2+z^2+\lambda(2x+y-z-5).$$

求 $F(x,y,z,\lambda)$ 关于 x,y,z,λ 的一阶偏导数,并使其等于零,得方程组

$$\begin{cases}2x+2\lambda=0,\\2y+\lambda=0,\\2z-\lambda=0,\\2x+y-z-5=0.\end{cases}$$

解此方程组得驻点 $P_0\left(\frac{5}{3},\frac{5}{6},-\frac{5}{6}\right)$,由于平面 $2x+y-z-5=0$ 上一定存在点,其到原点的距离为最短,现 $P_0\left(\frac{5}{3},\frac{5}{6},-\frac{5}{6}\right)$ 是唯一的驻点,故 $P_0\left(\frac{5}{3},\frac{5}{6},-\frac{5}{6}\right)$ 就是所求之点,且此时最短距离为

$$|OP_0|=\frac{5\sqrt{6}}{6}.$$

第八节　方向导数与梯度

三元函数 $u=f(x,y,z)$ 的三个偏导数 $f'_x(x,y,z),f'_y(x,y,z),f'_z(x,y,z)$ 表示了函数 $f(x,y,z)$ 在 $P(x,y,z)$ 处沿 x 方向、y 方向与 z 方向上的变化率,即沿单位向量 $\boldsymbol{i},\boldsymbol{j},\boldsymbol{k}$ 的变化率,现在我们的目标是研究 $f(x,y,z)$ 沿任意方向的变化率.

定义 10.7　设三元函数 $u=f(x,y,z)$ 定义在空间开区域 Ω 上,$P(x,y,z)\in\Omega$,$\boldsymbol{l}=\cos\alpha\boldsymbol{i}+\cos\beta\boldsymbol{j}+\cos\gamma\boldsymbol{k}$ 是某一方向,如果极限

$$\lim_{t\to0}\frac{f(x+t\cos\alpha,y+t\cos\beta,z+t\cos\gamma)-f(x,y,z)}{t}$$

存在,则称此极限为 $u=f(x,y,z)$ 在 $P(x,y,z)$ 处沿 $\boldsymbol{l}$ 方向的**方向导数**,记作 $\left.\frac{\partial u}{\partial \boldsymbol{l}}\right|_p$.

如果 $u=f(x,y,z)$ 的三个偏导数均存在,令 $\boldsymbol{l}=\boldsymbol{i}$,则

$$\left.\frac{\partial u}{\partial \boldsymbol{l}}\right|_p=\lim_{t\to0}\frac{f(x+t,y,z)-f(x,y,z)}{t}=f'_x(x,y,z).$$

类似地,如果令 $\boldsymbol{l}=\boldsymbol{j}$,则

$$\left.\frac{\partial u}{\partial \boldsymbol{l}}\right|_p=f'_y(x,y,z).$$

如果令 $\boldsymbol{l}=\boldsymbol{k}$,则　$\left.\frac{\partial u}{\partial \boldsymbol{l}}\right|_p=f'_z(x,y,z).$

因此,方向导数是偏导数的推广,偏导数是特定方向的方向导数.

当 $u=f(x,y,z)$ 的三个偏导数均存在且连续时,我们也可以用 f'_x,f'_y,f'_z 来表示

$f(x,y,z)$ 沿任意方向的方向导数. 事实上，设 $\boldsymbol{l}=\cos\alpha\boldsymbol{i}+\cos\beta\boldsymbol{j}+\cos\gamma\boldsymbol{k}$ 是任意单位向量. 则由与(10.14)类似的全增量公式

$$\begin{aligned}&f(x+t\cos\alpha,y+t\cos\beta,z+t\cos\gamma)-f(x,y,z)\\&=f'_x(x,y,z)t\cos\alpha+f'_y(x,y,z)t\cos\beta+f'_z(x,y,z)t\cos\gamma+o(\rho),\end{aligned}$$

其中 $\rho=\sqrt{t^2\cos^2\alpha+t^2\cos^2\beta+t^2\cos^2\gamma}=|t|$，得

$$\begin{aligned}&\frac{f(x+t\cos\alpha,y+t\cos\beta,z+t\cos\gamma)-f(x,y,z)}{t}\\&=f'_x(x,y,z)\cos\alpha+f'_y(x,y,z)\cos\beta+f'_z(x,y,z)\cos\gamma+\frac{o(\rho)}{t}.\end{aligned}$$

因为
$$\lim_{t\to0}\frac{o(\rho)}{t}=\lim_{t\to0}\frac{o(\rho)}{|t|}\cdot\frac{|t|}{t}=0,$$

所以此时 $f(x,y,z)$ 在 $P(x,y,z)$ 处沿 $\boldsymbol{l}$ 的方向导数存在，且

$$\frac{\partial u}{\partial \boldsymbol{l}}=f'_x(x,y,z)\cos\alpha+f'_y(x,y,z)\cos\beta+f'_z(x,y,z)\cos\gamma. \tag{10.27}$$

【例 1】 求导数 $f(x,y,z)=xy\sin z$ 在点 $\left(1,2,\frac{\pi}{2}\right)$ 处沿方向 $\boldsymbol{l}=\boldsymbol{i}+2\boldsymbol{j}+2\boldsymbol{k}$ 的方向导数.

解 因为 $\boldsymbol{l}$ 不是单位向量，因此首先将它单位化

$$\boldsymbol{l}^\circ=\frac{1}{3}\boldsymbol{i}+\frac{2}{3}\boldsymbol{j}+\frac{2}{3}\boldsymbol{k}.$$

又
$$\begin{aligned}f'_x\left(1,2,\frac{\pi}{2}\right)&=(y\sin z)\big|_{(1,2,\frac{\pi}{2})}=2,\\f'_y\left(1,2,\frac{\pi}{2}\right)&=(x\sin z)\big|_{(1,2,\frac{\pi}{2})}=1,\\f'_z\left(1,2,\frac{\pi}{2}\right)&=(xy\cos z)\big|_{(1,2,\frac{\pi}{2})}=0,\end{aligned}$$

故
$$\frac{\partial f}{\partial \boldsymbol{l}}=2\cdot\frac{1}{3}+1\cdot\frac{2}{3}+0\cdot\frac{2}{3}=\frac{4}{3}.$$

【例 2】 求导数 $f(x,y)=x^2y^3-4y$ 在点 $(2,-1)$ 处沿 $\boldsymbol{l}=3\boldsymbol{i}+4\boldsymbol{j}$ 的方向导数.

解 二元函数的方向导数公式与三元函数的方向导数公式(10.27)类似.

此时，$\boldsymbol{l}^\circ=\frac{3}{5}\boldsymbol{i}+\frac{4}{5}\boldsymbol{j}$

$$\left.\frac{\partial f}{\partial x}\right|_{(2,-1)}=2xy^3\big|_{(2,-1)}=-4,\qquad \left.\frac{\partial f}{\partial y}\right|_{(2,-1)}=(3x^2y^2-4)\big|_{(2,-1)}=8,$$

故
$$\left.\frac{\partial f}{\partial \boldsymbol{l}}\right|_{(2,-1)}=-4\times\frac{3}{5}+8\times\frac{4}{5}=4.$$

对于三元函数 $u=f(x,y,z)$ 来说，当它沿任一方向的方向导数皆存在时，我们自然会提出如下问题：它沿哪个方向会取得最大的方向导数呢？对于这个问题，我们可以用向量的点积公式意义予以说明.

$$\begin{aligned}\frac{\partial u}{\partial \boldsymbol{l}}&=f'_x(x,y,z)\cos\alpha+f'_y(x,y,z)\cos\beta+f'_z(x,y,z)\cos\gamma\\&=\{f'_x(x,y,z),f'_y(x,y,z),f'_z(x,y,z)\}\cdot\{\cos\alpha,\cos\beta,\cos\gamma\}\\&=\left|\{f'_x(x,y,z),f'_y(x,y,z),f'_z(x,y,z)\}\right|\left|\boldsymbol{t}^\circ\right|\cos\theta\end{aligned}$$

$$= \left|\{f'_x(x,y,z), f'_y(x,y,z), f'_z(x,y,z)\}\right| \cos\theta.$$

θ 是 $\boldsymbol{l}$ 与向量 $\{f'_x(x,y,z), f'_y(x,y,z), f'_z(x,y,z)\}$ 间的夹角，显然当 $\cos\theta = 1$，即 $\theta = 0^\circ$ 时，$\dfrac{\partial u}{\partial \boldsymbol{l}}$ 取得最大值；$\cos\theta = -1$，即 $\theta = 180^\circ$ 时，$\dfrac{\partial u}{\partial \boldsymbol{l}}$ 取得最小值.

由于 $\dfrac{\partial u}{\partial \boldsymbol{l}}$ 沿向量 $\{f'_x(x,y,z), f'_y(x,y,z), f'_z(x,y,z)\}$ 可取得最大的方向导数. 因此我们有理由给予有特殊意义的方向 $\{f'_x(x,y,z), f'_y(x,y,z), f'_z(x,y,z)\}$ 一个名称，称方向 $\{f'_x(x,y,z), f'_y(x,y,z), f'_z(x,y,z)\}$ 为 $u = f(x,y,z)$ 在 $P(x,y,z)$ 处的**梯度**，记作 $\mathrm{grad}u\big|_P$，即

$$\mathrm{grad}u\big|_{P(x,y,z)} = f'_x(x,y,z)\boldsymbol{i} + f'_y(x,y,z)\boldsymbol{j} + f'_z(x,y,z)\boldsymbol{k}.$$

显然，$u = f(x,y,z)$ 沿梯度方向的方向导数为

$$\sqrt{(f'_x(x,y,z))^2 + (f'_y(x,y,z))^2 + (f'_z(x,y,z))^2} = \left|\mathrm{grad}u\Big|_{P(x,y,z)}\right|.$$

注 方向导数是一个数量，而梯度是一个向量，不是数量.

【例 3】 设 $f(x,y,z) = xy^2 + yz^2$，求 $f(x,y,z)$ 在点 $P_0(2,-1,1)$ 处的梯度及它在梯度方向的方向导数.

解

$$\frac{\partial f}{\partial x}\bigg|_{(2,-1,1)} = y^2\big|_{(2,-1,1)} = 1,$$

$$\frac{\partial f}{\partial y}\bigg|_{(2,-1,1)} = (2xy + z^2)\big|_{(2,-1,1)} = -3,$$

$$\frac{\partial f}{\partial z}\bigg|_{(2,-1,1)} = 2yz\big|_{(2,-1,1)} = -2,$$

故

$$\mathrm{grad}f\big|_{(2,-1,1)} = \boldsymbol{i} - 3\boldsymbol{j} - 2\boldsymbol{k}.$$

此时，它在梯度方向的方向导数为 $\sqrt{1^2 + (-3)^2 + (-2)^2} = \sqrt{14}$，这是 $f(x,y,z)$ 在 $P_0(2,-1,1)$ 处的最大的方向导数.

引入符号：$\nabla = \dfrac{\partial}{\partial x}\boldsymbol{i} + \dfrac{\partial}{\partial y}\boldsymbol{j} + \dfrac{\partial}{\partial z}\boldsymbol{k}$，且 ∇f 定义为

$$\frac{\partial f}{\partial x}\boldsymbol{i} + \frac{\partial f}{\partial y}\boldsymbol{j} + \frac{\partial f}{\partial z}\boldsymbol{k},$$

则 $f(x,y,z)$ 的梯度又可简记为

$$\mathrm{grad}f = \nabla f.$$

梯度运算的若干性质叙述如下：

(1) 若 f, g 为可微数量函数，则

$$\nabla(f \pm g) = \nabla f \pm \nabla g.$$

(2)
$$\nabla(fg) = \nabla f \cdot g + f \cdot \nabla g.$$

(3) 若 $f(u)$ 为可微函数，且 $u = u(x,y,z)$ 为可微函数，则 $\nabla f(u) = f'(u)\nabla u$.

(4) 若 $f(u,v)$ 可微，且 $u = u(x,y,z)$，$v = v(x,y,z)$ 均为可微函数，则

$$\nabla f = \frac{\partial f}{\partial u}\nabla u + \frac{\partial f}{\partial v}\nabla v.$$

这些性质皆可由 ∇f 的定义直接验证，此处从略.

当 $f(x,y,z)$ 是一个数量函数时，由 $f(x,y,z)$ 可产生出一个向量函数 $\mathrm{grad}f = \dfrac{\partial f}{\partial x}\boldsymbol{i} +$

$\frac{\partial f}{\partial y}\boldsymbol{j} + \frac{\partial f}{\partial z}\boldsymbol{k}$，称此向量函数为数量场 $f(x,y,z)$ 产生的梯度场.

阅读

洛必达(L'Hospital, Guillaume Francis Antoine de, 1661—1704)，法国数学家

洛必达出生于法国贵族家庭，青年时代曾当过骑兵军官，后因视力问题而退役，转而从事学术研究。洛必达很早就显示出数学才华，15岁时就解决了帕斯卡提出的摆线难题，后来又成功地解答过约翰·伯努利提出的"最速降线"问题。

洛必达最大的功绩是撰写了世界上第一本系统的微积分教程——《用于理解曲线的无穷小的分析》。在该书中，洛必达叙述了求分子分母同趋于零的分式极限的法则，即著名的"洛必达法则"。

洛必达是法国科学院院士，他交友广泛，与当时欧洲各国成名数学家都有来往，成为传播微积分的著名人物。

洛必达1704年卒于巴黎。

习题十

基本题

第一节习题

1. 求下列二元函数的定义域，并在平面直角坐标系中画出定义域的图形.

(1) $z = \sqrt{y - x^2}$；　(2) $z = \frac{1}{xy}$；

(3) $z = \sin xy$；　(4) $z = \frac{\sqrt{x^2 + y^2 - 4}}{x^2 + (y-3)^2}$.

2. 设 $F(x,y) = x^2 y$，求 $F(t\cos t, \sec^2 t)$.

3. 设 $g(x,y,z) = \sqrt{x\cos y} + z^2$，求：

(1) $g(4,0,2)$；　(2) $g(2,1,3)$；　(3) $g(t^2, 0, \sin t)$.

4. 求下列二元函数的极限.

(1) $\lim\limits_{(x,y)\to(0,4)} \frac{x}{\sqrt{y}}$；　(2) $\lim\limits_{\substack{x\to 0\\ y\to 0}} (x^2 + y^2)\sin\frac{1}{x^2 + y^2}$.

5. 证明极限 $\lim\limits_{\substack{x\to 0\\ y\to 0}} \frac{x^2 - y^2}{x^2 + y^2}$ 不存在.

6. 指出下列函数在何处间断：

(1) $f(x,y) = \frac{x+y}{\ln(x^2 + y^2)}$；　(2) $f(x,y) = \frac{1}{x^2 - y}$.

第二节习题

7. 求下列函数关于各个自变量的偏导数.

(1)$f(x,y)=2x^2-3y-4$；　(2)$f(x,y)=\dfrac{x}{x^2+y^2}$；

(3)$f(x,y)=\arctan\dfrac{y}{x}$；　(4)$f(x,y)=\arcsin(y\sqrt{x})$；

(5)$f(x,y)=\sqrt{x}\sin(xy)$；　(6)$f(x,y)=y^x+x^y$.

8. 设 $z=(1+x+y)^x$，求 $z'_x(1,1)$，$z'_y(1,1)$.

9. 设 $u=\sin\dfrac{x}{y}\cos\dfrac{y}{z}$，求 $u'_x\Big|_{(1,2,3)}$，$u'_z\Big|_{(1,2,3)}$.

10. 设 $u=\ln(1+x+y^2+z^2)$，在点(1,1,1)处，求 $u'_x+u'_y+u'_z$.

11. 设 $z=\mathrm{e}^{\frac{x}{y^2}}$，求证 $2x\dfrac{\partial z}{\partial x}+y\dfrac{\partial z}{\partial y}=0$.

12. 求下列函数的所有二阶偏导数.

(1)$z=1+x^2+y^2$；　(2)$z=\ln x+\arctan(y^2+1)$，

(3)$z=\dfrac{1}{x+y}$；　(4)$u=xy+yz+zx$.

13. 设 $z=\arcsin(xy)$，求 $\dfrac{\partial^2 z}{\partial x^2}\Big|_{(0,\frac{1}{2})}$，$\dfrac{\partial^2 z}{\partial x\partial y}\Big|_{(0,\frac{1}{2})}$.

第三节习题

14. 求下列复合函数的偏导数(或全导数).

(1) 设 $z=\sin(xy)$，$x=s^2t$，$y=st^2$，求 $\dfrac{\partial z}{\partial s}$，$\dfrac{\partial z}{\partial t}$；

(2) 设 $z=\operatorname{arccot}\dfrac{u}{v}$，$u=s\cos t$，$v=s\sin t$，求 $\dfrac{\partial z}{\partial s}$，$\dfrac{\partial z}{\partial t}$；

(3) 设 $z=\ln(1+x^2+y^2)$，$x=\mathrm{e}^{2t}$，$y=\sin t$，求 $\dfrac{\mathrm{d}z}{\mathrm{d}t}$；

(4) 设 $u=\sin(x^2+y^2+z^2)$，$x=st$，$y=s^2$，$z=s+t$，求 $\dfrac{\partial u}{\partial s}$，$\dfrac{\partial u}{\partial t}$.

15. 验证函数 $u=\varphi(x-at)+\varphi(x+at)$ 满足波动方程 $\dfrac{\partial^2 u}{\partial t^2}=a^2\dfrac{\partial^2 u}{\partial x^2}$.

16. 求下列函数的一阶偏导数(其中 f 与 φ 都有连续的一阶偏导数).

(1)$z=f(x+y,xy)$；　(2)$z=f(\ln xy,\sin(x+y))$；

(3)$u=f(x,xy,xyz)$；　(4)$u=\varphi(x^2+y^2+xyz)$.

17. 设 $u=(x^2+y^2)^{xy}$，用复合函数求导法则求 $\dfrac{\partial u}{\partial x}$，$\dfrac{\partial u}{\partial y}$.

18. 设 $z=xf\left(\dfrac{y}{x}\right)+(x-1)y\ln x$(其中 f 为二阶可微函数)，求证：

$$x^2\frac{\partial^2 z}{\partial x^2}-y^2\frac{\partial^2 z}{\partial y^2}=(x+1)y.$$

第四节习题

19. 求下列隐函数的导数或偏导数.

(1)$\sin y+\mathrm{e}^x-xy^2=0$，求$\frac{\mathrm{d}y}{\mathrm{d}x}$；

(2)$xy+\ln y+\ln x=0$,求$\frac{\mathrm{d}y}{\mathrm{d}x}$；

(3)$x+2y+3z-2\sqrt{xyz}=0$,求$\frac{\partial z}{\partial x},\frac{\partial z}{\partial y}$；

(4)$\mathrm{e}^z-xyz=0$,求$\frac{\partial z}{\partial x},\frac{\partial z}{\partial y},\frac{\partial^2 z}{\partial x^2},\frac{\partial^2 z}{\partial x\partial y}$.

20. 设 $x^2+y^2+z^2=4$,求$\left.\frac{\partial z}{\partial x}\right|_{(1,1,\sqrt{2})},\left.\frac{\partial z}{\partial y}\right|_{(1,1,\sqrt{2})}$.

第五节习题

21. 求下列函数的全微分.

(1)$z=\frac{x}{y}$；　　(2)$z=\sin(ax+by)$(a,b 是常数)；

(3)$z=\arctan(xy)$；

22. 设 $f(x,y)=x^y$,求 $\left.\mathrm{d}f\right|_{(1,1)}$.

23. 设 $f(x,y,z)=\left(\frac{x}{y}\right)^z$,求 $\left.\mathrm{d}f\right|_{(1,1,1)}$.

24. 计算 $\ln(\sqrt[3]{1.03}+\sqrt[4]{0.98}-1)$ 的近似值.

25. 计算 $\sin 29^\circ\tan 46^\circ$ 的近似值.

26. 某单位准备用水泥做一个开顶长方形水池，它的外形尺寸为长 5 米，宽 4 米，高 3 米，又它的四壁及底的厚度为 10 厘米，求需用多少立方米水泥(取近似值)？

27. 设 $z=f(x,y)=2x^3+xy-y^3$，计算 $\left.\mathrm{d}z\right|_{(2,1)}$ 与 $\Delta z=f(2.03,0.98)-f(2,1)$.

第六节习题

28. 求下列曲线在指定点处的切线方程和法平面方程.

(1)$\begin{cases}x=R\cos^2 t,\\ y=R\sin t\cos t,\\ z=R\sin t\end{cases}$在 $t=\frac{\pi}{4}$ 处，　　(2)$\begin{cases}x=y^2,\\ z=x^2\end{cases}$在点 $M(1,-1,1)$ 处.

(3)$\begin{cases}y=x^2,\\ z=x^2+y^2\end{cases}$在点 $M(1,1,2)$ 处.

29. 求下列曲面在指定点处的切平面方程和法线方程.

(1)$z=\arctan\frac{y}{x}$ 在点 $M(1,1,\frac{\pi}{4})$ 处；

(2)$ax^2+by^2+cz^2=1$ 在点 $M(x_0,y_0,z_0)$ 处；

(3)$z = x^2 + y^2$ 在点 $M(1,2,5)$ 处；

(4)$e^z - z + xy = 3$ 在点 $M(2,1,0)$ 处.

30. 求曲面 $x^2 + 2y^2 + z^2 = 1$ 上平行于平面 $x - y + 2z = 0$ 的切平面方程.

第七节习题

31. 求下列函数的极值.

(1)$z = x^2 + y^2 - 4y + 8$；

(2)$z = x^2 - xy + y^2 + 9x - 6y + 20$；

(3)$z = x^3 + 4x^2 + 2xy - y^2$；

(4)$z = e^{2x}(x + y^2 + 2y)$.

32. 求函数 $f(x,y) = 3x + 4y$ 在闭区域 $x^2 + y^2 \leqslant 1$ 内的最值.

33. 求函数 $z = x^2 + y^2$ 在条件 $\frac{x}{a} + \frac{y}{b} = 1$ 下的极值.

34. 在半径为 R 的半球内求一个体积为最大的内接长方体.

35. 某厂为促销产品需作两种手段的广告宣传，当广告费分别为 x,y 时，销售量 $Q = \frac{200x}{x+5} + \frac{100y}{y+10}$，若销售产品所得利润 $L = \frac{1}{5}Q - (x + y)$，两种手段的广告费共 25 千元，问如何分配两种手段的广告费才能使利润最大？

第八节习题

36. 求下列函数在指定的点与方向上的方向导数.

(1)$u = 2xe^y$ 在 P 点沿着 $\overrightarrow{PQ}$ 方向，其中 $P = (1,0)$，$Q = (2,-1)$.

(2)$u = \ln(x + y)$ 在抛物线 $y^2 = 4x$ 上点 $(1,2)$ 处，沿着这抛物线在该点的切线方向.

(3)$u = xyz$ 在点 P 沿着 $\overrightarrow{PQ}$ 方向，其中 $P = (5,1,2)$，$Q = (9,4,14)$.

(4)$u = x + y + z$ 在球面 $x^2 + y^2 + z^2 = 1$ 上的点 $\left(\frac{\sqrt{3}}{3},\frac{\sqrt{3}}{3},\frac{\sqrt{3}}{3}\right)$ 沿着该点的外法线方向.

(5)$u = xy^2 + z^3 - xyz$，在点 $P(1,2,1)$ 沿着方向角分别为 $\frac{\pi}{3},\frac{\pi}{4},\frac{\pi}{3}$ 的方向.

37. 试问函数 $u = xy^2z$ 在点 $P(1,-1,2)$ 处沿着什么方向的方向导数最大？并求此方向导数的最大值.

38. 求下列函数在指定点的梯度.

(1)$u = \frac{1}{x^2 + y^2}$ 在点 $P(1,0)$；　　(2)$u = xy^2z^3$ 在点 $M(1,1,1)$；

(3)$u = x^2 + y^2 + z^3$ 在点 $(1,-1,2)$.

39. 求函数 $u = \ln(x^2 + y^2 + z^2)$ 在点 $P(1,2,-2)$ 处的梯度，并问函数 $u = \ln(x^2 + y^2 + z^2)$ 在该点处沿着什么方向的方向导数(1) 达最大值；(2) 达最小值；(3) 等于零.

40. 记 $\nabla = \frac{\partial}{\partial x}\boldsymbol{i} + \frac{\partial}{\partial y}\boldsymbol{j} + \frac{\partial}{\partial z}\boldsymbol{k}$，$\mathrm{grad}u = \nabla u$. 设 f,g 都是 x,y,z 的可微函数，证明：

(1)$\mathrm{grad}(f \pm g) = \mathrm{grad}f \pm \mathrm{grad}g$，或 $\nabla(f \pm g) = \nabla f \pm \nabla g$；

(2)$\mathrm{grad}fg = g \cdot \mathrm{grad}f + f \cdot \mathrm{grad}g$，或 $\nabla fg = g\nabla f + f\nabla g$；

(3) 若 $f(u)$ 为可微函数，$U=u(x,y,z)$ 偏导数存在且连续，则

$$\mathrm{grad}f(u)=f'(u)\nabla u;$$

(4) 若 $f(u,v)$ 为可微函数，且 $u=u(x,y,z)$，$v=v(x,y,z)$，偏导数存在且连续，则

$$\nabla f=\frac{\partial f}{\partial u}\nabla u+\frac{\partial f}{\partial v}\nabla v.$$

自测题

一、单项选择

1. 设二元函数 $f(x,y)=\dfrac{xy}{x^2+y^2}$，则 $f\left(\dfrac{y}{x},1\right)=($　　$)$.

A. $\dfrac{xy}{x^2+y^2}$　　B. $\dfrac{x^2+y^2}{xy}$　　C. $\dfrac{x}{x^2+1}$　　D. $\dfrac{x^2}{1+x^4}$

2. 二元函数 $z=\arcsin(1-y)+\ln(x-y)$ 的定义域为(　　).

A. $|1-y|\leqslant 1$ 且 $x-y>0$　　B. $|1-y|<1$ 且 $x-y>0$

C. $|1-y|\leqslant 1$ 且 $x-y\geqslant 0$　　D. $|1-y|<1$ 且 $x-y\geqslant 0$

3. 若 $f'_x(x_0,y_0)$，$f'_y(x_0,y_0)$ 存在，则 $f(x,y)$ 在点 (x_0,y_0) 处(　　).

A. 一定可微　　B. 一定连续

C. 一定不可微　　D. 一定有定义

4. 二元函数 $z=f(x,y)$ 在 (x_0,y_0) 处满足关系(　　).

A. 可微 $\Leftrightarrow$ 可导 $\Rightarrow$ 连续　　B. 可微 $\Rightarrow$ 可导 $\Rightarrow$ 连续

C. 可微 $\Rightarrow$ 可导，可微 $\Rightarrow$ 连续　　D. 可导 $\Rightarrow$ 连续，反之不真

5. 设 $f(x,y)=\ln\left(x+\dfrac{y}{2x}\right)$，则 $f'_y(1,0)=($　　$)$.

A. 1　　B. $\dfrac{1}{2}$　　C. 2　　D. 0

6. 设 $z=f^2(xy)$，其中 f 为可微函数，则 $\dfrac{\partial z}{\partial x}=($　　$)$.

A. $2f'(xy)$　　B. $2f'(xy)y$

C. $2f'(xy)(y+xy')$　　D. $2f(xy)f'(xy)y$

二、填空题

1. 设函数 $z=f(x,y)$ 的驻点为 (x_0,y_0)，$A=f''_{xx}(x_0,y_0)$，$C=f''_{yy}(x_0,y_0)$，$B=f''_{xy}(x_0,y_0)$，则 (x_0,y_0) 为极大值点的充分条件是________.

2. 设 $u=e^{xyz}$，则 du________.

3. 设 $z=f(x,y)$ 为由方程 $2xz-2xyz+\ln(xyz)=0$ 确定的函数，则 $\dfrac{\partial z}{\partial x}$________.

三、求偏导数或全微分

1. 设 $z=\cos(x^2y)$，求 $\dfrac{\partial z}{\partial x}$.

2. 求由 $\cos^2x+\cos^2y+\cos^2z=1$ 所确定的函数 $z=z(x,y)$ 的全微分 dz.

3. 设 $z=f(x\sin y,y\sin x)$，且 $f(u,v)$ 可微，求 $\dfrac{\partial z}{\partial x}$，$\dfrac{\partial z}{\partial y}$.

4. 设 $\ln\sqrt{x^2+y^2}=\arctan\dfrac{y}{x}$ 确定 $y=y(x)$，求 $\dfrac{\mathrm{d}y}{\mathrm{d}x}$.

四、用拉格朗日乘数法证明点 (x_0, y_0, z_0) 到平面 $Ax+By+Cz+D=0$ 的距离公式为

$$d=\frac{|Ax_0+By_0+Cz_0+D|}{\sqrt{A^2+B^2+C^2}}.$$

五、求函数 $z=x^3-4x^2+2xy-y^2+3$ 的极值.

六、设 $u=\sqrt{x^2+y^2+z^2}$，证明：$\dfrac{\partial^2 u}{\partial x^2}+\dfrac{\partial^2 u}{\partial y^2}+\dfrac{\partial^2 u}{\partial z^2}=\dfrac{2}{u}$.

第十一章　二重积分

> 当代数与几何分道扬镳时，它们的进展很缓慢，应用也有限。但是，这两门学科一旦联袂而行时，它们就相互从对方吸收新鲜的活力，从而大踏步地走向各自的完美。
>
> 法国数学家　拉格朗日(1736—1813)
>
> 数学在用最不显然的方式来证明最显然的事情。
>
> 美国数学家　玻利亚(G. Polya，1885—1955)

二重积分是定积分的推广，它和定积分一样，也是一种“和式极限”. 在一元函数积分学中，定积分解决的是定义在闭区间$[a,b]$上非均匀分布的可加量的和式极限问题. 类似地，为了解决定义在平面有界闭区域D上非均匀分布的可加量的和式极限问题，需要引进定义在平面有界闭区域D上二元函数的积分. 本章将介绍二重积分的概念、性质、计算方法及一些应用.

第一节　二重积分的概念及性质

一、二重积分概念

首先看两个实际例子，然后从中抽象出二重积分的定义.

1. 曲顶柱体的体积

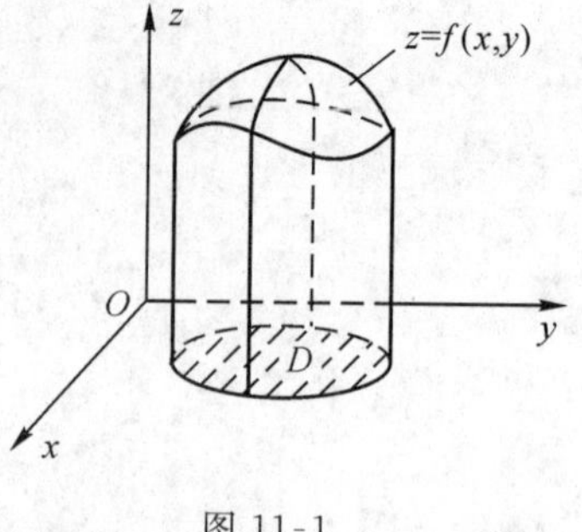

图 11-1

所谓曲顶柱体是由底面(平面)、侧面(柱面)和顶面(曲面)三个面所围成的空间区域，如图 11-1 所示. 其中，在直角坐标系中，底面是xOy平面上的有界闭区域D；侧面是以D的边界线为准线、母线平行于Oz轴的柱面；顶面是定义在区域D上的曲面$S:z=f(x,y)$，(设$f(x,y)\geqslant 0$，且在D上连续). 下面采用与求曲边梯形面积相类似的方法来确定这个曲顶柱体的体积.

由于曲顶柱体在定义域D上的每点的高度不尽相同，因此不能利用底面积乘以高来计算平顶柱体体积的方法来计算它的体积. 但体积具有可加性，故可按积分微元法的思想求解.

(1) 分割：用曲线网格将D任意分成n个彼此无公共内点的小闭区域$\Delta\sigma_1,\Delta\sigma_2,\cdots,\Delta\sigma_n$，

并以 $\Delta\sigma_i$ 的边界线为准线，作母线平行于 Oz 轴的柱面，相应地将曲顶柱体分割成 n 个小的曲顶柱体. 仍以 $\Delta\sigma_i(i=1,2,\cdots,n)$ 表示该区域的面积，称 $\Delta\sigma_i$ 上任意两点间距离的最大者为 $\Delta\sigma_i$ 的直径，记为 d_i.

(2) 近似：在 $\Delta\sigma_i$ 内任取一点 $P_i(\xi_i,\eta_i)$，由于 $\Delta\sigma_i$ 的直径 d_i 很小，以 $\Delta\sigma_i$ 为底的小曲顶柱体的高在 $\Delta\sigma_i$ 内变化也很小，可用 $f(\xi_i,\eta_i)$ 作为近似值. 相应地，小曲顶柱体的体积 ΔV_i 的近似值为 $f(\xi_i,\eta_i)\Delta\sigma_i(i=1,2,\cdots,n)$，如图 11-2 所示.

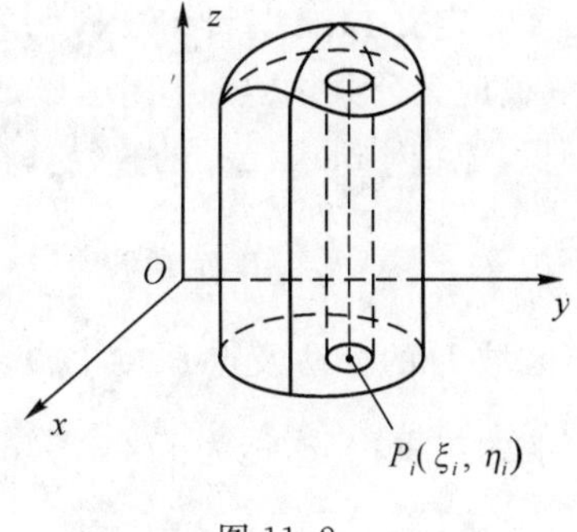

图 11-2

(3) 求和：把各个小的曲顶柱体的体积 ΔV_i 相加，得曲顶柱体体积 V 的近似值：

$$V=\sum_{i=1}^{n}\Delta V_i\approx\sum_{i=1}^{n}f(\xi_i,\eta_i)\Delta\sigma_i.$$

(4) 取极限：记 $\lambda=\max\limits_{1\leqslant i\leqslant n}\{d_i\}$，当 $\lambda\to 0$ 时和式的极限 $\lim\limits_{\lambda\to 0}\sum\limits_{i=1}^{n}f(\xi_i,\eta_i)\Delta\sigma_i$ 就是所求的该曲顶柱体的体积 V，即

$$V=\lim_{\lambda\to 0}\sum_{i=1}^{n}f(\xi_i,\eta_i)\Delta\sigma_i.$$

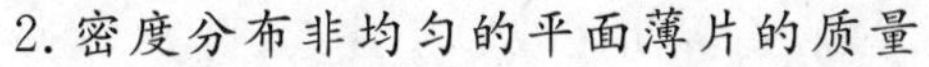

2. 密度分布非均匀的平面薄片的质量

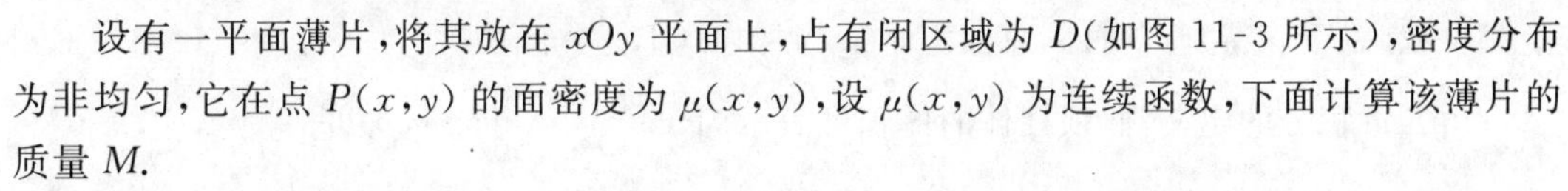

设有一平面薄片，将其放在 xOy 平面上，占有闭区域为 D(如图 11-3 所示)，密度分布为非均匀，它在点 $P(x,y)$ 的面密度为 $\mu(x,y)$，设 $\mu(x,y)$ 为连续函数，下面计算该薄片的质量 M.

由于密度分布非均匀，不能直接利用质量等于面密度乘以面积的计算公式，我们用处理曲顶柱体体积的类似方法来处理质量问题. 由于质量具有可加性，即整块平面薄片可以分割为若干个小块薄片，然后将这些小块质量相加即得平面薄片的质量.

(1) 分割：用曲线网格把区域 D 任意分成 n 个彼此无公共内点的小闭区域 $\Delta\sigma_1,\Delta\sigma_2,\cdots,\Delta\sigma_n$，仍以 $\Delta\sigma_i(i=1,2,\cdots,n)$ 表示小区域的面积，以 d_i 表示 $\Delta\sigma_i$ 的直径.

(2) 近似：由于 $\Delta\sigma_i$ 的直径 d_i 很小，$\Delta\sigma_i$ 中的各点密度变化不大，这些小块近似地看作均匀薄片. 在 $\Delta\sigma_i$ 上任取一点 $P_i(\xi_i,\eta_i)$，以该点的密度 $\mu(\xi_i,\eta_i)$ 作为 $\Delta\sigma_i$ 密度的近似值，即 $\mu(\xi_i,\eta_i)\Delta\sigma_i$ 可看作第 i 个小块的质量近似值 ΔM_i：

$$\Delta M_i\approx\mu(\xi_i,\eta_i)\Delta\sigma_i,\quad(i=1,2,\cdots,n).$$

(3) 求和：把各个小块的质量 ΔM_i 相加，得薄片的质量 M 的近似值：

$$M=\sum_{i=1}^{n}\Delta M_i\approx\sum_{i=1}^{n}\mu(\xi_i,\eta_i)\Delta\sigma_i.$$

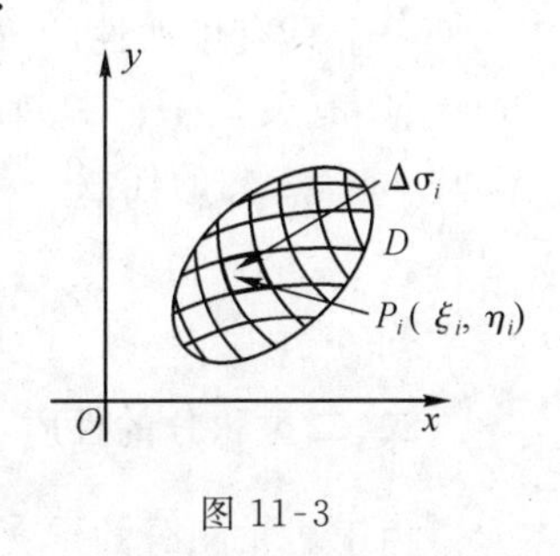

图 11-3

(4) 取极限：记 $\lambda=\max\limits_{1\leqslant i\leqslant n}\{d_i\}$，当 $\lambda\to 0$ 时和式的极限 $\lim\limits_{\lambda\to 0}\sum\limits_{i=1}^{n}\mu(\xi_i,\eta_i)\Delta\sigma_i$ 就是该薄片的质量 M，即

$$M=\lim_{\lambda\to 0}\sum_{i=1}^{n}\mu(\xi_i,\eta_i)\Delta\sigma_i.$$

上述两个问题的实际背景虽不相同，分别为几何问题和物理问题，但所求的量都归结为

同一形式的极限问题. 可归结为定义在平面有界闭区域 D 上的二元函数 $f(x,y)$ 与 $\mu(x,y)$ 的和式极限问题. 在实际问题中,有很多类似的问题都可归结为上述和式的极限,它们就是二重积分的背景. 因此我们要研究一般情况下的和式的极限,并抽象出下述二重积分的定义.

定义 11.1 设 $f(x,y)$ 是定义在平面有界闭区域 D 上的有界函数,把 D 任意分成 n 个(彼此无公共内点)小闭区域 $\Delta\sigma_1,\Delta\sigma_2,\cdots,\Delta\sigma_n$,仍以 $\Delta\sigma_i(i=1,2,\cdots,n)$ 表示该小区域的面积,记 $\lambda=\max\limits_{1\leqslant i\leqslant n}\{\Delta\sigma_i \text{ 的直径}\}$,在每个 $\Delta\sigma_i$ 上任取一点 $P_i(\xi_i,\eta_i)$,作该点的函数值与 $\Delta\sigma_i$ 的乘积 $f(\xi_i,\eta_i)\Delta\sigma_i$,并作和式 $\sum\limits_{i=1}^{n}f(\xi_i,\eta_i)\Delta\sigma_i$,当 $\lambda\to 0$ 时,若上述和式的极限存在,且此极限与区域 D 的分法及点 $P_i(\xi_i,\eta_i)$ 在 $\Delta\sigma_i$ 上的取法无关,则称此极限为函数 $f(x,y)$ 在闭区域 D 上的二重积分,记为 $\iint\limits_D f(x,y)\mathrm{d}\sigma$,即

$$\iint\limits_D f(x,y)\mathrm{d}\sigma=\lim_{\lambda\to 0}\sum_{i=1}^{n}f(\xi_i,\eta_i)\Delta\sigma_i.$$

其中,$f(x,y)$ 称为**被积函数**,$f(x,y)\mathrm{d}\sigma$ 称为**被积表达式**,$\mathrm{d}\sigma$ 称为**面积元素**,x 与 y 称为**积分变量**,D 称为**积分区域**.

上述二重积分也称为函数 $f(x,y)$ 在 D 上的黎曼积分. 当这个积分存在时,称 $f(x,y)$ 在 D 上黎曼可积,简称可积. 可以证明,若 $f(x,y)$ 在有界闭区域 D 上连续,则 $f(x,y)$ 在 D 上必可积. 以下除特别声明外,总假定 $f(x,y)$ 在 D 上是连续的.

由二重积分的定义,曲顶柱体的体积可表示为 $V=\iint\limits_D f(x,y)\mathrm{d}\sigma.$

特别地,若 $f(x,y)\equiv 1$,此时曲顶柱体的高为 1,则其体积 V 的值在数值上等于有界闭区域 D 的面积,于是 D 的面积用 σ 表示,可得

$$\sigma=\iint\limits_D 1\mathrm{d}\sigma=\iint\limits_D \mathrm{d}\sigma.$$

设平面薄片占有闭区域 D,$\mu(x,y)$ 为 D 上质量连续分布的函数密度,则该薄片的质量 M 可用二重积分表示为

$$M=\iint\limits_D \mu(x,y)\mathrm{d}\sigma.$$

仿照定积分的微元法,我们这里也简要地给出二重积分的微元法说明:

一个具有可加性的量 K(例如体积、质量等),若只与平面有界闭区域 D 及连续函数 $f(x,y)$ 有关,且 K 对应面积微元 $\mathrm{d}\sigma\subset D$ 上的分量可近似地表达成 $\mathrm{d}K=f(x,y)\mathrm{d}\sigma$,这里 (x,y) 是 $\mathrm{d}\sigma$ 内的任意一点($\mathrm{d}\sigma$ 表示面积微元),则量 K 可用二重积分表示为

$$K=\iint\limits_D f(x,y)\mathrm{d}\sigma.$$

二、二重积分的性质

由于二重积分的定义与一元函数的定积分的定义相类似,所以定积分的性质可推广到二重积分,可以证明二重积分有以下的性质,设 $f(x,y)$,$g(x,y)$ 为定义在平面有界闭区域 D 上的函数,且在 D 上可积.

性质 1　(线性性质) 设 k_1,k_2 为常数,则

$$\iint\limits_D[k_1f(x,y)+k_2g(x,y)]\mathrm{d}\sigma=k_1\iint\limits_D f(x,y)\mathrm{d}\sigma+k_2\iint\limits_D g(x,y)\mathrm{d}\sigma.$$

性质 2　(区域可加性) 设 $D_1\cup D_2=D$,且 D_1,D_2 无公共内点,则

$$\iint\limits_D f(x,y)\mathrm{d}\sigma=\iint\limits_{D_1}f(x,y)\mathrm{d}\sigma+\iint\limits_{D_2}f(x,y)\mathrm{d}\sigma.$$

性质 3　(不等式) 若在 D 上,有 $f(x,y)\geqslant 0$　则有

$$\iint\limits_D f(x,y)\mathrm{d}\sigma\geqslant 0.$$

推论 1　若在 D 上,有 $f(x,y)\leqslant g(x,y)$　则有

$$\iint\limits_D f(x,y)\mathrm{d}\sigma\leqslant\iint\limits_D g(x,y)\mathrm{d}\sigma.$$

推论 2　由于　$-|f(x,y)|\leqslant f(x,y)\leqslant|f(x,y)|$　则有

$$-\iint\limits_D|f(x,y)|\mathrm{d}\sigma\leqslant\iint\limits_D f(x,y)\mathrm{d}\sigma\leqslant\iint\limits_D|f(x,y)|\mathrm{d}\sigma,$$

即

$$\left|\iint\limits_D f(x,y)\mathrm{d}\sigma\right|\leqslant\iint\limits_D|f(x,y)|\mathrm{d}\sigma.$$

性质 4　设 M,m 分别表示函数 $f(x,y)$ 在 D 上的最大值和最小值,则

$$m\sigma\leqslant\iint\limits_D f(x,y)\mathrm{d}\sigma\leqslant M\sigma,\text{其中 }\sigma\text{ 表示区域 }D\text{ 的面积}.$$

性质 5　(中值定理) 设 $f(x,y)$ 在 D 上连续,则在 D 上至少存在一点(ξ,η),使得

$$\iint\limits_D f(x,y)\mathrm{d}\sigma=f(\xi,\eta)\sigma.$$

中值定理的几何意义是:定义在平面有界闭区域 D 上的曲顶柱体的体积等于相同底面且以底面上某点的函数值为高的平顶柱体的体积.

利用二重积分的性质,在不求出二重积分值的情况下,可比较同积分区域上两个二重积分的大小,还可根据积分区域上被积函数的最大值与最小值来估计积分值的取值范围,见以下两个例子.

【例 1】　根据积分区域 D 的特点,比较下列积分的大小.

(1) $\iint\limits_D(x+y)^2\mathrm{d}\sigma$ 与 $\iint\limits_D(x+y)^3\mathrm{d}\sigma$, $D=\{(x,y)\mid(x-2)^2+(y-1)^2\leqslant 2\}$;

(2) $\iint\limits_D(\ln(x+y))^2\mathrm{d}\sigma$ 与 $\iint\limits_D(\ln(x+y))^3\mathrm{d}\sigma$, $D=\{(x,y)\ 1\leqslant x\leqslant 2,2\leqslant y\leqslant 3\}$.

解　(1) 令两被积函数相等,得 $x+y=0$ 或 $x+y=1$,直线 $x+y=1$ 与圆周 $(x-2)^2+(y-1)^2=2$ 的交点为$(1,0)$,对区域 D 内任一点,都有 $x+y\geqslant 1$,如图 11-4 所示.

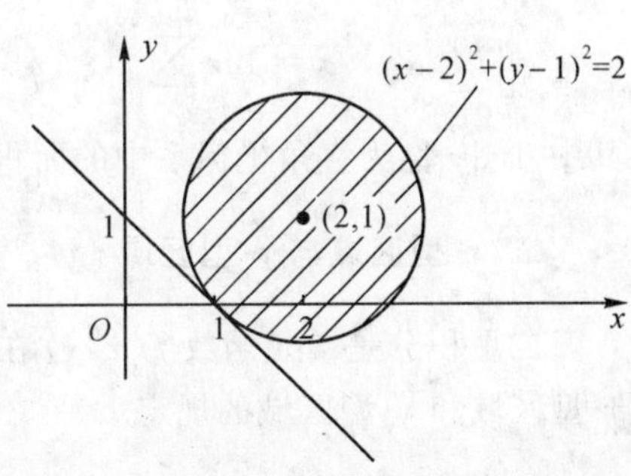

图 11-4

故　$(x+y)^2\leqslant(x+y)^3$,

因而　$$\iint\limits_D(x+y)^2\mathrm{d}\sigma\leqslant\iint\limits_D(x+y)^3\mathrm{d}\sigma.$$

(2) 由 $1 \leqslant x \leqslant 2, 2 \leqslant y \leqslant 3$ 得 $x + y \geqslant 3 > \mathrm{e}$,从而 $\ln(x+y) > 1$,则有 $(\ln(x+y))^2 < (\ln(x+y))^3$,因而$\iint\limits_D (\ln(x+y))^2 \mathrm{d}\sigma < \iint\limits_D (\ln(x+y))^3 \mathrm{d}\sigma$.

【例 2】 利用二重积分的性质,估计下列二重积分的值.

(1)$\iint\limits_D xy(x+y)\mathrm{d}\sigma, D = \{(x,y) \mid 0 \leqslant x \leqslant 1, 0 \leqslant y \leqslant 1\}$;

(2)$\iint\limits_D (x^2 + 4y^2 + 9)\mathrm{d}\sigma, D = \{(x,y) \mid x^2 + y^2 \leqslant 4\}$.

解 (1) 在区域 $D = \{(x,y) \mid 0 \leqslant x \leqslant 1, 0 \leqslant y \leqslant 1\}$内,有

$$0 \leqslant xy \leqslant 1, \quad 0 \leqslant x + y \leqslant 2,$$

两不等式相乘,可得 $0 \leqslant xy(x+y) \leqslant 2$,

由性质 4,有 $$\iint\limits_D 0\,\mathrm{d}\sigma \leqslant \iint\limits_D xy(x+y)\mathrm{d}\sigma \leqslant \iint\limits_D 2\,\mathrm{d}\sigma,$$

即 $$0 \leqslant \iint\limits_D xy(x+y)\mathrm{d}\sigma \leqslant 2, \text{其中 } \sigma = 1.$$

(2) 由 $D = \{(x,y) \mid x^2 + y^2 \leqslant 4\}$有 $0 \leqslant x^2 + y^2 \leqslant 4$,得

$$9 \leqslant x^2 + 4y^2 + 9 \leqslant 4(x^2 + y^2) + 9 \leqslant 25,$$

由性质 4,有 $$\iint\limits_D 9\mathrm{d}\sigma \leqslant \iint\limits_D (x^2 + 4y^2 + 9)\mathrm{d}\sigma \leqslant \iint\limits_D 25\mathrm{d}\sigma,$$

而 $\iint\limits_D \mathrm{d}\sigma = 4\pi$, 即得 $$36\pi \leqslant \iint\limits_D (x^2 + 4y^2 + 9)\mathrm{d}\sigma \leqslant 100\pi.$$

第二节 二重积分在直角坐标系中的计算法

一、直角坐标系下的二重积分的表示法

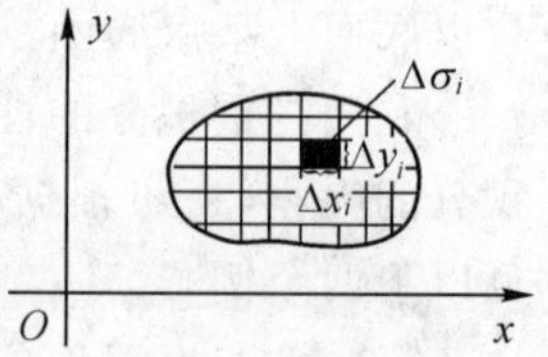

由二重积分的定义 $\iint\limits_D f(x,y)\mathrm{d}\sigma = \lim\limits_{\lambda \to 0} \sum\limits_{i=1}^{n} f(\xi_i, \eta_i)\Delta\sigma_i$,由于 $f(x,y)$ 在 D 上可积,因此积分与区域 D 的分割无关,现采用如下分割法:用平行于 x 轴和平行于 y 轴的直线网格,将区域 D 分成如图 11-5 所示的网格,其中规则小区域(小矩形) 的面积 $\Delta\sigma_i = \Delta x_i \cdot \Delta y_i$(积分和式中对应不规则矩形的部分,可以证明当 $\lambda \to 0$ 时趋于零,故可不予考虑),由此,即有

图 11-5

$$\iint\limits_D f(x,y)\mathrm{d}\sigma = \lim_{\lambda \to 0} \sum_{i=1}^{n} f(\xi_i, \eta_i)\Delta\sigma_i = \lim_{\lambda \to 0} \sum_{i=1}^{n} f(\xi_i, \eta_i)\Delta x_i \Delta y_i = \iint\limits_D f(x,y)\mathrm{d}x\mathrm{d}y.$$

其中 $\mathrm{d}x\mathrm{d}y$ 称为直角坐标系中的面积元素.

二、x-型区域与 y-型区域

二重积分是二元函数 $f(x,y)$ 在平面区域 D 上的积分,为了讨论和计算方便,我们引进 x-型区域和 y-型区域的规定.

1. x-型区域

若平面区域 D 为：$D_1=\{(x,y)\mid y_1(x)\leqslant y\leqslant y_2(x),a\leqslant x\leqslant b\}$.

其中 $y_1(x),y_2(x)$ 为区间$[a,b]$上的连续函数，且任作平行于 y 轴的直线与 D_1 的边界线的交点不多于两点，如图 11-6 所示，这样的区域我们称之为 **x-型区域**.

2. y-型区域

若平面区域 D 为：$D_2=\{(x,y)\mid x_1(y)\leqslant x\leqslant x_2(y),c\leqslant y\leqslant d\}$.

其中 $x_1(y),x_2(y)$ 为区间$[c,d]$上的连续函数，且任作平行于 x 轴的直线与 D_2 的边界线的交点不多于两点，如图 11-7 所示，这样的区域我们称之为 **y-型区域**.

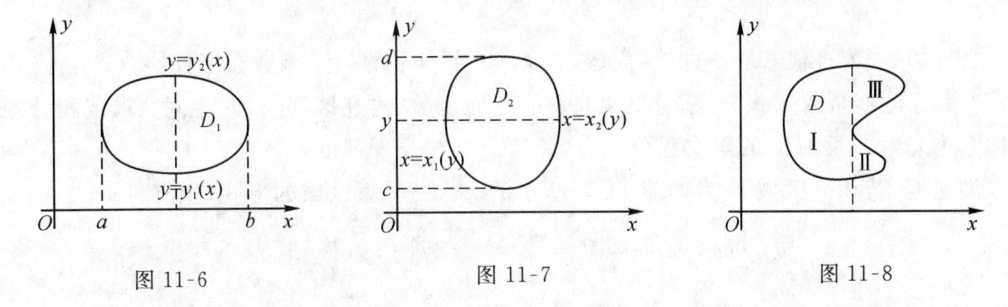

图 11-6　　图 11-7　　图 11-8

对于一般的区域 D，可分划为若干个无公共内点的子区域，这些子区域具有上述两种平面区域 D_1 或 D_2 的形式，可作为 x-型区域或 y-型区域. 例如如图 11-8 所示的区域可分划为区域 Ⅰ，Ⅱ，Ⅲ，其中区域 Ⅰ，Ⅱ，Ⅲ 可作为 x-型区域或 y-型区域.

三、直角坐标系下的二重积分的计算法

下面从二重积分的几何意义出发，讨论二重积分的计算问题. 设 $f(x,y)$ 在区域 D 上连续，且 $f(x,y)\geqslant 0$.

设 D 是如图 11-6 所示的 D_1 的 x-型区域形式，则二重积分 $\iint\limits_D f(x,y)\mathrm{d}\sigma$ 的值就是以 D 为底，以 $f(x,y)$ 为曲顶的曲顶柱体体积，如图 11-9 所示.

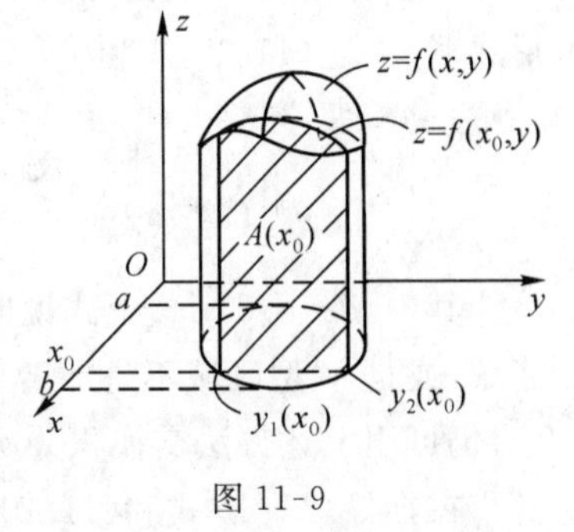

图 11-9

另一方面，在区间$[a,b]$上任取一点 x_0（暂时看作固定），作平行于 yOz 平面的平面 $x=x_0$，该平面与曲线 $y=y_1(x)$，$y=y_2(x)$ 的交点分别为 $y_1(x_0)$，$y_2(x_0)$，与曲面 $z=f(x,y)$ 的交线为 $z=f(x_0,y)$. 因此，该平面与曲顶柱体截得一个以曲线 $z=f(x_0,y)$ 为曲边，区间 $[y_1(x_0),y_2(x_0)]$ 长度为底边的曲边梯形（如图 11-9 所示的阴影部分），记该曲边梯形的面积为 $A(x_0)$，其面积为

$$A(x_0)=\int_{y_1(x_0)}^{y_2(x_0)}f(x_0,y)\mathrm{d}y,$$

于是，对任意 $x\in[a,b]$，有相应的截面面积

$$A(x)=\int_{y_1(x)}^{y_2(x)}f(x,y)\mathrm{d}y.$$

由已知平行截面面积的立体的体积计算公式（参看上册第六章第六节）可知，此曲顶柱

体的体积为

$$V=\int_a^b A(x)\mathrm{d}x=\int_a^b\left[\int_{y_1(x)}^{y_2(x)} f(x,y)\mathrm{d}y\right]\mathrm{d}x.$$

也即二重积分的值为

$$\iint_D f(x,y)\mathrm{d}\sigma=V=\int_a^b\left[\int_{y_1(x)}^{y_2(x)} f(x,y)\mathrm{d}y\right]\mathrm{d}x,$$

右端的积分也可写成$\int_a^b\mathrm{d}x\int_{y_1(x)}^{y_2(x)} f(x,y)\mathrm{d}y$,即

$$\iint_D f(x)\mathrm{d}\sigma=\int_a^b\left[\int_{y_1(x)}^{y_2(x)} f(x,y)\mathrm{d}y\right]\mathrm{d}x=\int_a^b\mathrm{d}x\int_{y_1(x)}^{y_2(x)} f(x,y)\mathrm{d}y\ . \qquad (11.1)$$

公式(11.1)的意思是:先把 x 固定,$f(x,y)$ 作为 y 的一元函数在区间$[y_1(x),y_2(x)]$上以 y 为积分变量求定积分,积分结果是 x 的一元函数,再在区间$[a,b]$上对 x 求定积分,我们称它为先对 y 后对 x 的**累次积分**.

类似地,若积分区域 D 为如图 11-7 所示的 D_2 的 y-型区域的形式,则有

$$\iint_D f(x,y)\mathrm{d}\sigma=V=\int_c^d\left[\int_{x_1(y)}^{x_2(y)} f(x,y)\mathrm{d}x\right]\mathrm{d}y,$$

右端的积分也可写成$\int_c^d\mathrm{d}y\int_{x_1(y)}^{x_2(y)} f(x,y)\mathrm{d}x$,即

$$\iint_D f(x,y)\mathrm{d}\sigma=\int_c^d\left[\int_{x_1(y)}^{x_2(y)} f(x,y)\mathrm{d}x\right]\mathrm{d}y=\int_c^d\mathrm{d}y\int_{x_1(y)}^{x_2(y)} f(x,y)\mathrm{d}x. \qquad (11.2)$$

公式(11.2)的意思是:先把 y 固定,$f(x,y)$ 作为 x 的一元函数在区间$[x_1(y),x_2(y)]$上对 x 积分,积分结果是 y 的一元函数,再在区间$[c,d]$上对 y 求定积分.我们称它为先对 x 后对 y 的累次积分.

当积分区域 D 既是如图 11-6 所示的 x-型区域的形式,又是如图 11-7 所示的 y-型区域形式时,上述(11.1)式和(11.2)式表明不同次序的累次积分相等,因为它们都等于同一个二重积分,即

$$\iint_D f(x,y)\mathrm{d}\sigma=\int_a^b\mathrm{d}x\int_{y_1(x)}^{y_2(x)} f(x,y)\mathrm{d}y=\int_c^d\mathrm{d}y\int_{x_1(y)}^{x_2(y)} f(x,y)\mathrm{d}x.$$

其中,$\mathrm{d}\sigma=\mathrm{d}x\mathrm{d}y$.上式说明两种积分次序可以交换,当积分区域是 x-型区域不是 y-型区域,或是 y-型区域不是 x-型区域时,注意到积分区域的可加性,可将区域 D 进行适当划分,仍可用上述方法交换积分次序进行计算.

在推导(11.1)式和(11.2)式时,都是假设在 $f(x,y)\geqslant 0$ 的条件下,从二重积分的几何意义出发,直观地推导而得的.实际上可以证明,在没有 $f(x,y)\geqslant 0$ 的限制时,上述两个式子也成立.

在二重积分化为累次积分进行计算时,可由积分区域 D 的形状和被积函数来决定积分次序.在绝大多数情况下,主要由积分区域 D 的形状来决定对哪个变量先积分.其步骤可归结为:

① 根据题目条件在直角坐标系中画出积分区域图;

② 确定积分次序和积分上、下限;

③ 写出积分表达式并计算结果.

【例 3】　计算$\iint\limits_D x^2\mathrm{d}\sigma$,其中 D 由抛物线 $y=x^2$ 及直线 $y=0,x=2$ 所围成的闭区域.

解　画出积分区域图如图 11-10 所示,积分区域先看成是 x-型区域,D 上 x 的变化范围为$[0,2]$,在$[0,2]$上任取一点 x,过 x 作平行于 y 轴的直线,该直线(由下向上)进入积分区域的边界曲线方程为:$y=0$(定为积分下限),出积分区域的边界曲线方程为:$y=x^2$(定为积分上限),利用公式(11.1)式(即对 y 先积分),则上述二重积分可表示为

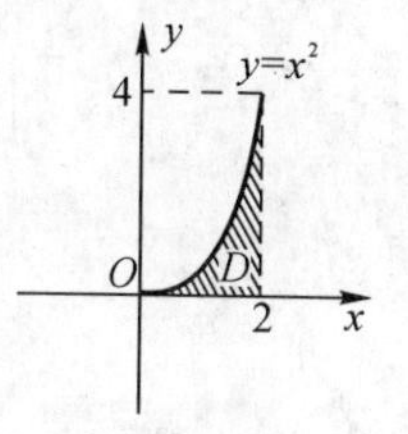

图 11-10

$$\iint\limits_D x^2\mathrm{d}\sigma=\int_0^2\mathrm{d}x\int_0^{x^2}x^2\mathrm{d}y=\int_0^2[x^2y]_0^{x^2}\mathrm{d}x=\int_0^2x^4\mathrm{d}x=[\frac{x^5}{5}]_0^2=\frac{32}{5}.$$

本题也可以对 x 先积分,积分区域看成 y-型区域,D 上 y 的变化范围为$[0,4]$,在$[0,4]$上任取一点 y,过 y 作平行于 x 轴的直线,该直线(由左向右)进入积分区域的边界曲线方程为:$x=\sqrt{y}$(定为积分下限),出积分区域的边界曲线方程为:$x=2$(定为积分上限),利用公式(11.2)式(即对 x 先积分),则上述二重积分可表示为

$$\iint\limits_D x^2\mathrm{d}\sigma=\int_0^4\mathrm{d}y\int_{\sqrt{y}}^2x^2\mathrm{d}x=\int_0^4\left[\frac{x^3}{3}\right]_{\sqrt{y}}^2\mathrm{d}y=\int_0^4\frac{8-y^{\frac{3}{2}}}{3}\mathrm{d}y=\frac{1}{3}\left[8y-\frac{2}{5}y^{\frac{5}{2}}\right]_0^4$$

$$=\frac{1}{3}(32-\frac{64}{5})=\frac{32}{5}.$$

从上述计算可得,本题先对 y 积分比较简单.

【例 4】　计算$\iint\limits_D\frac{x}{y^2}\mathrm{d}\sigma$,其中 D 为由双曲线 $xy=1$ 及直线 $y=x$,$x=3$ 所围成的闭区域.

解　画出积分区域图如图 11-11 所示,积分区域先看成是 x-型区域,D 上 x 的变化范围为$[1,3]$,在$[1,3]$上任取一点 x,过 x 作平行于 y 轴的直线,该直线(由下向上)进入积分区域的边界曲线方程为:$y=\frac{1}{x}$(定为积分下限),出积分区域的边界曲线方程为:$y=x$(定为积分上限),利用(11.1)式(即对 y 先积分),则上述二重积分可表示为

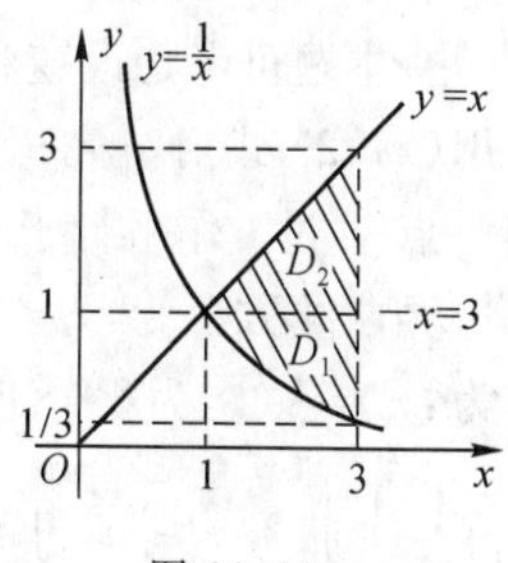

图 11-11

$$\iint\limits_D\frac{x}{y^2}\mathrm{d}\sigma=\int_1^3\mathrm{d}x\int_{\frac{1}{x}}^x\frac{x}{y^2}\mathrm{d}y=\int_1^3x\left[-\frac{1}{y}\right]_{\frac{1}{x}}^x\mathrm{d}x$$

$$=\int_1^3(x^2-1)\mathrm{d}x=\left[\frac{x^3}{3}-x\right]_1^3=\frac{20}{3}.$$

若采用(11.2)式对 x 先积分,则因区域 D 的左边边界曲线由 $y=\frac{1}{x}$,$y=x$ 两曲线所组成,必须用直线 $y=1$ 把 D 分成 D_1 和 D_2 两部分,如图 11-11 所示,D_1 上 y 的变化范围为$\left[\frac{1}{3},1\right]$,在$\left[\frac{1}{3},1\right]$上任取一点 y,过 y 作平行于 x 轴的直线,该直线(由左向右)进入积分区域的边界曲线方程为:$x=\frac{1}{y}$(定为积分下限),出积分区域的边界曲线方程为:$x=3$(定为积分上限);

D_2 上 y 的变化范围为$[1,3]$,在$[1,3]$上任取一点 y,过 y 作平行于 x 轴的直线,该直线

(由左向右)进入积分区域的边界曲线方程为:$x = y$(定为积分下限),出积分区域的边界曲线方程为:$x = 3$(定为积分上限),则上述二重积分可表示为

$$\begin{aligned}\iint_D \frac{x}{y^2}\mathrm{d}\sigma &= \iint_{D_1} \frac{x}{y^2}\mathrm{d}\sigma + \iint_{D_2} \frac{x}{y^2}\mathrm{d}\sigma = \int_{\frac{1}{3}}^{1}\mathrm{d}y\int_{\frac{1}{y}}^{3}\frac{x}{y^2}\mathrm{d}x + \int_{1}^{3}\mathrm{d}y\int_{y}^{3}\frac{x}{y^2}\mathrm{d}x \\ &= \int_{\frac{1}{3}}^{1}\frac{1}{y^2}\left[\frac{x^2}{2}\right]_{\frac{1}{y}}^{3}\mathrm{d}y + \int_{1}^{3}\frac{1}{y^2}\left[\frac{x^2}{2}\right]_{y}^{3}\mathrm{d}y \\ &= \int_{\frac{1}{3}}^{1}\left(\frac{9}{2y^2}-\frac{1}{2y^4}\right)\mathrm{d}y + \int_{1}^{3}\left(\frac{9}{2y^2}-\frac{1}{2}\right)\mathrm{d}y \\ &= \frac{20}{3}.\end{aligned}$$

从上述计算可知,本题应选用先对 y 积分的计算方法较为简便.

由上述的这些例题可见,在化二重积分为累次积分时,主要从积分区域 D 的形状,确定累次积分的次序,可简化计算.而有时也要从被积函数 $f(x,y)$ 的特性,须选择恰当的积分次序,才能进行积分计算.

【例 5】 计算$\int_0^1\mathrm{d}x\int_x^1 \mathrm{e}^{-y^2}\mathrm{d}y$.

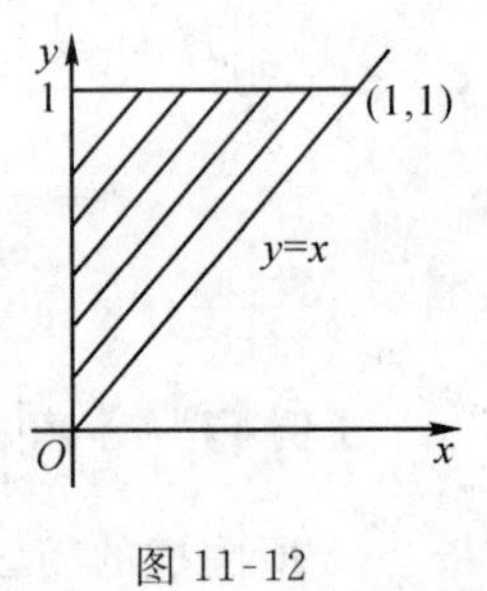

图 11-12

解 由于 e^{-y^2} 的原函数不是初等函数,即$\int \mathrm{e}^{-y^2}\mathrm{d}y$ 不能用初等函数表示,所以不能用普通的初等积分法求解.

本题可考虑改变积分次序,先画出积分区域 D,如图 11-12 所示.用(11.2)式对 x 先积分,D 上 y 的变化范围为$[0,1]$,在$[0,1]$上任取一点 y,过 y 作平行于 x 轴的直线,该直线(由左向右)进入积分区域的边界曲线方程为:$x = 0$(定为积分下限),出积分区域的边界曲线方程为:$x = y$(定为积分上限),则上述二重积分可表示为

$$\int_0^1\mathrm{d}x\int_x^1 \mathrm{e}^{-y^2}\mathrm{d}y = \iint_D \mathrm{e}^{-y^2}\mathrm{d}\sigma = \int_0^1\mathrm{d}y\int_0^y \mathrm{e}^{-y^2}\mathrm{d}x = \int_0^1 y\mathrm{e}^{-y^2}\mathrm{d}y = -\frac{1}{2}\left[\mathrm{e}^{-y^2}\right]_0^1 = \frac{1}{2}(1-\mathrm{e}^{-1}).$$

第三节　二重积分在极坐标系中的计算法

一、二重积分在极坐标系下的表示法

某些类型的二重积分,若它的积分区域的边界曲线用极坐标方程表示比较方便,且被积函数在极坐标下的表达式也较简单,则利用极坐标计算这些二重积分比较简便.下面推导在极坐标下的二重积分.

由二重积分的定义 $\iint_D f(x,y)\mathrm{d}\sigma = \lim_{\lambda\to 0}\sum_{i=1}^{n} f(\xi_i,\eta_i)\Delta\sigma_i$,由于 $f(x,y)$ 在 D 上可积,因此积分与区域 D 的分割无关,现采用如下分割法:

设二重积分$\iint_D f(x,y)\mathrm{d}\sigma$ 的积分区域 D 由极坐标方程 $r = r_1(\theta)$,$r = r_2(\theta)$ 及射线 $\theta = \alpha$,$\theta = \beta$ 所围成(如图 11-13 所示),这里假设自极点 O 出发且穿过闭区域 D 的射线与 D 的边界曲线相交不多于两点,即

$$D=\{(r,\theta)\,|\,r_1(\theta)\leqslant r\leqslant r_2(\theta),\ \alpha\leqslant\theta\leqslant\beta\}.$$

图 11-13

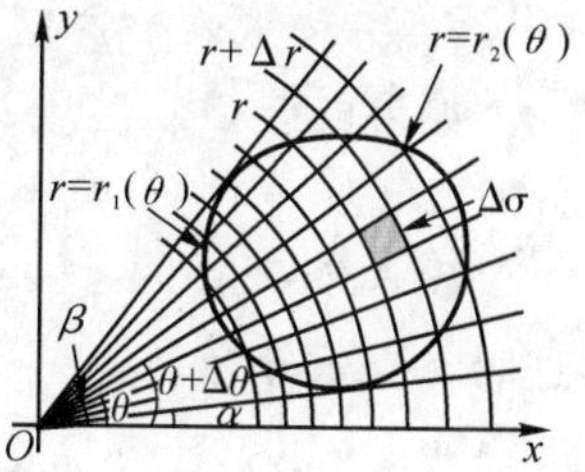

我们用以极点为中心的一族同心圆，$r=$ 常数，以及从极点出发的一族射线：$\theta=$ 常数，进行分割，把 D 任意分成 n 个小闭区域，其中规则小闭区域（扇形）的面积用 $\Delta\sigma$ 表示，它是由半径 r 和 $r+\Delta r$ 的圆弧段和极角 θ 和 $\theta+\Delta\theta$ 的射线段所围成（如图 11-14 所示），计算得：

$$\begin{aligned}\Delta\sigma&=\frac{1}{2}(r+\Delta r)^2\Delta\theta-\frac{1}{2}r^2\theta\\&=(r\Delta r+\frac{1}{2}(\Delta r)^2)\Delta\theta\approx r\Delta r\Delta\theta.\end{aligned}$$

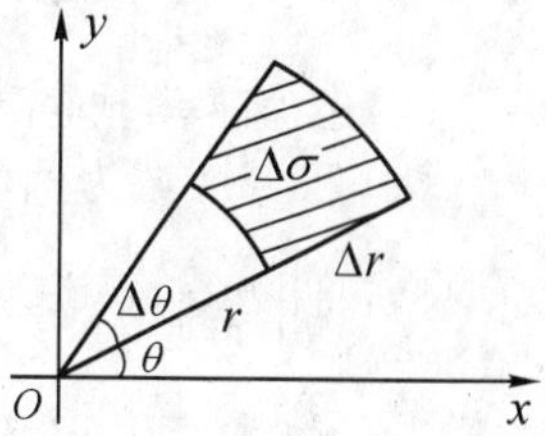

图 11-14

略去高阶无穷小，得面积元素 $\mathrm{d}\sigma=r\mathrm{d}r\mathrm{d}\theta$，在极坐标下有

$$f(x,y)\mathrm{d}\sigma=f(r\cos\theta,r\sin\theta)r\mathrm{d}r\mathrm{d}\theta,$$

其中：$\begin{cases}x=r\cos\theta,\\y=r\sin\theta,\end{cases}$ 可以证明：

$$\iint_D f(x,y)\mathrm{d}\sigma=\lim_{\lambda\to 0}\sum_{i=1}^{n}f(\xi_i,\eta_i)\Delta\sigma_i=\iint_D f(r\cos\theta,r\sin\theta)r\mathrm{d}r\mathrm{d}\theta.$$

从而得到二重积分从直角坐标变换到极坐标的公式为

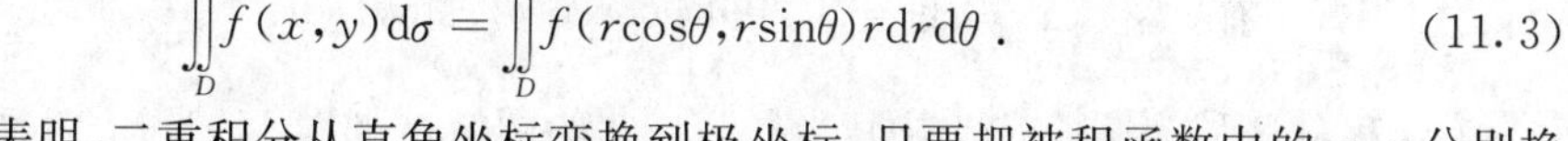

$$\iint_D f(x,y)\mathrm{d}\sigma=\iint_D f(r\cos\theta,r\sin\theta)r\mathrm{d}r\mathrm{d}\theta\,. \tag{11.3}$$

公式(11.3)表明，二重积分从直角坐标变换到极坐标，只要把被积函数中的 x,y 分别换成 $r\cos\theta,r\sin\theta$，同时把直角坐标中的面积元素 $\mathrm{d}\sigma$ 换成极坐标中的面积元素 $r\mathrm{d}r\mathrm{d}\theta$ 即可.

二、二重积分在极坐标下的计算法

图 11-15

如何将二重积分化为累次积分，可利用前面讲过的直角坐标系下化为累次积分的方法，可以将二重积分化为关于 r,θ 的累次积分. 一般，若积分区域为

$D=\{(r,\theta)\mid r_1(\theta)\leqslant r\leqslant r_2(\theta),\alpha\leqslant\theta\leqslant\beta\}$，如图 11-15 所示，

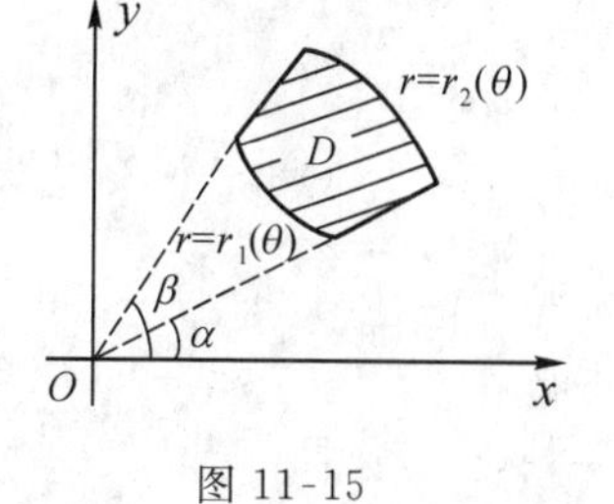

则 $\displaystyle\iint_D f(x,y)\mathrm{d}\sigma=\int_\alpha^\beta\mathrm{d}\theta\int_{r_1(\theta)}^{r_2(\theta)}f(r\cos\theta,r\sin\theta)r\mathrm{d}r$，

并根据积分区域的不同，确定相应的积分上、下限，下面给出常见的几种情形.

1. *若极点在积分区域的边界线上*

图 11-16

如果极点 O 在区域 D 的边界线上，如图 11-16 所示，这样，$r_1(\theta)=0,\ r_2(\theta)=r(\theta)$，即

$$D=\{(r,\theta)\,|\,0\leqslant r\leqslant r(\theta),\alpha\leqslant\theta\leqslant\beta\},$$

这时二重积分为

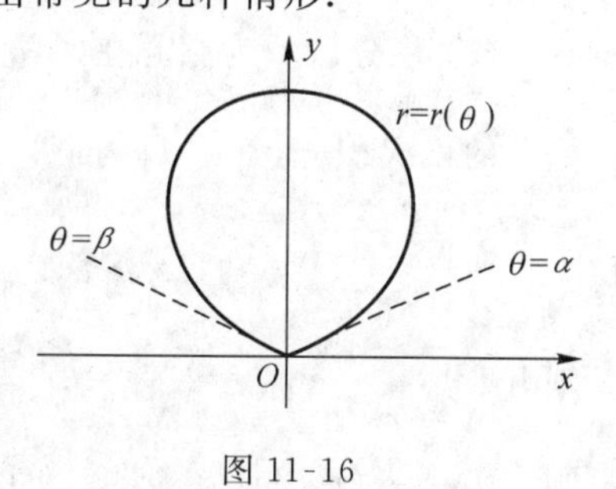

$$\begin{aligned}\iint_D f(x,y)\mathrm{d}\sigma&=\iint_D f(r\cos\theta,r\sin\theta)r\mathrm{d}r\mathrm{d}\theta\\&=\int_\alpha^\beta\mathrm{d}\theta\int_0^{r(\theta)}f(r\cos\theta,r\sin\theta)r\mathrm{d}r.\end{aligned}\tag{11.4}$$

2. 若极点在积分区域内

如果极点 O 在区域 D 的内部,如图 11-17 所示,此时,$r_1(\theta)=0, r_2(\theta)=r(\theta), \alpha=0, \beta=2\pi$,即

$$D=\{(r,\theta)\mid 0\leqslant r\leqslant r(\theta), 0\leqslant\theta\leqslant 2\pi\},$$

这时二重积分为

$$\iint_D f(x,y)\mathrm{d}\sigma=\iint_D f(r\cos\theta, r\sin\theta)r\mathrm{d}r\mathrm{d}\theta$$
$$=\int_0^{2\pi}\mathrm{d}\theta\int_0^{r(\theta)} f(r\cos\theta, r\sin\theta)r\mathrm{d}r. \qquad (11.5)$$

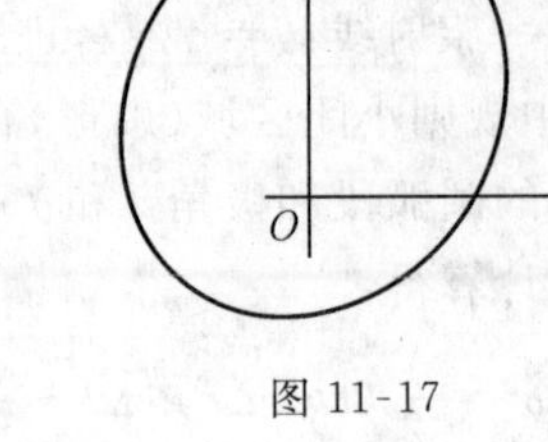

图 11-17

3. 几个极坐标下常见积分区域的计算公式

(1) 积分区域为圆心在(0,0),半径 $r=a$ 的圆域(如图 11-18),将 $\iint_D f(x,y)\mathrm{d}\sigma$ 化为极坐标下的累次积分,其中 D 为

$$D=\{(x,y)\mid x^2+y^2\leqslant a^2\}(a>0\text{ 常数}),$$

则由 $\begin{cases}x=r\cos\theta\\ y=r\sin\theta\end{cases}$,将 $x^2+y^2=a^2$ 化为极坐标方程,可得:$r=a$,

则 $\qquad D=\{(r,\theta)\mid 0\leqslant r\leqslant a, 0\leqslant\theta\leqslant 2\pi\}$,

由公式(11.5)有 $\quad \iint_D f(x,y)\mathrm{d}\sigma=\int_0^{2\pi}\mathrm{d}\theta\int_0^a f(r\cos\theta, r\sin\theta)r\mathrm{d}r.$

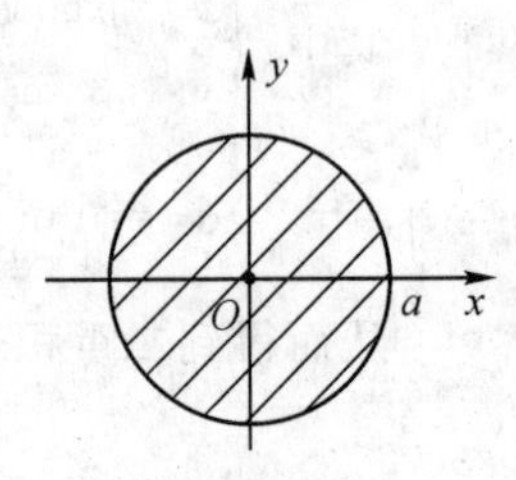

图 11-18

(2) 积分区域为圆心在$(a,0)$,半径 $r=a$ 的圆域,(如图 11-19),将 $\iint_D f(x,y)\mathrm{d}\sigma$ 化为极坐标下的累次积分,其中 D 为

$$D=\{(x,y)\mid (x-a)^2+y^2\leqslant a^2\}$$
$$=\{(x,y)\mid x^2+y^2\leqslant 2ax\}\quad (a>0\text{ 常数}),$$

则由 $\begin{cases}x=r\cos\theta\\ y=r\sin\theta\end{cases}$,将$(x-a)^2+y^2=a^2$ 化为极坐标方程,可得:$r=2a\cos\theta$,

则 $\qquad D=\left\{(r,\theta)\mid 0\leqslant r\leqslant 2a\cos\theta, -\frac{\pi}{2}\leqslant\theta\leqslant\frac{\pi}{2}\right\}$,

由公式(11.4)有 $\quad \iint_D f(x,y)\mathrm{d}\sigma=\int_{-\frac{\pi}{2}}^{\frac{\pi}{2}}\mathrm{d}\theta\int_0^{2a\cos\theta} f(r\cos\theta, r\sin\theta)r\mathrm{d}r.$

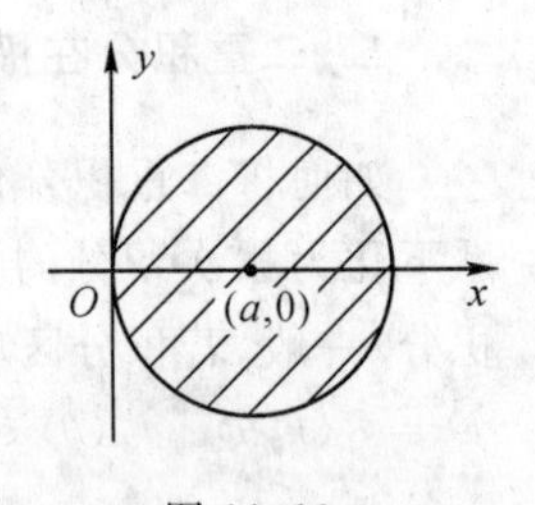

图 11-19

(3) 积分区域为圆心在$(0,b)$,半径 $r=b$ 的圆域(如图 11-20),将 $\iint_D f(x,y)\mathrm{d}\sigma$ 化为极坐标下的累次积分,其中 D 为

$$D=\{(x,y)\mid x^2+(y-b)^2\leqslant b^2\}$$
$$=\{(x,y)\mid x^2+y^2\leqslant 2by\}\ (b>0\text{ 常数});$$

则由 $\begin{cases}x=r\cos\theta\\ y=r\sin\theta\end{cases}$,将 $x^2+(y-b)^2=b^2$ 化为极坐标方程,可得:$r=2b\sin\theta$,

则 $\quad D=\{(r,\theta)\mid 0\leqslant r\leqslant 2b\sin\theta, 0\leqslant\theta\leqslant\pi\}$,

由公式(11.4)有 $\quad \iint_D f(x,y)\mathrm{d}\sigma=\int_0^{\pi}\mathrm{d}\theta\int_0^{2b\sin\theta} f(r\cos\theta, r\sin\theta)r\mathrm{d}r.$

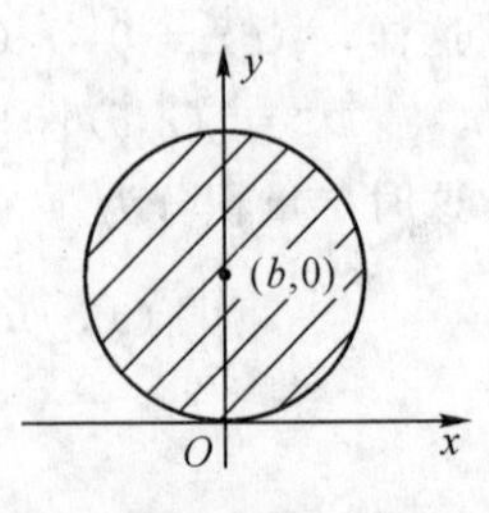

图 11-20

【例 6】 求$\iint\limits_D (4-x^2-y^2)\mathrm{d}\sigma$,其中 D 为圆心在(0,0),半径 $r=2$ 的上半圆域.

解 圆心在(0,0),半径 $r=2$ 的圆域的边界圆方程为:$x^2+y^2=2^2$,化为极坐标方程为:$r=2$,上半圆域如图 11-21 所示,则

$$D=\{(r,\theta)\,|\,0\leqslant r\leqslant 2, 0\leqslant\theta\leqslant\pi\},$$

由公式(11.4)有

$$\iint\limits_D (4-x^2-y^2)\mathrm{d}\sigma=\int_0^{\pi}\mathrm{d}\theta\int_0^2(4-r^2)r\mathrm{d}r$$

$$=\pi\left[4\frac{r^2}{2}-\frac{r^4}{4}\right]_0^2=4\pi.$$

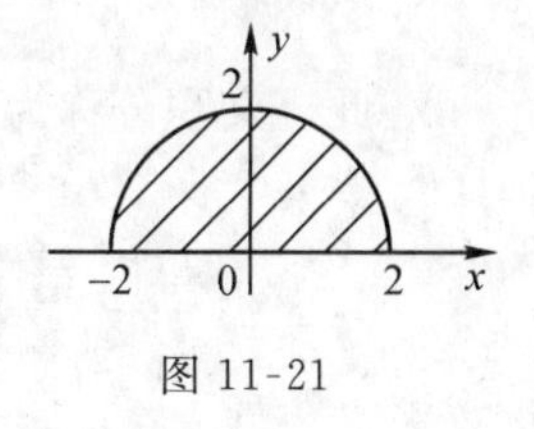

图 11-21

【例 7】 计算$\iint\limits_D \mathrm{e}^{-x^2-y^2}\mathrm{d}\sigma$,其中 D 为$\{(x,y)\,|\,x^2+y^2\leqslant a^2\}$($a>0$ 常数).

解 本题如果用直角坐标计算,由于$\int\mathrm{e}^{-x^2}\mathrm{d}x$不能用初等函数表示,所以不能用普通的初等积分法求解.现在采用极坐标进行计算.

$x^2+y^2=a^2$ 对应的极坐标方程 $r=a$,所以 $D=\{(r,\theta)\,|\,0\leqslant r\leqslant a, 0\leqslant\theta\leqslant 2\pi\}$,如图 11-22,由公式(11.5),得

$$\iint\limits_D \mathrm{e}^{-x^2-y^2}\mathrm{d}\sigma=\iint\limits_D \mathrm{e}^{-r^2}r\mathrm{d}r\mathrm{d}\theta=\int_0^{2\pi}\mathrm{d}\theta\int_0^a\mathrm{e}^{-r^2}r\mathrm{d}r$$

$$=\int_0^{2\pi}\left[-\frac{1}{2}\mathrm{e}^{-r^2}\right]_0^a\mathrm{d}\theta$$

$$=\pi(1-\mathrm{e}^{-a^2}).$$

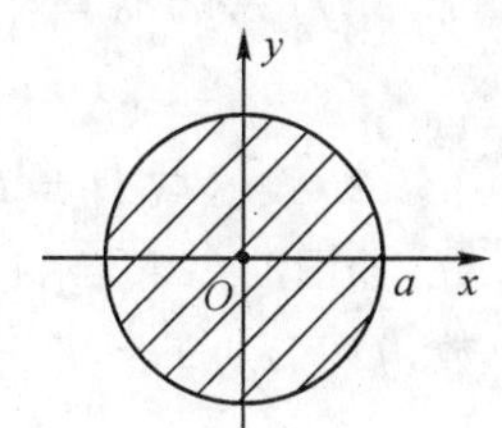

图 11-22

【例 8】 证明$\int_0^{+\infty}\mathrm{e}^{-x^2}\mathrm{d}x=\frac{\sqrt{\pi}}{2}$.

证明 考虑下列积分区域,如图 11-23 所示,

$$D_1=\{(x,y)\,|\,x^2+y^2\leqslant R^2\},$$

$$D_2=\{(x,y)\,|\,x^2+y^2\leqslant 2R^2\},$$

$$D=\{(x,y)\,|\,|x|\leqslant R, |y|\leqslant R\}.$$

显然 $D_1\subset D\subset D_2$,又被积函数 $\mathrm{e}^{-x^2-y^2}>0$,故有

$$\iint\limits_{D_1}\mathrm{e}^{-x^2-y^2}\mathrm{d}\sigma<\iint\limits_D\mathrm{e}^{-x^2-y^2}\mathrm{d}\sigma<\iint\limits_{D_2}\mathrm{e}^{-x^2-y^2}\mathrm{d}\sigma.$$

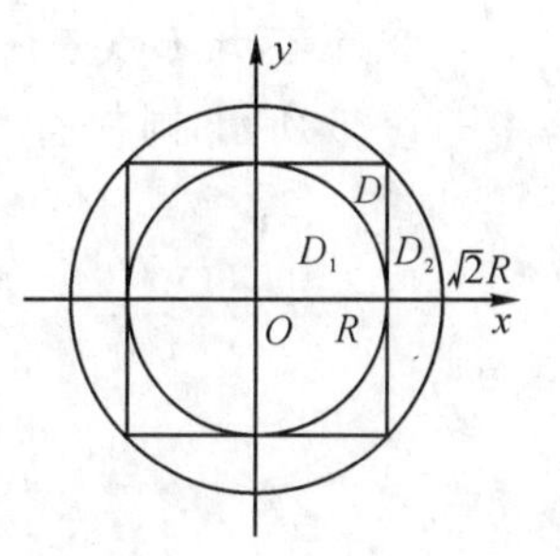

图 11-23

在正方形区域 D 上有

$$\iint\limits_D\mathrm{e}^{-x^2-y^2}\mathrm{d}\sigma=\int_{-R}^R\mathrm{d}x\int_{-R}^R\mathrm{e}^{-x^2}\mathrm{e}^{-y^2}\mathrm{d}y=\int_{-R}^R\mathrm{e}^{-x^2}\mathrm{d}x\int_{-R}^R\mathrm{e}^{-y^2}\mathrm{d}y$$

$$=\left(\int_{-R}^R\mathrm{e}^{-x^2}\mathrm{d}x\right)^2=4\left(\int_0^R\mathrm{e}^{-x^2}\mathrm{d}x\right)^2.$$

而由上例的结果 $\iint\limits_{D_1}\mathrm{e}^{-x^2-y^2}\mathrm{d}\sigma=\pi(1-\mathrm{e}^{-R^2})$,$\iint\limits_{D_2}\mathrm{e}^{-x^2-y^2}\mathrm{d}\sigma=\pi(1-\mathrm{e}^{-2R^2})$.

于是,上述不等式可写成

$$\pi(1-\mathrm{e}^{-R^2})<4\left(\int_0^R\mathrm{e}^{-x^2}\mathrm{d}x\right)^2<\pi(1-\mathrm{e}^{-2R^2}).$$

令 $R\to+\infty$,上述不等式的两端趋于同一极限 π,由夹逼准则得

$$4\left(\int_0^{+\infty}\mathrm{e}^{-x^2}\,\mathrm{d}x\right)^2=\pi,$$

从而得

$$\int_0^{+\infty}\mathrm{e}^{-x^2}\,\mathrm{d}x=\frac{\sqrt{\pi}}{2}.$$

此广义积分称为泊松(poisson)积分,在概率统计中有重要的应用.

第四节　二重积分在几何、物理中的应用

一、对称区域上二重积分的积分性质

设函数 $f(x,y)$ 在平面有界闭区域 D 上连续.

1. 设区域 $D=D_1\cup D_2$,且关于 x 轴对称,D_1 为 D 在上半平面部分,如图 11-24 所示. $f(x,-y)=-f(x,y)$ 表示 $f(x,y)$ 关于 y 是奇函数,$f(x,-y)=f(x,y)$ 表示 $f(x,y)$ 关于 y 是偶函数,则二重积分

$$\iint_D f(x,y)\mathrm{d}\sigma=\begin{cases}0, & f(x,-y)=-f(x,y),\\ 2\iint_{D_1}f(x,y)\mathrm{d}\sigma, & f(x,-y)=f(x,y).\end{cases}$$

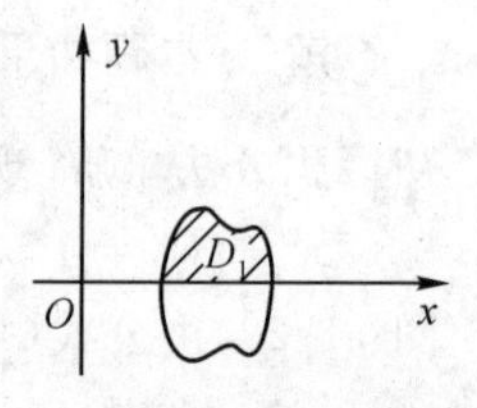

图 11-24

2. 设区域 $D=D_1\cup D_2$,且关于 y 轴对称,D_1 为 D 在右半平面部分,如图 11-25 所示,$f(-x,y)=-f(x,y)$ 表示 $f(x,y)$ 关于 x 是奇函数,$f(-x,y)=f(x,y)$ 表示 $f(x,y)$ 关于 x 是偶函数,则二重积分

$$\iint_D f(x,y)\mathrm{d}\sigma=\begin{cases}0, & f(-x,y)=-f(x,y),\\ 2\iint_{D_1}f(x,y)\mathrm{d}\sigma, & f(-x,y)=f(x,y).\end{cases}$$

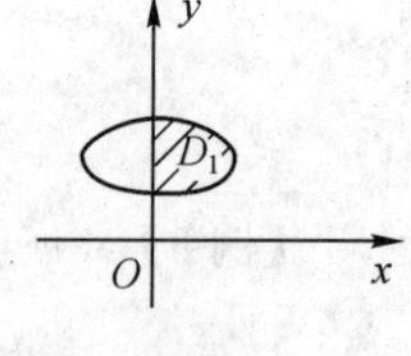

图 11-25

3. 设区域 D 关于 x 轴和 y 轴均对称,D_1 为 D 在第一象限部分,如图 11-26 所示,则二重积分

$$\iint_D f(x,y)\mathrm{d}\sigma=\begin{cases}0, & f(-x,y)=-f(x,y)\text{ 或 }f(x,-y)=-f(x,y),\\ 4\iint_{D_1}f(x,y)\mathrm{d}\sigma, & f(-x,y)=f(x,-y)=f(x,y).\end{cases}$$

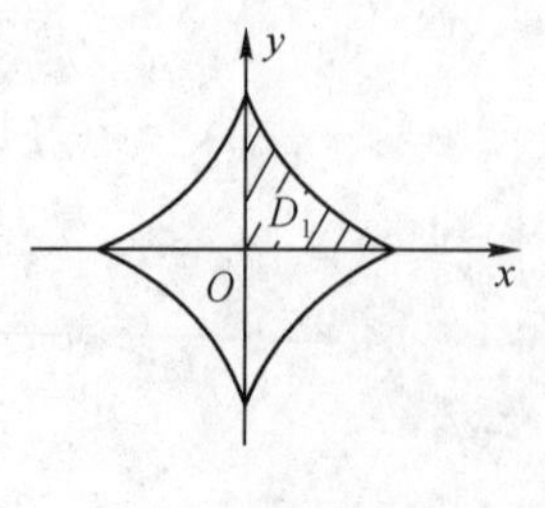

图 11-26

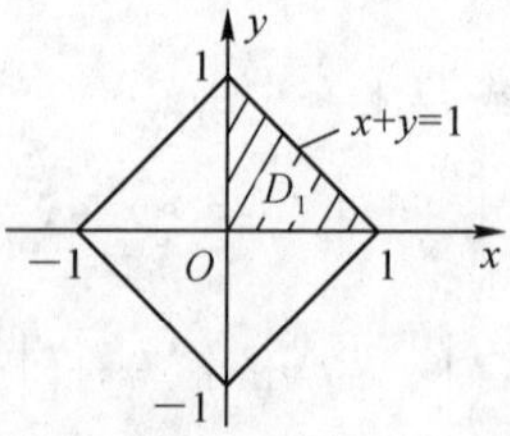

图 11-27

【例 9】　利用对称区域上奇偶函数的积分性质,计算积分 $\iint_D(|x|+|y|)\mathrm{d}\sigma$,其中,$D=\{(x,y)\mid|x|+|y|\leqslant1\}$,$D_1=\{(x,y)\mid0\leqslant x,0\leqslant y,x+y\leqslant1\}$,如图 11-27 所示.

解　由于积分区域 D 是关于 x 轴和 y 轴均对称，而 D_1 为 D 在第一象限部分，被积函数 $f(x,y)=|x|+|y|$ 满足 $f(-x,y)=f(x,-y)=f(x,y)$，所以，由对称区域上奇偶函数的积分性质，有

$$\iint_D(|x|+|y|)\mathrm{d}\sigma=4\iint_{D_1}(|x|+|y|)\mathrm{d}\sigma$$

$$=4\int_0^1\mathrm{d}x\int_0^{1-x}(|x|+|y|)\mathrm{d}y=4\int_0^1\mathrm{d}x\int_0^{1-x}(x+y)\mathrm{d}y=\frac{4}{3}.$$

二、二重积分在几何、物理上的应用

1. 曲顶柱体的体积

由二重积分的定义，当 $f(x,y)\geqslant 0$ 时，曲顶柱体的体积可表示为　$V=\iint_D f(x,y)\mathrm{d}\sigma.$

【例 10】　求由旋转抛物面 $z=3x^2+3y^2$，抛物柱面 $y^2=x$，平面 $z=0$ 及 $x=1$ 所围成的曲顶柱体的体积.

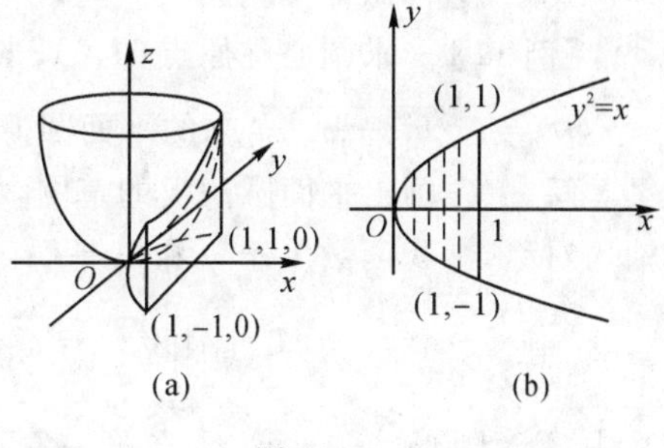

图 11-28

解　曲顶柱体如图 11-28(a) 所示，它在 xOy 平面投影区域 D 为抛线线 $y^2=x$ 与直线 $x=1$ 所围(见图 11-28(b)). 由于区域 D 是关于 x 轴对称的，而被积函数 $f(x,y)=3x^2+3y^2$ 关于 y 是偶函数，所以只要计算出第一卦限部分的体积，然后乘以 2 即得所求. 选对 y 先积分，即有

$$V=\iint_D(3x^2+3y^2)\mathrm{d}\sigma=2\int_0^1\mathrm{d}x\int_0^{\sqrt{x}}(3x^2+3y^2)\mathrm{d}y$$

$$=2\int_0^1\left[3x^2y+y^3\right]_0^{\sqrt{x}}\mathrm{d}x$$

$$=2\int_0^1(3x^{\frac{5}{2}}+x^{\frac{3}{2}})\mathrm{d}x=2\left[3\times\frac{2}{7}x^{\frac{7}{2}}+\frac{2}{5}x^{\frac{5}{2}}\right]_0^1$$

$$=2\left(\frac{6}{7}+\frac{2}{5}\right)=\frac{88}{35}.$$

2. 平面薄板的质量

设平面薄片占有闭区域 D，$\mu(x,y)$ 为 D 上质量连续分布的密度函数，则该薄片的质量 M 可用二重积分表示为

$$M=\iint_D\mu(x,y)\mathrm{d}\sigma.$$

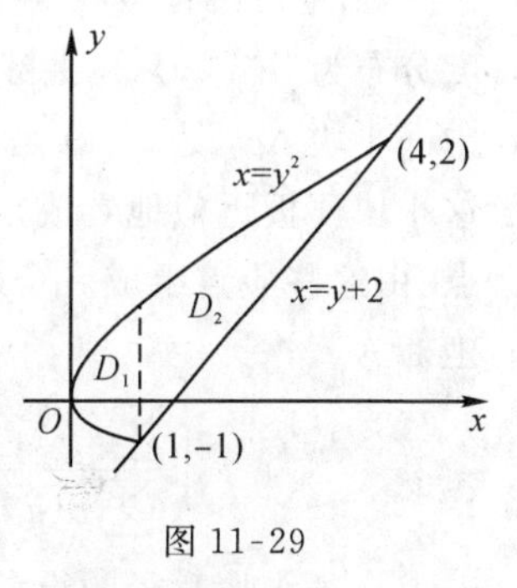

图 11-29

【例 11】　设平面薄片所占的闭区域 D 是由抛物线 $y^2=x$ 及直线 $y=x-2$ 所围，它的面密度 μ 为常数，求该平面薄片的质量.

解　画出积分区域 D，如图 11-29 所示，采用(11.2)式，对 x 先积分，D 上 y 的变化范围为$[-1,2]$，在区间$[-1,2]$上任取一点 y，过 y 作平行于 x 轴的直线段，该直线(由左向右)进入积分区域的边界曲线方程为：$x=y^2$(定为积分下限)，出积

分区域的边界曲线方程为:$x = y+2$(定为积分上限),利用(11.2)式(即对 x 先积分),则质量 M 为

$$M = \iint_D \mu\,\mathrm{d}\sigma = \int_{-1}^{2}\mathrm{d}y\int_{y^2}^{2+y}\mu\,\mathrm{d}x = \mu\cdot\int_{-1}^{2}(2+y-y^2)\,\mathrm{d}y$$

$$= \mu\cdot\left[2y+\frac{y^2}{2}-\frac{y^3}{3}\right]_{-1}^{2} = \mu\left(2\times 3+\frac{4-1}{2}-\frac{8+1}{3}\right)$$

$$= \frac{9}{2}\mu.$$

若采用(11.1)式对 y 先积分,$y_1(x)$ 在区间[0,1]及[1,4]上的表达式不相同,所以得把区域 D 分为区域 D_1 和 D_2,从而质量 M 须化为两个累次积分之和,即

$$M = \iint_D \mu\,\mathrm{d}\sigma = \iint_{D_1}\mu\,\mathrm{d}\sigma + \iint_{D_2}\mu\,\mathrm{d}\sigma = \int_0^1\mathrm{d}x\int_{-\sqrt{x}}^{\sqrt{x}}\mu\,\mathrm{d}y + \int_1^4\mathrm{d}x\int_{x-2}^{\sqrt{x}}\mu\,\mathrm{d}y.$$

显然,这样做计算量会大一些,本题应选用对 x 先积分较为简便.

【例 12】 求圆心在原点(0,0),半径为 a($a>0$ 为常数),面密度为 $\mu(x,y)=\sqrt{a^2-x^2-y^2}$ 的平面圆薄板的质量.

解 先画出平面圆薄板的草图,如图 11-30 所示,由于对称性(积分区域关于 x 轴和 y 轴均对称,被积函数关于 y 和 x 是偶函数),有

$$M = 4\iint_{D_1}\sqrt{a^2-x^2-y^2}\,\mathrm{d}\sigma,$$

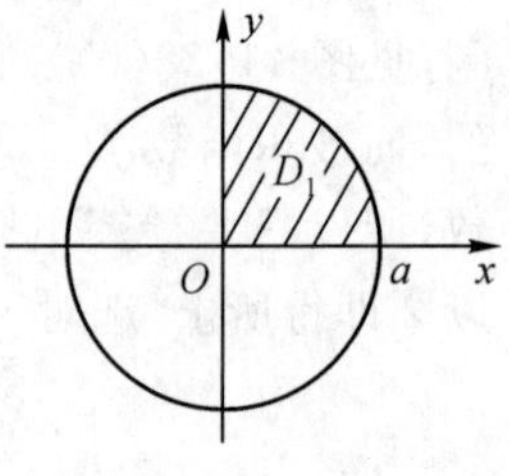

其中,D_1 为圆 $x^2+y^2\leqslant a^2$ 在第一象限部分的区域,如图 11-30. 采用极坐标,则

$$D_1 = \left\{(r,\theta)\mid 0\leqslant r\leqslant a, 0\leqslant\theta\leqslant\frac{\pi}{2}\right\},$$

图 11-30

有 $$M = 4\iint_{D_1}\sqrt{a^2-x^2-y^2}\,\mathrm{d}\sigma = 4\int_0^{\frac{\pi}{2}}\mathrm{d}\theta\int_0^a\sqrt{a^2-r^2}\,r\,\mathrm{d}r$$

$$= 4\cdot\frac{\pi}{2}\cdot\left[-\frac{1}{3}(a^2-r^2)^{\frac{2}{3}}\right]_0^a = \frac{2}{3}\pi a^3.$$

3. 平面薄板的质量中心

如图 11-31,设有一平面薄板 D,位于坐标平面 xOy 上,其密度分布为 $\mu(x,y)$,用曲线网格将薄板任意分成 n 个小块,任取其中一小块 $\Delta\sigma$,设 (x,y) 是 $\Delta\sigma$ 上一点,由于 $\Delta\sigma$ 的直径很小,可以将这小块薄板近似地看成是位于点 (x,y) 处质量为 $\mu(x,y)\Delta\sigma$ 的质点. 由这些质点组成一个质点系,力学上这个质点系的质量中心坐标为

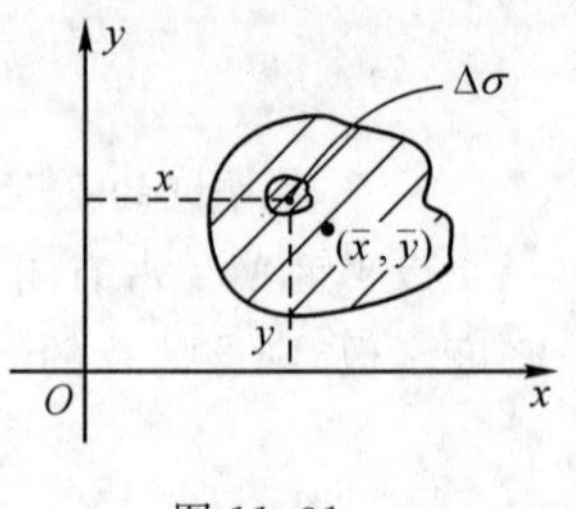

图 11-31

$$\left(\frac{\sum x\mu(x,y)\Delta\sigma}{\sum\mu(x,y)\Delta\sigma}, \frac{\sum y\mu(x,y)\Delta\sigma}{\sum\mu(x,y)\Delta\sigma}\right).$$

让各小块直径的最大者 $\lambda\to 0$,取极限得平面薄板的质量中心坐标,设平面薄板的质量中心坐标为 $(\bar{x},\bar{y})$,即有

$$\bar{x}=\frac{\lim\sum x\mu(x,y)\Delta\sigma}{\lim\sum\mu(x,y)\Delta\sigma}=\frac{\iint\limits_D x\mu(x,y)\mathrm{d}\sigma}{\iint\limits_D\mu(x,y)\mathrm{d}\sigma},$$

$$\bar{y}=\frac{\lim\sum y\mu(x,y)\Delta\sigma}{\lim\sum\mu(x,y)\Delta\sigma}=\frac{\iint\limits_D y\mu(x,y)\mathrm{d}\sigma}{\iint\limits_D\mu(x,y)\mathrm{d}\sigma},$$

其中,分母的积分$\iint\limits_D\mu(x,y)\mathrm{d}\sigma$就是薄板的质量.

特别地,若平面薄板是匀质的,此时密度$\mu(x,y)$是一个常数,平面薄板的质量中心坐标为

$$\bar{x}=\frac{\iint\limits_D x\mathrm{d}\sigma}{\iint\limits_D\mathrm{d}\sigma}=\frac{\iint\limits_D x\mathrm{d}\sigma}{\sigma},\bar{y}=\frac{\iint\limits_D y\mathrm{d}\sigma}{\iint\limits_D\mathrm{d}\sigma}=\frac{\iint\limits_D y\mathrm{d}\sigma}{\sigma},$$

其中,$\iint\limits_D\mathrm{d}\sigma=\sigma$就是平面薄板的面积,匀质平面薄板的质量中心也称为形心.

【例 13】 设匀质平面薄板D是中心角为$\frac{\pi}{3}$、外半径为 2、内半径为 1 的环域的一部分,如图 11-32 所示,求D的质量中心.

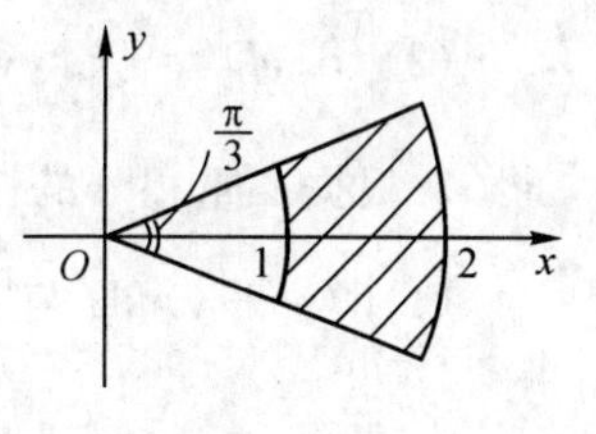

图 11-32

解 取坐标系如图 11-32 所示,由对称性,质量中心在x轴上,质量中心的坐标$(\bar{x},\bar{y})$的$\bar{y}=0$,因此只要求$\bar{x}$,采用极坐标.

$$\iint\limits_D x\mathrm{d}\sigma=\int_{-\frac{\pi}{6}}^{\frac{\pi}{6}}\mathrm{d}\theta\int_1^2 r\cos\theta\, r\mathrm{d}r=\int_{-\frac{\pi}{6}}^{\frac{\pi}{6}}\cos\theta\mathrm{d}\theta\,\frac{1}{3}(2^3-1)=\frac{7}{3},$$

$$D\text{的面积}=\iint\limits_D\mathrm{d}\sigma=\frac{1}{2}2^2\,\frac{\pi}{3}-\frac{1}{2}1^2\,\frac{\pi}{3}=\frac{\pi}{2},$$

$$\bar{x}=\frac{\iint\limits_D x\mathrm{d}\sigma}{\iint\limits_D\mathrm{d}\sigma}=\frac{\frac{7}{3}}{\frac{\pi}{2}}=\frac{14}{3\pi},\text{所求质量中心坐标为}\left(\frac{14}{3\pi},0\right).$$

阅读

泰勒(Taylor, Brook, 1685—1731 英国数学家)

泰勒 1685 年 8 月 18 日出生于埃德蒙顿一个富裕的家庭,自幼受到过良好的音乐艺术上的感染与熏陶。他 20 岁进入剑桥大学学习,27 岁当选为英国皇家学会会员。1715 年,泰勒出版了《增量法及其逆》一书,该书载有现在微积分教程中以他的姓氏命名的一元函数的幂级数展开式。泰勒级数起初并没有引起人们的重视,后来欧拉把泰勒级数用于他的微分学

时人们才认识到其价值,稍后拉格朗日用带余项的级数作为其函数理论的基础,特别是在1880年,魏尔斯特拉斯在解析函数论里将泰勒级数引申为一个基本概念,进一步确定了泰勒级数的重要地位。

泰勒在《皇家学会会报》上也发表过关于物理学、动力学、流体动力学、磁学和热学方面的论文,其中包括对磁引力定律的实验证明。

泰勒虽然以泰勒级数的展开式而闻名后世,但他对数学发展的贡献,实际上要比以他的姓氏命名的级数大得多,只是他的写作风格过于简洁,令人费解,影响了他的许多创见获得更高声誉。

泰勒1731年12月29日卒于伦敦。

习题十一

基本题

第一节习题

1. 设一金属薄片位于 xOy 平面上,占有闭区域 D,其上分布有面密度为 $\mu(x,y)$ 的电荷,且 $\mu(x,y)$ 在 D 上连续,试用二重积分表示该薄片的全部电荷 Q.

2. 利用二重积分的几何意义(曲顶柱体的体积)求下列积分值.

(1) $\iint\limits_D \sqrt{9-x^2-y^2}\,\mathrm{d}\sigma, D=\{(x,y)\mid x^2+y^2\leqslant 9\}$;

(2) $\iint\limits_D \mathrm{d}\sigma, D=\{(x,y)\mid x+y\leqslant 1, y-x\leqslant 1, y\geqslant 0\}$.

3. 根据二重积分的性质,比较下列积分的大小.

(1) $\iint\limits_D (x+y)^2\,\mathrm{d}\sigma$ 与 $\iint\limits_D (x+y)^3\,\mathrm{d}\sigma, D=\{(x,y)\mid x+y\leqslant 1, x\geqslant 0, y\geqslant 0\}$;

(2) $\iint\limits_D (x+y)^2\,\mathrm{d}\sigma$ 与 $\iint\limits_D (x+y)^3\,\mathrm{d}\sigma, D=\{(x,y)\mid (x-2)^2+(y-1)^2\leqslant 2\}$;

(3) $\iint\limits_D (\ln(x+y))^2\,\mathrm{d}\sigma$ 与 $\iint\limits_D (\ln(x+y))^3\,\mathrm{d}\sigma, D=\{(x,y)\mid 1\leqslant x\leqslant 2, 2\leqslant y\leqslant 3\}$.

4. 利用二重积分的性质,估计下列二重积分的值.

(1) $I=\iint\limits_D xy(x+y)\,\mathrm{d}\sigma,\quad D=\{(x,y)\mid 0\leqslant x\leqslant 1, 0\leqslant y\leqslant 1\}$;

(2) $I=\iint\limits_D \sin^2 x\sin^2 y\,\mathrm{d}\sigma,\quad D=\{(x,y)\mid 0\leqslant x\leqslant \pi, 0\leqslant y\leqslant \pi\}$;

(3) $I=\iint\limits_D (x^2+4y^2+9)\,\mathrm{d}\sigma, D=\{(x,y)\mid x^2+y^2\leqslant 4\}$.

第二节习题

5. 画出下列积分区域 D 的草图,并把 $\iint\limits_D f(x,y)\,\mathrm{d}\sigma$ 化为累次积分(两种次序均要写出),其中 D 为:

(1) 由 $x+y=1, x-y=1$ 和 $x=0$ 围成；
(2) 由 $y=x^3, y=x$ 所围成(在第一象限部分)；
(3) 由 $y=0$ 和 $y=\sqrt{1-x^2}$ 围成；
(4) 由 $y=x, y=2x$，与 $x=1$ 围成；
(5) 由 $y=e^x, y=e^{-x}$，与 $y=2$ 围成；
(6) 由 $y=\sqrt{2x}$ ，$y=\sqrt{2x-x^2}$ 与 $x=2$ 围成.

6. 计算二重积分

(1) $\iint\limits_D \cos(x+y)\mathrm{d}\sigma$ ，D 由 $x=0, y=\pi$ 与 $y=x$ 所围；

(2) $\iint\limits_D xy\mathrm{d}\sigma$，$D$ 由 $y=x^2$，与 $y^2=x$ 所围；

(3) $\iint\limits_D (x+6y)\mathrm{d}\sigma$，$D$ 由 $y=x, y=5x$ 和 $x=1$ 所围；

(4) $\iint\limits_D y^2\sqrt{1-x^2}\,\mathrm{d}\sigma$，$D$ 由上半圆域构成 $x^2+y^2\leqslant 1, y\geqslant 0$；

(5) $\iint\limits_D \frac{x^2}{y}\mathrm{d}\sigma$，$D$ 由 $y=2, y=x$ 和 $xy=1$ 所围；

(6) $\iint\limits_D \frac{\ln y}{x}\mathrm{d}\sigma$，$D$ 由 $y=1, y=x$ 与 $x=2$ 所围；

(7) $\iint\limits_D |y-x|\mathrm{d}\sigma$，$D$ 由 $|x|\leqslant 1$，　$|y|\leqslant 1$ 所围.

7. 改变下列累次积分的积分次序.

(1) $\int_0^1 \mathrm{d}y\int_{-\sqrt{1-y^2}}^{\sqrt{1-y^2}} f(x,y)\mathrm{d}x$ ；　　(2) $\int_1^e \mathrm{d}x\int_0^{\ln x} f(x,y)\mathrm{d}y$；

(3) $\int_{-1}^1 \mathrm{d}x\int_{x^2-1}^{1-x^2} f(x,y)\mathrm{d}y$；　　(4) $\int_1^2 \mathrm{d}x\int_{2-x}^{\sqrt{2x-x^2}} f(x,y)\mathrm{d}y$；

(5) $\int_0^2 \mathrm{d}y\int_{y^2}^{2y} f(x,y)\mathrm{d}x$.

第三节习题

8. 将下列二重积分 $\iint\limits_D f(x,y)\mathrm{d}\sigma$ 化为极坐标下的累次积分，其中 D 为：

(1) $\{(x,y)\mid x^2+y^2\leqslant 1, y\geqslant 0\}$；　(2) $\{(x,y)\mid 1\leqslant x^2+y^2\leqslant 2\}$；
(3) $\{(x,y)\mid x^2+y^2\leqslant 2x\}$；
(4) $\{(x,y)\mid x^2+y^2\geqslant a^2, x^2+y^2\leqslant 2ax\}$　$(a>0)$；
(5) 由 $x^2+y^2=2ax, x^2+y^2=2ay,(a>0)$ 所围的公共区域.

9. 利用极坐标计算下列二重积分.

(1) $\iint\limits_D \sin\sqrt{x^2+y^2}\,\mathrm{d}\sigma$，　$D=\{(x,y)\mid \pi^2\leqslant x^2+y^2\leqslant 4\pi^2\}$；

(2) $\iint\limits_D \sqrt{x^2+y^2}\,\mathrm{d}\sigma$，　$D=\{(x,y)\mid (x-1)^2+y^2\leqslant 1, y\geqslant 0\}$；

(3) $\iint\limits_{D}(x^2+y^2)\mathrm{d}\sigma$, $D=\{(x,y)\mid 2x\leqslant x^2+y^2\leqslant 4x\}$;

(4) $\iint\limits_{D}(x^2+y^2)^{\frac{3}{2}}\mathrm{d}\sigma$, $D=\{(x,y)\mid x^2+y^2\leqslant 1\}$;

(5) $\iint\limits_{D}\ln(1+x^2+y^2)\mathrm{d}\sigma$, $D=\{(x,y)\mid x^2+y^2\leqslant 1,\ x\geqslant 0\}$.

10. 试用极坐标计算 $\int_0^1\mathrm{d}x\int_x^1\frac{x\mathrm{d}y}{\sqrt{x^2+y^2}}$.

第四节习题

11. 利用对称区域上奇偶函数的积分性质,说明下列结论成立的理由:

设 $D=\{(x,y)\mid |x|+|y|\leqslant 1\}$, $D_1=\{(x,y)\mid 0\leqslant x, 0\leqslant y, x+y\leqslant 1\}$.

(1) $\iint\limits_{D}\sin(x^2+y^2)\mathrm{d}\sigma=4\iint\limits_{D_1}\sin(x^2+y^2)\mathrm{d}\sigma$;

(2) $\iint\limits_{D}(x+y)^2\mathrm{d}\sigma=\iint\limits_{D}(x^2+y^2)\mathrm{d}\sigma$.

12. 利用二重积分计算下列曲面所围成的立体的体积:

(1) $z=2-x^2-y^2, z=0$;

(2) $z=x^2+y^2, x^2+y^2=a^2, z=0$.

13. 设有半径为 a 的半圆形薄片,其上任一点的面密度与该点到圆心的距离平方成正比(比例系数为 k),求此半圆形薄片的质量.

14. 设有一圆环薄板,圆环内半径为4,外半径为8,在其上任一点的面密度与该点到圆环的中心距离成反比,已知圆环内圆周上各点的面密度均为1,求圆环薄板的质量.

15. 求由 $y=\sin x$ $(0\leqslant x\leqslant \pi)$ 与 $y=0$ 所围的均质薄板的质量中心.

自测题

一、填空

1. 由二重积分几何意义计算二重积分:

$\iint\limits_{D}\sqrt{a^2-x^2-y^2}\,\mathrm{d}\sigma=$ ________, $D=\{(x,y)\mid x^2+y^2\leqslant a^2\}$.

2. $\iint\limits_{D}x^3\sin(x^2+y^2)\mathrm{d}\sigma=$ ________, $D=\{(x,y)\mid x^2+y^2\leqslant 1\}$.

3. 设平面区域 D 为圆周 $r=2a\cos\theta$ 与圆周 $r=2a\sin\theta$ 所围的公共区域($a>0$ 常数),则 $\iint\limits_{D}f(r\cos\theta, r\sin\theta)\,r\mathrm{d}r\mathrm{d}\theta=$ ________.

4. 设平面区域 D 关于 y 轴对称,且 $f(-x,y)=-f(x,y)$,则 $\iint\limits_{D}f(x,y)\,\mathrm{d}\sigma=$ ________.

5. $\lim\limits_{t\to 0}\iint\limits_{D}\ln(x^2+y^2)\,\mathrm{d}\sigma=$ ________, $D=\{(x,y)\mid t^2\leqslant x^2+y^2\leqslant 1\}$.

二、单项选择

1. 设积分区域 D 关于 x 轴和 y 轴都对称，则 $\iint\limits_D f(x,y)\,\mathrm{d}\sigma=$（　　）.

A. 0　　B. $2\iint\limits_{\frac{D}{2}} f(x,y)\,\mathrm{d}\sigma$　　C. $2\iint\limits_{\frac{D}{4}} f(x,y)\mathrm{d}\sigma$　　D. 无法确定

2. 设 $D=\{(x,y)\mid x^2+y^2\leqslant a^2\}$，则 $\iint\limits_D f(\sqrt{x^2+y^2})\,\mathrm{d}\sigma=$（　　）.

A. $\iint\limits_D f(a)\,r\mathrm{d}r\mathrm{d}\theta$　　B. $\iint\limits_D f(r)\,r\mathrm{d}r\mathrm{d}\theta$

C. $\iint\limits_D f(a)\,a\mathrm{d}r\mathrm{d}\theta$　　D. $f(r)\pi a^2$

3. 设 $f(x,y)$ 在闭区域 D：$\{(x,y)\mid x^2+y^2\leqslant t^2\}$ 上连续，则 $\lim\limits_{t\to 0}\dfrac{1}{\pi t^2}\iint\limits_D f(x,y)\,\mathrm{d}\sigma=$（　　）.

A. 0　　B. $f(\xi,\eta)$，其中 $(\xi,\eta)\in D$

C. ∞　　D. $f(0,0)$

4. 设 $D=\{(x,y)\mid 0\leqslant y\leqslant x,\ 0\leqslant x\leqslant \pi\}$，则 $\iint\limits_D \sqrt{1-\sin^2 x}\,\mathrm{d}\sigma=$（　　）.

A. $\dfrac{\pi}{2}$　　B. π　　C. 2　　D. 0

三、计算题

1. 设平面区域 D 为 $x^2+y^2\leqslant 1$，$x^2+(y-1)^2\leqslant 1$ 的公共部分，把 $\iint\limits_D f(x,y)\,\mathrm{d}\sigma$ 化为极坐标系下的累次积分.

2. 改变累次积分的积分次序.

(1) $\int_1^2 \mathrm{d}y\int_{2-y}^{\sqrt{2y-y^2}} f(x,y)\mathrm{d}x$；

(2) $\int_1^2 \mathrm{d}x\int_{2\sqrt{1-x}}^{\sqrt{4-x^2}} f(x,y)\mathrm{d}y+\int_1^2 \mathrm{d}x\int_0^{\sqrt{4-x^2}} f(x,y)\mathrm{d}y$.

3. 计算 $\iint\limits_D \sqrt{a^2-x^2-y^2}\,\mathrm{d}\sigma$　（$a>0$ 常数），　$D=\{(x,y)\mid x^2+y^2\leqslant ax\}$.

4. 计算 $\iint\limits_D \sqrt{x^2+y^2}\,\mathrm{d}\sigma$，$D$ 是由 $y=x$，$y=x^4\ (x\geqslant 0)$ 所围.

5. 计算 $\iint\limits_D (x+y)^2\,\mathrm{d}\sigma$，$D=\{(x,y)\mid |x|+|y|\leqslant 1\}$.

6. 求由旋转抛物面 $z=6-x^2-y^2$ 与上半锥面 $z=\sqrt{x^2+y^2}$ 所围空间区域的体积.

第十二章　三重积分

> 研究数学如同研究其他科学一样，当明白自己陷入某种不可思议的状态时，往往离新发现只剩一半的路程了。
>
> 德国数学家　狄利克雷(1805—1859)
>
> 数学与诗歌都具有永恒的性质。历史上，诗歌使得通常的交际语言完美，而数学则在创造描述精确思想的语言中起了主要作用。
>
> 美国数学家　卡迈克尔(R. D. CarmicHeal, 1879—1967)

与二元函数的二重积分相类以，为了解决定义在空间有界闭区域 V 上非均匀分布的可加量的和式极限问题，需要引进定义在空间有界闭区域上的三元函数的积分，称为三重积分. 本章将介绍三重积分的概念、性质、计算方法及一些应用.

第一节　三重积分的概念及性质

一、三重积分的概念

首先看一个实际例子，然后从中抽象出三重积分的定义.

密度分布非均匀的立体的质量.

设有一个空间体 Ω(如图 12-1 所示)，密度分布非均匀，它在点 $P(x,y,z)$ 的体密度为 $\mu(x,y,z)$，下面计算该物体的质量 M.

由于密度分布非均匀，不能用质量等于体密度乘以体积的计算公式. 我们可用类似于处理平面薄片质量的方法来计算. 由于质量具有可加性，所以可用以下方法计算：

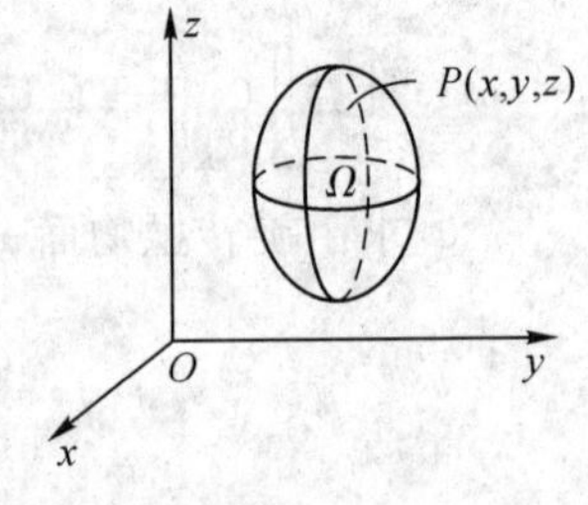

图 12-1

1. 分割：把空间体 Ω 任意分割成 n 个彼此无公共内点的小空间体 $\Delta V_1,\Delta V_2,\cdots,\Delta V_n$，仍以 $\Delta V_i(i=1,2,\cdots,n)$ 表示小空间体的体积. 以 d_i 表示 ΔV_i 的直径(ΔV_i 内任意两点间距离的最大者).

2. 近似：由于 d_i 很小，ΔV_i 中的各点密度变化不大，这些小块可近似看作均匀体，即以常数密度代替非均匀密度. 在 ΔV_i 上任取点$P_i(\xi_i,\eta_i,\zeta_i)$，以该点的密度作近似值，即$\mu(\xi_i,\eta_i,\zeta_i)\Delta V_i$可作为第$i$个小块的质量近似值. 这样得到$\Delta V_i$的质量$\Delta M_i$的近似值为

$$\Delta M_i \approx \mu(\xi_i,\eta_i,\zeta_i)\Delta V_i \qquad (i=1,2,\cdots,n).$$

3. 求和：于是该空间体的质量为

$$M=\sum_{i=1}^{n}\Delta M_i \approx \sum_{i=1}^{n}\mu(\xi_i,\eta_i,\zeta_i)\Delta V_i.$$

4. 取极限：记$\lambda=\max\limits_{1\leqslant i\leqslant n}\{d_i\}$，当$\lambda\to 0$时，上述和式的极限就称为该空间体的质量$M$，即

$$M=\lim_{\lambda\to 0}\sum_{i=1}^{n}\mu(\xi_i,\eta_i,\zeta_i)\Delta V_i.$$

上述物理问题，可归结为所求量的极限问题，归结为三元函数$\mu(x,y,z)$在空间有界闭区域Ω上的和式的极限. 在实际问题中，有很多量都可归结为上述和式的极限，它们就是三重积分的背景. 因此我们要研究一般情况下的和式的极限，并抽象出下述的三重积分的定义.

定义 12.1　设$f(x,y,z)$是定义在空间有界闭区域Ω上的有界函数，把闭区域Ω任意分成n个(彼此无公共内点)小闭区域$\Delta V_1,\Delta V_2,\cdots,\Delta V_n$，仍以$\Delta V_i(i=1,2,\cdots,n)$表示该小区域的体积，记$\lambda=\max\limits_{1\leqslant i\leqslant n}\{\Delta V_i\text{的直径}\}$. 在每个$\Delta V_i$上任取一点$P_i(\xi_i,\eta_i,\zeta_i)$，作该点的函数值与$\Delta V_i$的乘积$f(\xi_i,\eta_i,\zeta_i)\Delta V_i$，并作和式

$$\sum_{i=1}^{n}f(\xi_i,\eta_i,\zeta_i)\Delta V_i,$$

当$\lambda\to 0$时，若上述和式的极限存在，且此极限与区域Ω的分法及点$P_i(\xi_i,\eta_i,\zeta_i)$在$\Delta V_i$上取法无关，则称此极限为函数$f(x,y,z)$在空间闭区域$\Omega$上的**三重积分**，记为$\iiint\limits_{\Omega}f(x,y,z)\mathrm{d}V$，即

$$\lim_{\lambda\to 0}\sum_{i=1}^{n}f(\xi_i,\eta_i,\zeta_i)\Delta V_i=\iiint\limits_{\Omega}f(x,y,z)\mathrm{d}V.$$

其中$f(x,y,z)$称为**被积函数**，$f(x,y,z)\mathrm{d}V$称为**被积表达式**，$\mathrm{d}V$称为**体积元素**，x、y、z称为**积分变量**，Ω称为**积分区域**.

与二重积分理论类似，可以证明若$f(x,y,z)$在有界闭区域Ω上连续，则三重积分必存在，或者说$f(x,y,z)$在Ω上必可积，同样除特别声明外，总假定$f(x,y,z)$在Ω上是连续的.

如果三维空间的物体占有空间闭区域Ω，且函数$f(x,y,z)\equiv 1$，则三重积分$\iiint\limits_{\Omega}f(x,y,z)\mathrm{d}V$的值在数值上等于该空间物体的体积$V$，即

$$\iiint\limits_{\Omega}f(x,y,z)\mathrm{d}V=\iiint\limits_{\Omega}1\mathrm{d}V=V(\text{闭区域}\,\Omega\,\text{的体积}).$$

如果三维空间的物体占有空间闭区域Ω，且连续函数$f(x,y,z)$是它的密度函数，则三重积分$\iiint\limits_{\Omega}f(x,y,z)\mathrm{d}V$的物理意义就是该空间物体的总质量$M$，

$$\iiint\limits_{\Omega}f(x,y,z)\mathrm{d}V=M.$$

二、三重积分的性质

由于三重积分的定义与二重积分的定义相类似，所以二重积分的性质可推广到三重积分，可以证明三重积分有以下的性质：

设 $f(x,y,z)$，$g(x,y,z)$ 为定义在空间有界闭区域 Ω 上的可积函数.

性质 1 （线性性质）设 k_1，k_2 为常数，则

$$\iiint_{\Omega}[k_1 f(x,y,z)+k_2 g(x,y,z)]\mathrm{d}V = k_1\iiint_{\Omega} f(x,y,z)\mathrm{d}V + k_2\iiint_{\Omega} g(x,y,z)\mathrm{d}V.$$

性质 2 （区域可加性）设 $\Omega_1 \cup \Omega_2 = \Omega$，且 Ω_1，Ω_2 无公共内点，则

$$\iiint_{\Omega} f(x,y,z)\mathrm{d}V = \iiint_{\Omega_1} f(x,y,z)\mathrm{d}V + \iiint_{\Omega_2} f(x,y,z)\mathrm{d}V.$$

性质 3 （不等式）若在 Ω 上，有 $f(x,y,z)\geqslant 0$，则有

$$\iiint_{\Omega} f(x,y,z)\mathrm{d}V \geqslant 0.$$

推论 1 $\left|\iiint_{\Omega} f(x,y,z)\mathrm{d}V\right| \leqslant \iiint_{\Omega}|f(x,y,z)|\mathrm{d}V.$

推论 2 若在 Ω 上，有 $f(x,y,z)\leqslant g(x,y,z)$，则有

$$\iiint_{\Omega} f(x,y,z)\mathrm{d}V \leqslant \iiint_{\Omega} g(x,y,z)\mathrm{d}V.$$

性质 4 设 M，m 分别表示函数 $f(x,y,z)$ 在有界闭区域 Ω 上的最大值和最小值，则

$$mV \leqslant \iiint_{\Omega} f(x,y,z)\mathrm{d}V \leqslant MV,$$ 其中 V 表示区域 Ω 的体积.

性质 5 （中值定理）设 $f(x,y,z)$ 在 Ω 上连续，则在 Ω 上至少存在一点 (ξ,η,ζ)，使得

$$\iiint_{\Omega} f(x,y,z)\mathrm{d}V = f(\xi,\eta,\zeta)\cdot V.$$

仿照定积分的微元法，我们这里也简要地给出三重积分的微元法说明：

一个具有可加性的量 K（例如物质体的质量）若只与空间有界闭区域 Ω 及连续函数 $f(x,y,z)$ 有关，且 K 对应体积微元 $\mathrm{d}V\subset\Omega$ 上的分量可近似地表达成 $\mathrm{d}K = f(x,y,z)\mathrm{d}V$，这里 (x,y,z) 是 $\mathrm{d}V$ 内的任意一点（$\mathrm{d}V$ 既表示体积微元，也表示空间微区域），则量 K 可用三重积分表示为

$$K = \iiint_{\Omega} f(x,y,z)\mathrm{d}V.$$

第二节 三重积分在直角坐标系中的计算法

一、三重积分在直角坐标系下的表示

由三重积分的定义

$$\iiint_{\Omega} f(x,y,z)\mathrm{d}V = \lim_{\lambda\to 0}\sum_{i=1}^{n} f(\xi_i,\eta_i,\zeta_i)\Delta V_i,$$

由于 $f(x,y,z)$ 在 Ω 上可积，因此积分与区域 Ω 的分割无关，现采用如下分割法：分别用平行于 xOy 平面和平行于 yOz 平面及用平行于 zOx 平面的平面进行分割，将区域 Ω 分成 n 个小的空间区域，其中规则小区域（小长方体）（图 12-2）的体积 $\Delta V_i = \Delta x_i \cdot \Delta y_i \cdot \Delta z_i$，由此，可以证明：

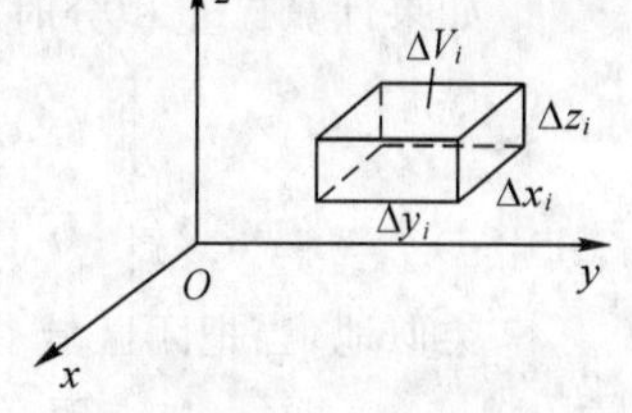

图 12-2

$$\iiint_{\Omega} f(x,y,z)\mathrm{d}V = \lim_{\lambda\to 0}\sum_{i=1}^{n} f(\xi_i,\eta_i,\zeta_i)\Delta V_i$$

$$= \lim_{\lambda\to 0}\sum_{i=1}^{n} f(\xi_i,\eta_i,\zeta_i)\Delta x_i \Delta y_i \Delta z_i = \iiint_{\Omega} f(x,y,z)\mathrm{d}x\mathrm{d}y\mathrm{d}z.$$

上述右端的表达式中的 $\mathrm{d}x\mathrm{d}y\mathrm{d}z$ 称为三重积分在直角坐标系中的体积元素，三重积分是三元函数 $f(x,y,z)$ 在空间闭区域 Ω 上的积分，对它的计算可设法化为累次积分，即化为一个定积分和一个二重积分或三个定积分进行计算，有如下方法计算三重积分.

二、三重积分在直角坐标系下的计算法

1. 投影法

如图 12-3 所示，设平行于 Oz 轴且穿过闭区域 Ω 内部的直线与闭区域 Ω 的边界面交点不多于两点. 把 Ω 投影到 xOy 平面上的平面区域记为 D_{xy}，以 D_{xy} 的边界为准线作母线平行于 Oz 轴的柱面. 这个柱面与 Ω 的边界曲面的交线，把 Ω 的边界曲面分为上、下两部分，它们的方程分别为

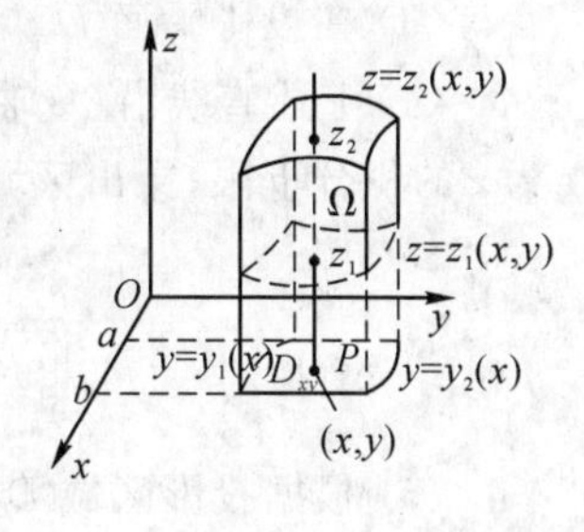

图 12-3

S_2：　$z = z_2(x,y)$，

S_1：　$z = z_1(x,y)$，$(z_1(x,y) \leqslant z_2(x,y))$，

其中 $z_1(x,y)$，$z_2(x,y)$ 都是 D_{xy} 上的连续函数. 在 D_{xy} 内任取点 (x,y) 作与 Oz 轴平行的直线，此直线沿 Oz 轴的正向穿越 Ω，从 S_1 穿入 Ω，然后由 S_2 穿出 Ω，穿入点与穿出点的竖坐标分别为 $z_1(x,y)$，$z_2(x,y)$. 由此有

$$\Omega = \{(x,y,z) \mid z_1(x,y) \leqslant z \leqslant z_2(x,y) \quad (x,y) \in D_{xy}\}.$$

先将 x，y 看作定值，把 $f(x,y,z)$ 看作 z 的函数，在区间 $[z_1(x,y), z_2(x,y)]$ 对 z 积分，然后对该积分值在闭区域 D_{xy} 上二重积分，则有

$$\iiint_{\Omega} f(x,y,z)\mathrm{d}V = \iint_{D_{xy}} \left[\int_{z_1(x,y)}^{z_2(x,y)} f(x,y,z)\mathrm{d}z\right] \mathrm{d}\sigma. \tag{12.1}$$

(12.1) 式就是把三重积分化为先对 z 的定积分后对 x，y 进行二重积分的计算公式.

如果计算二重积分时，先对 y 积分后对 x 积分，则由图 12-3 即可将三重积分化成如下的累次积分：

$$\iiint_{\Omega} f(x,y,z)\mathrm{d}V = \int_a^b \mathrm{d}x \int_{y_1(x)}^{y_2(x)} \mathrm{d}y \int_{z_1(x,y)}^{z_2(x,y)} f(x,y,z)\mathrm{d}z, \tag{12.2}$$

其中 $D_{xy} = \{(x,y) \mid y_1(x) \leqslant y \leqslant y_2(x),\ a \leqslant x \leqslant b\}$.

类似地，当把闭区域 Ω 投影到 yOz 平面上时，相应的三重积分可化为累次积分：

$$\iiint_{\Omega} f(x,y,z)\mathrm{d}V = \iint_{D_{yz}} \left[\int_{x_1(y,z)}^{x_2(y,z)} f(x,y,z)\mathrm{d}x\right] \mathrm{d}\sigma.$$

如果计算二重积分时,先对 z 积分后对 y 积分,则可将三重积分化成如下的累次积分:

$$\iiint\limits_{\Omega} f(x,y,z)\mathrm{d}V=\int_c^d \mathrm{d}y\int_{z_1(y)}^{z_2(y)}\mathrm{d}z\int_{x_1(y,z)}^{x_2(y,z)} f(x,y,z)\mathrm{d}x, \tag{12.3}$$

其中 $D_{yz}=\{(y,z)\,|\,z_1(y)\leqslant z\leqslant z_2(y),\ c\leqslant y\leqslant d\}$.

类似地,当把闭区域 Ω 投影到 zOx 平面上时,相应的三重积分可化为累次积分:

$$\iiint\limits_{\Omega} f(x,y,z)\mathrm{d}V=\iint\limits_{D_{zx}}\left[\int_{y_1(z,x)}^{y_2(z,x)} f(x,y,z)\mathrm{d}y\right]\mathrm{d}\sigma.$$

如果计算二重积分时,先对 x 积分后对 z 积分,则可将三重积分化成如下的累次积分:

$$\iiint\limits_{\Omega} f(x,y,z)\mathrm{d}V=\int_{\mathrm{e}}^f \mathrm{d}z\int_{x_1(z)}^{x_2(z)}\mathrm{d}x\int_{y_1(z,x)}^{y_2(z,x)} f(x,y,z)\mathrm{d}y, \tag{12.4}$$

其中 $D_{zx}=\{(z,x)\,|\,x_1(z)\leqslant x\leqslant x_2(z),\ \mathrm{e}\leqslant z\leqslant f\}$.

上述方法称为投影法,因此我们得到:直角坐标系下投影法计算三重积分的步骤:

(1) 根据题目所给的条件画出空间积分区域图;

(2) 将该图形投影到相应的坐标平面上(一般投影到 xOy 平面上,并记为 D_{xy});

(3) 在投影平面 D_{xy} 内作平行于 Oz 轴的直线;

(4) 上述直线沿 Oz 轴正向由小到大穿越积分区域,进入区域的曲面 $S_1: z=z_1(x,y)$ 作为 z 的积分下限,穿出区域的曲面 $S_2: z=z_2(x,y)$ 作为 z 的积分上限,并写出如下积分表达式:

$$\iiint\limits_{\Omega} f(x,y,z)\mathrm{d}V=\iint\limits_{D_{xy}}\left[\int_{z_1(x,y)}^{z_2(x,y)} f(x,y,z)\mathrm{d}z\right]\mathrm{d}\sigma;$$

(5) 根据投影区域 D_{xy},写出如下积分表达式:

$$\iiint\limits_{\Omega} f(x,y,z)\mathrm{d}V=\int_a^b \mathrm{d}x\int_{y_1(x)}^{y_2(x)}\mathrm{d}y\int_{z_1(x,y)}^{z_2(x,y)} f(x,y,z)\mathrm{d}z;$$

(6) 计算上述累次积分的值.

【例 1】 计算 $\iiint\limits_{\Omega}(x+y+z)\mathrm{d}V$,其中

$\Omega=\{(x,y,z)\,|\,0\leqslant x\leqslant a, 0\leqslant y\leqslant b, c\leqslant z\leqslant d\}$.

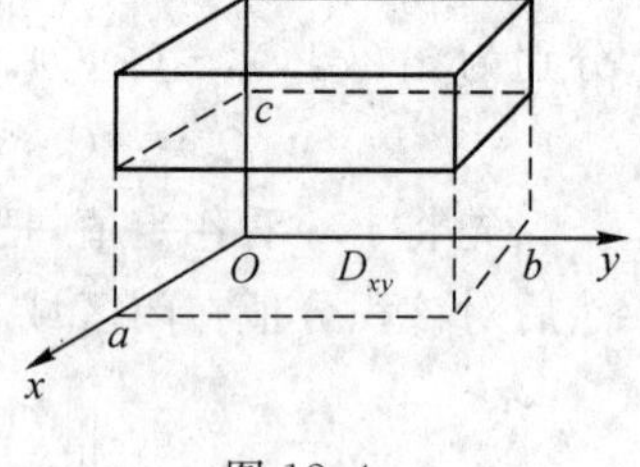

图 12-4

解 Ω 的形状如图 12-4 所示.

$\Omega=\{(x,y,z)\,|\,0\leqslant x\leqslant a, 0\leqslant y\leqslant b, c\leqslant z\leqslant d\}$,

$D_{xy}=\{(x,y)\,|\,0\leqslant x\leqslant a,\ 0\leqslant y\leqslant b\}$.

在投影平面 D_{xy} 内作平行于 Oz 轴的直线,该直线沿 Oz 轴正向由小到大穿越积分区域,进入区域 Ω 的曲面 $S_1: z=c$ 作为 z 的积分下限,穿出区域 Ω 的曲面 $S_2: z=d$ 作为 z 的积分上限,原积分可表示为

$$\iiint\limits_{\Omega}(x+y+z)\mathrm{d}V=\iint\limits_{D_{xy}}\left[\int_c^d (x+y+z)\mathrm{d}z\right]\mathrm{d}\sigma.$$

再根据 D_{xy} 写出累次积分:

$$\begin{aligned}\iiint\limits_{\Omega}(x+y+z)\mathrm{d}V&=\iint\limits_{D_{xy}}\left(\int_c^d (x+y+z)\mathrm{d}z\right)\mathrm{d}\sigma\\&=\int_0^a \mathrm{d}x\int_0^b \mathrm{d}y\int_c^d (x+y+z)\mathrm{d}z\end{aligned}$$

$$= (d-c)\int_0^a \mathrm{d}x\int_0^b \left(x+y+\frac{1}{2}(c+d)\right)\mathrm{d}y$$

$$= (d-c)b\int_0^a \left(x+\frac{1}{2}b+\frac{1}{2}(c+d)\right)\mathrm{d}x$$

$$= \frac{1}{2}(d-c)ab(a+b+c+d).$$

【例 2】 计算 $\iiint\limits_{\Omega} x\,\mathrm{d}V$，其中 Ω 是平面 $x+2y+z=1$ 与三个坐标平面所围.

解 Ω 的图形如图 12-5 所示.

$$\Omega = \left\{(x,y,z)\,\middle|\, 0\leqslant z\leqslant 1-x-2y,\ 0\leqslant y\leqslant \frac{1}{2}(1-x), 0\leqslant x\leqslant 1\right\},$$

$$D_{xy} = \left\{(x,y)\,\middle|\, 0\leqslant y\leqslant \frac{1}{2}(1-x),\ 0\leqslant x\leqslant 1\right\},$$

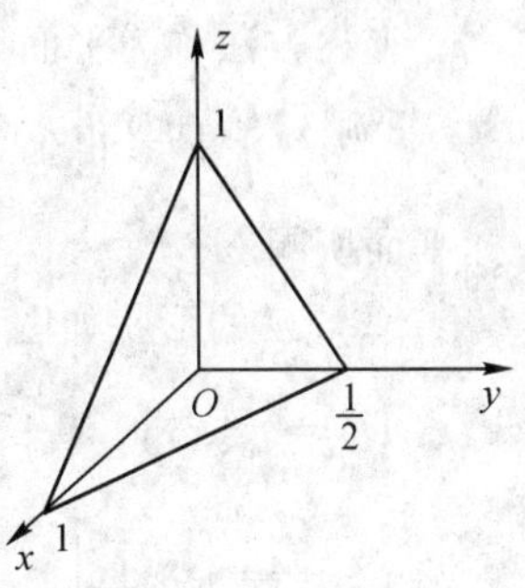

图 12-5

在投影平面 D_{xy} 内作平行于 Oz 轴的直线，该直线沿 Oz 轴正向由小到大穿越积分区域，进入区域 Ω 的曲面 $S_1: z=0$，作为 z 的积分下限，穿出区域 Ω 的曲面 $S_2: z=1-x-2y$，作为 z 的积分上限，原积分可表示为

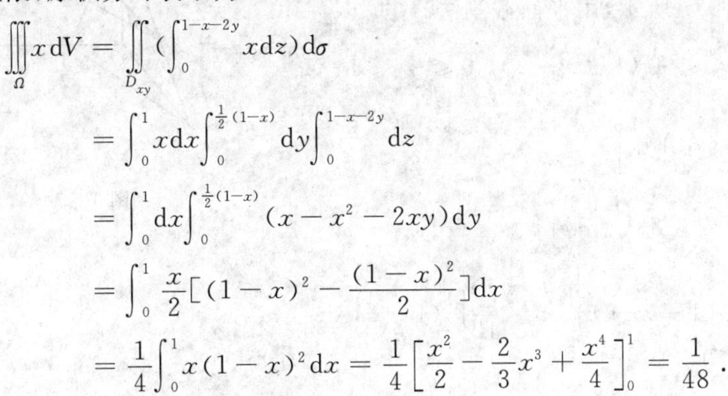

$$\iiint\limits_{\Omega} x\,\mathrm{d}V = \iint\limits_{D_{xy}} \left(\int_0^{1-x-2y} x\,\mathrm{d}z\right)\mathrm{d}\sigma$$

$$= \int_0^1 x\,\mathrm{d}x\int_0^{\frac{1}{2}(1-x)} \mathrm{d}y\int_0^{1-x-2y} \mathrm{d}z$$

$$= \int_0^1 \mathrm{d}x\int_0^{\frac{1}{2}(1-x)} (x-x^2-2xy)\,\mathrm{d}y$$

$$= \int_0^1 \frac{x}{2}\left[(1-x)^2-\frac{(1-x)^2}{2}\right]\mathrm{d}x$$

$$= \frac{1}{4}\int_0^1 x(1-x)^2\,\mathrm{d}x = \frac{1}{4}\left[\frac{x^2}{2}-\frac{2}{3}x^3+\frac{x^4}{4}\right]_0^1 = \frac{1}{48}.$$

另解 本题也可向 yOz 平面投影，

$$D_{yz} = \left\{(y,z)\,\middle|\, 0\leqslant z\leqslant 1-2y,\ 0\leqslant y\leqslant \frac{1}{2}\right\}.$$

在投影平面 D_{yz} 内作平行于 Ox 轴的直线，该直线沿 Ox 轴正向由小到大穿越积分区域，进入区域 Ω 的曲面 $S_1: x=0$ 作为 x 的积分下限，穿出区域 Ω 的曲面 $S_2: x=1-2y-z$ 作为 x 的积分上限，由(12.3)式，原积分可表示为

$$\iiint\limits_{\Omega} x\,\mathrm{d}V = \iint\limits_{D_{yz}} \left(\int_0^{1-2y-z} x\,\mathrm{d}x\right)\mathrm{d}\sigma = \int_0^{\frac{1}{2}} \mathrm{d}y\int_0^{1-2y} \mathrm{d}z\int_0^{1-2y-z} x\,\mathrm{d}x$$

$$= \frac{1}{2}\int_0^{\frac{1}{2}} \mathrm{d}y\int_0^{1-2y} (1-2y-z)^2\,\mathrm{d}z = \frac{1}{6}\int_0^{\frac{1}{2}} (1-2y)^3\,\mathrm{d}y$$

$$= \frac{-1}{6\times 8}\left[(1-2y)^4\right]_0^{\frac{1}{2}} = \frac{1}{48}.$$

2. 平面截割法

对于 $\iiint\limits_{\Omega} f(x,y,z)\,\mathrm{d}V$，若积分区域 Ω 是介于平面 $z=c$ 和平面 $z=d$ 之间，$z\in[c,d]$(见

图 12-6),用平行于 xOy 平面的平面截割 Ω,所得截面区域为 D_z,若 D_z 为 x- 型区域:$y_1(z,x)\leqslant y\leqslant y_2(z,x),x_1(z)\leqslant x\leqslant x_2(z)$,记:

$\iint\limits_{D_z}f(x,y,z)\mathrm{d}\sigma\overset{\Delta}{=}g(z)$,则有

$$\begin{aligned}\iiint\limits_{\Omega}f(x,y,z)\mathrm{d}V&=\int_c^d g(z)\mathrm{d}z\\&=\int_c^d\Big[\iint\limits_{D_z}f(x,y,z)\mathrm{d}\sigma\Big]\mathrm{d}z\\&=\int_c^d\mathrm{d}z\iint\limits_{D_z}f(x,y,z)\mathrm{d}\sigma\\&=\int_c^d\mathrm{d}z\int_{x_1(z)}^{x_2(z)}\mathrm{d}x\int_{y_1(z,x)}^{y_2(z,x)}f(x,y,z)\mathrm{d}y.\end{aligned}$$

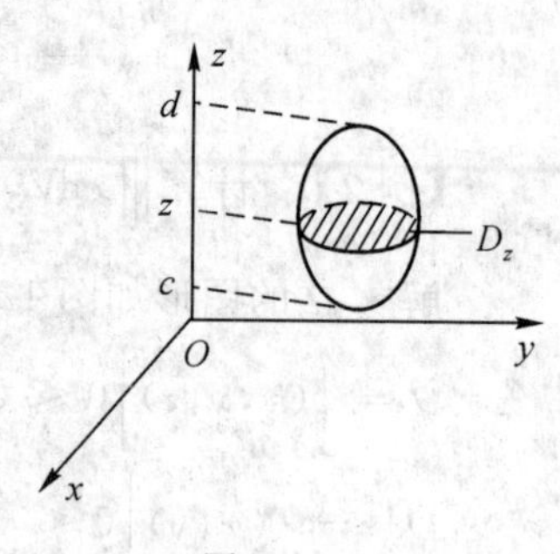

图 12-6

上述方法称为平面截割法.

【例 3】　计算 $\iiint\limits_{\Omega}x\,\mathrm{d}V$,其中 Ω 是平面 $x+2y+z=1$ 与三个坐标平面所围.

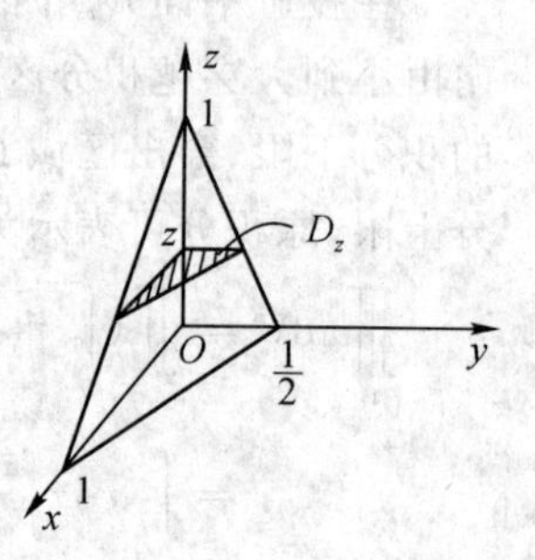

图 12-7

解　Ω 的形状如图 12-7 所示,用平面截割法.

$$D_z=\left\{(x,y)\,\middle|\,0\leqslant y\leqslant\frac{1}{2}(1-x-z),\ 0\leqslant x\leqslant 1-z\right\},$$

$$g(z)=\int_0^{1-z}\mathrm{d}x\int_0^{\frac{1}{2}(1-z-x)}x\mathrm{d}y,$$

$$\begin{aligned}\iiint\limits_{\Omega}x\,\mathrm{d}V&=\int_0^1\mathrm{d}z\iint\limits_{D_z}x\,\mathrm{d}\sigma=\int_0^1\mathrm{d}z\int_0^{1-z}\mathrm{d}x\int_0^{\frac{1}{2}(1-z-x)}x\mathrm{d}y\\&=\int_0^1\mathrm{d}z\int_0^{1-z}\frac{x}{2}(1-z-x)\mathrm{d}x=\frac{1}{12}\int_0^1(1-z)^3\mathrm{d}z=\frac{1}{48}.\end{aligned}$$

第三节　三重积分在柱面坐标系中的计算法

我们已经介绍了三重积分在直角坐标系下的计算方法. 为方便计算三重积分,本节将进一步介绍三重积分在柱面坐标系下的计算方法,它的适用范围是根据积分区域与被积函数的特点来确定的,与二重积分在直角坐标系或极坐标系下的两种计算方法相类似.

一、三重积分在柱面坐标系下的表示

1. 柱面坐标系

柱面坐标系可以说是由 xOy 平面中的极坐标与空间直角坐标系中的 Oz 轴相结合而成的坐标系. 设 $M(x,y,z)$ 为直角坐标系中一点,设 M 到 xOy 的投影点为 $M'(x,y,0)$,将直角坐标 (x,y) 变换为极坐标 (r,θ),则 $M'(x,y,0)$ 点的坐标为 $M'(r,\theta,0)$,$M(x,y,z)$ 点的坐标为 $M(r,\theta,z)$,则有序数组 (r,θ,z) 称为 M 点的柱面坐标(如图 12-8 所示),并规定:

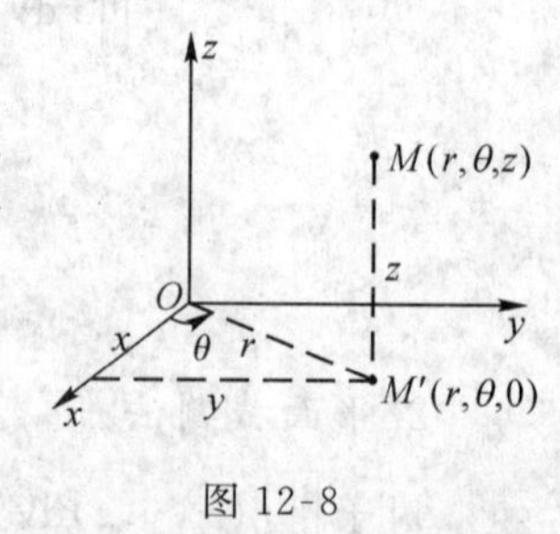

图 12-8

$$0\leqslant r<+\infty, 0\leqslant\theta\leqslant 2\pi(\text{或}-\pi\leqslant\theta\leqslant\pi), -\infty<z<+\infty.$$

点 M 的直角坐标 (x,y,z) 与柱面坐标 (r,θ,z) 之间的关系为

$$\begin{cases}x=r\cos\theta,\\ y=r\sin\theta,\\ z=z.\end{cases}$$

令 r,θ,z 分别取常数值时，得

$r=$ 常数，表示一族以 Oz 轴为对称轴的圆柱面；

$\theta=$ 常数，表示一族一边在 Oz 轴上的半平面；

$z=$ 常数，表示一族垂直于 Oz 轴的平面.

上述三族曲面称为柱面坐标系中的坐标曲面.

2. 从直角坐标到柱面坐标系的换元公式

下面求柱面坐标系下的体积元素 $\mathrm{d}V$. 设 Ω 是空间有界闭区域，$r=$ 常数，$\theta=$ 常数，$z=$ 常数的曲面族可将 Ω 分成许多小闭区域，除了含 Ω 的边界点的一些不规则小闭区域外，其他小闭区域都是有规则的小柱体.

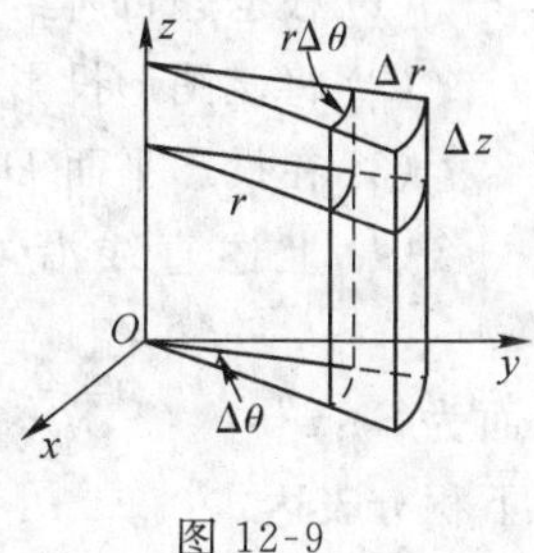

图 12-9

考虑 r,θ,z 各取微小增量 $\Delta r,\Delta\theta,\Delta z$ 所成的柱体体积，如图 12-9 所示，则有规则的小柱体是以扇形面为底面. 以扇形边界线为准线、以 Δz 为高的小柱体，该体积等于高与底面积的乘积，即

$$\Delta V=\text{底面积}\times\text{高}=[\frac{1}{2}(r+\Delta r)^2\Delta\theta-\frac{1}{2}r^2\Delta\theta]\Delta z=(r+\frac{1}{2}\Delta r)\Delta r\Delta\theta\Delta z.$$

略去关于 Δr 的高阶无穷小，底面积不计高阶无穷小时为 $r\Delta\theta\Delta r$（即极坐标系中的面积元素），于是得柱面坐标系下的体积元素 $\Delta V\approx r\Delta\theta\Delta r\Delta z$，即

$$\mathrm{d}V=r\mathrm{d}\theta\mathrm{d}r\mathrm{d}z\ .$$

从而得三重积分从直角坐标到柱面坐标的换元公式为

$$\iiint\limits_{\Omega}f(x,y,z)\mathrm{d}V=\lim_{\lambda\to0}\sum_{i=1}^{n}f(\xi_i,\eta_i,\zeta_i)\Delta V_i$$

$$=\lim_{\lambda\to0}\sum_{i=1}^{n}f(r\cos\theta,r\sin\theta,z)r\Delta r\Delta\theta\Delta z=\iiint\limits_{\Omega^*}f(r\cos\theta,r\sin\theta,z)r\mathrm{d}r\mathrm{d}\theta\mathrm{d}z.\tag{12.5}$$

其中 Ω 在柱面坐标下的区域记为 Ω^*，从公式(12.5)可以看出，在把直角坐标的三重积分化为柱面坐标的三重积分时，只要把 x 换成 $r\cos\theta$，y 换成 $r\sin\theta$，z 不变，再把体积元素 $\mathrm{d}V$ 换成 $r\mathrm{d}r\mathrm{d}\theta\mathrm{d}z$ 即可.

3. 柱面坐标系中的累次积分公式

在柱面坐标系下计算三重积分，通常是将该三重积分化成先对 z 积分，其次对 r，最后对 θ 的累次积分. 一般说来，凡是投影区域(在 xOy 平面)适合于用极坐标表示的，就适合于用柱面坐标进行计算.

上述(12.5)式右端积分区域 Ω^* 要用柱面坐标 r,θ,z 来表达，

$$\Omega^*=\{(r,\theta,z)\,|\,z_1(r,\theta)\leqslant z\leqslant z_2(r,\theta), r_1(\theta)\leqslant r\leqslant r_2(\theta), \alpha\leqslant\theta\leqslant\beta\},$$

则三重积分表示为

$$\iiint\limits_{\Omega} f(x,y,z)\mathrm{d}V = \iiint\limits_{\Omega^*} f(r\cos\theta, r\sin\theta, z) r\mathrm{d}r\mathrm{d}\theta\mathrm{d}z$$

$$= \int_{\alpha}^{\beta}\mathrm{d}\theta\int_{r_1(\theta)}^{r_2(\theta)} r\mathrm{d}r\int_{z_1(r,\theta)}^{z_2(r,\theta)} f(r\cos\theta, r\sin\theta, z)\mathrm{d}z, \tag{12.6}$$

上述称为三重积分在柱面坐标中的累次积分公式.

特别地,若 Ω 是圆柱体 $\{(x,y,z)\mid x^2+y^2\leqslant a^2,\ c\leqslant z\leqslant d\}$ 时,有

$$\iiint\limits_{\Omega} f(x,y,z)\mathrm{d}V = \int_0^{2\pi}\mathrm{d}\theta\int_0^{a} r\mathrm{d}r\int_c^d f(r\cos\theta, r\sin\theta, z)\mathrm{d}z.$$

4. 柱面坐标系中的积分步骤

三重积分从直角坐标转换为柱面坐标的一般方法是:

(1) 根据题目所给的条件在直角坐标系中画出空间积分区域图;

(2) 将该图形投影到 xOy 坐标平面上,并记为 D_{xy},并将 D_{xy} 化为极坐标的形式;

(3) 在投影平面 D_{xy} 内作平行于 Oz 轴的直线;

(4) 上述直线沿 Oz 轴正向由小到大穿越积分区域,进入区域 Ω 的曲面为 S_1: $z=z_1(x,y)$,并将 $z=z_1(x,y)$ 化为 $z_1(r\cos\theta,r\sin\theta)$ 作为 z 的积分下限,穿出区域 Ω 的曲面为 S_2: $z=z_2(x,y)$,并将 $z=z_2(x,y)$ 化为 $z_2(r\cos\theta,r\sin\theta)$ 作为 z 的积分上限,并写出如下积分表达式:

$$\iiint\limits_{\Omega} f(x,y,z)\mathrm{d}V = \iint\limits_{D_{xy}}\left[\int_{z_1(x,y)}^{z_2(x,y)} f(x,y,z)\mathrm{d}z\right]\mathrm{d}\sigma = \iint\limits_{D_{xy}}\left[\int_{z_1(r\cos\theta,r\sin\theta)}^{z_2(r\cos\theta,r\sin\theta)} f(r\cos\theta,r\sin\theta,z)\mathrm{d}z\right]\mathrm{d}\sigma;$$

(5) 将投影区域 D_{xy} 化为极坐标,写出柱面坐标下积分表达式:

$$\iiint\limits_{\Omega} f(x,y,z)\mathrm{d}V = \int_{\alpha}^{\beta}\mathrm{d}\theta\int_{r_1(\theta)}^{r_2(\theta)} r\mathrm{d}r\int_{z_1((r\cos\theta,r\sin\theta)}^{z_2(r\cos\theta,r\sin\theta)} f(r\cos\theta,r\sin\theta,z)\mathrm{d}z;$$

(6) 计算上述累次积分的值.

二、三重积分在柱面坐标系下的积分举例

【例 4】 计算 $\iiint\limits_{\Omega}(x^2+y^2)\mathrm{d}V$,其中 Ω 是曲面 $z=x^2+y^2$ 与平面 $z=4$ 所围的空间区域.

解 Ω 在直角坐标系中的图形如图 12-10 所示.

$$\Omega=\{(x,y,z)\mid x^2+y^2\leqslant z\leqslant 4\},$$

该图形在 xOy 坐标平面上的投影 D_{xy},由

$\begin{cases} z=x^2+y^2 \\ z=4 \end{cases}$,消去 z,得投影柱面: $x^2+y^2=4$,所以有

$$D_{xy}=\{(x,y)\mid 0\leqslant x^2+y^2\leqslant 4\}.$$

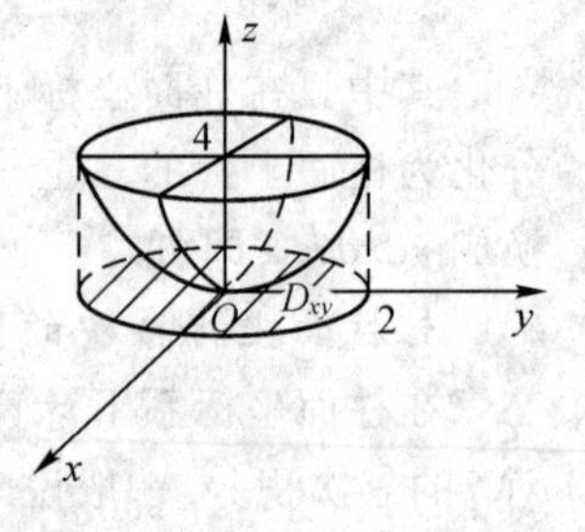

图 12-10

在投影平面 D_{xy} 内作平行于 Oz 轴的直线,上述直线沿 Oz 轴正向由小到大穿越积分区域,进入区域 Ω 的曲面为 S_1: $z=x^2+y^2$,作为 z 的积分下限,穿出区域的曲面为 S_2: $z=4$,作为 z 的积分上限,并将投影区域 D_{xy} 化为极坐标,其柱面坐标下积分表达式为

$$\iiint\limits_{\Omega}(x^2+y^2)\mathrm{d}V = \iint\limits_{D_{xy}}\left[\int_{x^2+y^2}^{4}(x^2+y^2)\mathrm{d}z\right]\mathrm{d}\sigma$$

$$=\int_0^{2\pi}\mathrm{d}\theta\int_0^2 r\mathrm{d}r\int_{r^2}^4 r^2\mathrm{d}z=2\pi\int_0^2 r^3(4-r^2)\mathrm{d}r=\frac{32}{3}\pi.$$

【例 5】 求 $\iiint\limits_{\Omega}\sqrt{x^2+y^2}\,\mathrm{d}V$，其中 Ω 是由抛物面 $z=2-x^2-y^2$ 及平面 $z=0$ 所围成的空间区域.

解　Ω 在直角坐标系中的图形如图 12-11 所示.

$$\Omega=\{(x,y,z)\mid 0\leqslant z\leqslant 2-x^2-y^2\},$$

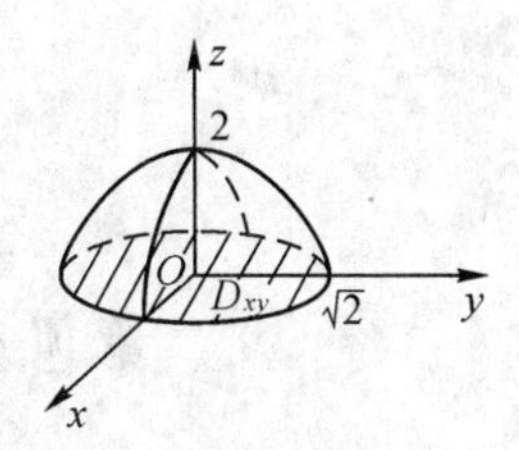

图 12-11

该图形在 xOy 坐标平面上的投影 D_{xy}，由

$\begin{cases}z=0,\\ z=2-x^2-y^2\end{cases}$ 消去 z，得投影柱面：$x^2+y^2=2$，所以有

$$D_{xy}=\{(x,y)\mid 0\leqslant x^2+y^2\leqslant 2\}.$$

在投影平面 D_{xy} 内作平行于 Oz 轴的直线，上述直线沿 Oz 轴正向由小到大穿越积分区域，进入区域的曲面为 $S_1: z=0$，作为 z 的积分下限，穿出区域的曲面为 $S_2: z=2-x^2-y^2$，作为 z 的积分上限，并将投影区域 D_{xy} 化为极坐标，其柱面坐标下积分表达式为

$$\begin{aligned}\iiint\limits_{\Omega}\sqrt{x^2+y^2}\,\mathrm{d}V&=\iint\limits_{D_{xy}}\Big[\int_0^{2-x^2-y^2}\sqrt{x^2+y^2}\,\mathrm{d}z\Big]\mathrm{d}\sigma\\&=\int_0^{2\pi}\mathrm{d}\theta\int_0^{\sqrt{2}} r\mathrm{d}r\int_0^{2-r^2} r\mathrm{d}z\\&=\int_0^{2\pi}\mathrm{d}\theta\int_0^{\sqrt{2}}(2r^2-r^4)\mathrm{d}r\\&=2\pi\Big[\frac{2}{3}r^3-\frac{r^5}{5}\Big]_0^{\sqrt{2}}=\frac{16}{15}\sqrt{2}\pi.\end{aligned}$$

【例 6】 计算 $\iiint\limits_{\Omega}(1+x^2+y^2)\mathrm{d}V$，其中 Ω 为由锥面 $z=\sqrt{x^2+y^2}$ 和平面 $z=h(h>0)$ 所围的空间区域.

解　Ω 在直角坐标系中的图形如图 12-12 所示.

$$\Big\{(x,y,z)\Big|\sqrt{x^2+y^2}\leqslant z\leqslant h\Big\},$$

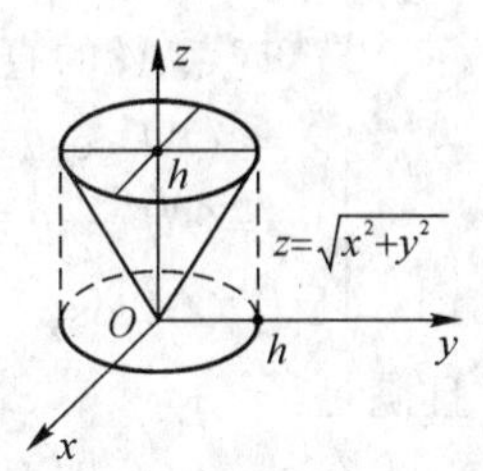

图 12-12

该图形在 xOy 坐标平面上的投影 D_{xy}，由

$\begin{cases}z=\sqrt{x^2+y^2}\\ z=h\end{cases}$，消去 z，得投影柱面：

$x^2+y^2=h^2$，所以有

$$D_{xy}=\{(x,y)\mid 0\leqslant x^2+y^2\leqslant h^2\}.$$

在投影平面 D_{xy} 内作平行于 Oz 轴的直线，上述直线沿 Oz 轴正向由小到大穿越积分区域，进入区域的曲面为 $S_1: z=\sqrt{x^2+y^2}$，作为 z 的积分下限，穿出区域的曲面为 $S_2: z=h$，作为 z 的积分上限，并将投影区域 D_{xy} 化为极坐标 $\{(r,\theta)\mid r\leqslant h, 0\leqslant\theta\leqslant 2\pi\}$，则有

$$\iiint\limits_{\Omega}(1+x^2+y^2)\mathrm{d}V=\iint\limits_{D_{xy}}\Big[\int_{\sqrt{x^2+y^2}}^{h}(1+x^2+y^2)\mathrm{d}z\Big]\mathrm{d}\sigma$$

$$= \iint\limits_{D_{xy}} \left[\int_r^h (1+r^2)\mathrm{d}z\right] \mathrm{d}\sigma$$

$$= \int_0^{2\pi} \mathrm{d}\theta \int_0^h r(1+r^2)\mathrm{d}r \int_r^h \mathrm{d}z$$

$$= 2\pi \int_0^h r(1+r^2)(h-r)\mathrm{d}r$$

$$= 2\pi \left[h\left(\frac{r^2}{2}+\frac{r^4}{4}\right)-\frac{r^3}{3}-\frac{r^5}{5}\right]_0^h$$

$$= \pi\left(\frac{h^3}{3}+\frac{h^5}{10}\right).$$

第四节　三重积分在球面坐标系中的计算法

我们已经介绍了三重积分在直角坐标系和柱面坐标系下的计算方法.为方便计算三重积分,本节将介绍三重积分在球面坐标系下的计算方法,它的适用范围是根据积分区域与被积函数的特点来确定的,利用球面坐标会使有些三重积分计算简便.

一、三重积分在球面坐标系下的表示

1. 球面坐标系

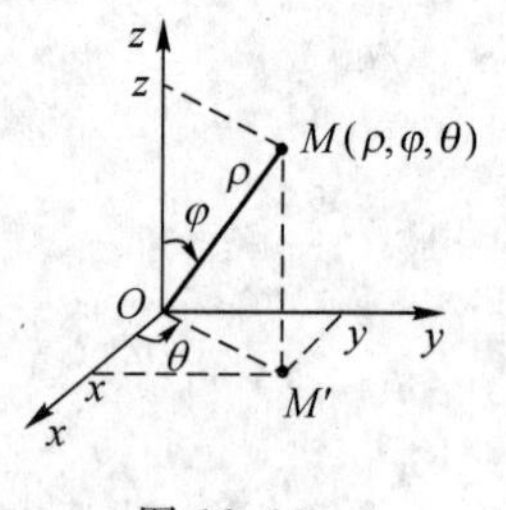

图 12-13

球面坐标可以说是空间极坐标,如图 12-13 所示,设 $M(x,y,z)$ 为直角坐标系中的一点,它在 xOy 平面的投影为 M',它可用下面三个数确定其位置:记 ρ 为原点 O 到点 M 的距离,θ 为从 Oz 轴正方向看自 Ox 轴正向按逆时针旋转到向量$\overrightarrow{OM'}$ 的夹角,φ 为向量$\overrightarrow{OM}$ 与 Oz 轴正方向的夹角,则有序数组 (ρ,φ,θ) 称为点 M 的球面坐标,记为 $M(\rho,\varphi,\theta)$.并规定

$$0 \leqslant \rho < +\infty, 0 \leqslant \varphi \leqslant \pi, 0 \leqslant \theta < 2\pi(\text{或} -\pi \leqslant \theta < \pi).$$

易知,点 M 的直角坐标 (x,y,z) 与球面坐标 (ρ,φ,θ) 的关系为

$$\begin{cases} x = OM'\cos\theta = \rho\sin\varphi\cos\theta, \\ y = OM'\sin\theta = \rho\sin\varphi\sin\theta, \\ z = OM\cos\varphi = \rho\cos\varphi, \end{cases} \quad 0 \leqslant \rho < +\infty, 0 \leqslant \varphi \leqslant \pi, 0 \leqslant \theta < 2\pi(\text{或} -\pi \leqslant \theta < \pi).$$

且满足:$x^2+y^2+z^2 = \rho^2\sin^2\varphi(\cos^2\theta+\cos^2\theta)+\rho^2\cos^2\varphi = \rho^2$.

令 ρ,φ,θ 分别取常数值时,得

$\rho =$ 常数,表示一族中心在原点半径为 ρ 的球面;

$\varphi =$ 常数,表示一族顶点在原点、以 Oz 轴为对称轴、以 2φ 为顶角的圆锥面;

$\theta =$ 常数,表示一族一边在 Oz 轴上的半平面;

上述三族曲面称为球面坐标系中的坐标曲面.

2. 从直角坐标到球面坐标系的换元公式

下面求球面坐标系下的体积元素 $\mathrm{d}V$.

设 Ω 是空间有界闭区域,$\rho =$ 常数、$\varphi =$ 常数、$\theta =$ 常数的曲面族可将 Ω 分成许多小闭区域,除了含 Ω 的边界点的一些不规则小闭区域外,其他小闭区域都近似为小六面体.

考虑 ρ,φ,θ 各取微小增量 $\Delta\rho,\Delta\varphi,\Delta\theta$ 所成的小六面体的体积,不计高阶无穷小量,这小六面体可看作是长方体,如图 12-14 所示,这小长方体相邻三条棱的长分别为:$\Delta\rho,\rho\Delta\varphi,\rho\sin\varphi\Delta\theta$,于是此小长方体的体积为 $\Delta V\approx\rho^2\sin\varphi\Delta\rho\Delta\varphi\Delta\theta$,由此得球面坐标系下的体积元素 $\mathrm{d}V=\rho^2\sin\varphi\mathrm{d}\rho\mathrm{d}\varphi\mathrm{d}\theta$,再用直角坐标与球面坐标的变换,得三重积分从直角坐标变换为球面坐标的换元公式为

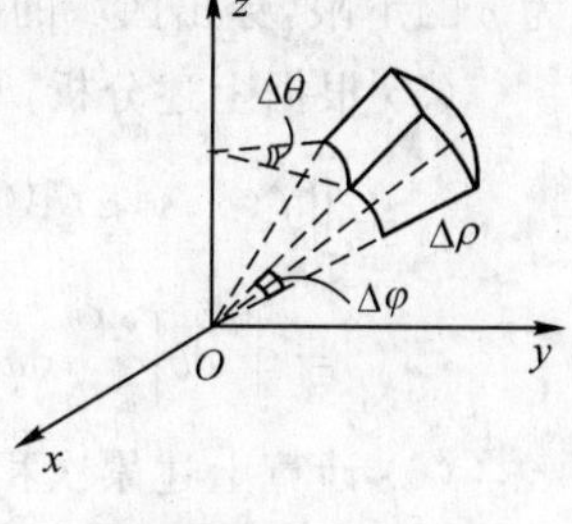

图 12-14

$$\iiint_{\Omega}f(x,y,z)\mathrm{d}V=\lim_{\lambda\to0}\sum_{i=1}^{n}f(\xi_i,\eta_i,\zeta_i)\Delta V_i$$

$$=\lim_{\lambda\to0}\sum_{i=1}^{n}f(\rho\sin\varphi\cos\theta,\rho\sin\varphi\sin\theta,\rho\cos\varphi)\rho^2\sin\varphi\Delta\rho\Delta\varphi\Delta\theta$$

$$=\iiint_{\Omega^*}f(\rho\sin\varphi\cos\theta,\rho\sin\varphi\sin\theta,\rho\cos\varphi)\rho^2\sin\varphi\mathrm{d}\rho\mathrm{d}\varphi\mathrm{d}\theta,\tag{12.7}$$

其中 Ω 在球面坐标下的区域用 Ω^* 表示.

从第(12.7)式可以看出,在把直角坐标下的三重积分化为球面坐标下的三重积分时,把 x 换成 $\rho\sin\varphi\cos\theta$,$y$ 换成 $\rho\sin\varphi\sin\theta$,$z$ 换成 $\rho\cos\varphi$,把体积元素 $\mathrm{d}V$ 换成 $\rho^2\sin\varphi\mathrm{d}\rho\mathrm{d}\varphi\mathrm{d}\theta$ 即可.

3. 球面坐标系中的累次积分公式

在球面坐标中计算三重积分时,通常是将三重积分化成先对 ρ 积分,其次对 φ,最后对 θ 的累次积分. 一般说来当积分区域 Ω 为球体或球体的一部分、圆锥或是以原点为中心对称的区域,且被积函数含有代数式 $x^2+y^2+z^2$ 时,用球面坐标计算较方便. 对于三重积分

$$\iiint_{\Omega}f(x,y,z)\mathrm{d}V=\iiint_{\Omega^*}f(\rho\sin\varphi\cos\theta,\rho\sin\varphi\sin\theta,\rho\cos\varphi)\rho^2\sin\varphi\mathrm{d}\rho\mathrm{d}\varphi\mathrm{d}\theta,$$

上述等式右端积分区域 Ω^* 要用球面坐标 ρ,φ,θ 来表达,设积分区域 Ω^* 可表示为

$$\Omega^*=\{(\rho,\varphi,\theta)\mid\rho_1(\varphi,\theta)\leqslant\rho\leqslant\rho_2(\varphi,\theta),\varphi_1(\theta)\leqslant\varphi\leqslant\varphi_1(\theta),\alpha\leqslant\theta\leqslant\beta\}.$$

则三重积分表示为

$$\iiint_{\Omega}f(x,y,z)\mathrm{d}V$$

$$=\iiint_{\Omega^*}f(\rho\sin\varphi\cos\theta,\rho\sin\varphi\sin\theta,\rho\cos\varphi)\rho^2\sin\varphi\mathrm{d}\rho\mathrm{d}\varphi\mathrm{d}\theta$$

$$=\int_{\alpha}^{\beta}\mathrm{d}\theta\int_{\varphi_1(\theta)}^{\varphi_2(\theta)}\mathrm{d}\varphi\int_{\rho_1(\varphi,\theta)}^{\rho_2(\varphi,\theta)}f(\rho\sin\varphi\cos\theta,\rho\sin\varphi\sin\theta,\rho\cos\varphi)\rho^2\sin\varphi\mathrm{d}\rho.$$

上述称为三重积分从直角坐标到球面坐标的累次积分公式.

4. 球面坐标系中的积分步骤

从直角坐标转换为球面坐标的一般方法是:

(1) 根据题目所给的条件在直角坐标系中画出空间积分区域图;

(2) 将该图形投影到 xOy 坐标平面,并记为 D_{xy},并由此确定 θ 的变化范围,$\alpha\leqslant\theta\leqslant\beta$;

(3) 以顶点为原点、以 Oz 轴为对称轴作圆锥面,顶角由小到大变化,首先碰到区域面的圆锥面的顶角的角度的一半定为 φ 的下限 $\varphi=\varphi_1(\theta)$,离开区域面的圆锥面的顶角角度的一半定为 φ 的上限 $\varphi=\varphi_2(\theta)$;

(4) 以原点为起点作穿越积分区域的射线,该射线穿入区域的曲面方程 $\rho=\rho_1(\varphi,\theta)$ 作

为 ρ 的下限,穿出区域的曲面 $\rho=\rho_2(\varphi,\theta)$ 作为 ρ 的上限;

(5) 根据上述分析,写出球面坐标下积分表达式:

$$\iiint_{\Omega} f(x,y,z)\mathrm{d}V$$

$$=\int_{\alpha}^{\beta}\mathrm{d}\theta\int_{\varphi_1(\theta)}^{\varphi_2(\theta)}\mathrm{d}\varphi\int_{\rho_1(\varphi,\theta)}^{\rho_2(\varphi,\theta)} f(\rho\sin\varphi\cos\theta,\rho\sin\varphi\sin\theta,\rho\cos\varphi)\rho^2\sin\varphi\mathrm{d}\rho;$$

(6) 计算上述累次积分的值.

二、三重积分在球面坐标系下的计算举例

【例 7】 计算 $\iiint_{\Omega}\sqrt{x^2+y^2+z^2}\,\mathrm{d}V$,其中 Ω 分别是

(1) 球体:$\Omega=\{(x,y,z)\mid x^2+y^2+z^2\leqslant a^2\}$;

(2) 上半球体:$\Omega=\{(x,y,z)\mid x^2+y^2+z^2\leqslant a^2,z\geqslant 0\}$;

(3) 右半球体:$\Omega=\{(x,y,z)\mid x^2+y^2+z^2\leqslant a^2,y\geqslant 0\}$;

(4) 第一卦限部分的球体:$\Omega=\{(x,y,z)\mid x^2+y^2+z^2\leqslant a^2,x\geqslant 0,y\geqslant 0,z\geqslant 0\}$;

(5) 同心球体:$\Omega=\{(x,y,z)\mid a^2\leqslant x^2+y^2+z^2\leqslant b^2,(a<b)\}$.

解 (1)Ω 的形状如图 12-15 所示.

$\Omega=\{(x,y,z)\mid x^2+y^2+z^2\leqslant a^2\}$,

$D_{xy}=\{(x,y)\mid x^2+y^2\leqslant a^2\}$,于是

$$\iiint_{\Omega}\sqrt{x^2+y^2+z^2}\,\mathrm{d}V=\int_0^{2\pi}\mathrm{d}\theta\int_0^{\pi}\sin\varphi\mathrm{d}\varphi\int_0^{a}\rho\rho^2\mathrm{d}\rho$$

$$=2\pi[-\cos\varphi]_0^{\pi}\frac{1}{4}a^4=\pi a^4.$$

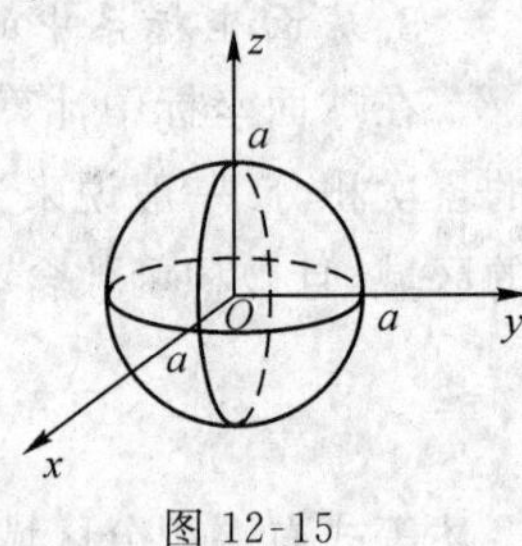

图 12-15

(2)Ω 的形状如图 12-16 所示.

$\Omega=\{(x,y,z)\mid x^2+y^2+z^2\leqslant a^2,z\geqslant 0\}$,

$D_{xy}=\{(x,y)\mid x^2+y^2\leqslant a^2\}$,于是

$$\iiint_{\Omega}\sqrt{x^2+y^2+z^2}\,\mathrm{d}V=\int_0^{2\pi}\mathrm{d}\theta\int_0^{\frac{\pi}{2}}\sin\varphi\mathrm{d}\varphi\int_0^{a}\rho\rho^2\mathrm{d}\rho$$

$$=2\pi[-\cos\varphi]_0^{\frac{\pi}{2}}\frac{1}{4}a^4=\frac{\pi}{2}a^4.$$

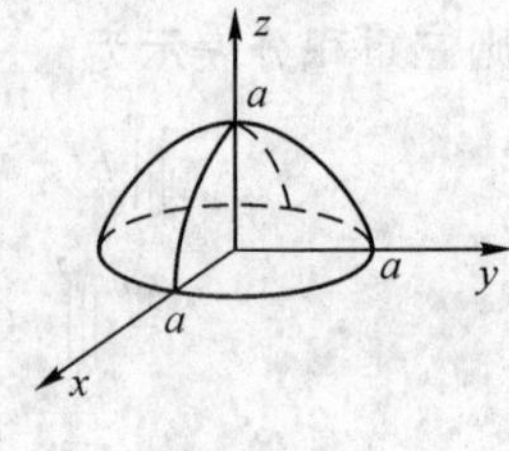

图 12-16

(3)Ω 的形状如图 12-17 所示.

$\Omega=\{(x,y,z)\mid x^2+y^2+z^2\leqslant a^2,y\geqslant 0\}$,

$D_{xy}=\{(x,y)\mid x^2+y^2\leqslant a^2,(y\geqslant 0)\}$,于是

$$\iiint_{\Omega}\sqrt{x^2+y^2+z^2}\,\mathrm{d}V=\int_0^{\pi}\mathrm{d}\theta\int_0^{\pi}\sin\varphi\mathrm{d}\varphi\int_0^{a}\rho\rho^2\mathrm{d}\rho$$

$$=\pi[-\cos\varphi]_0^{\pi}\frac{1}{4}a^4=\frac{\pi}{2}a^4.$$

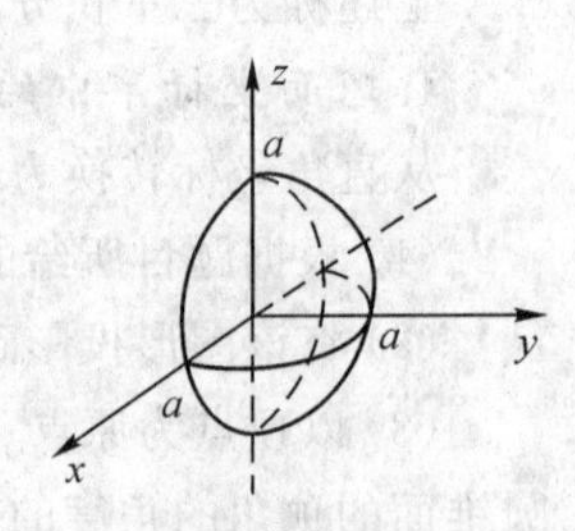

图 12-17

(4)Ω 的形状如图 12-18 所示.

$\Omega=\{(x,y,z)\mid x^2+y^2+z^2\leqslant a^2,(x\geqslant 0,y\geqslant 0,z\geqslant 0)\}$,

$D_{xy}=\{(x,y)\mid x^2+y^2\leqslant a^2,(x\geqslant 0,y\geqslant 0)\}$,于是

$$\iiint_{\Omega} \sqrt{x^2+y^2+z^2}\,\mathrm{d}V = \int_0^{\frac{\pi}{2}}\mathrm{d}\theta\int_0^{\frac{\pi}{2}}\sin\varphi\mathrm{d}\varphi\int_0^a \rho\rho^2\,\mathrm{d}\rho$$

$$= \frac{\pi}{2}[-\cos\varphi]_0^{\frac{\pi}{2}}\ \frac{1}{4}a^4 = \frac{\pi}{8}a^4.$$

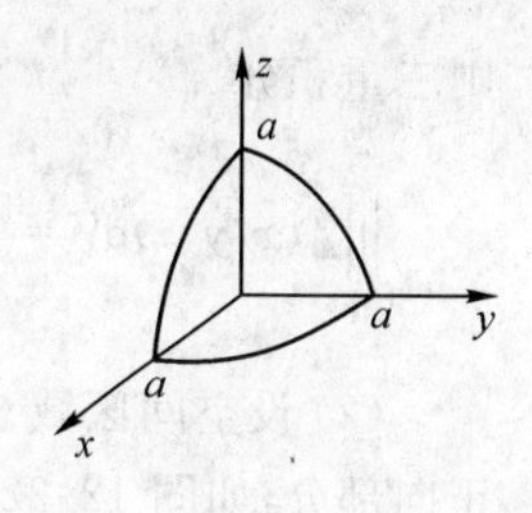

图 12-18

(5)Ω 的形状如图 12-19 所示.

$\Omega = \{(x,y,z)\,|\,a^2 \leqslant x^2+y^2+z^2 \leqslant b^2,(a<b)\}$,

$D_{xy} = \{(x,y)\,|\,a^2 \leqslant x^2+y^2 \leqslant b^2\}$,于是

$$\iiint_{\Omega} \sqrt{x^2+y^2+z^2}\,\mathrm{d}V = \int_0^{2\pi}\mathrm{d}\theta\int_0^{\pi}\sin\varphi\mathrm{d}\varphi\int_a^b \rho\rho^2\,\mathrm{d}\rho.$$

$$= 2\pi[-\cos\varphi]_0^{\pi}\ \frac{1}{4}(b^4-a^4) = \pi(b^4-a^4).$$

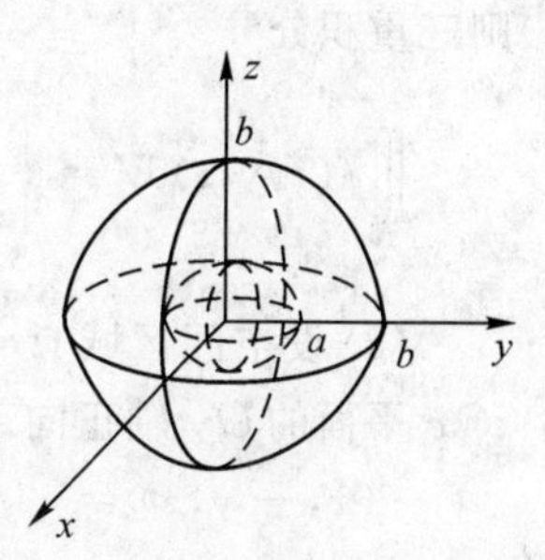

图 12-19

从上述例子我们可以看到,当Ω是球体$x^2+y^2+z^2 \leqslant a^2$或是该球体的一部分时,及被积函数中含有代数式 $x^2+y^2+z^2$ 时,用球面坐标计算简便.

【例 8】 求$\iiint_{\Omega}(x^2+y^2+z^2)\mathrm{d}V$,其中$\Omega$由$x^2+y^2+z^2=2az$所围成.

解　Ω 的形状如图 12-20 所示.

$D_{xy} = \{(x,y)\,|\,0 \leqslant x^2+y^2 \leqslant a^2\}$.

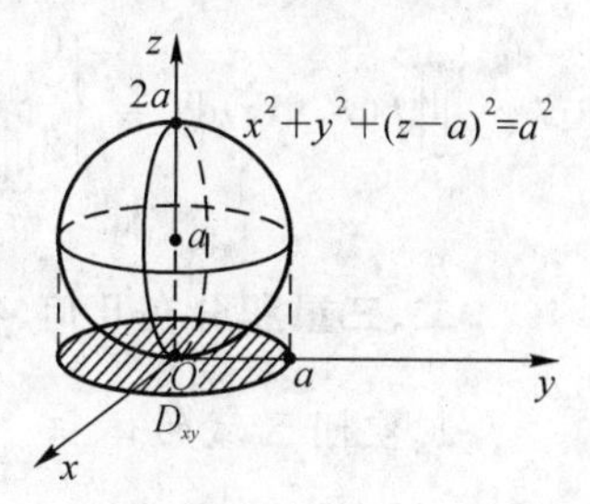

图 12-20

球面方程 $x^2+y^2+z^2=2az$,化为球面坐标为 $\rho=2a\cos\varphi$.从原点出发作射线,上述射线由小到大穿越积分区域,进入区域的曲面为$\rho_1(\varphi,\theta):\rho=0$,作为$\rho$的积分下限,穿出区域的曲面为$\rho_2(\varphi,\theta):\rho=2a\cos\varphi$,作为$\rho$的积分上限,则有

$$\iiint_{\Omega}(x^2+y^2+z^2)\mathrm{d}V$$

$$= \int_0^{2\pi}\mathrm{d}\theta\int_0^{\frac{\pi}{2}}\sin\varphi\,\mathrm{d}\varphi\int_0^{2a\cos\varphi}\rho^2.\rho^2\,\mathrm{d}\rho$$

$$= \frac{64}{5}\pi a^5\int_0^{\frac{\pi}{2}}\sin\varphi\cos^5\varphi\mathrm{d}\varphi$$

$$= \frac{64}{5}a^5\pi\,\frac{1}{6}[-\cos^6\varphi]_0^{\frac{\pi}{2}} = \frac{32}{15}a^5\pi.$$

第五节　三重积分在几何、物理中的应用

一、对称区域上三重积分的积分性质

设函数 $f(x,y,z)$ 在空间有界闭区域 Ω 上连续.

(1) 设空间区域 $\Omega=\Omega_1\cup\Omega_2$,且$\Omega$关于 xOy 平面对称,Ω_1 是Ω位于 xOy 平面的 Oz 轴正向部分,如图 12-21 所示.

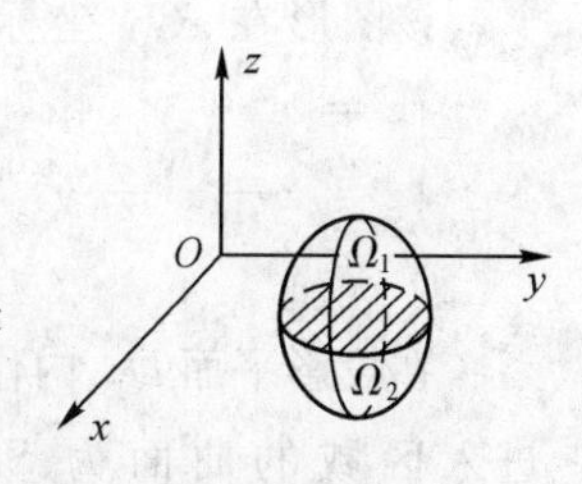

图 12-21

$f(x,y,-z)=-f(x,y,z)$ 表示 $f(x,y,z)$ 关于 z 是奇函数,

$f(x,y,-z)=f(x,y,z)$ 表示 $f(x,y,z)$ 关于 z 是偶函数,

则三重积分

$$\iiint\limits_{\Omega} f(x,y,z)\mathrm{d}V = \begin{cases} 0, & f(x,y,-z) = -f(x,y,z), \\ 2\iiint\limits_{\Omega_1} f(x,y,z)\mathrm{d}V, & f(x,y,-z) = f(x,y,z). \end{cases}$$

(2) 设空间区域 $\Omega = \Omega_3 \cup \Omega_4$，且 Ω 关于 yOz 平面对称，Ω_3 是 Ω 位于 yOz 平面的 Ox 轴正向部分，如图 12-22 所示.

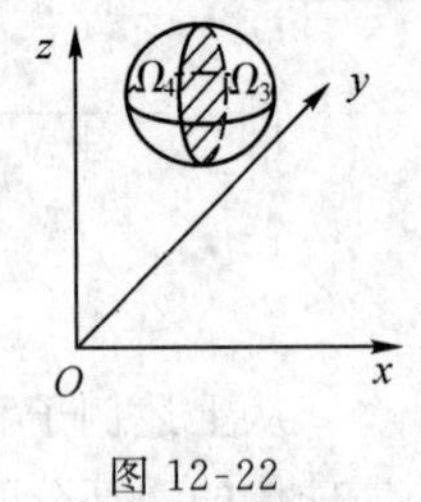

图 12-22

$f(-x,y,z) = -f(x,y,z)$ 表示 $f(x,y,z)$ 关于 x 是奇函数，

$f(-x,y,z) = f(x,y,z)$　表示 $f(x,y,z)$ 关于 x 是偶函数，

则三重积分

$$\iiint\limits_{\Omega} f(x,y,z)\mathrm{d}V = \begin{cases} 0, & f(-x,y,z) = -f(x,y,z), \\ 2\iiint\limits_{\Omega_3} f(x,y,z)\mathrm{d}V, & f(-x,y,z) = f(x,y,z). \end{cases}$$

(3) 设空间区域 $\Omega = \Omega_5 \cup \Omega_6$，且 Ω 关于 zOx 平面对称，Ω_5 是 Ω 位于 zOx 平面的 Oy 轴正向部分，如图 12-23 所示.

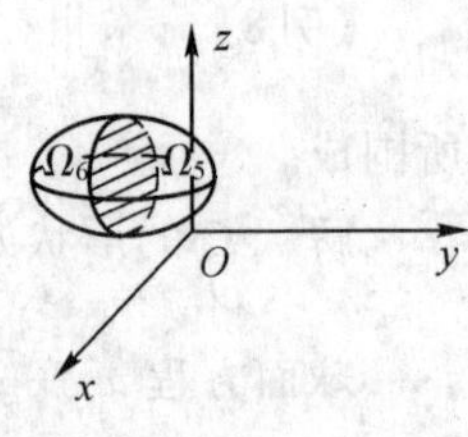

图 12-23

$f(x,-y,z) = -f(x,y,z)$ 表示 $f(x,y,z)$ 关于 y 是奇函数，

$f(x,-y,z) = f(x,y,z)$　表示 $f(x,y,z)$ 关于 y 是偶函数，

则三重积分

$$\iiint\limits_{\Omega} f(x,y,z)\mathrm{d}V = \begin{cases} 0, & f(x,-y,z) = -f(x,y,z), \\ 2\iiint\limits_{\Omega_5} f(x,y,z)\mathrm{d}V, & f(x,-y,z) = f(x,y,z). \end{cases}$$

二、三重积分在几何、物理上的应用

1. 空间区域的体积

由三重积分的定义　$\iiint\limits_{\Omega} f(x,y,z)\mathrm{d}V$，

当 $f(x,y,z) \equiv 1$ 时，$\iiint\limits_{\Omega} f(x,y,z)\mathrm{d}V = \iiint\limits_{\Omega}\mathrm{d}V = V$，其中 V 是空间区间的体积.

【例 9】　求由两个抛物面 $z = x^2 + y^2$ 及 $z = 2 - x^2 - y^2$ 所围成的区域 Ω 的体积.

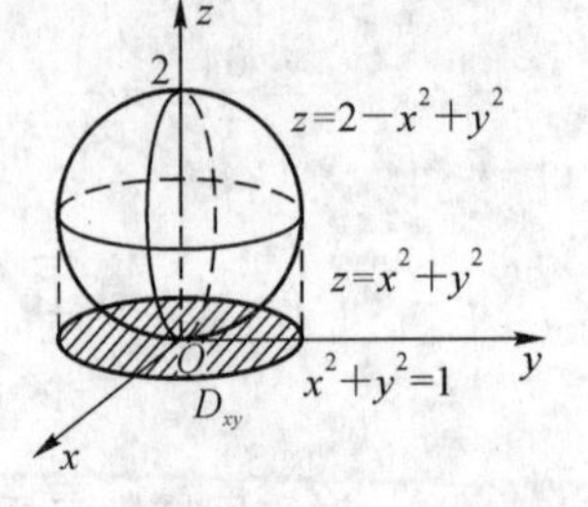

图 12-24

解　本题用柱面坐标计算较方便，Ω 在直角坐标系中的图形如图 12-24 所示.

$\Omega = \{(x,y,z) \mid x^2 + y^2 \leqslant z \leqslant 2 - x^2 - y^2\}$，

该图形在 xOy 坐标平面上的投影 D_{xy}，由

$\begin{cases} z = x^2 + y^2, \\ z = 2 - x^2 - y^2 \end{cases}$ 消去 z，得投影柱面：$x^2 + y^2 = 1$，所以有

$$D_{xy} = \{(x,y) \mid 0 \leqslant x^2 + y^2 \leqslant 1\}.$$

在投影平面 D_{xy} 内作平行于 Oz 轴的直线，上述直线沿 Oz 轴正向由小到大穿越积分区域，进入区域的曲面为 $S_1: z = x^2 + y^2$，作为 z 的积分下限，穿出区域的曲面为 S_2：$z = 2 - x^2 - y^2$，作为 z 的积分上限，将投影区域 D_{xy} 化为极坐标，其柱面坐标下积分表达式：

$$V=\iiint_{\Omega}\mathrm{d}V=\iint_{D_{xy}}\left[\int_{x^2+y^2}^{2-x^2-y^2}\mathrm{d}z\right]\mathrm{d}\sigma=\int_0^{2\pi}\mathrm{d}\theta\int_0^1 r\,\mathrm{d}r\int_{r^2}^{2-r^2}\mathrm{d}z$$

$$=\int_0^{2\pi}\mathrm{d}\theta\int_0^1(2-2r^2)\,r\mathrm{d}r=2\pi\left[r^2-\frac{r^4}{2}\right]_0^1=\pi.$$

【例 10】 设某物体的空间区域是球面 $x^2+y^2+z^2=2az$ 与顶点在原点的圆锥面 $z=\sqrt{x^2+y^2}$ 所围成的公共区域(含 Oz 轴内的部分),如图 12-25 所示,求该物体的体积.

解 本题用球面坐标计算较方便.

球面方程为 $x^2+y^2+z^2=2az$,在球面坐标系下的方程为

$$\rho=2a\cos\varphi,0\leqslant\varphi\leqslant\frac{\pi}{4},0\leqslant\theta\leqslant 2\pi.$$

从原点出发作射线,上述射线由小变大穿越积分区域,进入区域的曲面为 $\rho_1(\varphi,\theta)$:$\rho=0$,作为 ρ 的积分下限,穿出区域的曲面为 $\rho_2(\varphi,\theta)$:$\rho=2a\cos\varphi$,作为 ρ 的积分上限.

物体的体积 V 为

$$V=\iiint_{\Omega}\mathrm{d}V=\int_0^{2\pi}\mathrm{d}\theta\int_0^{\frac{\pi}{4}}\sin\varphi\mathrm{d}\varphi\int_0^{2a\cos\varphi}\rho^2\mathrm{d}\rho$$

$$=2\pi\int_0^{\alpha}\sin\varphi\frac{8a^3}{3}\cos^3\varphi\mathrm{d}\varphi$$

$$=\frac{16}{3}\pi a^3\left[-\frac{\cos^4\varphi}{4}\right]_0^{\frac{\pi}{4}}$$

$$=\frac{4\pi a^3}{3}\left(1-\cos^4\frac{\pi}{4}\right)=\pi a^3.$$

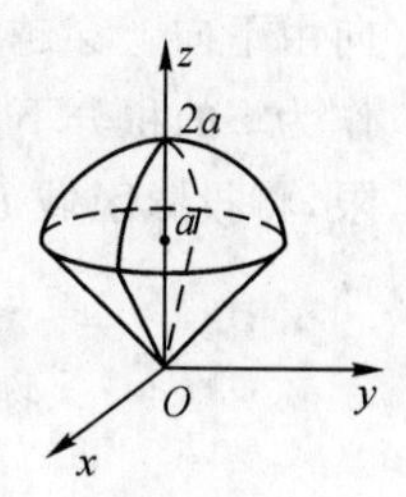

图 12-25

2. 空间物体的质量

由三重积分的定义 $\iiint_{\Omega}f(x,y,z)\mathrm{d}V$

当 $f(x,y,z)=\mu(x,y,z)$ 表示物体的体密度时,物体的质量

$$M=\iiint_{\Omega}\mu(x,y,z)\mathrm{d}V.$$

【例 11】 设一物体由锥面 $z=\sqrt{x^2+y^2}$ 与上半球面 $z=\sqrt{1-x^2-y^2}$ 所围成,每点的体密度 $\mu(x,y,z)$ 与该点到 xOy 平面的距离成正比(比例常数 k),求该物体的质量 M.

解 本题用球面坐标计算较方便,Ω 在直角坐标系中的图形如图 12-26 所示.

$\Omega=\left\{(x,y,z)\middle|\sqrt{x^2+y^2}\leqslant z\leqslant\sqrt{1-x^2-y^2}\right\}$,

半球面 $z=\sqrt{1-x^2-y^2}$ 在球面坐标系下的方程为

$$\rho=1,0\leqslant\varphi\leqslant\frac{\pi}{4},0\leqslant\theta\leqslant 2\pi.$$

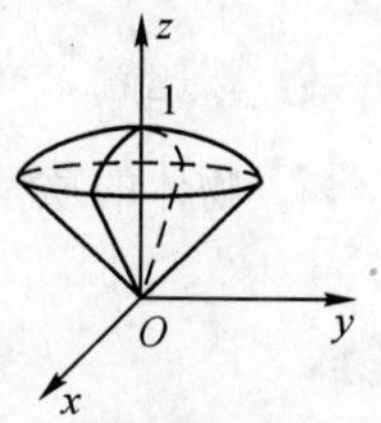

从原点出发作射线,上述射线由小变大穿越积分区域,进入区域的曲面为 $\rho_1(\varphi,\theta)$:$\rho=0$,作为 ρ 的积分下限,穿出区域的曲面为 $\rho_2(\varphi,\theta)$:$\rho=1$,作为 ρ 的积分上限,由题意,有 $\mu(x,y,z)=k|z|=kz$,则

图 12-26

物体的质量 $M=\iiint_{\Omega}\mu(x,y,z)\mathrm{d}V=\iiint_{\Omega}kz\mathrm{d}V$

$$= \int_0^{2\pi} d\theta \int_0^{\frac{\pi}{4}} d\varphi \int_0^1 \rho^2 \sin\varphi k\rho\cos\varphi d\rho = \frac{k}{4}\int_0^{2\pi} d\theta \int_0^{\frac{\pi}{4}} \sin\varphi\cos\varphi\, d\varphi$$

$$= \frac{k}{4} \cdot 2\pi \cdot \frac{1}{4} = \frac{1}{8}k\pi.$$

【例 12】 设一物体由圆锥面 $z = \sqrt{x^2+y^2}$ 与平面 $z = 1$ 所围成，每点的密度 $\mu(x,y,z)$ 与该点到 xOy 平面的距离成正比(比例常数 k)，求该物体的质量 M.

解 本题可用柱面坐标计算，Ω 的形状如图 12-27 所示.

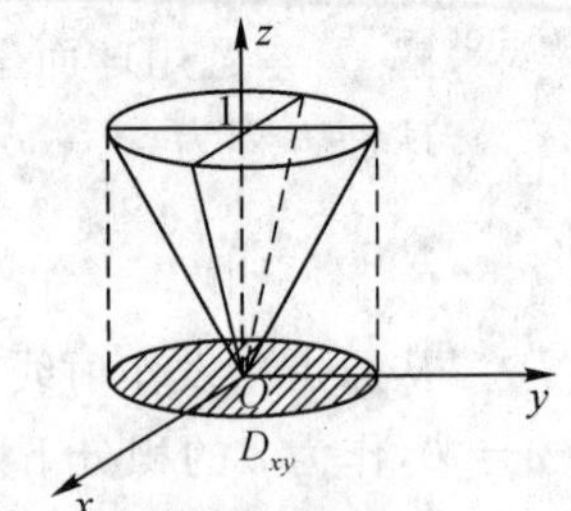

图 12-27

$\Omega = \left\{(x,y,z) \,\middle|\, \sqrt{x^2+y^2} \leqslant z \leqslant 1\right\}$,

$\begin{cases} z = \sqrt{x^2+y^2}, \\ z = 1 \end{cases}$ 消去 z，得投影柱面：$x^2+y^2=1$，所以有

$D_{xy} = \{(x,y) \mid 0 \leqslant x^2+y^2 \leqslant 1\}$.

在投影平面 D_{xy} 内作平行于 Oz 轴的直线，上述直线沿 Oz 轴正向由下向上穿越积分区域，进入区域的曲面为 $S_1: z = \sqrt{x^2+y^2}$，作为 z 的积分下限，穿出区域的曲面为 $S_2: z=1$，作为 z 的积分上限，将投影区域 D_{xy} 化为极坐标，由题意，有

$$\mu(x,y,z) = k|z| = kz,\text{则}$$

$$\text{物体的质量 } M = \iiint_\Omega \mu(x,y,z)\,dV = \iiint_\Omega kz\,dV$$

$$= \iint_{D_{xy}} \left[\int_{\sqrt{x^2+y^2}}^1 kz\,dz\right] d\sigma$$

$$= k\int_0^{2\pi} d\theta \int_0^1 r dr \int_r^1 kz\,dz$$

$$= k\pi\int_0^1 r(1-r^2)\,dr = k\pi\left[\frac{r^2}{2} - \frac{r^4}{4}\right]_0^1 = \frac{k\pi}{4}.$$

本题也可用球面坐标计算，但较繁复，平面 $z=1$ 在球面坐标系中的方程为 $\rho = \dfrac{1}{\cos\varphi}$，$0 \leqslant \varphi \leqslant \dfrac{\pi}{4}$，$0 \leqslant \theta \leqslant 2\pi$.

从原点出发作射线，上述射线由小变大穿越积分区域，进入区域的曲面为 $\rho_1(\varphi,\theta)$：$\rho = 0$，作为 ρ 的积分下限，穿出区域的曲面为 $\rho_2(\varphi,\theta)$：$\rho = \dfrac{1}{\cos\varphi}$，作为 ρ 的积分上限.

按题意，　$\mu(x,y,z) = kz \quad (z \geqslant 0)$，

$$\text{物体的质量 } M = \iiint_\Omega \mu(x,y,z)\,dV = \iiint_\Omega kz\,dV$$

$$= k\int_0^{2\pi} d\theta \int_0^{\frac{\pi}{4}} d\varphi \int_0^{\frac{1}{\cos\varphi}} \rho\cos\varphi\sin\varphi \cdot \rho^2\,d\rho$$

$$= \frac{\pi}{2}k\int_0^{\frac{\pi}{4}} \frac{\sin\varphi}{\cos^3\varphi}\,d\varphi = \frac{\pi}{2}k\left[\frac{1}{2}\,\frac{1}{\cos^2\varphi}\right]_0^{\frac{\pi}{4}} = \frac{k\pi}{4}.$$

3. 空间物体的质量中心

设物体的质量中心坐标为$(\bar{x},\bar{y},\bar{z})$，与平面的质量中心公式类似，占有空间区域 Ω 的质量中心的坐标为

$$\bar{x}=\frac{\iiint\limits_{\Omega}x\mu(x,y,z)\mathrm{d}V}{\iiint\limits_{\Omega}\mu(x,y,z)\mathrm{d}V},\bar{y}=\frac{\iiint\limits_{\Omega}y\mu(x,y,z)\mathrm{d}V}{\iiint\limits_{\Omega}\mu(x,y,z)\mathrm{d}V},\bar{z}=\frac{\iiint\limits_{\Omega}z\mu(x,y,z)\mathrm{d}V}{\iiint\limits_{\Omega}\mu(x,y,z)\mathrm{d}V},$$

其中 $\mu(x,y,z)$ 是物体的密度.

特别地,当 $\mu(x,y,z)$ 为常数时,有

$$\bar{x}=\frac{\iiint\limits_{\Omega}x\,\mathrm{d}V}{V},\bar{y}=\frac{\iiint\limits_{\Omega}y\,\mathrm{d}V}{V},\bar{z}=\frac{\iiint\limits_{\Omega}z\,\mathrm{d}V}{V},$$

其中 V 是空间物体 Ω 的体积.

【例 13】 求半径为 R,密度为 μ 的匀质半球体的质量中心.

解 本题用球面坐标计算较方便,取坐标系如图 12-28 所示,由于半球体是匀质的,由对称性及被积函数的奇偶性,有 $\bar{x}=0,\bar{y}=0$,

$$\bar{z}=\frac{\iiint\limits_{\Omega}z\mu\,\mathrm{d}V}{\iiint\limits_{\Omega}\mu\,\mathrm{d}V}=\frac{\iiint\limits_{\Omega}z\,\mathrm{d}V}{\iiint\limits_{\Omega}\mathrm{d}V}=\frac{\iiint\limits_{V}z\,\mathrm{d}V}{V}.$$

其中 Ω 是半球体,其体积 $V=\iiint\limits_{\Omega}\mathrm{d}V=\frac{2}{3}\pi R^3$,

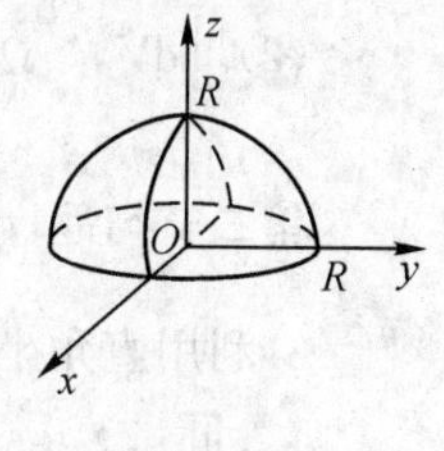

图 12-28

$$\begin{aligned}\iiint\limits_{\Omega}z\,\mathrm{d}V&=\int_0^{2\pi}\mathrm{d}\theta\int_0^{\frac{\pi}{2}}\mathrm{d}\varphi\int_0^R\rho\cos\varphi\sin\varphi\cdot\rho^2\,\mathrm{d}\rho\\&=\int_0^{2\pi}\mathrm{d}\theta\int_0^{\frac{\pi}{2}}\sin\varphi\cos\varphi\,\mathrm{d}\varphi\int_0^R\rho^3\,\mathrm{d}\rho\\&=2\pi\frac{R^4}{4}\int_0^{\frac{\pi}{2}}\sin\varphi\cos\varphi\,\mathrm{d}\varphi=\frac{\pi}{4}R^4,\end{aligned}$$

于是,$\bar{z}=\dfrac{\frac{1}{4}\pi R^4}{\frac{2}{3}\pi R^3}=\dfrac{3}{8}R$,因此所求的质量中心坐标为$\left(0,0,\dfrac{3}{8}R\right)$.

阅读

麦克劳林(Maclaurin,Colin, 1698—1746),英国数学家

麦克劳林,1698 年 2 月生于苏格兰的基尔莫登,半岁时父亲去世,9 岁时母亲也撒手人寰,由叔父将他抚养成人。麦克劳林少年时聪明颖悟,11 岁时就进入格拉斯哥大学学习神学,后转攻数学,17 岁时取得硕士学位,19 岁时担任阿伯丁大学的数学教授,两年后被选为英国皇家学会会员。1722—1726 年间在巴黎从事研究工作,回国后任爱丁堡大学的教授。

麦克劳林 21 岁时发表了第一本重要著作《构造几何》,该书描述了作圆锥曲线的一些新的巧妙方法,精辟地讨论了圆锥曲线及高次平面曲线的种种性质。

麦克劳林的《代数学》一书,开创了用行列式的方法解含有两个、三个和四个未知量的

联立线性方程的先例(其法则就是现代线性代数教材中“克拉默法则”)。

麦克劳林给《皇家学会会报》写过许多论文,其中有论曲线的构造和度量的,还有论述所谓有奇异根的方程的。1740 年发表的论文《论潮汐》使其与他人共享法国科学院的一项资金。

麦克劳林在 1719 年访问伦敦时见到了牛顿,并成为牛顿的门生。麦克劳林终生不忘牛顿对他的栽培之恩,为继承、捍卫、发展牛顿的学说奋斗了一生。麦克劳林 1746 年 1 月 4 日卒于爱丁堡,死后在他墓碑上刻有“曾蒙牛顿的推荐”一语以表达他对牛顿的感激之情。

习题十二

基本题

第一节习题

1. 设一金属体位于空间中,占有闭区域 Ω,其上分布有体密度为 $\mu(x,y,z)$ 的电荷,且 $\mu(x,y,z)$ 在 Ω 上连续,试用三重积分表示该金属体的全部电荷 Q.

2. 利用三重积分的几何意义求下列积分值.

(1) $\iiint\limits_{\Omega}\mathrm{d}V$, $\Omega=\left\{(x,y,z)\,\middle|\,\sqrt{x^2+y^2}\leqslant z\leqslant 4\right\}$;

(2) $\iiint\limits_{\Omega}\mathrm{d}V$, $\Omega=\{(x,y,z)\,|\,0\leqslant z\leqslant 1-x-y,\ 0\leqslant y\leqslant 1-x,\ 0\leqslant x\leqslant 1\}$.

第二节习题

3. 利用直角坐标系计算下列三重积分.

(1) $\iiint\limits_{\Omega}(x+y)\mathrm{d}V$, Ω 为正方体:$0\leqslant x\leqslant 1, 0\leqslant y\leqslant 1, 0\leqslant z\leqslant 1$;

(2) $\iiint\limits_{\Omega}xy\mathrm{d}V$, Ω 为 $x^2+y^2=1, z=0$ 与 $z=1$ 所围成的区域在第一卦限部分;

(3) $\iiint\limits_{\Omega}\dfrac{\mathrm{d}V}{(1+x+y+z)^3}$, Ω 为三个坐标面与平面 $x+y+z=1$ 所围成的四面体;

(4) $\iiint\limits_{\Omega}y\cos(x+z)\mathrm{d}V$, Ω 由抛物柱面 $y=\sqrt{x}$ 及平面 $y=0, z=0, x+z=\dfrac{\pi}{2}$ 所围成的闭区域.

4. 把 $\iiint\limits_{\Omega}f(x,y,z)\mathrm{d}V$ 化为在直角坐标下的累次积分,其中 Ω 为:

(1) 由三个坐标平面及平面 $x+y+z=1$ 所围闭区域;

(2) 由 $z=x^2+y^2$ 与 $z=1$ 所围闭区域;

(3) $\dfrac{x^2}{a^2}+\dfrac{y^2}{b^2}+\dfrac{z^2}{c^2}\leqslant 1$;

(4) 由 $z=1-x^2-y^2$ 及 $z=0$ 所围闭区域;

(5) $x^2+y^2+(z-c)^2\leqslant a^2\quad(c>0, a>0)$.

第三节习题

5. 利用柱面坐标计算下列三重积分：

(1) $\iiint\limits_{\Omega} x\,\mathrm{d}V$，其中 Ω 为圆柱面 $x^2+y^2=1$ 及平面 $z=1$ 及与三坐标平面所围成的在第一卦限内的闭区域；

(2) $\iiint\limits_{\Omega} \sqrt{x^2+y^2}\,\mathrm{d}V$，其中 Ω 为不等式 $x^2+y^2 \leqslant z \leqslant 1$ 所确定；

(3) $\iiint\limits_{\Omega} z\sqrt{x^2+y^2}\,\mathrm{d}V$，其中 Ω 为柱面 $y=\sqrt{2x-x^2}$ 及平面 $z=0$，$y=0$，$z=a(a>0)$ 所围成的闭区域.

第四节习题

6. 利用球面坐标计算下列三重积分：

(1) $\iiint\limits_{\Omega} xyz\,\mathrm{d}V$，其中 Ω 为球面 $x^2+y^2+z^2=1$ 及三坐标平面所围成在第一卦限的闭区域；

(2) $\iiint\limits_{\Omega} (x^2+y^2)\,\mathrm{d}V$，其中 Ω 为上半球面 $z=\sqrt{a^2-x^2-y^2}$ 与上半锥面 $z=\sqrt{x^2+y^2}$ 所围成的闭区域；

(3) $\iiint\limits_{\Omega} z\,\mathrm{d}V$，其中 Ω 由不等式 $x^2+y^2+z^2 \leqslant 2az$，$x^2+y^2 \leqslant z^2$ 所确定.

7. 计算 $\iiint\limits_{\Omega} (x^2+y^2+z^2)\,\mathrm{d}V$，其中 Ω 是球面 $x^2+y^2+z^2 \leqslant 1$.

第五节习题

8. 求由下列曲面所围成空间区域的体积.

(1) $x^2+y^2=a^2$，$x+y+z=2a$，及 $z=0$；

(2) $z=\sqrt{x^2+y^2}$ 及 $z=x^2+y^2$；

(3) $z=6-x^2-y^2$ 及 $z=\sqrt{x^2+y^2}$.

9. 求由曲面 $x^2+y^2+z^2=2az(a>0)$ 及 $x^2+y^2=z^2$（含有 z 轴部分）所围成空间的体积.

10. 设有一球体，球心在原点，半径为 R，其上任一点的体密度的大小与该点到球心的距离成正比（比例常数为 k），求球体的质量.

11. 求由平面 $z=1$，曲面 $z=x^2+y^2$ 所围成的密度为 μ 的匀质物体的质量中心.

自测题

一、填空

1. 由三重积分几何意义计算下列重积分：

(1) $\iiint\limits_{\Omega} \mathrm{d}V=$ ________，$\Omega=\{(x,y,z) \mid \sqrt{x^2+y^2} \leqslant z \leqslant h\}$；

(2) $\iiint\limits_{\Omega} \mathrm{d}V =$ ________ $,\Omega = \{(x,y,z) \mid 0 \leqslant z \leqslant 1-x-y, 0 \leqslant y \leqslant 1-x, x \geqslant 0\}$.

2. 将三重积分 $\iiint\limits_{x^2+y^2+z^2 \leqslant 1} f(\sqrt{x^2+y^2+z^2})\mathrm{d}V$ 化为球面坐标下的累次积分是 $\int_{(\ )}^{(\ )} \mathrm{d}\theta \int_{(\ )}^{(\ )} \mathrm{d}\varphi \int_{(\ )}^{(\ )} f(\qquad) \cdot (\qquad) \mathrm{d}\rho$.

3. 将直角坐标下积分 $\int_0^1 \mathrm{d}y \int_{-\sqrt{y-y^2}}^{\sqrt{y-y^2}} \mathrm{d}x \int_0^{\sqrt{3(x^2+y^2)}} f(x^2+y^2+z^2)\mathrm{d}z$ 化为柱面坐标下的累次积分是(　　　　　　　　).

二、单项选择

1. 设 $\Omega = \{(x,y,z) \mid 0 \leqslant z \leqslant \sqrt{4-x^2-y^2}\}$,则 $\iiint\limits_{\Omega} f(x^2+y^2+z^2)\mathrm{d}V$ 在球面坐标下的累次积分是(　　).

A. $\int_0^{\frac{\pi}{2}} \mathrm{d}\theta \int_0^{\pi} \sin\varphi \mathrm{d}\varphi \int_0^2 f(\rho)\rho^2 \mathrm{d}\rho$　　B. $\int_0^{2\pi} \mathrm{d}\theta \int_0^{\frac{\pi}{2}} \sin\varphi \mathrm{d}\varphi \int_0^2 f(\rho)\rho^2 \mathrm{d}\rho$

C. $\int_0^{\pi} \mathrm{d}\theta \int_0^{\frac{\pi}{2}} \sin\varphi \mathrm{d}\varphi \int_0^2 f(\rho)\rho^2 \mathrm{d}\rho$　　D. $\int_0^{2\pi} \mathrm{d}\theta \int_0^{\pi} \sin\varphi \mathrm{d}\varphi \int_0^2 f(\rho)\rho^2 \mathrm{d}\rho$

2. 设 $\Omega_1 = \{(x,y,z) \mid x^2+y^2+z^2 \leqslant a^2, x \geqslant 0, y \geqslant 0, z \geqslant 0\}$,
$\Omega = \{(x,y,z) \mid x^2+y^2+z^2 \leqslant a^2, z \geqslant 0\}$,则(　　)成立.

A. $\iiint\limits_{\Omega} x\mathrm{d}V = 4\iiint\limits_{\Omega_1} x\mathrm{d}V$　　B. $\iiint\limits_{\Omega} y\mathrm{d}V = 4\iiint\limits_{\Omega_1} y\mathrm{d}V$

C. $\iiint\limits_{\Omega} z\mathrm{d}V = 4\iiint\limits_{\Omega_1} z\mathrm{d}V$　　D. $\iiint\limits_{\Omega} xyz\mathrm{d}V = 4\iiint\limits_{\Omega_1} xyz\mathrm{d}V$

三、计算题

1. 分别在 ① 直角坐标、② 柱面坐标、③ 球面坐标中把三重积分 $\iiint\limits_{\Omega} f(x,y,z)\mathrm{d}V$ 化成累次积分,其中 Ω 为:

(1) 由曲面 $z = x^2+y^2$ 与曲面 $z^2 = x^2+y^2$ 所围闭区域;

(2) 由不等式 $2z^2 \geqslant x^2+y^2, z^2 \leqslant x^2+y^2, z \leqslant 1$ 所确定.

2. 计算由下列曲面所围成的立体体积

(1) 在第一卦限内由三个坐标平面与平面 $x+y=1$ 及抛物面 $x^2+y^2=6-z$ 所围;

(2) 由平面 $z=x-y$, $z=0$ 与圆柱面 $x^2+y^2=2x$ 所围;

(3) 由旋转抛物面 $z=x^2+y^2$ 与抛物柱面 $y=x^2$ 及平面 $y=1$, $z=0$ 所围;

(4) 由旋转抛物面 $z=2-x^2-y^2$ 与 $z=x^2+y^2$ 所围;

(5) 由圆锥面 $z=\sqrt{x^2+y^2}$ 与圆柱面 $x^2+y^2=a^2 (a>0)$ 及平面 $z=0$ 所围.

3. 求球体 $x^2+y^2+z^2 \leqslant 4$ 被抛物面 $3z=x^2+y^2$ 所分割的两部分的体积.

第十三章 曲线积分

> 数学的本质在于它的自由。
>
> 康托(Cantor)
>
> 数学是特别适于处理任何种类的抽象概念的工具,在这个领域中它的力量是没有限度的。由于这个原因,一本关于新兴物理的书,只要不是纯粹描述实验的,实质上就必然是数学书。
>
> 狄拉克

定积分与重积分是讨论定义在数轴上某一区间、平面或空间某一区域上的函数的积分问题. 在许多实际问题中,例如密度分布非均匀的曲线段的质量,又如质点受到变力作用沿曲线移动的做功问题,都需要考虑定义在曲线上的函数的和式极限问题. 本章是专门讨论定义在曲线上的函数的积分,此类积分即为曲线积分.

第一节 第一类曲线积分

一、第一类曲线积分的基本概念

1. 第一类曲线积分的定义

首先看一个实际例子,然后从中抽象出第一类曲线积分的定义.

密度分布非均匀的曲线段的质量.

设 Γ 是以 A,B 为端点的空间光滑[1]曲线段,如图 13-1 所示,它的线密度 $\mu=\mu(p)=\mu(x,y,z)$, $(x,y,z)\in\Gamma$,试求该曲线段 Γ 的总质量 M.

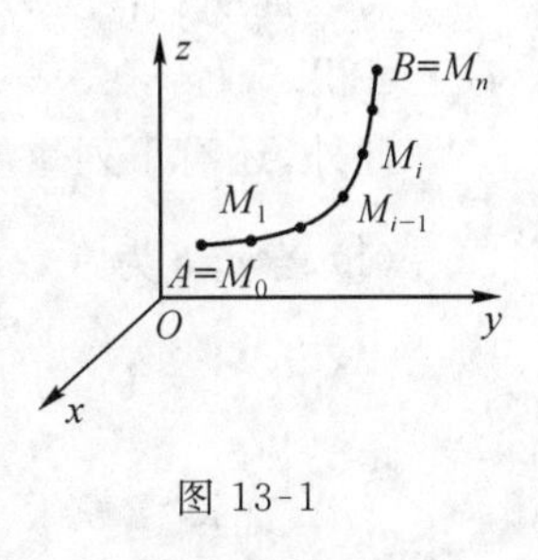

图 13-1

由于密度 μ 分布不均匀,与重积分类似,仍按积分微元分析法的思想去求解.

(1) 分割:在曲线 Γ 上任意取点:$A=M_0, M_1, M_2, \cdots, M_n=B$,将 Γ 任意分成互不相交的 n 个小段,记每个小段的弧长 $\overset{\frown}{M_{i-1}M_i}$ 为

---

① 当曲线上每一点处都有切线,且切线随点的移动而连续转动时,这样的曲线称为光滑曲线.

$\Delta l_i(i=1,2,\cdots,n)$.

(2) 近似:在 Δl_i 上任取一点 $p_i(\xi_i,\eta_i,\zeta_i)$,$\Delta l_i$ 上密度用 $\mu(p_i)$ 近似,得 Δl_i 的质量 ΔM_i 的近似值 $\Delta M_i\approx\mu(p_i)\Delta l_i \quad (i=1,2,\cdots,n)$,其中 Δl_i 表示这一小段的曲线弧长.

(3) 求和:把各个小段曲线的质量 ΔM_i 相加,得 M 的近似值 $M\approx\sum_{i=1}^{n}\mu(p_i)\Delta l_i$.

(4) 取极限:记 $\lambda=\max_{1\leqslant i\leqslant n}\{\Delta l_i\}$. 令 $\lambda\to 0$,得所求曲线段 Γ 的总质量,

$$M=\lim_{\lambda\to 0}\sum_{i=1}^{n}\mu(p_i)\Delta l_i.$$

由上述分析看到,求具有连续密度分布的曲线段的总质量,与求具有连续密度分布的直线段或平面块的质量一样,也是通过"分割,近似,求和,取极限"的微元分析过程来得到.

以上例为背景,给出这类积分的定义

定义 13.1 设 Γ 是平面或空间中的一段可求长度的曲线段,$f(p)=f(x,y,z)$ 为定义在 Γ 上的有界函数,把 Γ 任意分成 n 个(彼此无公共内点)小段 $\Delta l_i(i=1,2,\cdots,n)$,仍以 $\Delta l_i(i=1,2,\cdots,n)$ 表示它的长度,记 $\lambda=\max_{1\leqslant i\leqslant n}\{\Delta l_i\}$. 在每个 Δl_i 上任取一点 $p_i(i=1,2,\cdots,n)$,若其和式极限

$$\lim_{\lambda\to 0}\sum_{i=1}^{n}f(p_i)\Delta l_i$$

存在,且极限值与曲线 Γ 的分法及 $p_i(i=1,2,\cdots,n)$ 点的取法无关,则称上述极限为函数 $f(p)$ 在 Γ 上的**第一类曲线积分**,记为

$$\lim_{\lambda\to 0}\sum_{i=1}^{n}f(p_i)\Delta l_i=\int_{\Gamma}f(p)\mathrm{d}l=\int_{\Gamma}f(x,y,z)\mathrm{d}l.$$

这里 $\mathrm{d}l$ 为曲线 l 的弧微分.

特别地,当 $f(p)\equiv 1$ 时,$\int_{\Gamma}\mathrm{d}l=l$(曲线 Γ 的长度).

当 Γ 为平面曲线时,$\int_{\Gamma}f(p)\mathrm{d}l=\int_{\Gamma}f(x,y)\mathrm{d}l$.

第一类曲线积分 $\int_{\Gamma}f(x,y,z)\mathrm{d}l$ 中的被积函数 $f(x,y,z)$ 中的点 $p(x,y,z)$ 在曲线 Γ 上,且点 p 的坐标 (x,y,z) 满足曲线方程.

2. 第一类曲线积分的性质

可以证明:若 $f(p)$ 在 Γ 上连续,则 $f(p)$ 在 Γ 的第一类曲线积分是存在的,即 $f(p)$ 在 Γ 上可积.

此外,还有下列重要性质:设 $f(p)$,$g(p)$ 在 Γ 上可积,可以证明:

(1) 若 a,b 为常数,则有 $\int_{\Gamma}(af(p)+bg(p))\mathrm{d}l=a\int_{\Gamma}f(p)\mathrm{d}l+b\int_{\Gamma}g(p)\mathrm{d}l$.

(2) 设 $\Gamma=\Gamma_1\cup\Gamma_2$,$\Gamma_1\cap\Gamma_2=\varnothing$($\Gamma_1$,$\Gamma_2$ 是 Γ 上互相衔接的两段),则有

$$\int_{\Gamma}f(p)\mathrm{d}l=\int_{\Gamma_1}f(p)\mathrm{d}l+\int_{\Gamma_2}f(p)\mathrm{d}l.$$

(3) 若满足 $f(p)\leqslant g(p)$,$p\in\Gamma$,则有 $\int_{\Gamma}f(p)\mathrm{d}l\leqslant\int_{\Gamma}g(p)\mathrm{d}l$.

(4) 由上述性质,则有 $\left|\int_{\Gamma} f(p)\mathrm{d}l\right| \leqslant \int_{\Gamma} |f(p)|\mathrm{d}l$.

(5) 若 $f(p)$ 在 Γ 上连续,则至少存在一点 $p* \in \Gamma$,使得

$$\int_{\Gamma} f(p)\mathrm{d}l = f(p*)l.$$

其中 l 是 Γ 的弧长.

二、第一类曲线积分的计算法

1. 第一类曲线积分的计算公式

第一类曲线积分可化为定积分进行计算.

定理 13.1　设 Γ 为平面光滑曲线,其参数方程为

$$\begin{cases} x = x(t), \\ y = y(t), \end{cases} \quad \alpha \leqslant t \leqslant \beta,$$

$f(x,y)$ 为 Γ 上的连续函数,$x'(t)$, $y'(t)$ 为$[\alpha,\beta]$上的连续函数,则

$$\int_{\Gamma} f(x,y)\mathrm{d}l = \int_{\alpha}^{\beta} f(x(t),y(t)) \sqrt{x'^2(t)+y'^2(t)}\,\mathrm{d}t. \tag{13.1}$$

证明　在$[\alpha,\beta]$中插入分点 t_i:$\alpha = t_0 < t_1 < \cdots < t_{i-1} < t_i < \cdots < t_n = \beta$,

并记 $\Delta t_i = t_i - t_{i-1}$, $\lambda = \max\limits_{1\leqslant i\leqslant n}\{|\Delta t_i|\}$. 相应地将 Γ 分成 n 个小段 $\Delta l_i (i = 1,2,\cdots,n)$, Δl_i 两端点分别对应$(x(t_{i-1}),y(t_{i-1}))$与$(x(t_i),y(t_i))$,由弧长计算公式(读者可参阅第六章第六节中的平面曲线的弧长的证明)及定积分中值定理,有

$$\Delta l_i = \int_{t_{i-1}}^{t_i} \sqrt{x'^2(t)+y'^2(t)}\,dt = \sqrt{x'^2(\tau_i)+y'^2(\tau_i)}\,\Delta t_i, \tau_i \in [t_{i-1},t_i].$$

设 τ_i 对应点 $p_i(\xi_i,\eta_i)$,即

$$\begin{cases} \xi_i = x(\tau_i), \\ \eta_i = y(\tau_i), \end{cases} \quad (i = 1,2,\cdots,n).$$

则 p_i 在小弧段 Δl_i 上. 由于 $f(x,y)$ 为 Γ 上的连续函数,因此 $\int_{\Gamma} f(x,y)\mathrm{d}l$ 存在,故对以上划分及特殊取点 p_i,应有

$$\begin{aligned}\int_{\Gamma} f(x,y)\mathrm{d}l &= \lim_{\lambda\to 0}\sum_{i=1}^{n} f(\xi_i,\eta_i)\,\Delta l_i = \lim_{\lambda\to 0}\sum_{i=1}^{n} f(x(\tau_i),y(\tau_i))\sqrt{x'^2(\tau_i)+y'^2(\tau_i)}\,\Delta t_i \\ &= \int_{\alpha}^{\beta} f(x(t),y(t))\sqrt{x'^2(t)+y'^2(t)}\,\mathrm{d}t.\end{aligned}$$

上式中被积函数 $f(x(t),y(t))\sqrt{x'^2(t)+y'^2(t)}$ 在$[\alpha,\beta]$上连续,因而上式积分可积. □

若曲线方程为 $y = y(x), x \in [a,b]$,

可表示为参数形式:$\begin{cases} x = x, \\ y = y(x), \end{cases}$ $a \leqslant x \leqslant b$,以 x 为参数,

则有

$$\int_{\Gamma} f(x,y)\mathrm{d}l = \int_{a}^{b} f(x,y(x))\sqrt{1+y'^2(x)}\,\mathrm{d}x. \tag{13.2}$$

若曲线方程为 $x = x(y), c \leqslant y \leqslant d$,

可表示为参数形式：$\begin{cases} x = x(y), \\ y = y, \end{cases}$ $c \leqslant y \leqslant d$,以 y 为参数,

则有
$$\int_{\Gamma} f(x,y)\mathrm{d}l = \int_{c}^{d} f(x(y),y)\sqrt{1+x'^{2}(y)}\,\mathrm{d}y. \tag{13.3}$$

若曲线 Γ 方程为极坐标方程
$$r = r(\theta),\quad (\theta_1 \leqslant \theta \leqslant \theta_2),$$

将极坐标方程化为参数方程
$$\begin{cases} x = r(\theta)\cos\theta, \\ y = r(\theta)\sin\theta, \end{cases} \quad (\theta_1 \leqslant \theta \leqslant \theta_2),$$

由(13.1)可得
$$\begin{aligned}\int_{\Gamma} f(x,y)\mathrm{d}l &= \int_{\theta_1}^{\theta_2} f(r(\theta)\cos\theta, r(\theta)\sin\theta)\sqrt{x'^{2}(\theta)+y'^{2}(\theta)}\,\mathrm{d}\theta \\ &= \int_{\theta_1}^{\theta_2} f(r(\theta)\cos\theta, r(\theta)\sin\theta)\sqrt{r^{2}(\theta)+r'^{2}(\theta)}\,\mathrm{d}\theta.\end{aligned}$$

若 Γ 为空间光滑曲线,其参数方程为
$$\begin{cases} x = x(t), \\ y = y(t), \quad \alpha \leqslant t \leqslant \beta. \\ z = z(t), \end{cases}$$

$f(x,y,z)$ 为 Γ 上的连续函数,$x'(t)$,$y'(t)$,$z'(t)$ 为 $[\alpha,\beta]$ 上的连续函数,用类似的方法可以证明
$$\int_{\Gamma} f(x,y,z)\mathrm{d}l = \int_{\alpha}^{\beta} f(x(t),y(t),z(t))\sqrt{x'^{2}(t)+y'^{2}(t)+z'^{2}(t)}\,\mathrm{d}t. \tag{13.4}$$

2. 第一类曲线积分的计算举例

【例 1】 设有半径为 a 的半圆周金属丝,其线密度为其上点到半圆直径的距离的平方,求金属丝的质量.

解 取坐标系如图 13-2 所示,则金属丝对应的参数方程为
$$\begin{cases} x = a\cos\theta, \\ y = a\sin\theta, \end{cases} \quad (0 \leqslant \theta \leqslant \pi).$$

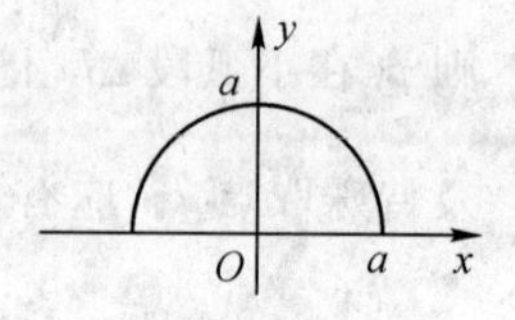

图 13-2

金属丝的线密度为 $\mu(x,y,z) = y^2$.

由公式(13.1)得
$$\begin{aligned} M &= \int_{\Gamma} \mu(x,y,z)\mathrm{d}l = \int_{\Gamma} y^2\,\mathrm{d}l \\ &= \int_{0}^{\pi} a^2\sin^2\theta\sqrt{a^2\sin^2\theta + a^2\cos^2\theta}\,\mathrm{d}\theta \\ &= a^3\int_{0}^{\pi}\sin^2\theta\,\mathrm{d}\theta = \frac{1}{2}a^3\pi. \end{aligned}$$

所求金属丝的质量为 $\frac{1}{2}a^3\pi$.

【例 2】 计算 $\oint_{\Gamma}(x+y)\mathrm{d}l$(记号 $\oint_{\Gamma}$ 表示沿封闭曲线 Γ 的积分),其中 Γ 是连接三点 $O(0,0)$,$A(1,0)$,$B(1,1)$ 的三角形围线(如图 13-3).

解　Γ 是由三段直线段所组成，因此

$$\oint_{\Gamma}(x+y)\mathrm{d}l=\int_{\overline{OA}}(x+y)\mathrm{d}l+\int_{\overline{AB}}(x+y)\mathrm{d}l+\int_{\overline{BO}}(x+y)\mathrm{d}l.$$

其中 $\int_{\overline{OA}}(x+y)\mathrm{d}l$，直线段 $\overline{OA}$，以 x 为参数，

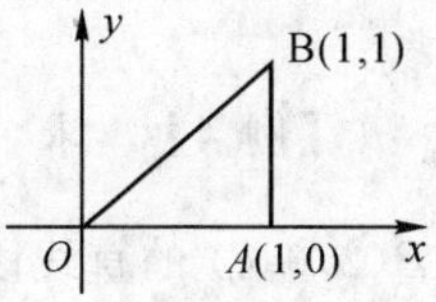

$$\begin{cases}x=x,\\ y=0,\end{cases}\quad(0\leqslant x\leqslant 1),\sqrt{1+y'^{2}(x)}=1,$$

图 13-3

所以，$\int_{\overline{OA}}(x+y)\mathrm{d}l=\int_{0}^{1}(x+0)\mathrm{d}x=\dfrac{1}{2}$；

其中 $\int_{\overline{AB}}(x+y)\mathrm{d}l$，直线段 $\overline{AB}$，以 y 为参数，

$$\begin{cases}x=1,\\ y=y,\end{cases}\quad(0\leqslant y\leqslant 1),\sqrt{1+x'^{2}(y)}=1,$$

所以，
$$\int_{\overline{AB}}(x+y)\mathrm{d}l=\int_{0}^{1}(1+y)\mathrm{d}y=\frac{3}{2};$$

其中 $\int_{\overline{OB}}(x+y)\mathrm{d}l$，直线段 $\overline{OB}$，以 x 为参数，

$$\begin{cases}x=x,\\ y=x,\end{cases}\quad(0\leqslant x\leqslant 1),\sqrt{1+y'^{2}(x)}=\sqrt{2},\text{所以},$$

$$\int_{\overline{OB}}(x+y)\mathrm{d}l=\int_{0}^{1}(x+x)\sqrt{2}\,\mathrm{d}x=\sqrt{2}.$$

因此，
$$\begin{aligned}\oint_{\Gamma}(x+y)\mathrm{d}l&=\int_{\overline{OA}}(x+y)\mathrm{d}l+\int_{\overline{AB}}(x+y)\mathrm{d}l+\int_{\overline{OB}}(x+y)\mathrm{d}l\\&=\int_{0}^{1}(x+0)\mathrm{d}x+\int_{0}^{1}(1+y)\mathrm{d}y+\int_{0}^{1}(x+x)\sqrt{2}\,\mathrm{d}x\\&=\frac{1}{2}+\frac{3}{2}+\sqrt{2}=2+\sqrt{2}.\end{aligned}$$

【例 3】　计算 $\oint_{\Gamma}\sqrt{x^{2}+y^{2}}\,\mathrm{d}l$，其中 Γ 为圆周 $x^{2}+y^{2}=ax$（如图 13-4）.

解　将 Γ 方程改写成　$(x-\dfrac{a}{2})^{2}+y^{2}=(\dfrac{a}{2})^{2}$，

由此，得其参数方程为 $\begin{cases}x=\dfrac{a}{2}+\dfrac{a}{2}\cos\theta,\\ y=\dfrac{a}{2}\sin\theta,\end{cases}\quad(0\leqslant\theta\leqslant 2\pi)$，

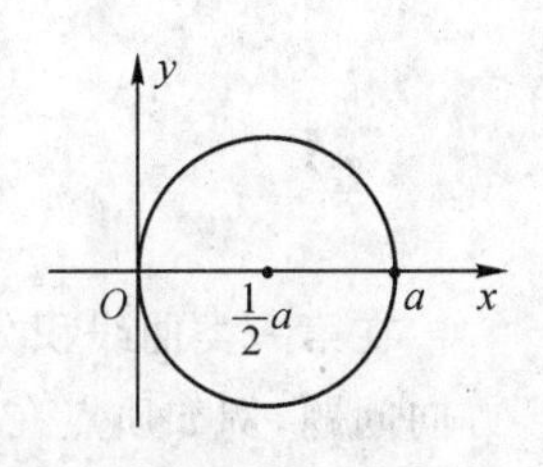

图 13-4

$$\sqrt{x'^{2}(x)+y'^{2}(x)}=\sqrt{\frac{a^{2}}{4}(\sin^{2}\theta+\cos^{2}\theta)}=\frac{a}{2}.$$

由公式(13.1)得

$$\oint_{\Gamma}\sqrt{x^{2}+y^{2}}\,\mathrm{d}l=\int_{0}^{2\pi}\sqrt{a^{2}(\frac{1}{2}+\frac{1}{2}\cos\theta)}\cdot\frac{a}{2}\,\mathrm{d}\theta$$

$$= \frac{a^2}{2}\int_0^{2\pi}\sqrt{\frac{1+\cos\theta}{2}}\ \mathrm{d}\theta = \frac{a^2}{2}\int_0^{2\pi}\left|\cos\frac{\theta}{2}\right|\ \mathrm{d}\theta = \frac{a^2}{2}\int_{-\pi}^{\pi}\left|\cos\frac{\theta}{2}\right|\ \mathrm{d}\theta$$

$$= a^2\int_0^{\pi}\cos\frac{\theta}{2}\ \mathrm{d}\theta = 2a^2\sin\frac{\theta}{2}\Big|_0^{\pi} = 2a^2.$$

【例 4】　求 $\int_{\Gamma}(x+y+z)\mathrm{d}l$，其中 Γ 是自点 $A(1,1,1)$ 到 $B(2,3,4)$ 的直线段(如图 13-5).

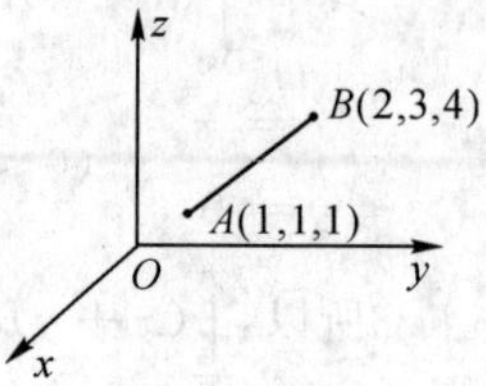

图 13-5

解　过点 $A(1,1,1)$ 和点 $B(2,3,4)$ 的直线方程:

$$\frac{x-1}{2-1} = \frac{y-1}{3-1} = \frac{z-1}{4-1},$$

即　$\frac{x-1}{1} = \frac{y-1}{2} = \frac{z-1}{3} \overset{\Delta}{=} t$，化为参数方程，则有

$$\begin{cases} x = 1+t, \\ y = 1+2t, \ (0 \leqslant t \leqslant 1), \\ z = 1+3t, \end{cases}$$

$\sqrt{x'^2(t)+y'^2(t)+z'^2(t)} = \sqrt{1^2+2^2+3^2} = \sqrt{14}$，由公式(13.4)得

$$\int_{\Gamma}(x+y+z)\mathrm{d}l = \int_0^1(1+t+1+2t+1+3t)\ \sqrt{1^2+2^2+3^2}\ \mathrm{d}t$$

$$= \int_0^1(3+6t)\ \sqrt{14}\ \mathrm{d}t = 6\sqrt{14}.$$

【例 5】　设 Γ 为螺旋线 $x = a\cos t$，$y = a\sin t$，$z = bt$，$(0 \leqslant t \leqslant 2\pi)$(如图 13-6)，求 $\int_{\Gamma}(x^2+y^2)\mathrm{d}l$.

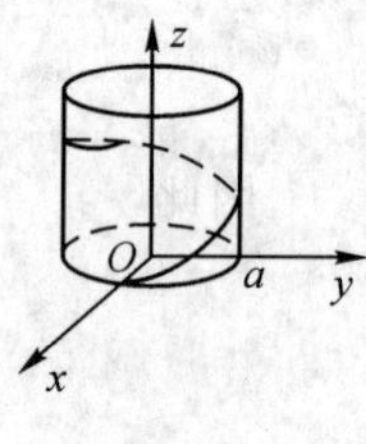

图 13-6

解　所给 Γ 的参数方程为: $\begin{cases} x = a\cos t, \\ y = a\sin t, \quad (0 \leqslant t \leqslant 2\pi), \\ z = bt, \end{cases}$

由公式(13.4)得

$$\int_{\Gamma}(x^2+y^2)\mathrm{d}l = \int_0^{2\pi} a^2\sqrt{a^2\sin^2 t + a^2\cos^2 t + b^2}\ \mathrm{d}t$$

$$= \int_0^{2\pi} a^2\sqrt{a^2+b^2}\ \mathrm{d}t = 2\pi a^2\sqrt{a^2+b^2}.$$

第二节　第二类曲线积分

在第一类曲线积分中，曲线不考虑它的方向. 在许多实际问题中，常常需要考虑曲线的方向问题，例如质点在力的作用下，沿曲线某一指定方向运动，要求这个力所做的功. 这样，便需引进另一类曲线积分问题，即下列所述的第二类曲线积分.

一、第二类曲线积分的基本概念与性质

1. 力场做功问题

设质点 M 在力场 $\boldsymbol{F}(x,y,z) = P(x,y,z)\boldsymbol{i} + Q(x,y,z)\boldsymbol{j} + R(x,y,z)\boldsymbol{k}$ 作用下，从点 A

沿着光滑曲线 Γ 移动到 B(见图 13-7),求力场 $\boldsymbol{F}$ 所做的功.

解　如果 $\boldsymbol{F}$ 是常矢量,质点沿着有向直线段 $\overrightarrow{AB}$ 移动,则力场 $\boldsymbol{F}$ 所做的功

$$W = \boldsymbol{F} \cdot \overrightarrow{AB}.$$

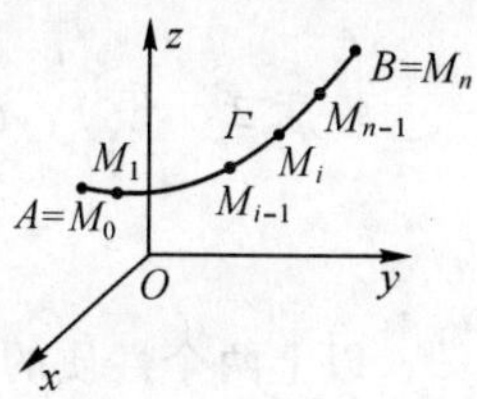

现在 $\boldsymbol{F}$ 是变力,Γ_{AB} 是曲线段,则不能用上述公式计算功 W,仍需按照积分微元分析法思想解决这一实际问题.

图 13-7

(1) 分割:从点 A 沿着曲线 Γ 到 B,依次插入 $n-1$ 个分点,得

$A = M_0(x_0, y_0, z_0), M_1(x_1, y_1, z_1), M_2(x_2, y_2, z_2), \cdots,$
$M_{i-1}(x_{i-1}, y_{i-1}, z_{i-1}), M_i(x_i, y_i, z_i), \cdots, M_{n-1}(x_{n-1}, y_{n-1}, z_{n-1}), M_n(x_n, y_n, z_n) = B$

(2) 近似:对于每一小段,如 $\overparen{M_{i-1}M_i}$,它的弧长记为 Δl_i,在其上任取一点 p_i,对应的单位切向量记为 $\boldsymbol{\tau}^\circ(p_i)$,用常向量 $\boldsymbol{F}(p_i)$ 近似地表示弧 $\overparen{M_{i-1}M_i}$ 上的变力 $\boldsymbol{F}$,于是变力 $\boldsymbol{F}$ 从 M_{i-1} 沿着曲线 Γ 到 M_i 所做的功

$$\Delta W_i \approx \boldsymbol{F}(p_i) \cdot \boldsymbol{\tau}^\circ(p_i) \Delta l_i.$$

(3) 求和:由于功是可加的,所以

$$W = \sum_{i=1}^{n} \Delta W_i \approx \sum_{i=1}^{n} \boldsymbol{F}(p_i) \cdot \boldsymbol{\tau}^\circ(p_i) \Delta l_i.$$

(4) 取极限:记 $\lambda = \max\limits_{1 \leqslant i \leqslant n} \{\Delta l_i\}$,当 $\lambda \to 0$ 时,若上述极限存在,可以将这个极限值规定为质点 M 从点 A 沿着曲线 Γ 移动到 B 力场 $\boldsymbol{F}$ 所做的功

$$W = \lim_{\lambda \to 0} \sum_{i=1}^{n} \boldsymbol{F}(p_i) \cdot \boldsymbol{\tau}^\circ(p_i) \Delta l_i.$$

2. 第二类曲线积分的定义

以上述实际问题为背景,抽象出下列第二类曲线积分的定义:

定义 13.2　设 Γ 是从起点 A 到终点 B 的空间一条有向光滑曲线,$\boldsymbol{F}(x,y,z) = \boldsymbol{F}(p)$ 是定义在 Γ 上的有界向量值函数,将 Γ 从 A 到 B 分割成为

$$\Gamma = \bigcup_{i=1}^{n} \Delta l_i.$$

在 $\Delta l_i (i = 1, 2, \cdots, n)$ 上任取一点 p_i,对应的单位切向量记为 $\boldsymbol{\tau}^\circ(p_i)$(方向与点沿曲线从 A 到 B 方向一致),记 $\lambda = \max\limits_{1 \leqslant i \leqslant n} \{\Delta l_i\}$,若极限

$$\lim_{\lambda \to 0} \sum_{i=1}^{n} \boldsymbol{F}(p_i) \cdot \boldsymbol{\tau}^\circ(p_i) \Delta l_i$$

存在,且与分割及 p_i 的取法无关,则称这个极限值为向量函数 $\boldsymbol{F}(p)$ 在 Γ 上的**第二类曲线积分**,记为 $\int_\Gamma \boldsymbol{F}(p) \boldsymbol{\tau}^\circ \mathrm{d}l$,记 $\boldsymbol{\tau}^\circ \mathrm{d}l = \mathrm{d}\boldsymbol{l}$,则有

$$\lim_{\lambda \to 0} \sum_{i=1}^{n} \boldsymbol{F}(p_i) \cdot \boldsymbol{\tau}^\circ(p_i) \Delta l_i = \int_\Gamma \boldsymbol{F}(p) \cdot \boldsymbol{\tau}^\circ \mathrm{d}l = \int_\Gamma \boldsymbol{F}(p) \cdot \mathrm{d}\boldsymbol{l}. \tag{13.5}$$

3. 第二类曲线积分的性质

下面给出第二类曲线积分的性质

性质 1　设 $\boldsymbol{F}$,$\boldsymbol{G}$ 是定义在有向曲线 Γ 上的向量值函数,Γ 为光滑或分段光滑曲线,$\alpha, \beta \in \mathbf{R}$ 常数,则

$$\int_{\Gamma}(\alpha\boldsymbol{F}(p)+\beta\boldsymbol{G}(p))\cdot \mathrm{d}\boldsymbol{l}=\alpha\int_{\Gamma}\boldsymbol{F}(p)\cdot \mathrm{d}\boldsymbol{l}+\beta\int_{\Gamma}\boldsymbol{G}(p)\cdot \mathrm{d}\boldsymbol{l}.$$

性质 2 设 Γ_1,Γ_2 与 Γ 方向一致,且 $\Gamma=\Gamma_1\cup\Gamma_2$,则

$$\int_{\Gamma}\boldsymbol{F}(p)\cdot \mathrm{d}\boldsymbol{l}=\int_{\Gamma_1}\boldsymbol{F}(p)\cdot \mathrm{d}\boldsymbol{l}+\int_{\Gamma_2}\boldsymbol{F}(p)\cdot \mathrm{d}\boldsymbol{l}.$$

以上两个性质的证明,均可按定义去证明,建议读者作为练习.

性质 3 设 Γ 是从起点 A 到终点 B 的有向曲线,Γ 为光滑或分段光滑曲线,Γ^- 是从点 B 到 A 的曲线,则

$$\int_{\Gamma}\boldsymbol{F}(p)\cdot \mathrm{d}\boldsymbol{l}=-\int_{\Gamma^-}\boldsymbol{F}(p)\cdot \mathrm{d}\boldsymbol{l}.$$

证明 设 $\boldsymbol{\tau}^\circ_+,\boldsymbol{\tau}^\circ_-$ 分别是 Γ 与 Γ^- 在 p 点的单位切向量,则 $\boldsymbol{\tau}^\circ_+=-\boldsymbol{\tau}^\circ_-$,所以

$$\int_{\Gamma}\boldsymbol{F}(p)\cdot \mathrm{d}\boldsymbol{l}=\int_{\Gamma}\boldsymbol{F}(p)\cdot\boldsymbol{\tau}^\circ_+\mathrm{d}l=-\int_{\Gamma}\boldsymbol{F}(p)\cdot\boldsymbol{\tau}^\circ_-\mathrm{d}l=-\int_{\Gamma^-}\boldsymbol{F}(p)\cdot \mathrm{d}\boldsymbol{l}.$$

二、第二类曲线积分的计算

1. 第二类曲线积分的计算公式

从上述定义可看出,向量值函数 $\boldsymbol{F}(p)$ 在 Γ 上的第二类曲线积分,实质上就是函数 $\boldsymbol{F}(p)\cdot\boldsymbol{\tau}^\circ$ 在 Γ 上的第一类曲线积分.

设向量值函数

$$\begin{aligned}&\boldsymbol{F}(x,y,z)=P(x,y,z)\boldsymbol{i}+Q(x,y,z)\boldsymbol{j}+R(x,y,z)\boldsymbol{k},\\&\boldsymbol{\tau}^\circ=\cos\alpha\boldsymbol{i}+\cos\beta\boldsymbol{j}+\cos\gamma\boldsymbol{k},\\&\boldsymbol{\tau}^\circ\mathrm{d}l=\cos\alpha\mathrm{d}l\boldsymbol{i}+\cos\beta\mathrm{d}l\boldsymbol{j}+\cos\gamma\mathrm{d}l\boldsymbol{k}\\&\qquad=\mathrm{d}x\boldsymbol{i}+\mathrm{d}y\boldsymbol{j}+\mathrm{d}z\boldsymbol{k},\end{aligned}$$

$$\begin{aligned}\boldsymbol{F}(p)\cdot\boldsymbol{\tau}^\circ\mathrm{d}l&=(P(x,y,z)\boldsymbol{i}+Q(x,y,z)\boldsymbol{j}+R(x,y,z)\boldsymbol{k})\cdot(\mathrm{d}x\boldsymbol{i}+\mathrm{d}y\boldsymbol{j}+\mathrm{d}z\boldsymbol{k})\\&=P(x,y,z)\mathrm{d}x+Q(x,y,z)\mathrm{d}y+R(x,y,z)\mathrm{d}z.\end{aligned}$$

设有向光滑线段 Γ 的参数方程为 $\begin{cases}x=x(t),\\y=y(t),\\z=z(t),\end{cases}$ $(\alpha\leqslant t\leqslant\beta)$,且函数 $P(x,y,z)$,$Q(x,y,z)$,$R(x,y,z)$ 在曲线 Γ 上连续,可以证明第二类曲线积分:

$$\begin{aligned}\int_{\Gamma}\boldsymbol{F}(p)\cdot\boldsymbol{\tau}^\circ\mathrm{d}l&=\int_{\Gamma}\boldsymbol{F}(p)\cdot \mathrm{d}\boldsymbol{l}=\int_{\Gamma}P(x,y,z)\mathrm{d}x+Q(x,y,z)\mathrm{d}y+R(x,y,z)\mathrm{d}z\\&=\int_{\alpha}^{\beta}[P(x(t),y(t),z(t))x'(t)+Q(x(t),y(t),z(t))y'(t)\\&\qquad+R(x(t),y(t),z(t))z'(t)]\mathrm{d}t,\end{aligned}\tag{13.6}$$

其中,α 是起点对应的参数,β 是终点对应的参数,第二类曲线积分也称为**对坐标的曲线积分**.

对于平面曲线,若有向光滑线段 Γ 的参数方程为 $\begin{cases}x=x(t),\\y=y(t),\end{cases}$ $(\alpha\leqslant t\leqslant\beta)$,参数 α 对应 A 点,β 对应 B 点, $\boldsymbol{F}(p)=\boldsymbol{F}(x,y)=P(x,y)\boldsymbol{i}+Q(x,y)\boldsymbol{j}$.

第二类曲线积分有

$$\int_{\Gamma}\boldsymbol{F}(p)\cdot\boldsymbol{\tau}^{\circ}\mathrm{d}l=\int_{\Gamma}P(x,y)\mathrm{d}x+Q(x,y)\mathrm{d}y$$

$$=\int_{\alpha}^{\beta}[P(x(t),y(t))x'(t)+Q(x(t),y(t))y'(t)]\mathrm{d}t\,. \tag{13.7}$$

对于 $\alpha>\beta$,利用性质 3

$$\int_{\Gamma}\boldsymbol{F}(p)\cdot\mathrm{d}\boldsymbol{l}=-\int_{\Gamma^{-}}\boldsymbol{F}(p)\cdot\mathrm{d}\boldsymbol{l}$$

$$=-\int_{\beta}^{\alpha}(P(x(t),y(t))x'(t)+Q(x(t),y(t))y'(t))\mathrm{d}t$$

$$=\int_{\alpha}^{\beta}(P(x(t),y(t))x'(t)+Q(x(t),y(t))y'(t))\mathrm{d}t. \tag{13.8}$$

这表明,第二类曲线积分化为定积分计算时,对参数方程而言,定积分的下限总是起点对应的参数 α,定积分的上限总是终点对应的参数 β.

2. 第二类曲线积分的计算举例

【例 6】　设 $\boldsymbol{F}=2xy\boldsymbol{i}-x^2\boldsymbol{j}$,计算 $\int_{\Gamma}\boldsymbol{F}(p)\cdot\mathrm{d}\boldsymbol{l}$,其中 Γ 分别为

(1) 从 $O(0,0)$ 沿着抛物线 $y=x^2$ 到 $A(1,1)$;

(2) 从 $O(0,0)$ 沿着抛物线 $y=x$ 到 $A(1,1)$;

(3) 从 $O(0,0)$ 沿着 x 轴到 $C(1,0)$,然后沿着直线 $x=1$ 到 $A(1,1)$,如图 13-8 所示.

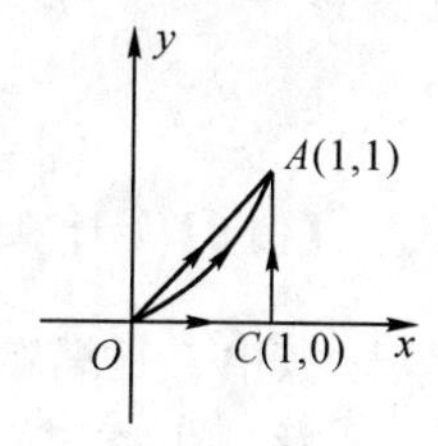

图 13-8

解　(1) 将抛物线 $y=x^2$ 用参数方程

$\begin{cases}x=x,\\ y=x^2,\end{cases}$ $(0\leqslant x\leqslant 1)$　表示,由公式(13.7)得

$$\int_{\Gamma}\boldsymbol{F}(p)\cdot\mathrm{d}\boldsymbol{l}=\int_{\Gamma}2xy\mathrm{d}x-x^2\mathrm{d}y$$

$$=\int_{0}^{1}2x\cdot x^2\mathrm{d}x-x^2 2x\mathrm{d}x$$

$$=\int_{0}^{1}(2x^3-2x^3)\mathrm{d}x=0.$$

(2) 将抛物线 $y=x$ 用参数方程

$\begin{cases}x=x,\\ y=x,\end{cases}$ $(0\leqslant x\leqslant 1)$　表示,由公式(13.7)得

$$\int_{\Gamma}\boldsymbol{F}(p)\cdot\mathrm{d}\boldsymbol{l}=\int_{\Gamma}2xy\mathrm{d}x-x^2\mathrm{d}y$$

$$=\int_{0}^{1}2x\cdot x\mathrm{d}x-x^2\mathrm{d}x$$

$$=\int_{0}^{1}(2x^2-x^2)\mathrm{d}x=\int_{0}^{1}x^2\mathrm{d}x=\frac{1}{3}.$$

(3) $\Gamma=\overline{OC}+\overline{CA}$,

$\overline{OC}:\begin{cases}x=x,\\ y=0,\end{cases}$ $(0\leqslant x\leqslant 1)$,　　$\overline{CA}:\begin{cases}x=1,\\ y=y,\end{cases}$ $(0\leqslant y\leqslant 1)$,

$$\int_{\Gamma}\boldsymbol{F}(p)\cdot \mathrm{d}\boldsymbol{l}=\int_{\overset{\frown}{OC}}\boldsymbol{F}(p)\cdot \mathrm{d}\boldsymbol{l}+\int_{\overset{\frown}{CA}}\boldsymbol{F}(p)\cdot \mathrm{d}\boldsymbol{l}$$

$$=\int_{\overset{\frown}{OC}}2xy\mathrm{d}x-x^2\mathrm{d}y+\int_{\overset{\frown}{CA}}2xy\mathrm{d}x-x^2\mathrm{d}y$$

$$=0+\int_0^1(-1)\mathrm{d}y=-1.$$

【例 7】 设有平面力场 $\boldsymbol{F}=x\boldsymbol{i}+y\boldsymbol{j}$，一质点 M 是从点 $A(2,0)$ 沿着 $(x-1)^2+y^2=1$ 的上半圆周移动到点 $O(0,0)$，求力场 $\boldsymbol{F}$ 对质点 M 所做的功.

解 设质点 M 处于 $p(x,y)$(见图 13-9).

由圆的方程为 $\qquad (x-1)^2+y^2=1$，

得其上半圆周的参数方程是 $\begin{cases}x=1+\cos\theta,\\ y=\sin\theta,\end{cases}\quad (0\leqslant\theta\leqslant\pi)$，

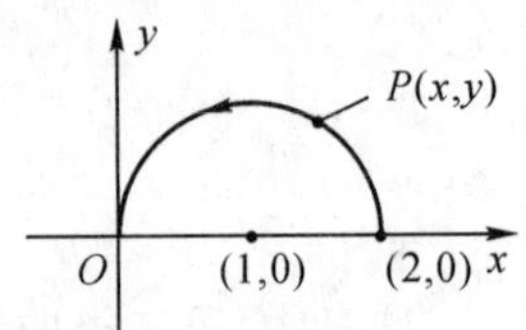

图 13-9

则力场 $\boldsymbol{F}$ 所做的功

$$W=\int_{\Gamma}\boldsymbol{F}(p)\cdot \mathrm{d}\boldsymbol{l}=\int_{\Gamma}x\mathrm{d}x+y\mathrm{d}y$$

$$=\int_0^{\pi}[(1+\cos\theta)(-\sin\theta)+\sin\theta\cos\theta]\mathrm{d}\theta$$

$$=-\int_0^{\pi}\sin\theta\mathrm{d}\theta=-2.$$

【例 8】 计算第二类曲线积分 $\quad I=\int_{\Gamma}xy\mathrm{d}x+(x-y)\mathrm{d}y+x^2\mathrm{d}z$，

其中 Γ 是螺旋线 $x=a\cos t$，$y=a\sin t$，$z=bt$ 从 $t=0$ 到 $t=\pi$ 的一段.

解 由公式(13.6)

$$I=\int_{\Gamma}xy\mathrm{d}x+(x-y)\mathrm{d}y+x^2\mathrm{d}z$$

$$=\int_0^{\pi}(-a^3\cos t\sin^2 t+a^2\cos^2 t-a^2\sin t\cos t+a^2b\cos^2 t)\,\mathrm{d}t$$

$$=\left[-\frac{1}{3}a^3\sin^3 t-\frac{1}{2}a^2\sin^2 t+\frac{1}{2}a^2(1+b)\left(t+\frac{1}{2}\sin 2t\right)\right]_0^{\pi}$$

$$=\frac{1}{2}a^2(1+b)\pi.$$

【例 9】 计算 $\int_{\Gamma}\boldsymbol{F}(p)\cdot \mathrm{d}\boldsymbol{l}$，其中，$\boldsymbol{F}(p)=(y-z)\boldsymbol{i}+z\boldsymbol{j}-x\boldsymbol{k}$，

Γ 是从点 $A(1,1,1)$ 到 $B(2,3,-4)$ 的直线段(如图 13-10).

图 13-10

解 直线段 $\overline{AB}$ 的参数方程是 $\begin{cases}x=1+t,\\ y=1+2t,\\ z=1-5t,\end{cases}\quad (0\leqslant t\leqslant 1)$，

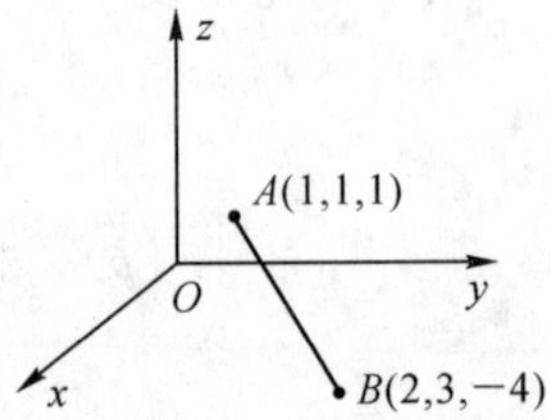

$$\int_{\Gamma}\boldsymbol{F}(p)\cdot \mathrm{d}\boldsymbol{l}=\int_{\Gamma}(y-z)\mathrm{d}x+z\mathrm{d}y-x\mathrm{d}z$$

$$=\int_0^1[(1+2t-(1-5t))\cdot 1+(1-5t)\cdot 2-(1+t)\cdot(-5)]\mathrm{d}t$$

$$= \int_0^1 (2t+7)\,\mathrm{d}t = 8\,.$$

下面举例说明,两类曲线积分在计算方法上的不同之处.

【例 10】　设 Γ 是从原点 $O(0,0)$ 沿着曲线 $x=y^3$ 到点 $A(1,1)$,如图 13-11.

(1) 计算第一类曲线积分 $\int_\Gamma y^3\,\mathrm{d}l$;

(2) 计算第二类曲线积分 $\int_\Gamma y^3\,\mathrm{d}x$.

解　(1)Γ 的参数方程 $\begin{cases} x = y^3, \\ y = y, \end{cases}$　$(0 \leqslant y \leqslant 1)$,

因自变量 y 从 0 变到 1,所以

$$\mathrm{d}l = \sqrt{1+x'^2(y)}\,\mathrm{d}y = \sqrt{1+9y^4}\,\mathrm{d}y,$$

$$\int_\Gamma y^3\,\mathrm{d}l = \int_0^1 y^3\sqrt{1+9y^4}\,\mathrm{d}y$$

$$= \frac{1}{54}\left[(1+9y^4)^{\frac{3}{2}}\right]_0^1 = \frac{1}{54}(10^{\frac{3}{2}}-1).$$

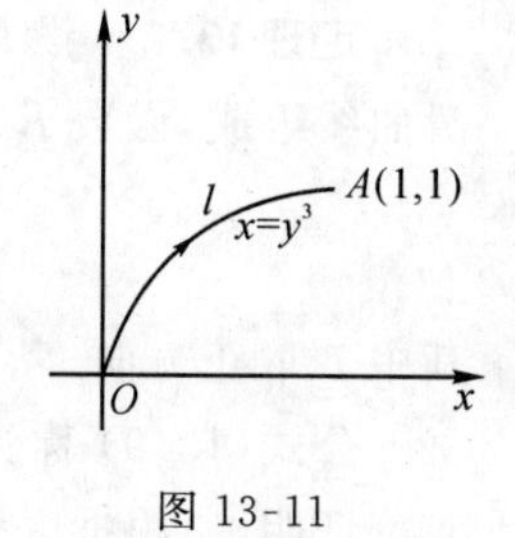

图 13-11

(2)Γ 的参数方程 $\begin{cases} x = y^3, \\ y = y, \end{cases}$　$(0 \leqslant y \leqslant 1)$,

$$\int_\Gamma y^3\,\mathrm{d}x = \int_0^1 y^3 \cdot 3y^2\,\mathrm{d}y = \frac{3}{6}\left[y^6\right]_0^1 = \frac{1}{2}\,.$$

从上例我们可以看到两类曲线积分的不同点是:第一类曲线积分实际上是对弧长的积分,而第二类曲线积分实际上是对坐标的积分.

第三节　格林公式及平面上曲线积分与路线的无关性

一、格林公式

在定积分中我们看到,若 $f(x)$ 是定义在区间 $[a,b]$ 上的连续函数,则有牛顿 - 莱布尼兹公式

$$\int_a^b f(x)\,\mathrm{d}x = [F(x)]_b^a = F(b)-F(a),$$

其中,$F'(x)=f(x)$,即有 $\int_a^b F'(x)\,\mathrm{d}x = [F(x)]_b^a = F(b)-F(a)$.

可见,牛顿-莱布尼兹公式是把定义在区间 $[a,b]$ 上的连续函数 $f(x)=F'(x)$ 的定积分与原函数 $F(x)$ 在区间端点 a,b 上的函数值联系起来.类似的联系也反映在平面区域中,即格林公式.

在这一节讨论的格林公式,它建立起在平面有界闭区域 D 上的二重积分与在 D 的边界 Γ 上的第二类曲线积分之间的密切关系.

设平面有界闭区域 D 的边界 Γ 是由一条光滑曲线或几条光滑曲线所围成,边界线 Γ 的方向规定为:人沿着 Γ 某一方向行走时,若 Γ 所围的平面区域 D 总在人的左边,则规定该方向为正向,记为 Γ^+(或简记 Γ),若区域 D 总在人的右边,则称该方向为负向,记 Γ^-(如图

13-12 所示).

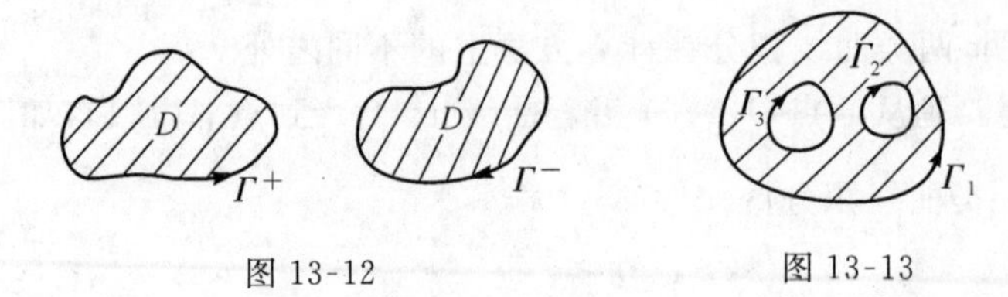

图 13-12　　　　图 13-13

在平面区域 D 内任一闭曲线 Γ,若在收缩成一点的过程中,Γ 所含的全部点都属于 D,则称这样区域为平面单连通区域(如图 13-12 所示),否则称为多连通或复连通区域(如图 13-13 所示).

定理 13.2　设 D 是平面上的有界闭区域(单连通或多连通),它的边界线 Γ 由有限条光滑曲线组成,函数 $P(x,y)$,$Q(x,y)$ 在 D 上连续,且在 D 内存在连续的一阶偏导数,则有

$$\oint_{\Gamma} P\,\mathrm{d}x + Q\mathrm{d}y = \iint_{D} \left(\frac{\partial Q}{\partial x} - \frac{\partial P}{\partial y}\right)\mathrm{d}\sigma. \tag{13.9}$$

其中 Γ 取正方向.

公式(13.9) 称为格林公式(Green).

证明　根据区域 D 不同情况,分三种情形加以证明.

(1) 区域 D 为单连通,且平行 x 轴与 y 轴的直线与 Γ 曲线至多交于两点(如图 13-14).

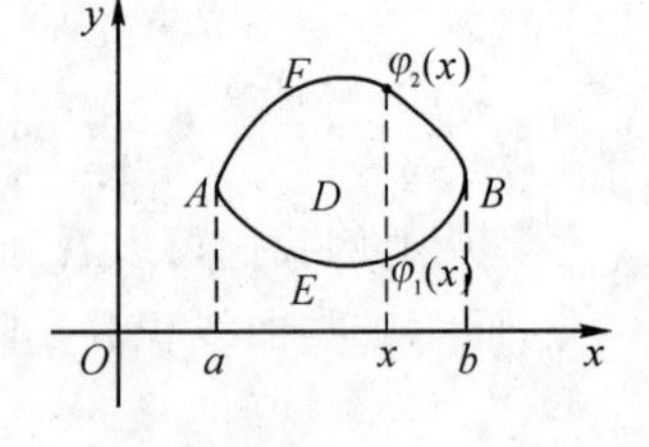

图 13-14

不妨设

$$D = \{(x,y)\,|\,\varphi_1(x) \leqslant y \leqslant \varphi_2(x), a \leqslant x \leqslant b\},$$

或　$$D = \{(x,y)\,|\,\psi_1(y) \leqslant x \leqslant \psi_2(y), c \leqslant y \leqslant d\},$$

由二重积分与第二类曲线积分的计算方法,可得

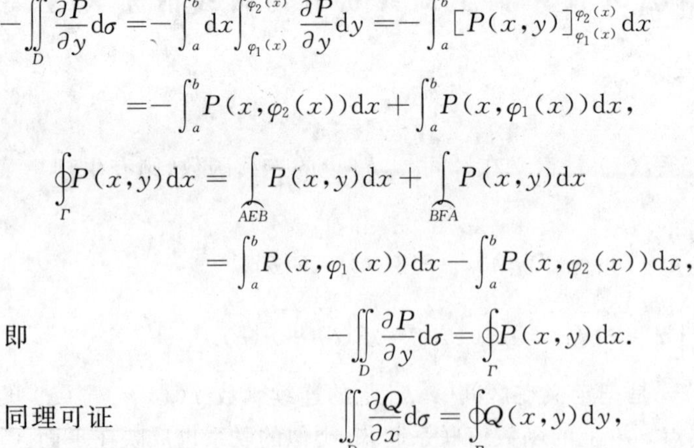

$$-\iint_{D} \frac{\partial P}{\partial y}\mathrm{d}\sigma = -\int_a^b \mathrm{d}x \int_{\varphi_1(x)}^{\varphi_2(x)} \frac{\partial P}{\partial y}\mathrm{d}y = -\int_a^b [P(x,y)]_{\varphi_1(x)}^{\varphi_2(x)}\mathrm{d}x$$

$$= -\int_a^b P(x,\varphi_2(x))\mathrm{d}x + \int_a^b P(x,\varphi_1(x))\mathrm{d}x,$$

$$\oint_{\Gamma} P(x,y)\mathrm{d}x = \int_{\overset{\frown}{AEB}} P(x,y)\mathrm{d}x + \int_{\overset{\frown}{BFA}} P(x,y)\mathrm{d}x$$

$$= \int_a^b P(x,\varphi_1(x))\mathrm{d}x - \int_a^b P(x,\varphi_2(x))\mathrm{d}x,$$

即　$$-\iint_{D} \frac{\partial P}{\partial y}\mathrm{d}\sigma = \oint_{\Gamma} P(x,y)\mathrm{d}x.$$

同理可证　$$\iint_{D} \frac{\partial Q}{\partial x}\mathrm{d}\sigma = \oint_{\Gamma} Q(x,y)\mathrm{d}y,$$

将上述两式相加,即得 $\oint_{\Gamma} P\,\mathrm{d}x + Q\mathrm{d}y = \iint_{D} \left(\frac{\partial Q}{\partial x} - \frac{\partial P}{\partial y}\right)\mathrm{d}\sigma$.

(2) 若 D 仍为单连通区域,但平行 x 轴(或平行于 y 轴) 的直线与 Γ 相交多于两点,如图 13-15 所示,将区域 D 分成若干小区域,例如 $D = D_1 \cup D_2 \cup D_3$,$D_1$,$D_2$,$D_3$ 的边界满足(1) 中的条件,即平行 x 轴(或 y 轴) 的直线与边界曲线至多交于两点,而相邻小区域的共同边界所取积分曲线路径方向恰好相反,它们的曲线积分互相抵消,于是有

$$\iint\limits_{D}\left(\frac{\partial Q}{\partial x}-\frac{\partial P}{\partial y}\right)\mathrm{d}\sigma=\iint\limits_{D_1}\left(\frac{\partial Q}{\partial x}-\frac{\partial P}{\partial y}\right)\mathrm{d}\sigma+\iint\limits_{D_2}\left(\frac{\partial Q}{\partial x}-\frac{\partial P}{\partial y}\right)\mathrm{d}\sigma+\iint\limits_{D_3}\left(\frac{\partial Q}{\partial x}-\frac{\partial P}{\partial y}\right)\mathrm{d}\sigma$$

$$=\left(\int_{\Gamma_3^+}+\int_{\Gamma_2^+}+\int_{\overset{\frown}{BGA}}\right)P\mathrm{d}x+Q\mathrm{d}y+\left(\int_{\overset{\frown}{CFB}}+\int_{\Gamma_2^-}\right)P\mathrm{d}x+Q\mathrm{d}y+\left(\int_{\overset{\frown}{AEC}}+\int_{\Gamma_3^-}\right)P\mathrm{d}x+Q\mathrm{d}y$$

$$=\left(\int_{\overset{\frown}{BGA}}+\int_{\overset{\frown}{AEC}}+\int_{\overset{\frown}{CFB}}\right)P\mathrm{d}x+Q\mathrm{d}y$$

$$=\oint_{\Gamma}P\mathrm{d}x+Q\mathrm{d}y.$$

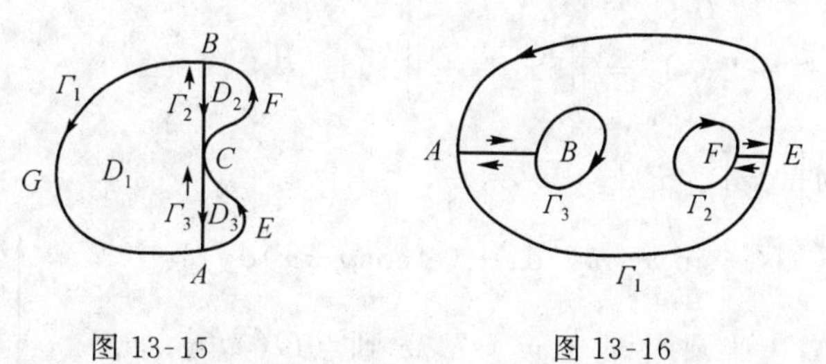

图 13-15　　　　图 13-16

(3) 若区域 D 是复连通区域，如图 13-16 所示，这时可适当添加直线段，如 AB，EF，将区域 D 化为单连通区域，利用情况(2) 的结论，可得

$$\iint\limits_{D}(\frac{\partial Q}{\partial x}-\frac{\partial P}{\partial y})\mathrm{d}\sigma=\left(\oint_{\Gamma_1}+\oint_{\Gamma_2}+\oint_{\Gamma_3}+\int_{AB}+\int_{BA}+\int_{EF}+\int_{FE}\right)P\mathrm{d}x+Q\mathrm{d}y$$

$$=\left(\oint_{\Gamma_1}+\oint_{\Gamma_2}+\oint_{\Gamma_3}\right)P\mathrm{d}x+Q\mathrm{d}y=\oint_{\Gamma}P\mathrm{d}x+Q\mathrm{d}y.\ \square$$

二、利用格林公式求第二类曲线积分举例

【例 11】　计算 $\oint_{\Gamma}-y\mathrm{d}x+x\mathrm{d}y$，其中 Γ 是圆周 $x^2+y^2=a^2$，Γ 取逆时针方向.

解法 1　按第二类积分公式求.

圆的参数方程：$\begin{cases}x=a\cos t,\\ y=a\sin t,\end{cases}\quad 0\leqslant t\leqslant 2\pi,$

$$\oint_{\Gamma}-y\mathrm{d}x+x\mathrm{d}y=\int_0^{2\pi}-a\sin t\mathrm{d}a\cos t+a\cos t\mathrm{d}a\sin t$$

$$=\int_0^{2\pi}a^2\mathrm{d}t=2\pi a^2.$$

解法 2　按格林公式求.

设 $D=\{(x,y)\mid 0\leqslant x^2+y^2\leqslant a^2\}$，$\Gamma$ 取正向，且 $P=-y$，$Q=x$ 满足定理 13.2 的条件，$\frac{\partial P}{\partial x}-\frac{\partial Q}{\partial y}=2$，应用格林公式(13.9) 可得

$$\oint_{\Gamma}-y\mathrm{d}x+x\mathrm{d}y=\iint\limits_{D}(\frac{\partial P}{\partial x}-\frac{\partial Q}{\partial y})\mathrm{d}\sigma=\iint\limits_{D}2\mathrm{d}\sigma=2\pi a^2.$$

【例 12】　计算 $\oint_{\Gamma}(2x\sin y-y^2)\mathrm{d}x+(x^5+x^2\cos y)\mathrm{d}y$，其中 Γ 是由区域 $|x|+|y|\leqslant 1$ 的

围线所组成,Γ 取逆时针方向(如图 13-17).

解　设 $D=\{(x,y)\,|\,|x|+|y|\leqslant 1\}$,$\Gamma$ 取正向,且 $Q=x^5+x^2\cos y$,$P=2x\sin y-y^2$ 满足定理 13.2 的条件,$\dfrac{\partial Q}{\partial x}-\dfrac{\partial P}{\partial y}=5x^4+2x\cos y-2x\cos y+2y=5x^4+2y$

应用格林公式及对称区域上奇偶函数的积分性质,可得

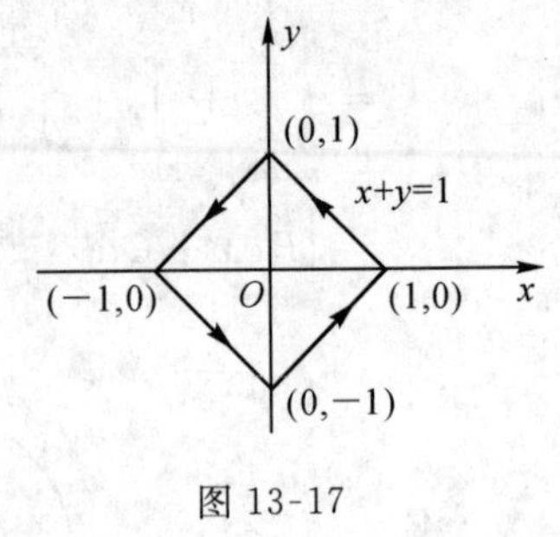

图 13-17

$$\oint_\Gamma (2x\sin y-y^2)\,\mathrm{d}x+(x^5+x^2\cos y)\,\mathrm{d}y$$
$$=\iint_D\left(\frac{\partial Q}{\partial x}-\frac{\partial P}{\partial y}\right)\mathrm{d}\sigma$$
$$=\iint_D(5x^4+2y)\,\mathrm{d}\sigma=\iint_D 5x^4\,\mathrm{d}\sigma+\iint_D 2y\,\mathrm{d}\sigma$$
$$=5\cdot 4\int_0^1\mathrm{d}x\int_0^{1-x}x^4\,\mathrm{d}y+0=\frac{2}{3}.$$

【例 13】　求 $I=\int_\Gamma(\mathrm{e}^x\sin y-my)\,\mathrm{d}x+(\mathrm{e}^x\cos y+x)\,\mathrm{d}y$,其中 Γ 是由 $A(2a,0)$ 沿着上半圆周 $x^2+y^2=2ax$ 到点 $O(0,0)$,如图 13-18 所示.

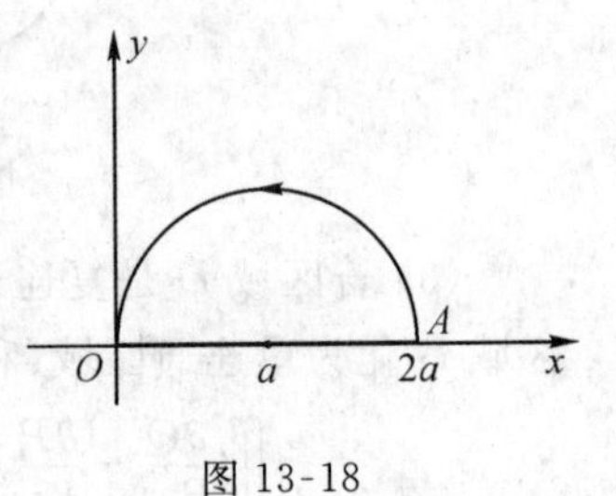

图 13-18

解　添加直线段 $\overline{OA}$,方向取 x 轴的正向,它与 Γ 所形成的区域记为 D,函数

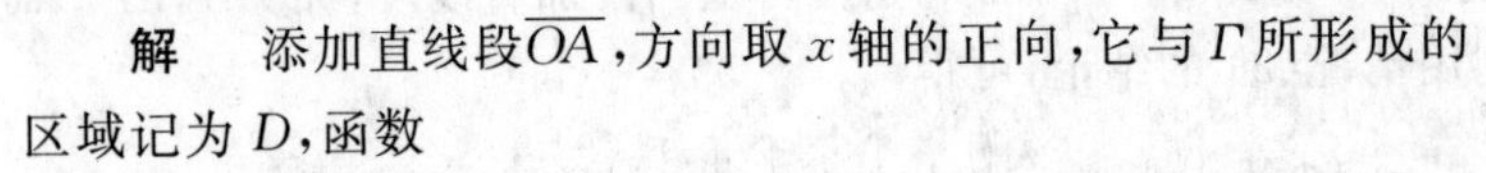

$$P=\mathrm{e}^x\sin y-my,\quad Q=\mathrm{e}^x\cos y+x,$$
$$\frac{\partial Q}{\partial x}-\frac{\partial P}{\partial y}=\mathrm{e}^x\cos y+1-\mathrm{e}^x\cos y+m=m+1.$$

在区域 D 上满足定理 13.2 的条件,应用格林公式,可得

$$I=\oint_{\Gamma+\overline{OA}}(\mathrm{e}^x\sin y-my)\,\mathrm{d}x+(\mathrm{e}^x\cos y+x)\,\mathrm{d}y-\int_{\overline{OA}}(\mathrm{e}^x\sin y-my)\,\mathrm{d}x+(\mathrm{e}^x\cos y+x)\,\mathrm{d}y,$$

其中,
$$\oint_{\Gamma+\overline{OA}}(\mathrm{e}^x\sin y-my)\,\mathrm{d}x+(\mathrm{e}^x\cos y+x)\,\mathrm{d}y$$
$$=\iint_D\left(\frac{\partial P}{\partial x}-\frac{\partial Q}{\partial y}\right)\mathrm{d}\sigma=\iint_D(m+1)\,\mathrm{d}\sigma=\frac{m+1}{2}\pi a^2,$$

$$\overline{OA}:\begin{cases}x=x,\\ y=0,\end{cases}\quad 0\leqslant x\leqslant 1,$$

$$\int_{\overline{OA}}(\mathrm{e}^x\sin y-my)\,\mathrm{d}x+(\mathrm{e}^x\cos y+x)\,\mathrm{d}y=\int_0^1 0\,\mathrm{d}x=0,$$

所以
$$I=\frac{m+1}{2}\pi a^2.$$

【例 14】　设平面有界闭区域 D 的边界为 Γ,试证区域 D 的面积 $D=\dfrac{1}{2}\oint_\Gamma(-y)\,\mathrm{d}x+x\,\mathrm{d}y$,其中 Γ 按正向,并计算椭圆 $\dfrac{x^2}{a^2}+\dfrac{y^2}{b^2}=1$ 的面积.

解　在格林公式中,设 $P=-y$,$Q=x$,$\dfrac{\partial Q}{\partial x}-\dfrac{\partial P}{\partial y}=2$,满足定理 13.2 的条件,应用格林公式(13.9)有

$$\oint_{\Gamma}(-y)\mathrm{d}x + x\mathrm{d}y = \iint_{D}(\frac{\partial Q}{\partial x} - \frac{\partial P}{\partial y})\mathrm{d}\sigma = \iint_{D} 2\mathrm{d}\sigma = 2D,$$

所以　$$D = \frac{1}{2}\oint_{\Gamma}(-y)\mathrm{d}x + x\mathrm{d}y.$$

椭圆的参数方程：$\begin{cases} x = a\cos t, \\ y = b\sin t, \end{cases}\quad 0 \leqslant t \leqslant 2\pi,$

椭圆的面积　$$\begin{aligned} D &= \frac{1}{2}\oint_{\Gamma}(-y)\mathrm{d}x + x\mathrm{d}y \\ &= \frac{1}{2}\int_{0}^{2\pi} -b\sin t\mathrm{d}a\cos t + a\cos t\mathrm{d}b\sin t \\ &= \frac{1}{2}\int_{0}^{2\pi} ab\,\mathrm{d}t = ab\pi. \end{aligned}$$

【例 15】　计算 $I = \oint_{\Gamma}\frac{-y\mathrm{d}x + x\mathrm{d}y}{x^2 + y^2}$，其中 Γ 方向为逆时针，具体曲线分别为（见图 13-19）.

(1)$x^2 + y^2 = a^2 \quad (a > 0)$；

(2) 不包含原点的任一闭曲线；

(3) 包含原点的任一闭曲线.

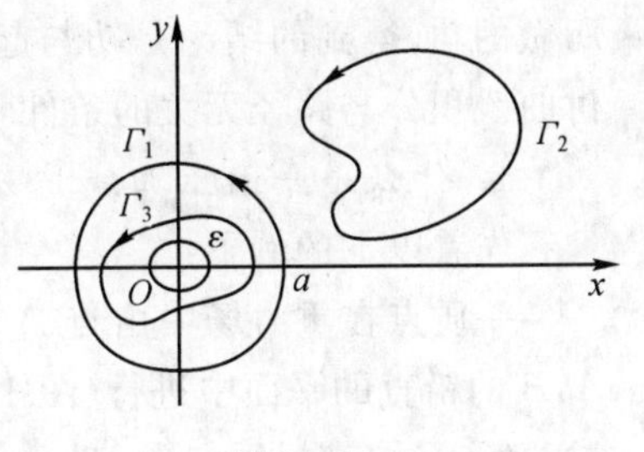

图 13-19

解　设 Γ 所围的区域记为 D，首先注意到函数 $P(x,y) = \frac{-y}{x^2 + y^2}$，$Q(x,y) = \frac{x}{x^2 + y^2}$ 在原点(0,0)不连续，但当 $(x,y) \neq (0,0)$ 时，$P(x,y)$，$Q(x,y)$ 连续且具有一阶连续偏导数，而且

$$\frac{\partial}{\partial x}(\frac{x}{x^2 + y^2}) - \frac{\partial}{\partial y}(\frac{-y}{x^2 + y^2}) = 0.$$

(1) 设 Γ_1 为 $x^2 + y^2 = a^2$，由于(0,0)属于 D，$P(x,y)$，$Q(x,y)$ 不满足格林公式的条件，不能直接利用格林公式计算，可用下面两种方法计算.

① 用参数方程　$\begin{cases} x = a\cos t, \\ y = a\sin t, \end{cases}\quad 0 \leqslant t \leqslant 2\pi,$

代入得　$$I = \oint_{\Gamma_1}\frac{-y\mathrm{d}x + x\mathrm{d}y}{x^2 + y^2} = \int_{0}^{2\pi}(\sin^2 t + \cos^2 t)\mathrm{d}t = 2\pi.$$

② 因 $(x,y) \in \Gamma_1$，满足 $x^2 + y^2 = a^2$，先将它代入后，再利用格林公式

$$\begin{aligned} I &= \oint_{\Gamma_1}\frac{-y\mathrm{d}x + x\mathrm{d}y}{x^2 + y^2} = \frac{1}{a^2}\oint_{\Gamma_1} -y\mathrm{d}x + x\mathrm{d}y = \frac{1}{a^2}\iint_{D}(\frac{\partial x}{\partial x} - \frac{\partial(-y)}{\partial y})\mathrm{d}\sigma \\ &= \frac{1}{a^2}\iint_{D} 2\mathrm{d}\sigma = \frac{2}{a^2}\cdot\pi a^2 = 2\pi. \end{aligned}$$

(2) 设 Γ_2 为不包含原点的任一闭曲线，由于原点不在 D 内，所以函数 P，Q 满足定理 13.2 的条件，应用格林公式，可得

$$\oint_{\Gamma_2}\frac{-y\mathrm{d}x + x\mathrm{d}y}{x^2 + y^2} = \iint_{D}(\frac{\partial}{\partial x}(\frac{x}{x^2 + y^2}) - \frac{\partial}{\partial y}(\frac{-y}{x^2 + y^2})\mathrm{d}\sigma = \iint_{D} 0\mathrm{d}x\mathrm{d}y = 0.$$

(3) 设 Γ_3 为包含原点的任一闭曲线，由于 Γ_3 包含原点，不能直接应用格林公式，取一

充分小的圆 $D_\varepsilon, x^2+y^2\leqslant\varepsilon^2$，使它整个包含在 D 内，其边界为 $c_\varepsilon: x^2+y^2=\varepsilon^2$，取顺时针方向，它与 Γ_3 组成 $D\backslash D_\varepsilon$ 的边界为正向，P,Q 在多连通区域 $D\backslash D_\varepsilon$ 满足定理 13.2 的条件，应用格林公式，得

$$\oint_{\Gamma_3+c_\varepsilon} P\mathrm{d}x+Q\mathrm{d}y=\iint_{D\backslash D_\varepsilon}\left(\frac{\partial Q}{\partial x}-\frac{\partial P}{\partial y}\right)\mathrm{d}\sigma=0,$$

所以
$$\oint_{\Gamma_3} P\mathrm{d}x+Q\mathrm{d}y=-\oint_{C_\varepsilon} P\mathrm{d}x+Q\mathrm{d}y=\oint_{C_\varepsilon^-} P\mathrm{d}x+Q\mathrm{d}y=\frac{1}{\varepsilon^2}\oint_{C_\varepsilon^-}-y\mathrm{d}x+x\mathrm{d}y$$

$$=\frac{1}{\varepsilon^2}\int_0^{2\pi}-\varepsilon\sin t\mathrm{d}\varepsilon\cos t+\varepsilon\cos t\mathrm{d}\varepsilon\sin t=\int_0^{2\pi}(\sin^2 t+\cos^2 t)\mathrm{d}t=2\pi.$$

另外，很显然，情况(1) 是情况(3) 的特殊情况.

三、平面上曲线积分与路线的无关性

由第二类曲线积分的定义可知，第二类曲线积分一般不仅与曲线的起点与终点有关，还与所取具体路径有关. 但在实际问题中，例如在保守力场中，计算力沿着某一曲线移动时所做的功，得到的结论是功与起点与终点有关，而与所取的路线无关. 在数学上，我们要探讨曲线积分与路径无关的条件.

1. 什么是平面上曲线积分与路径的无关性

先看以下的例子：

一质点在重力场中由点 A 移动到 B，求力场所做的功，为简单起见，假设移动是在过 A,B 的铅直的平面中进行(图 13-20).

解 取坐标系如图 13-20，设 $A(x_A,y_A)$，$B(x_B,y_B)$，连接 A,B 的一条曲线 Γ，其方程为

$$\begin{cases}x=x(t),\\ y=y(t),\end{cases} A:t=\alpha, B:t=\beta,$$

于是在重力场 $\boldsymbol{F}=-g\boldsymbol{j}$ 中，沿曲线 Γ 由 A 到 B，力场所做的功

$$W=\int_\Gamma \boldsymbol{F}\mathrm{d}\boldsymbol{l}=-\int_\Gamma g\mathrm{d}y=-\int_\alpha^\beta gy'(t)\mathrm{d}t$$

$$=-gy(t)\Big|_\alpha^\beta=-g(y(\beta)-y(\alpha))$$

$$=g(y_A-y_B).$$

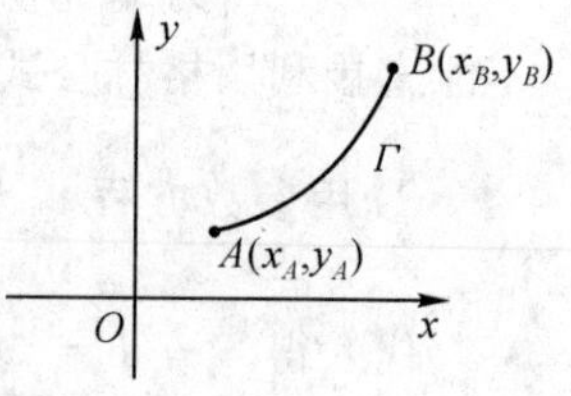

图 13-20

以上例子说明，力场所做的功只与质点移动的起点和终点的位置有关，而与所经过的路径无关.

一般地，若在平面某一区域 D 内取任意两点 A,B 及 A 到 B 的任意一条曲线 Γ，如果曲线积分 $\int_\Gamma P(x,y)\mathrm{d}x+Q(x,y)\mathrm{d}y$ 只与起点 A 及终点 B 的位置有关而与路径无关，则称曲线积分 $\int_\Gamma P(x,y)\mathrm{d}x+Q(x,y)\mathrm{d}y$ 在 D 内与路径无关.

2. 平面上曲线积分与路径无关的四个等价条件

定理 13.3 设 $D\subseteq R^2$ 是平面单连通区域，函数 $P(x,y)$，$Q(x,y)$ 在 D 上连续，且在 D

内有一阶连续偏导数.则下列四个条件是等价的:

(1) 沿着 D 中任一分段光滑闭曲线 Γ,有 $\oint_{\Gamma} P\,dx + Q\,dy = 0$;

(2) 对于 D 中任一分段光滑曲线 Γ,曲线积分 $\int_{\Gamma} P\,dx + Q\,dy$,仅与 Γ 的起点与终点有关,而与 Γ 所取的路径无关;

(3) 在 D 内存在一可微函数 $u = u(x,y)$,使得 $du = P(x,y)dx + Q(x,y)dy$;

(4) 在 D 内每一点都有 $\dfrac{\partial Q}{\partial x} - \dfrac{\partial P}{\partial y} = 0$.

证明　采用循环推证法证明

(1)⇒(2),已知(1) 成立,要证任意连结起点 A 到终点 B 的两条曲线 $\Gamma_1,\Gamma_2 \in D$ 都有

$$\int_{\Gamma_1} P dx + Q dy = \int_{\Gamma_2} P dx + Q dy,$$

由于 $\Gamma_1 + \Gamma_2^-$ 是属于 D 的闭曲线,如图 13-21 所示.

由(1) 得　$$\oint_{\Gamma_1+\Gamma_2^-} P dx + Q dy = 0,$$

由此可得

$$\int_{\Gamma_1} P dx + Q dy = -\int_{\Gamma_2^-} P dx + Q dy = \int_{\Gamma_2} P dx + Q dy,$$

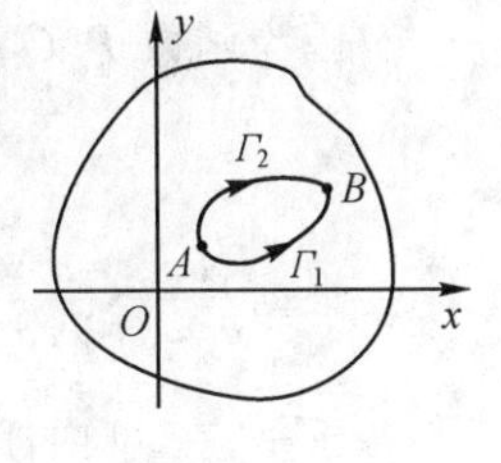

图 13-21

所以(2) 结论成立.

(2)⇒(3),设 $A(x_0,y_0)$ 为 D 内某一定点,$B(x,y)$ 为 D 内任意一点,由于(2) 成立,Γ_{AB} 为连接起点 $A(x_0,y_0)$ 与终点 $B(x,y)$ 的曲线,此时曲线积分

$$\int_{\Gamma_{AB}} P(x,y)dx + Q(x,y)dy,$$

仅与 $B(x,y)$ 有关,故可设

$$u(x,y) = \int_{\Gamma_{AB}} P(x,y)dx + Q(x,y)dy, \tag{13.10}$$

要证明 $\dfrac{\partial u}{\partial x} = P$ 与 $\dfrac{\partial u}{\partial y} = Q$,为此,取 Δx 充分小,使点 $C(x+\Delta x, y) \in D$,Γ_{AC} 是连接 A 与 C 任一属于 D 的曲线,由于线积分 $\int_{\Gamma_{AC}} P\,dx + Q\,dy$ 与路线无关,Γ_{AC} 可以取为 Γ_{AB} 与直线 BC,如图 13-22 所示,由偏导数的定义和积分中值定理及函数 $P(x,y)$ 在 D 上连续,所以

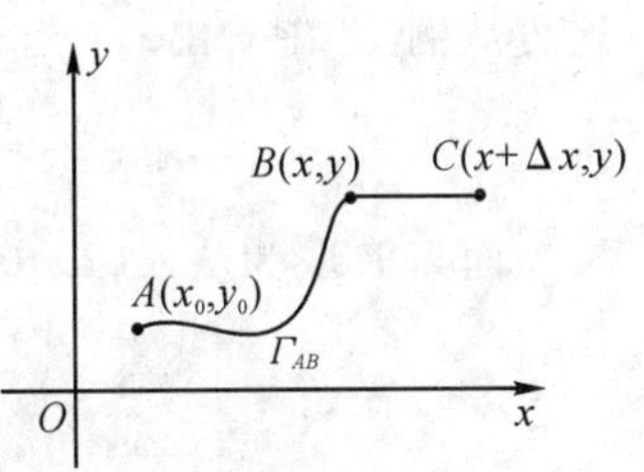

图 13-22

$$\frac{\partial u}{\partial x} = \lim_{\Delta x\to 0} \frac{\Delta_x u}{\Delta x} = \lim_{\Delta x\to 0} \frac{u(x+\Delta x, y) - u(x,y)}{\Delta x}$$

$$= \lim_{\Delta x\to 0} \frac{\int_{\Gamma_{AC}} P\,dx + Q\,dy - \int_{\Gamma_{AB}} P\,dx + Q\,dy}{\Delta x}$$

$$= \lim_{\Delta x \to 0} \frac{\int_{\overline{BC}} P\mathrm{d}x + Q\mathrm{d}y}{\Delta x} = \lim_{\Delta x \to 0} \frac{\int_x^{x+\Delta x} P(x,y)\mathrm{d}x}{\Delta x}$$

$$= \lim_{\Delta x \to 0} P(x+\theta\Delta x, y) = P(x,y), (0 < \theta < 1).$$

同理可证　$\frac{\partial u}{\partial y} = Q(x,y)$.

由于曲线积分与路径无关,故由(13.10)所给的函数 $u(x,y)$,可记为

$$u(x,y) = \int_{(x_0,y_0)}^{(x,y)} P\mathrm{d}x + Q\mathrm{d}y,$$

并且已经证明了　$\mathrm{d}u = P\mathrm{d}x + Q\mathrm{d}y$,

所以结论(3)成立.

(3)⇒(4),设存在函数 $u(x,y)$,使得 $\mathrm{d}u = \frac{\partial u}{\partial x}\mathrm{d}x + \frac{\partial u}{\partial y}\mathrm{d}y = P(x,y)\mathrm{d}x + Q(x,y)\mathrm{d}y$,

故　$\frac{\partial u}{\partial x} = P(x,y)$, $\frac{\partial u}{\partial y} = Q(x,y)$,

因为函数 P,Q 在 D 内具有一阶连续偏导数,所以

$$\frac{\partial P}{\partial y} = \frac{\partial^2 u}{\partial x \partial y}, \frac{\partial Q}{\partial x} = \frac{\partial^2 u}{\partial y \partial x},$$

根据 $\frac{\partial^2 u}{\partial y \partial x}, \frac{\partial^2 u}{\partial x \partial y}$ 的连续性,得　$\frac{\partial^2 u}{\partial y \partial x} = \frac{\partial^2 u}{\partial x \partial y}$,

于是,在 D 内任一点 $P(x,y)$ 都有　$\frac{\partial Q}{\partial x} - \frac{\partial P}{\partial y} = 0$.

(4)⇒(1) 设 Γ 是 D 内任一分段光滑闭曲线,不妨设 Γ 为逆时针,并设它所围的区域为 D_1,由于 D 为单连通区域,所以 D_1 包含在 D 内,应用格林公式,得

$\oint_\Gamma P\mathrm{d}x + Q\mathrm{d}y = \iint_{D_1} \left(\frac{\partial Q}{\partial x} - \frac{\partial P}{\partial y}\right)\mathrm{d}\sigma = 0$,所以结论(1)成立. □

对于定理13.3,特别需要指出是:

(1) 当 $\frac{\partial Q}{\partial x} - \frac{\partial P}{\partial y} \neq 0$ 时,$\int_\Gamma P\mathrm{d}x + Q\mathrm{d}y$ 不仅与 Γ 起点与终点有关,还与所取路线 Γ 有关,这可从例13中看出.　当 $m \neq -1$ 时,

$$\frac{\partial(\mathrm{e}^x \cos y + x)}{\partial x} - \frac{\partial(\mathrm{e}^x \sin y - my)}{\partial y} = 1 + m \neq 0,$$

而当 Γ 取为从 $A(2a,0)$ 沿上半圆周的曲线到 $B(0,0)$ 时,有

$$\int_\Gamma (\mathrm{e}^x \sin y - my)\mathrm{d}x + (\mathrm{e}^x \cos y + x)\mathrm{d}y = \frac{1}{2}\pi a^2(1+m),$$

而当 Γ 取为从 $A(2a,0)$ 沿着 x 的负方向至 $B(0,0)$ 时,显然有

$$\int_\Gamma (\mathrm{e}^x \sin y - my)\mathrm{d}x + (\mathrm{e}^x \cos y + x)\mathrm{d}y \overset{y=0}{=} 0.$$

由此可见,此曲线积分与所取路径有关.

(2) 区域 D 是单连通的条件是不可省略的,如例15,在复连通区域 $D \backslash D_\varepsilon$ 中,尽管也有

$$\frac{\partial \frac{x}{x^2+y^2}}{\partial x} - \frac{\partial \frac{-y}{x^2+y^2}}{\partial y} = 0,$$

对于 $\forall \Gamma \in D \backslash D_\varepsilon$，但 $\oint_\Gamma \frac{-y\mathrm{d}x + x\mathrm{d}y}{x^2+y^2} = \oint_{C_\varepsilon} \frac{-y\mathrm{d}x + x\mathrm{d}y}{x^2+y^2} = 2\pi \neq 0.$

3. 原函数的求法

由以上定理，当在平面单连通区域 D 内有 $\frac{\partial P}{\partial y} \equiv \frac{\partial Q}{\partial x}$ 时，曲线积分 $\int_{\Gamma_{AB}} P(x,y)\mathrm{d}x + Q(x,y)\mathrm{d}y$ 在 D 内与路径无关，只与 Γ 的起点和终点有关. 因此可不必写出积分的路径，只需将起点 $A(x_0,y_0)$ 作下限，终点 $B(x,y)$ 作积分上限，则曲线积分是上限变量 $B(x,y)$ 的函数，记为

$$u(x,y) = \int_{A(x_0,y_0)}^{B(x,y)} P(x,y)\mathrm{d}x + Q(x,y)\mathrm{d}y, \tag{13.11}$$

则原函数的全体可表示为：$u(x,y) = \int_{A(x_0,y_0)}^{B(x,y)} P(x,y)\mathrm{d}x + Q(x,y)\mathrm{d}y + C$，其中 C 为任意常数.

这里的曲线积分是沿以 $A(x_0,y_0)$ 为起点，$B(x,y)$ 为终点的任一全部属于 D 内的光滑曲线 Γ.

为计算方便，通常取两条特殊路线，将曲线积分(13.11) 化为定积分计算.

(1) 设 C 的坐标为 (x,y_0)，取 $\Gamma = \overline{AC} \cup \overline{CB}$，

如图 13-23 所示，由(13.11) 式，可得

$$\begin{aligned} u(x,y) &= \int_{(x_0,y_0)}^{(x,y)} P(x,y)\mathrm{d}x + Q(x,y)\mathrm{d}y \\ &= \left(\int_{\overline{AC}} + \int_{\overline{CB}}\right)(P(x,y)\mathrm{d}x + Q(x,y)\mathrm{d}y) \\ &= \int_{x_0}^{x} P(x,y_0)\mathrm{d}x + \int_{y_0}^{y} Q(x,y)\mathrm{d}y. \end{aligned}$$

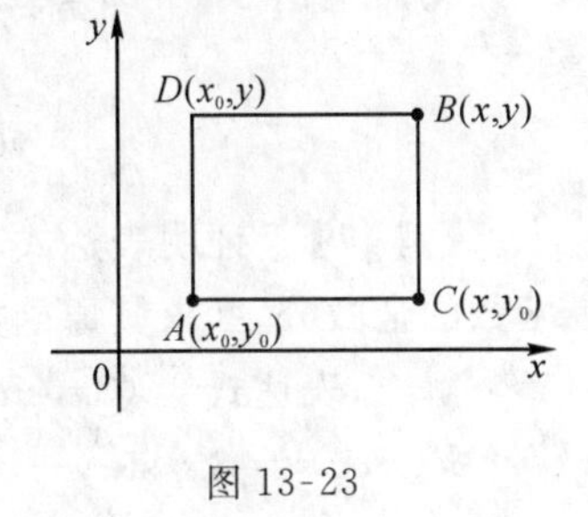

图 13-23

(2) 设 D 的坐标为 (x_0,y)，取 $\Gamma = \overline{AD} \cup \overline{DB}$，

由(13.11) 式，类似地可推得

$$u(x,y) = \int_{x_0}^{x} P(x,y)\mathrm{d}x + \int_{y_0}^{y} Q(x_0,y)\mathrm{d}y, \tag{13.12}$$

通常若原点(0,0) 满足上述条件时，可取起点 $(x_0,y_0) = (0,0)$，以简便计算.

$$u(x,y) = \int_{(0,0)}^{(x,y)} P(x,y)\mathrm{d}x + Q(x,y)\mathrm{d}y = \int_0^x P(x,0)\mathrm{d}x + \int_0^y Q(x,y)\mathrm{d}y,$$

或

$$u(x,y) = \int_{(0,0)}^{(x,y)} P(x,y)\mathrm{d}x + Q(x,y)\mathrm{d}y = \int_0^x P(x,y)\mathrm{d}x + \int_0^y Q(0,y)\mathrm{d}y.$$

另外，类似于定积分牛顿-莱布尼兹公式，也有曲线积分的牛顿-莱布尼兹公式，有以下定理：

定理 13.4　设函数 $P(x,y)$，$Q(x,y)$ 在平面单连通区域 D 内具有一阶连续偏导数，且

$$\frac{\partial Q}{\partial x} - \frac{\partial P}{\partial y} = 0, (x,y) \in D.$$

则对任意以 $A(x_0,y_0)$ 为起点到以 $B(x,y)$ 为终点的曲线积分，都有

$$\int_{(x_0,y_0)}^{(x,y)} P\mathrm{d}x + Q\mathrm{d}y = u(x,y)\Big|_{(x_0,y_0)}^{(x,y)}, \tag{13.13}$$

其中 $u(x,y)$ 是 $P\mathrm{d}x + Q\mathrm{d}y$ 的任一原函数.

证明 设 $u(x,y)$ 是 $P\mathrm{d}x+Q\mathrm{d}y$ 的任一原函数,由(13.11)式得曲线积分

$$\int_{(x_0,y_0)}^{(x,y)} P(x,y)\mathrm{d}x+Q(x,y)\mathrm{d}y,$$

也是它的一个原函数,所以

$$\int_{(x_0,y_0)}^{(x,y)} P\mathrm{d}x+Q\mathrm{d}y=u(x,y)+C,\text{令}(x,y)=(x_0,y_0),\text{得 } C=-u(x_0,y_0),$$

所以 $$\int_{(x_0,y_0)}^{(x,y)} P\mathrm{d}x+Q\mathrm{d}y=u(x,y)-u(x_0,y_0)=u(x,y)\Big|_{(x_0,y_0)}^{(x,y)}.\ \square$$

上述方法称为曲线积分的牛顿-莱布尼兹公式.

【例 16】 验证曲线积分 $\int_{\Gamma_{AB}} y\mathrm{d}x+x\mathrm{d}y$ 在全平面 $\mathbf{R}^2$ 内与路径无关,并计算 $\int_{(0,1)}^{(2,3)} y\mathrm{d}x+x\mathrm{d}y$.

解 因为 $\forall (x,y)\in\mathbf{R}^2$ 都有 $\dfrac{\partial P}{\partial x}-\dfrac{\partial Q}{\partial y}=\dfrac{\partial}{\partial x}x-\dfrac{\partial}{\partial y}y=1-1=0$,

则曲线积分 $\int_{\Gamma_{AB}} y\mathrm{d}x+x\mathrm{d}y$ 在 $\mathbf{R}^2$ 内与路径无关,得

$$\int_{(0,1)}^{(2,3)} y\mathrm{d}x+x\mathrm{d}y=\int_0^2 1\mathrm{d}x+\int_1^3 2\mathrm{d}y=2+4=6\ .$$

【例 17】 证明表达式 $(3x^2\sin y+x)\mathrm{d}x+(x^3\cos y-2y)\mathrm{d}y$ 在全平面 $\mathbf{R}^2$ 内是某个单值函数的全微分,并求其原函数.

解 表达式 $(3x^2\sin y+x)\mathrm{d}x+(x^3\cos y-2y)\mathrm{d}y$ 中,设

$P(x,y)=3x^2\sin y+x,\ Q(x,y)=x^3\cos y-2y$,则

$$\frac{\partial Q}{\partial x}-\frac{\partial P}{\partial y}=\frac{\partial}{\partial x}(x^3\cos y-2y)-\frac{\partial}{\partial y}(3x^2\sin y+x)=3x^2\cos y-3x^2\cos y=0,$$

所以表达式 $(3x^2\sin y+x)\mathrm{d}x+(x^3\cos y-2y)\mathrm{d}y$ 在 $\mathbf{R}^2$ 内是某个单值函数的全微分.

设
$$\begin{aligned}
u(x,y)&=\int_{(x_0,y_0)}^{(x,y)}(3x^2\sin y+x)\mathrm{d}x+(x^3\cos y-2y)\mathrm{d}y\\
&=\int_{x_0}^{x}(3x^2\sin y_0+x)\mathrm{d}x+\int_{y_0}^{y}(x^3\cos y-2y)\mathrm{d}y\\
&=\left(x^3\sin y_0+\frac{x^2}{2}\right)\Big|_{x_0}^{x}+(x^3\sin y-y^2)\Big|_{y_0}^{y}\\
&=x^3\sin y_0+\frac{x^2}{2}-y^2+\left(-x_0^3\sin y_0-\frac{x_0^2}{2}+y_0^2\right)\\
&=x^3\sin y+\frac{x^2}{2}-y^2+C_0,\ \left(C_0=-x_0^3\sin y_0-\frac{x_0^2}{2}+y_0^2\right).
\end{aligned}$$

则原函数的一般形式是:

$$u(x,y)=x^3\sin y+\frac{x^2}{2}-y^2+C,\quad \text{其中 } C \text{ 为任意常数}.$$

为简便计算,因为原点 $(0,0)$ 满足上述条件时,取起点 $(x_0,y_0)=(0,0)$,

$$u(x,y)=\int_{(0,0)}^{(x,y)}(3x^2\sin y+x)\mathrm{d}x+(x^3\cos y-2y)\mathrm{d}y$$
$$=\int_0^x(3x^2\sin 0+x)\mathrm{d}x+\int_0^y(x^3\cos y-2y)\mathrm{d}y$$
$$=\frac{x^2}{2}\Big|_0^x+(x^3\sin y-y^2)\Big|_0^y$$
$$=x^3\sin y+\frac{x^2}{2}-y^2,$$

则原函数的一般形式是：$u(x,y)=x^3\sin y+\dfrac{x^2}{2}-y^2+C$，其中 C 为任意常数.

【例 18】 求 $(2x+\sin y)\mathrm{d}x+x\cos y\mathrm{d}y$ 的原函数，并计算

$$\int_{(1,\pi)}^{(1,\frac{\pi}{2})}(2x+\sin y)\mathrm{d}x+x\cos y\mathrm{d}y.$$

解 因为 $\forall(x,y)\in\mathbf{R}^2$ 都有 $\dfrac{\partial}{\partial x}x\cos y-\dfrac{\partial}{\partial y}(2x+\sin y)=\cos y-\cos y=0$，取起点 $(x_0,y_0)=(0,0)$，并由公式(13.12) 得原函数的全体

$$u(x,y)=\int_{(0,0)}^{(x,y)}(2x+\sin y)\mathrm{d}x+x\cos y\mathrm{d}y+C$$
$$=\int_0^x 2x\mathrm{d}x+\int_0^y x\cos y\mathrm{d}y=x^2+x\sin y+C.$$

又由曲线积分的牛顿-莱不尼兹公式(13.13)，得

$$\int_{(1,\pi)}^{(1,\frac{\pi}{2})}(2x+\sin y)\mathrm{d}x+x\cos y\mathrm{d}y=(x^2+x\sin y)\Big|_{(1,\pi)}^{(1,\frac{\pi}{2})}$$
$$=1^2+1\sin\frac{\pi}{2}-(1^2+1\sin\pi)=1.$$

第四节　全微分方程

一、一阶全微分方程及其求解方法

将一阶微分方程改写成如下对称形式

$$P(x,y)\mathrm{d}x+Q(x,y)\mathrm{d}y=0,\tag{13.14}$$

若上式的左边原函数存在，即存在二元函数 $u(x,y)$，使得

$$\mathrm{d}u(x,y)=P(x,y)\mathrm{d}x+Q(x,y)\mathrm{d}y,$$

则称微分方程(13.14) 为全微分方程.

于是全微分方程可改写成

$$P\mathrm{d}x+Q\mathrm{d}y=\mathrm{d}u(x,y),$$

所以 $u(x,y)=C$ 就是全微分方程(13.14) 的通解.

由定理 13.3 可得，若 $P(x,y)$，$Q(x,y)$ 在单连通区域 D 内具有一阶连续偏导数，且

$$\frac{\partial Q}{\partial x}-\frac{\partial P}{\partial y}=0,$$

则式(13.14) 就是全微分方程，并且由(13.12) 式或(13.13) 式求得原函数 $u(x,y)$，令

$$u(x,y)=C,$$

就可得全微分方程的通解.

【例 19】 求解微分方程 $(y+y\cos xy)\mathrm{d}x+(x+x\cos xy)\mathrm{d}y=0.$

解 与(13.14)式比较得 $P(x,y)=y+y\cos xy, Q(x,y)=x+x\cos xy$,

因为在全平面上,有 $\dfrac{\partial Q}{\partial x}-\dfrac{\partial P}{\partial y}=1+\cos xy-xy\sin xy-(1+\cos xy-xy\sin y)=0$,

所以原方程是全微分方程,显然 P,Q 在 $\mathbf{R}^2$ 上具有连续一阶偏导数,

取 $(x_0,y_0)=(0,0)$,由(13.12)得一原函数 $u(x,y)$

$$u(x,y)=\int_0^x 0\mathrm{d}x+\int_0^y(x+x\cos xy)\mathrm{d}y=xy+\sin xy,$$

所以原方程的通解为: $xy+\sin xy=C.$

【例 20】 求微分方程 $(\dfrac{y}{x}+\dfrac{2x}{y})\mathrm{d}x+(\ln x-\dfrac{x^2}{y^2})\mathrm{d}y=0$ 的通解.

解法一 应用全微分方程的求解方法,这里

$$P=\frac{y}{x}+\frac{2x}{y},\quad Q=\ln x-\frac{x^2}{y^2},$$

因为
$$\frac{\partial Q}{\partial x}-\frac{\partial P}{\partial y}=\frac{\partial}{\partial x}(\ln x-\frac{x^2}{y^2})-\frac{\partial}{\partial y}(\frac{y}{x}+\frac{2x}{y})$$
$$=\frac{1}{x}-\frac{2x}{y^2}-(\frac{1}{x}-\frac{2x}{y^2})=0,\quad (x>0,y\neq 0),$$

所以原方程为全微分方程.

取 $(x_0,y_0)=(1,1)$,由(13.12)得方程左边 $P\mathrm{d}x+Q\mathrm{d}y$ 的一个原函数 $u(x,y)$

$$u(x,y)=\int_1^x(\frac{1}{x}+2x)\mathrm{d}x+\int_1^y(\ln x-\frac{x^2}{y^2})\mathrm{d}y=y\ln x+\frac{x^2}{y}-1$$

于是原方程的通解为 $y\ln x+\dfrac{x^2}{y}-1=C_1.$

令 $C=C_1+1$,则通解可表示为 $y\ln x+\dfrac{x^2}{y}=C.$

解法二 利用分组组合、凑微分方法将原方程分化为

$$(\frac{y}{x}\mathrm{d}x+\ln x\mathrm{d}y)+(\frac{2x}{y}\mathrm{d}x-\frac{x^2}{y^2}\mathrm{d}y)=0,$$

$$(y\mathrm{d}\ln x+\ln x\mathrm{d}y)+(\frac{1}{y}\mathrm{d}x^2+x^2\mathrm{d}\frac{1}{y})=0,$$

$$\mathrm{d}(y\ln x+\frac{x^2}{y})=0,$$

所以,$y\ln x+\dfrac{x^2}{y}=C$ 就是通解.

阅读

狄利克雷(Dirichlet, Peter Gustav Lejeune, 1805—1859)德国数学家

狄利克雷,1805年2月13日生于迪伦的一个具有法兰西血统的家庭,他先在迪伦学习,后到哥根廷大学受业于高斯,1822年去巴黎法兰西学院与巴黎理学院攻读,1827任布雷斯劳大学讲师,1828年任教于柏林军事学院,从1839年起任柏林大学教授。

狄利克雷在数学与力学两个领域都作出了名垂史册的重大贡献。

在分析方面,他最卓越的贡献是对傅立叶级数收敛性的研究,1829年,他在《关于三角级数的收敛性》的论文中,首次对傅立叶级数的收敛性给出了严格的证明,得到了著名的傅立叶级数收敛的充分条件:"对于在$[-\pi,\pi]$内有定义且有限的,逐段连续且逐段单调的函数$f(x)$,其傅立叶级数在$(-\pi,\pi)$内收敛于$\frac{1}{2}(f(x+0)+f(x-0))$,在端点$x=\pm\pi$处收敛于$\frac{1}{2}(f(-\pi+0)+f(\pi-0))$"。对傅立叶级数的研究,促使他给出了现今仍在使用的函数的定义。1829年,他给出了著名的狄利克雷函数$y=\begin{cases}c, x\text{ 为有理数}\\ d, x\text{ 为无理数}\end{cases}$,当$c\neq d$时,此函数处处不连续也不可积。1837年,他证明了:对于一个绝对收敛的级数,可以把它的各项加以组合或重新排列,原级数的和不变;对于一个条件收敛的级数,其项经过重排后,其收敛和可能发生改变。

狄利克雷是解析数论的创始人之一。1837年,他证明了每个算术序列$\{a+bn\}$(式中a与b互素),包含无穷多个素数,他还证明了在序列$\{a+bn\}$中,素数的倒数之和是发散的。1841年,他证明了关于在复数$a+bi$的级数中的素数的一个定理。

狄利克雷是高斯的学生也是高斯的继承人,1855年在高斯逝世后,他作为高斯的继承者被哥廷根大学聘为教授,直至1859年5月5日逝世。

习题十三

基本题

第一节习题

1. 计算下列第一类曲线积分.

(1)$\int_\Gamma \sqrt{y}\,\mathrm{d}l$,其中$\Gamma$为$x=a(t-\sin t)$, $y=a(1-\cos t)$　$(0\leqslant t\leqslant 2\pi)$;

(2)$\oint_\Gamma (x+y)\,\mathrm{d}l$,其中$\Gamma$是以$(0,0)$,$(1,0)$,$(0,1)$为顶点的三角形的边界;

(3)$\int_\Gamma xy\,\mathrm{d}l$,其中$\Gamma$为$x^2+y^2=a^2$　$(a>0)$在第一象限的圆弧段;

(4)$\oint_\Gamma \mathrm{e}^{\sqrt{x^2+y^2}}\,\mathrm{d}l$,其中$\Gamma$为由曲线$r=a$,$\theta=0$,$\theta=\frac{\pi}{4}$所围的闭曲线;

(5) $\int_\Gamma (x^2+y^2)\mathrm{d}l$, Γ 是螺线 $x=a\cos t, y=a\sin t, z=\dfrac{h}{2\pi}t \quad (0\leqslant t\leqslant 2\pi)$ 的一段；

(6) $\int_\Gamma (x+y+z)\mathrm{d}l$, 其中 Γ 是自点 $A(1,1,1)$ 到 $B(3,4,5)$ 的直线段.

第二节习题

2. 设 $\boldsymbol{F}=2xy\boldsymbol{i}-x^2\boldsymbol{j}$，计算 $\int_\Gamma \boldsymbol{F}(p)\cdot \mathrm{d}\boldsymbol{l}$，其中 Γ 分别为

(1) 从 $O(0,0)$ 沿着抛物线 $y=x^2$ 到 $A(1,1)$；

(2) 从 $O(0,0)$ 沿着抛物线 $y=x$ 到 $A(1,1)$；

(3) 从 $O(0,0)$ 沿着 x 轴到 $C(1,0)$，然后沿着直线 $x=1$ 到 $A(1,1)$.

3. 求下列第二类曲线积分：

(1) $\oint_\Gamma (x+y)\mathrm{d}x+(x-y)\mathrm{d}y$，其中 Γ 为椭圆周线 $\dfrac{x^2}{a^2}+\dfrac{y^2}{b^2}=1$，方向为逆时针方向；

(2) $\oint_\Gamma \dfrac{(x+y)\mathrm{d}x-(x-y)\mathrm{d}y}{x^2+y^2}$，其中 Γ 为圆周 $x^2+y^2=a^2$，方向为顺时针方向；

(3) $\oint_\Gamma \dfrac{\mathrm{d}x+\mathrm{d}y}{|x|+|y|}$，其中 Γ 是闭曲线 $|x|+|y|=1$，方向为逆时针方向；

(4) $\oint_\Gamma \arctan\dfrac{y}{x}\mathrm{d}y-\mathrm{d}x$，其中 Γ 是由 $y=x^2$ 与 $y=x$ 所围的闭曲线，方向为逆时针方向.

4. 计算 $\int_\Gamma \boldsymbol{F}(p)\cdot\mathrm{d}\boldsymbol{l}$，其中，$\boldsymbol{F}(p)=y\boldsymbol{i}+z\boldsymbol{j}+x\boldsymbol{k}$，$\Gamma$ 是从点 $A(1,1,1)$ 到 $B(2,3,4)$ 的直线段.

5. 求 $\int_\Gamma (y^2-z^2)\mathrm{d}x+2yz\mathrm{d}y-x^2\mathrm{d}z$. 其中 Γ 为 $\begin{cases} x=t, \\ y=t^2, \\ z=t^3, \end{cases}$ $(0\leqslant t\leqslant 1)$，方向取为 t 增加的方向.

第三节习题

6. 利用格林公式，计算下列曲线积分

(1) $\oint_\Gamma (x+y)\mathrm{d}y-(x-y)\mathrm{d}y$，其中 Γ 为椭圆 $\dfrac{x^2}{a^2}+\dfrac{y^2}{b^2}=1$，取逆时针方向；

(2) $\oint_\Gamma xy^2\mathrm{d}y-x^2y\mathrm{d}x$，其中 Γ 为圆周 $x^2+y^2=a^2$，取逆时针方向；

(3) $\oint_\Gamma \mathrm{e}^x(1-\cos y)\mathrm{d}x-\mathrm{e}^x(y-\sin y)\mathrm{d}y$，其中 Γ 是区域 $\sigma=\{(x,y)\,|\,0\leqslant x\leqslant\pi, 0\leqslant y\leqslant\sin x\}$ 的边界线，取正向；

(4) $\int_\Gamma (\mathrm{e}^x\sin y-my)\mathrm{d}x+(\mathrm{e}^x\cos y-m)\mathrm{d}y$，其中 Γ 是从点 $A(a,0)$ 沿着上半圆周 $x^2+y^2=2ax$ 到原点 $O(0,0)$；

(5)$\oint_{\Gamma}\frac{x\mathrm{d}y-y\mathrm{d}x}{x^2+y^2}$，其中 Γ 为曲线 $|x|+|y|=1$，取逆时针方向；

(6)设 $f(u)$ 具有连续导数，求 $\int_{\Gamma}[\frac{1}{x}f(\frac{x}{y})+y]\mathrm{d}x-[\frac{1}{y}f(\frac{x}{y})+x]\mathrm{d}y$，其中 Γ 是半圆周：$(x-2)^2+(y-2)^2=2$，$y\geqslant x$，方向从起点 $A(1,1)$ 至终点 $B(3,3)$.

7. 计算 $\oint_{\Gamma}\frac{-y}{x^2+y^2}\mathrm{d}x+(\frac{x}{x^2+y^2}+x)\mathrm{d}y$，其中 Γ 分别为

(1)$(x-2)^2+y^2=1$；　　(2)$x^2+y^2=1$.

8. 设 σ 是由光滑闭曲线 Γ 所围成的单连通区域，求证 σ 的面积为

$$\sigma=\frac{1}{2}\oint_{\Gamma}-y\mathrm{d}x+x\mathrm{d}y,$$

其中 Γ 取正向，并求区域 $\sigma=\{(x,y)\,|\,0\leqslant x\leqslant\pi,0\leqslant y\leqslant\sin x\}$ 的面积.

9. 单位质点 M 受到位于点 $(0,1)$ 处单位质点引力作用，试求当质点 M 从起点 $B(2,0)$ 沿着上半圆周 $y=\sqrt{2x-x^2}$ 至终点 $O(0,0)$ 时，克服引力所做的功.

10. 验证下列线积分在全平面上与路径无关，并求其积分值.

(1)$\int_{(0,0)}^{(1,2)}(\mathrm{e}^y+3x^2)\mathrm{d}x+(x\mathrm{e}^y+2y)\mathrm{d}y$；　　(2)$\int_{(1,-1)}^{(1,1)}(x-y)(\mathrm{d}x-\mathrm{d}y)$；

(3)$\int_{(0,1)}^{(2,3)}(x+y)\mathrm{d}x+(x-y)\mathrm{d}y$；　(4)$\int_{(-2,-1)}^{(3,0)}(x^4+4xy^3)\mathrm{d}x+(6x^2y^2+5y^4)\mathrm{d}y$.

11. 设函数 $f(x)$ 具有一阶连续导数，且 $f(0)=1$，且对于整个平面上的任一闭曲线 Γ 都有

$$\int_{\Gamma}(\sin 2x-yf(x)\tan x)\mathrm{d}x+f(x)\mathrm{d}y=0.$$

试求：(1)$f(x)$；　(2)$\int_{(0,0)}^{(\frac{\pi}{4},\frac{\pi}{4})}(\sin 2x-yf(x)\tan x)\mathrm{d}x+f(x)\mathrm{d}y$.

第四节习题

12. 判断下列方程为全微分方程，并求其通解或特解.

(1)$(5x^4y+x^3)\mathrm{d}x+x^5\mathrm{d}y=0$；

(2)$(2y+x)\mathrm{d}x+(2x-5y)\mathrm{d}y=0$，$y(0)=1$；

(3)$(y\cos x+3x^2)\mathrm{d}x+(\sin x-4y^3)\mathrm{d}y=0$；

(4)$(y^2-3x^2)\mathrm{d}x+2xy\mathrm{d}y=0$.

自测题

一、单项选择

1. 设平面曲线为下半圆周 Γ：$y=-\sqrt{1-x^2}$，则 $\int_{\Gamma}(x^2+y^2)\mathrm{d}l=$(　　).

A. π　　B. 2π　　C. 1　　D. 2

2. 设 Γ 为圆周 $x^2+y^2=9$，方向为逆时针，则 $\oint_{\Gamma}(2xy-2y)\mathrm{d}x+(x^2-4y)\mathrm{d}y=$(　　).

A. 0　　B. 2π　　C. 6π　　D. 18π

二、填空题

1. 设 Γ 是半圆周 $x^2+y^2=2x \quad (y>0)$,则 $\int_\Gamma x\,\mathrm{d}l=$ ____.

2. 设 Γ 是从点 $A(1,1,1)$ 到 $B(2,3,4)$ 的直线段,则 $\int_\Gamma x\,\mathrm{d}x+y\,\mathrm{d}y+z\,\mathrm{d}z=$ ____.

三、计算题

1. 计算下列第一类曲线积分:

(1) $\int_\Gamma (x+y)\,\mathrm{d}l$,其中 Γ 是以 $(0,0),(1,0),(0,1)$ 为顶点的三角形围线;

(2) $\oint_\Gamma \sqrt{x^2+y^2}\,\mathrm{d}l$,其中 Γ 为 $x^2+y^2=ax \quad (a>0)$;

(3) $\int_\Gamma xyz\,\mathrm{d}l$,其中 Γ 连接 $A(0,0,0),B(1,2,3),C(1,4,3)$ 的折线 ABC;

(4) $\int_\Gamma (x^2+y^2+z^2)\,\mathrm{d}l$,其中 Γ 连接 $x=\cos t, y=\sin t, z=t$ 对应 t 从 0 到 2π 的一段弧.

2. 计算曲线 $x=3t, y=3t^2, z=2t^3$ 从 $O(0,0,0)$ 到 $A(3,3,2)$ 的一段弧长.

3. 计算第二类曲线积分 $\int_\Gamma \boldsymbol{A}\cdot\mathrm{d}\boldsymbol{l}$,其中 $\boldsymbol{A}=y^2\boldsymbol{i}+x^2\boldsymbol{j}$,$\Gamma$ 是起点为 $O(0,0)$,终点为 $A(1,1)$,分别沿下列路径:

(1) 直线 OA;

(2) 抛物线 $y=x^2$;

(3) 折线 OCA,其中 C 的坐标为 $(1,0)$.

4. 计算第二类曲线积分 $\oint_\Gamma \boldsymbol{A}\cdot\mathrm{d}\boldsymbol{l}$,其中 $\boldsymbol{A}=y\boldsymbol{i}-x\boldsymbol{j}$,$\Gamma$ 是按逆时针方向绕椭圆 $\frac{x^2}{a^2}+\frac{y^2}{b^2}=1$ 一周.

5. 计算第二类曲线积分 $\int_\Gamma \boldsymbol{A}\cdot\mathrm{d}\boldsymbol{l}$,其中 $\boldsymbol{A}=(2a-y)\boldsymbol{i}+x\boldsymbol{j}$,$\Gamma$ 是摆线

$x=a(t-\sin t), y=a(1-\cos t)$,从 $t=0$ 到 $t=2\pi$ 所对应的一拱.

6. 计算第二类曲线积分 $\int_\Gamma \boldsymbol{A}\cdot\mathrm{d}\boldsymbol{l}$,其中 $\boldsymbol{A}=y^2\boldsymbol{i}+xy\boldsymbol{j}+zx\boldsymbol{k}$,$\Gamma$ 是起点为 $O(0,0,0)$,终点为 $M(1,1,1)$,分别沿下列路径:(1) 直线段 OM;(2) $O(0,0,0)$ 经 $A(1,0,0)$ 至 $B(1,1,0)$ 到 M 的折线段.

第十四章　曲面积分

> 没有任何问题可以像无穷那样深深地触动人的情感，很少有别的观念能像无穷那样激励理智去产生富有成果的思想，然而也没有任何其他的概念能像无穷那样需要加以阐明。
>
> 希尔伯特
>
> 数学受到高度尊重的另一个原因在于：恰恰是数学，给精密的自然科学提供了无可置疑的可靠保证，没有数学，它们无法达到这样可靠的程度。
>
> 爱因斯坦

定积分与重积分是讨论定义在数轴上某一区间、平面或空间中某一区域上的函数的积分问题. 在许多实际问题中，例如物质曲面的质量及流体通过某一曲面的流量问题，都需考虑定义在曲面上的函数的和式极限问题. 本章是专门讨论定义在曲面上的函数的积分，此类积分即为曲面积分.

第一节　第一类曲面积分

一、第一类曲面积分的基本概念

1. 一个实例

设某一物体 S 是一曲面块，如图 14-1 所示，它的密度 $\rho = f(p) = f(x,y,z)$，点 $P(x,y,z) \in S$，试求该物体 S 的总质量 M.

由于密度 ρ 分布不均匀，与重积分类似，仍按积分微元分析法的思想去求解.

(1) 分割：将 S 任意分成 n 个互不相交的 n 个小块 $\Delta S_1, \Delta S_2, \Delta S_3, \cdots, \Delta S_n$，记 $\lambda = \max\limits_{1\leqslant i\leqslant n}\{\Delta S_i \text{ 的直径}\}$.

(2) 近似：在 ΔS_i 上任取一点 $p_i(\xi_i, \eta_i, \zeta_i)$，$\Delta S_i$ 上密度用 $f(p_i)$ 近似，得 ΔS_i 的质量 ΔM_i 的近似值

$$\Delta M_i \approx f(p_i)\Delta S_i \quad (i = 1,2,\cdots,n).$$

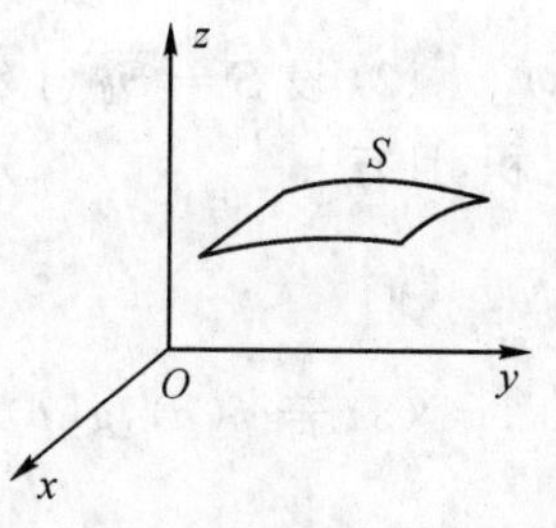

图 14-1

其中 ΔS_i 表示该小块曲面面积.

(3) 求和:把各个小曲面块的质量 ΔM_i 相加得 M 的近似值

$$M \approx \sum_{i=1}^{n} f(p_i)\Delta S_i.$$

(4) 取极限:令 $\lambda \to 0$,得所求物体 S 的总质量　$M = \lim\limits_{\lambda \to 0}\sum_{i=1}^{n} f(p_i)\Delta S_i$.

由上述分析看到,求具有连续密度分布的曲面块的总质量,与求具有连续密度分布的平面块的质量一样,也是通过"分割、近似、求和、取极限"的微元分析过程来得到.

2. 第一类曲面积分的定义

以上例为背景,给出第一类曲面类积分的定义:

定义 14.1　设 S 是空间中的一张可求面积的曲面,$f(p) = f(x,y,z)$ 为定义在 S 上的有界函数,把 S 任意分成 n 个(彼此无公共内点)小块 $\Delta S_i (i = 1,2,\cdots,n)$,仍以 $\Delta S_i (i = 1,2,\cdots,n)$ 表示它的面积,记 $\lambda = \max\limits_{1 \leqslant i \leqslant n}\{\Delta S_i \text{ 的直径}\}$,在 ΔS_i 上任取一点 $p_i (i = 1,2,\cdots,n)$,若和式极限

$$\lim_{\lambda \to 0}\sum_{i=1}^{n} f(p_i)\Delta S_i$$

存在,且极限值与区域 S 的分法及 $p_i (i = 1,2,\cdots,n)$ 点的取法无关,则称上述极限为函数 $f(p)$ 在 S 上的**第一类曲面积分**,记为

$$\lim_{\lambda \to 0}\sum_{i=1}^{n} f(p_i)\Delta S_i = \iint_S f(p)\mathrm{d}S = \iint_S f(x,y,z)\mathrm{d}S,$$

其中 $\mathrm{d}S$ 是曲面面积微元.

特别地,当 $f(p) \equiv 1$ 时,$\iint\limits_S \mathrm{d}S = S$($S$ 表示曲面 S 的面积).

第一类曲面积分 $\iint\limits_S f(x,y,z)\mathrm{d}S$ 中的被积函数为 $f(x,y,z)$,因为点 $P(x,y,z)$ 在曲面 S 上,所以点 p 的坐标 (x,y,z) 满足曲面 S 方程.

3. 第一类曲面积分的性质

可以证明:若 $f(p)$ 在 S 上连续,则 $f(p)$ 在 S 上的第一类曲面积分存在,即 $f(p)$ 在 S 上可积. 此外,还有下列重要性质:

(1) 若 $f(p)$,$g(p)$ 在 S 上可积,a,b 为常数,则 $af(p) + bg(p)$ 在 S 上可积,且有

$$\iint_S [af(p) + bg(p)]\mathrm{d}S = a\iint_S f(p)\mathrm{d}S + b\iint_S g(p)\mathrm{d}S.$$

(2) 设 $S = S_1 \cup S_2$,$S_1 \cap S_2 = \varnothing$,若 $f(p)$ 在 S 上可积,则 $f(p)$ 也在 S_1 与 S_2 上可积,且有

$$\iint_S f(p)\mathrm{d}S = \iint_{S_1} f(p)\mathrm{d}S + \iint_{S_2} f(p)\mathrm{d}S.$$

(3) 若 $f(p)$,$g(p)$ 在 S 上可积,且满足 $f(p) \leqslant g(p)$,$p \in S$,则

$$\iint_S f(p)\mathrm{d}S \leqslant \iint_S g(p)\mathrm{d}S.$$

(4) 若 $f(p)$ 在 S 上可积,则 $|f(p)|$ 在 S 上也可积,且有

$$\left|\iint_S f(p)\mathrm{d}S\right| \leqslant \iint_S |f(p)|\mathrm{d}S.$$

(5) 若 $f(p)$ 在 S 上连续,则至少存在一点 $p^* \in S$,使得 $\iint_S f(p)\mathrm{d}S = f(p^*)S$,

其中等式右端的 S 是曲面 S 的面积.

二、第一类曲面积分的计算

1. 第一类曲面积分的计算公式

设曲面 S 的方程为: $z = z(x,y)$, $(x,y) \in D_{xy}$,

其中 D_{xy} 是曲面 S 在 xOy 平面上的投影. 若 $\frac{\partial z}{\partial x}$, $\frac{\partial z}{\partial y}$ 在 D_{xy} 上连续或分块连续,则称 S 为**光滑或分块光滑曲面**.

下面利用微元法来求曲面 S 的面积 S.

在曲面 S 上取微元 $\mathrm{d}S$,如图 14-2 所示,设点 $P(x,y,z(x,y)) \in \mathrm{d}S$,于是在该点处曲面的法线向量为:

$$\boldsymbol{n} = \pm[-z'_x(x,y)\boldsymbol{i} - z'_y(x,y)\boldsymbol{j} + \boldsymbol{k}],$$

所以,$\boldsymbol{n}$ 与 Oz 轴正向的夹角 γ 的余弦 $\cos\gamma = \pm\frac{1}{\sqrt{z'^2_x + z'^2_y + 1}}$,

即 $\sec\gamma = \pm\sqrt{z'^2_x + z'^2_y + 1}$,由于 $\mathrm{d}\sigma = |\cos r|\,\mathrm{d}S$,

得 $\mathrm{d}S = |\sec\gamma|\mathrm{d}\sigma = \sqrt{z'^2_x + z'^2_y + 1}\,\mathrm{d}\sigma$ 称为曲面 S 的面积元素,其中 $\mathrm{d}\sigma$ 是 $\mathrm{d}S$ 在 xOy 平面上的投影区域的面积,于是利用二重积分,可得

$$\iint_S f(x,y,z)\mathrm{d}S = \iint_{D_{xy}} f(x,y,z(x,y))|\sec\gamma|\mathrm{d}\sigma$$

$$= \iint_{D_{xy}} f(x,y,z(x,y))\sqrt{1 + (\frac{\partial z}{\partial x})^2 + (\frac{\partial z}{\partial y})^2}\,\mathrm{d}\sigma.$$

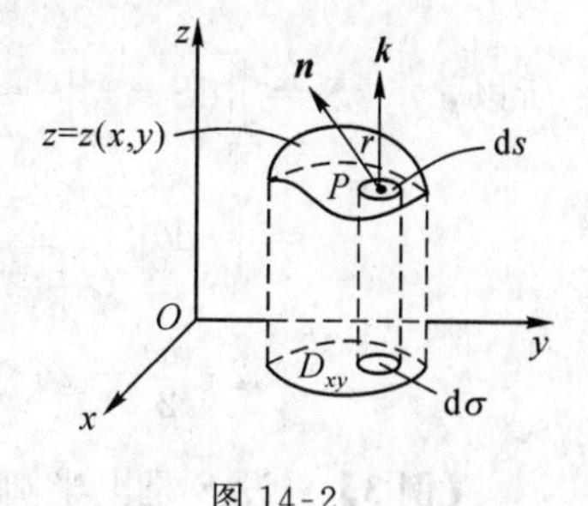

图 14-2

所以,曲面面积计算公式

$$S = \iint_{D_{xy}} \sqrt{1 + (\frac{\partial z}{\partial x})^2 + (\frac{\partial z}{\partial y})^2}\,\mathrm{d}\sigma.$$

由上述分析,可以得到如下定理:

定理 14.1　设曲面 $S: z = z(x,y), (x,y) \in D_{xy}$ 为光滑或分块光滑,则有

$$\iint_S f(x,y,z)\mathrm{d}S = \iint_{D_{xy}} f(x,y,z(x,y))|\sec\gamma|\mathrm{d}\sigma$$

$$= \iint_{D_{xy}} f(x,y,z(x,y))\sqrt{1 + (\frac{\partial z}{\partial x})^2 + (\frac{\partial z}{\partial y})^2}\,\mathrm{d}\sigma. \tag{14.1}$$

若曲面 S 是由曲面方程 $x = x(y,z), (y,z) \in D_{yz}$ 给出,其中 D_{yz} 是曲面 S 在 yOz 平面上的投影,则

$$\iint_S f(x,y,z)\mathrm{d}S = \iint_{D_{yz}} f(x(y,z),y,z)\sqrt{1 + (\frac{\partial x}{\partial y})^2 + (\frac{\partial x}{\partial z})^2}\,\mathrm{d}\sigma. \tag{14.2}$$

若曲面 S 是由曲面方程 $y = y(z,x), (z,x) \in D_{zx}$ 给出,其中 D_{zx} 是曲面 S 在 zOx 平

面上的投影,则

$$\iint_S f(x,y,z)\mathrm{d}S = \iint_{D_{zx}} f(x,y(z,x),z)\sqrt{1+(\frac{\partial y}{\partial x})^2+(\frac{\partial y}{\partial z})^2}\ \mathrm{d}\sigma. \tag{14.3}$$

2. 第一类曲面积分的计算举例

【例 1】 设 S 是平面 $x+y+z=1$ 在第一卦限部分的平面片,求 $\iint_S y^2\mathrm{d}S$.

解 S 在第一卦限部分的平面片,如图 14-3 所示.

$S: z=1-x-y$, $(x,y)\in D_{xy}=\{(x,y)\,|\,x+y\leqslant 1,\ x,y\geqslant 0\}$,

$$\mathrm{d}S=\sqrt{1+(\frac{\partial z}{\partial x})^2+(\frac{\partial z}{\partial y})^2}=\sqrt{3}\ \mathrm{d}\sigma,$$

$$\iint_S y^2\mathrm{d}S=\iint_{D_{xy}} y^2\sqrt{3}\,\mathrm{d}\sigma$$

$$=\sqrt{3}\int_0^1\mathrm{d}x\int_0^{1-x}y^2\mathrm{d}y=\frac{\sqrt{3}}{12}.$$

图 14-3

【例 2】 求球面 $x^2+y^2+z^2=a^2$ 介于 $z=0$ 和 $z=h$, $(0<h<a)$ 之间的那部分面积,如图 14-4 所示.

解 $S: z=\sqrt{a^2-x^2-y^2}$, $(x,y)\in D_{xy}=\{(x,y)\,|\,a^2-h^2\leqslant x^2+y^2\leqslant a^2\}$,

$$\frac{\partial z}{\partial x}=\frac{-x}{\sqrt{a^2-x^2-y^2}},\frac{\partial z}{\partial y}=\frac{-y}{\sqrt{a^2-x^2-y^2}},$$

$$\mathrm{d}S=\sqrt{1+(\frac{\partial z}{\partial x})^2+(\frac{\partial z}{\partial y})^2}\ \mathrm{d}\sigma=\frac{a}{\sqrt{a^2-x^2-y^2}}\mathrm{d}\sigma,$$

所以,

$$S=\iint_S\mathrm{d}S=\iint_{D_{xy}}\frac{a}{\sqrt{a^2-x^2-y^2}}\mathrm{d}\sigma$$

$$=\int_0^{2\pi}\mathrm{d}\theta\int_{\sqrt{a^2-h^2}}^{a}\frac{a}{\sqrt{a^2-r^2}}r\mathrm{d}r$$

$$=2\pi\,\frac{a}{2}(-2)\sqrt{a^2-r^2}\,\Big|_{\sqrt{a^2-h^2}}^{a}=2\pi ah.$$

图 14-4

【例 3】 设 S 是上半圆锥面 $z=\sqrt{x^2+y^2}$ 介于平面 $z=0$ 和平面 $z=R\quad(R>0)$ 之间的那部分,求 $\iint_S z\mathrm{d}S$.

解 由题意,S 在 xOy 平面投影(如图 14-5),

$$D_{xy}=\{(x,y)\,|\,x^2+y^2\leqslant R^2\},$$

$$S: z=\sqrt{x^2+y^2},\quad (x,y)\in D_{xy},$$

$$\mathrm{d}S=\sqrt{1+(\frac{\partial z}{\partial x})^2+(\frac{\partial z}{\partial y})^2}\ \mathrm{d}\sigma$$

$$=\sqrt{1+(\frac{x}{\sqrt{x^2+y^2}})^2+(\frac{y}{\sqrt{x^2+y^2}})^2}\ \mathrm{d}\sigma=\sqrt{2}\,\mathrm{d}\sigma,$$

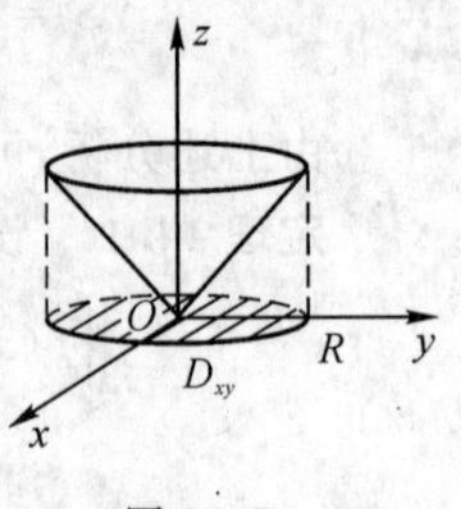

图 14-5

于是

$$\iint_S z\,\mathrm{d}S = \iint_{D_{xy}} \sqrt{x^2+y^2}\sqrt{2}\,\mathrm{d}\sigma = \iint_{D_{xy}} r^2\sqrt{2}\,\mathrm{d}r\mathrm{d}\theta$$

$$= \sqrt{2}\int_0^{2\pi}\mathrm{d}\theta\int_0^R r^2\,\mathrm{d}r = \frac{2\sqrt{2}\pi}{3}R^3.$$

第二节　第二类曲面积分

在讨论流体的流量时，需考虑从曲面 S 的某一侧面流向另一侧面的问题，因此在讨论第二类曲面积分之前，首先必须研究曲面的侧向.

一、定侧曲面

设曲面 S 是光滑的，并规定 S 上任一点 p 的法线的正向. 若点 p 从 p_0 点出发沿着不超过 S 的边界的任一条闭曲线连续移动，当回到原来的 p_0 点时，其法线的正向保持不变，则称此曲面为双侧曲面；否则，当回到原来 p_0 点时，其法线的方向若与原来出发时方向相反，则称此曲面是单侧曲面.

例如，平面、柱面、圆锥面、球面等都是双侧曲面.

单侧曲面是存在的，例如一长方形纸条 $ABCD$，AB 保持不变，将 CD 扭转 $180°$ 后，把 A 与 C 黏合、B 与 D 黏合所形成的曲面(称为麦比乌斯(Mobius) 带，如图 14-6 所示）就是一个单侧曲面，本书只讨论双侧曲面.

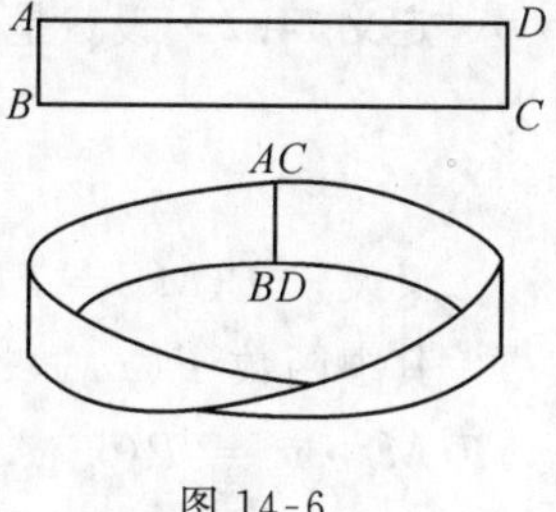

图 14-6

对于双侧曲面，其上任一点的法线都有两个互为相反的方向. 根据需要，可指定其中一个为正方向. 我们把确定了法线正方向的双侧曲面称为定侧曲面.

二、第二类曲面积分的基本概念与性质

1. 实例

设有一流速场，速度为

$$\boldsymbol{V}(M) = \boldsymbol{V}(x,y,z) = P(x,y,z)\boldsymbol{i} + Q(x,y,z)\boldsymbol{j} + R(x,y,z)\boldsymbol{k}.$$

流体的密度为 $\mu = \mu(x,y,z)$，又设 S 是速度场中的一张光滑定侧曲面，S 指定一侧上点的单位法向量为

$$\boldsymbol{n}^0 = \cos\alpha\boldsymbol{i} + \cos\beta\boldsymbol{j} + \cos\gamma\boldsymbol{k}.$$

函数 $P(x,y,z)$，$Q(x,y,z)$，$R(x,y,z)$ 在 S 上连续. 试求单位时间内流体沿着 $\boldsymbol{n}^0$ 方向通过曲面 S 的流量 K.

由于流量及 S 上的单位法向量 $\boldsymbol{n}^0$ 都是变化的，仍需用积分微元分析法思想来解决.

(1) 分割：将 S 任意分割成 n 个互不相交的小块 $\Delta S_1, \Delta S_2, \cdots, \Delta S_n$，$\Delta S_i$ 的面积仍用 ΔS_i 表示，在 ΔS_i 内任取一点 $M_i(\xi_i,\eta_i,\zeta_i)$，即 $M_i(\xi_i,\eta_i,\zeta_i) \in \Delta S_i$，记该点处的速度为 $\boldsymbol{V}_i$，单位法向量为 $\boldsymbol{n}^0$.

(2) 近似：用近似方法求单位时间内流过 ΔS_i 的流量 ΔK_i.

由于 $P(x,y,z)$，$Q(x,y,z)$，$R(x,y,z)$ 在 S 上连续，且 ΔS_i 的直径很小，ΔK_i 近似于以

ΔS_i 为底、斜高为 $|\boldsymbol{V}_i|$ 且平行于 $\boldsymbol{V}_i$ 的斜柱体体积与密度的乘积,或近似等于 ΔS_i 为底,$\boldsymbol{V}_i \cdot \boldsymbol{n}^0$ 为高的柱体体积与密度的乘积(如图 14-7 所示).

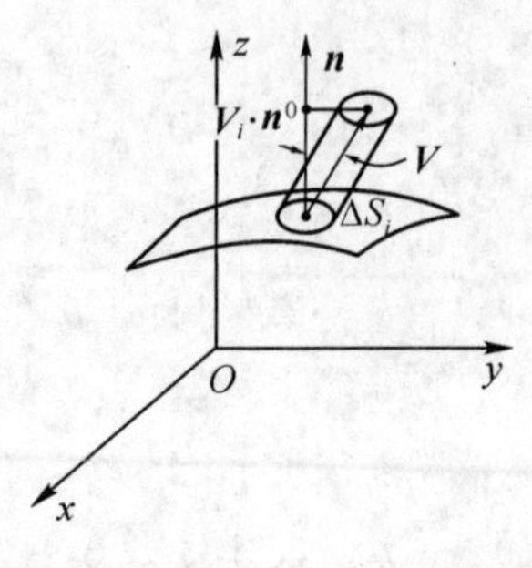

图 14-7

$$\Delta K_i = \mu \boldsymbol{V}_i \cdot \boldsymbol{n}^0 \Delta S_i.$$

(3) 求和:将流体通过各个小曲面 ΔS_i 的流量 ΔK_i 相加,即得所求流量 K 的近似值

$$K \approx \sum_{i=1}^{n} \Delta K_i = \sum_{i=1}^{n} \mu \boldsymbol{V}_i \cdot \boldsymbol{n}^0 \Delta S_i.$$

(4) 取极限:记 $\lambda = \max\limits_{1 \leqslant i \leqslant n} \{\Delta S_i \text{ 的直径}\}$,则

$$K = \lim_{\lambda \to 0} \sum_{i=1}^{n} \mu \boldsymbol{V}_i \cdot \boldsymbol{n}^0 \Delta S_i.$$

由第一类曲面积分的定义,上述极限可表示成

$$K = \iint_S \mu \boldsymbol{V} \cdot \boldsymbol{n}^0 \, \mathrm{d}S = \iint_S \mu [P(x,y,z)\cos\alpha + Q(x,y,z)\cos\beta + R(x,y,z)\cos\gamma] \mathrm{d}S.$$

2. 第二类曲面积分的定义

以上例为背景,给出第二类曲面积分的定义.

定义 14.2 设 S 是一个有界的定侧曲面,记 S 上每一点 M 处的沿指定侧的单位法向量为

$$\boldsymbol{n}^0(M) = \cos\alpha \boldsymbol{i} + \cos\beta \boldsymbol{j} + \cos\gamma \boldsymbol{k}.$$

又设 $\boldsymbol{F}(M) = \boldsymbol{F}(x,y,z) = P(x,y,z)\boldsymbol{i} + Q(x,y,z)\boldsymbol{j} + R(x,y,z)\boldsymbol{k}$,

其中函数 $P(x,y,z)$,$Q(x,y,z)$,$R(x,y,z)$ 是定义在曲面 S 上的有界函数,则函数 $\boldsymbol{F}(M) \cdot \boldsymbol{n}^0 = P(x,y,z)\cos\alpha + Q(x,y,z)\cos\beta + R(x,y,z)\cos\gamma$ 在 S 上的第一类曲面积分

$$\iint_S \boldsymbol{F} \cdot \boldsymbol{n}^0 \mathrm{d}S = \iint_S [P(x,y,z)\cos\alpha + Q(x,y,z)\cos\beta + R(x,y,z)\cos\gamma] \mathrm{d}S \qquad (14.4)$$

称为向量函数 $\boldsymbol{F}(M)$ 沿定侧曲面 S 上的**第二类曲面积分**.

与第二类曲线积分类似,$\boldsymbol{n}^0 \mathrm{d}S$ 称为有向面积元素,记为 $\mathrm{d}\boldsymbol{S}$,它在三个坐标平面上的投影分别记为

$$\cos\alpha \mathrm{d}S = \mathrm{d}y\mathrm{d}z, \cos\beta \mathrm{d}S = \mathrm{d}z\mathrm{d}x, \cos\gamma \mathrm{d}S = \mathrm{d}x\mathrm{d}y.$$

于是第二类曲面积分(14.4)可以写成如下形式,即

$$\iint_S \boldsymbol{F} \cdot \boldsymbol{n}^0 \mathrm{d}S = \iint_S \boldsymbol{F} \cdot \mathrm{d}\boldsymbol{S} = \iint_S P(x,y,z)\mathrm{d}y\mathrm{d}z + Q(x,y,z)\mathrm{d}z\mathrm{d}x + R(x,y,z)\mathrm{d}x\mathrm{d}y. \qquad (14.5)$$

注 采用这种记法时,这里的 $\mathrm{d}y\mathrm{d}z$,$\mathrm{d}z\mathrm{d}x$,$\mathrm{d}x\mathrm{d}y$ 可能为正也可能为负,而且当 $\boldsymbol{n}^0$ 改变方向时,它们都要改变符号,这与二重积分的面积元素 $\mathrm{d}x\mathrm{d}y$ 总为正值是不相同的.

按此定义,密度为 $\mu = \mu(x,y,z)$ 的流体以流速

$\boldsymbol{V}(M) = \boldsymbol{V}(x,y,z) = P(x,y,z)\boldsymbol{i} + Q(x,y,z)\boldsymbol{j} + R(x,y,z)\boldsymbol{k}$ 沿曲面 S 指定方向 $\boldsymbol{n}^0$ 的流量

$$K = \iint_S \mu \boldsymbol{V} \cdot \boldsymbol{n}^0 \mathrm{d}S = \iint_S \mu \boldsymbol{V} \cdot \mathrm{d}\boldsymbol{S}.$$

3. 第二类曲面积分的性质

(1) 设 $\boldsymbol{F}_1 = \{P_1, Q_1, R_1\}$, $\boldsymbol{F}_2 = \{P_2, Q_2, R_2\}$, $C_1, C_2 \in \mathbf{R}$ 常数,则

$$\iint_S (C_1\boldsymbol{F}_1 + C_2\boldsymbol{F}_2)\cdot \mathrm{d}\boldsymbol{S} = C_1\iint_S \boldsymbol{F}_1\cdot \mathrm{d}\boldsymbol{S} + C_2\iint_S \boldsymbol{F}_2\cdot \mathrm{d}\boldsymbol{S}.$$

(2) 设 $S = S_1 \cup S_2$, $S_1 \cap S_2 = \varnothing$, S_1, S_2 为有向曲面,则

$$\iint_S \boldsymbol{F}\cdot \mathrm{d}\boldsymbol{S} = \iint_{S_1} \boldsymbol{F}\cdot \mathrm{d}\boldsymbol{S} + \iint_{S_2} \boldsymbol{F}\cdot \mathrm{d}\boldsymbol{S}.$$

(3) 若 S^- 表示曲面 S 的另一侧,则

$$\iint_{S^-} \boldsymbol{F}\cdot \mathrm{d}\boldsymbol{S} = -\iint_S \boldsymbol{F}\cdot \mathrm{d}\boldsymbol{S}.$$

以上性质,均可按定义直接证明.

三、第二类曲面积分的计算公式

利用第一类曲面积分的计算方法,第二类曲面积分也可化为二重积分进行计算.

设有向光滑曲面 $S: z = z(x,y)$ 与平行于 Oz 轴的直线至多交于一点,它在 xOy 平面上的投影区域为 D_{xy}(有界闭区域),则由 14.1 式,可得

$$\iint_S R(x,y,z)\cos\gamma \mathrm{d}S = \iint_{D_{xy}} R[x,y,z(x,y)]\cos\gamma|\sec\gamma|\mathrm{d}\sigma.$$

而　$\cos\gamma|\sec\gamma| = \begin{cases} +1, 当\ \boldsymbol{n}^0\ 与\ Oz\ 轴正向的夹角\ \gamma\ 为锐角时; \\ -1, 当\ \boldsymbol{n}^0\ 与\ Oz\ 轴正向的夹角\ \gamma\ 为钝角时. \end{cases}$

于是

$$\iint_S R(x,y,z)\cos\gamma \mathrm{d}S = \pm\iint_{D_{xy}} R[x,y,z(x,y)]\mathrm{d}\sigma. \tag{14.6}$$

当 $\boldsymbol{n}^0$ 与 Oz 轴正向的夹角 γ 为锐角时,上述右端取"+"号;当 $\boldsymbol{n}^0$ 与 Oz 轴正向的夹角 γ 为钝角时,上述右端取"—"号.

如有向光滑曲面 $S: x = x(y,z)$ 与平行于 Ox 轴的直线至多交于一点,它在 yOz 平面上的投影区域为 D_{yz}(有界闭区域),可得

$$\iint_S P(x,y,z)\cos\alpha \mathrm{d}S = \pm\iint_{D_{yz}} P[x(y,z),y,z]\mathrm{d}\sigma. \tag{14.7}$$

当 $\boldsymbol{n}^0$ 与 Ox 轴正向的夹角 α 为锐角时,上述右端取"+"号;当 $\boldsymbol{n}^0$ 与 Ox 轴正向的夹角 α 为钝角时,上述右端取"—"号.

如有向光滑曲面 $S: y = y(z,x)$ 与平行于 Oy 轴的直线至多交于一点,它在 zOx 平面上的投影区域为 D_{yz}(有界闭区域),可得

$$\iint_S Q(x,y,z)\cos\beta \mathrm{d}S = \pm\iint_{D_{zx}} Q[x,y(z,x),z]\mathrm{d}\sigma. \tag{14.8}$$

当 $\boldsymbol{n}^0$ 与 Oy 轴正向的夹角 β 为锐角时,上述右端取"+"号;当 $\boldsymbol{n}^0$ 与 Oy 轴正向的夹角 β 为钝角时,上述右端取"—"号.

如果曲面 S 不能由 $z = z(x,y)$、$x = x(y,z)$ 或 $y = y(z,x)$ 中的一个式子单独给出,则可将 S 分割成若干块,在其中每一块上,用上述三个式子之一给出,再由第二类曲面积分的性质 2,将它们分别积出再相加即可.

四、第二类曲面积分的计算举例

【例 4】 计算第二类曲面积分$\iint\limits_S \boldsymbol{A}\,\mathrm{d}\boldsymbol{S}$,其中$\boldsymbol{A} = z\boldsymbol{i} + y\boldsymbol{j} + (z-x)\boldsymbol{k}$,$S$是平面$x+y+z=1$在第一卦限部分,法线朝上,如图 14-8 所示.

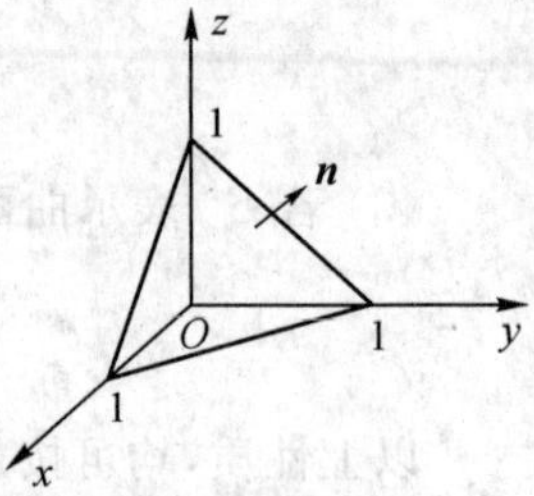

图 14-8

解 $$\iint\limits_S \boldsymbol{A}\,\mathrm{d}\boldsymbol{S} = \iint\limits_S [z\cos\alpha + y\cos\beta + (z-x)\cos\gamma]\mathrm{d}S$$
$$= \iint\limits_S z\cos\alpha\mathrm{d}S + \iint\limits_S y\cos\beta\mathrm{d}S + \iint\limits_S (z-x)\cos\gamma\mathrm{d}S.$$

对于$\iint\limits_S z\cos\alpha\mathrm{d}S$,有 $S: x = 1-y-z$,
$$D_{yz} = \{(y,z) \mid 0 \leqslant z \leqslant 1-y\ ,\ 0 \leqslant y \leqslant 1\},$$
α为锐角,$\cos\alpha > 0$ 利用第二类曲面积分的性质与公式(14.7),
$$\iint\limits_S z\cos\alpha\mathrm{d}S = \int_0^1 \mathrm{d}y\int_0^{1-y} z\mathrm{d}z = \frac{1}{2}\int_0^1 (1-y)^2\mathrm{d}y = \frac{1}{6}.$$

对于$\iint\limits_S y\cos\beta\mathrm{d}S$,有 $S: y = 1-x-z, D_{zx} = \{(z,x) \mid 0 \leqslant x \leqslant 1-z,\ 0 \leqslant z \leqslant 1\}$,$\beta$为锐角,$\cos\beta > 0$,利用第二类曲面积分的性质与公式(14.8)
$$\iint\limits_S y\cos\beta\mathrm{d}S = \int_0^1 \mathrm{d}z\int_0^{1-z} (1-z-x)\mathrm{d}x = \frac{1}{2}\int_0^1 (1-z)^2\mathrm{d}z = \frac{1}{6}.$$

对于$\iint\limits_S (z-x)\cos\gamma\mathrm{d}S$, 有 $S: z = 1-x-y, D_{xy} = \{(x,y) \mid 0 \leqslant y \leqslant 1-x,\ 0 \leqslant x \leqslant 1\}$,$\gamma$为锐角,$\cos\gamma > 0$,利用第二类曲面积分的性质与公式(14.6)
$$\iint\limits_S (z-x)\cos\gamma\mathrm{d}S = \int_0^1 \mathrm{d}x\int_0^{1-x} (1-2x-y)\mathrm{d}y$$
$$= \frac{1}{2}\int_0^1 (1-4x+3x^2)\mathrm{d}x = 0.$$

因此 $$\iint\limits_S \boldsymbol{A}\,\mathrm{d}\boldsymbol{S} = \iint\limits_S z\cos\alpha\mathrm{d}S + \iint\limits_S y\cos\beta\mathrm{d}S + \iint\limits_S (z-x)\cos\gamma\mathrm{d}S$$
$$= \frac{1}{6} + \frac{1}{6} + 0 = \frac{1}{3}.$$

【例 5】 计算第二类曲面积分$\iint\limits_S xyz\cos\gamma\mathrm{d}S$,其中$S$是球面$x^2+y^2+z^2=1$在$x \geqslant 0$,$y \geqslant 0$的部分,法线指向球面外侧.

解 将S分割为S_1, S_2(见图 14-9)

$S_1: z_1 = \sqrt{1-x^2-y^2}$,$\gamma$为锐角,$\cos\gamma > 0$,

$S_2: z_2 = -\sqrt{1-x^2-y^2}$,$\gamma$为钝角,$\cos\gamma < 0$,

$D_{xy} = \{(x,y) \mid x^2+y^2 \leqslant 1, x, y \geqslant 0\}$.

利用第二类曲面积分的性质与公式(14.16)

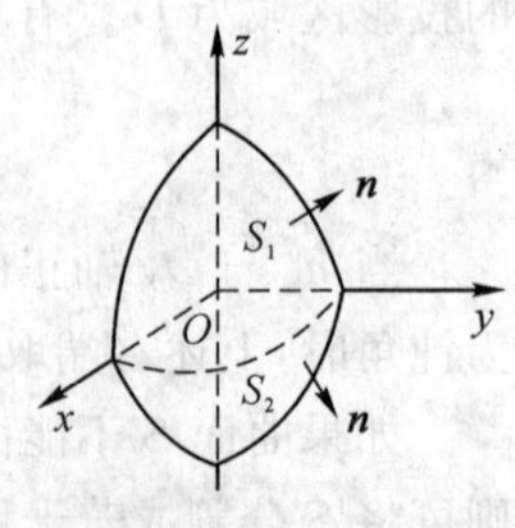

图 14-9

$$\iint_S xyz\cos\gamma \mathrm{d}S = \iint_{S_1} xyz\cos\gamma \mathrm{d}S + \iint_{S_2} xyz\cos\gamma \mathrm{d}S$$

$$= \iint_{D_{xy}} xy\sqrt{1-x^2-y^2}\,\mathrm{d}x\mathrm{d}y - \iint_{D_{xy}} xy(-\sqrt{1-x^2-y^2})\,\mathrm{d}x\mathrm{d}y$$

$$= 2\iint_{D_{xy}} xy\sqrt{1-x^2-y^2}\,\mathrm{d}x\mathrm{d}y = 2\int_0^{\frac{\pi}{2}} \mathrm{d}\theta \int_0^1 r^2\cos\theta\sin\theta\sqrt{1-r^2}\,r\mathrm{d}r$$

$$= 2\int_0^{\frac{\pi}{2}} \cos\theta\sin\theta \mathrm{d}\theta \int_0^1 r^3\sqrt{1-r^2}\,\mathrm{d}r = \int_0^1 r^3\sqrt{1-r^2}\,\mathrm{d}r$$

$$\underline{\underline{r=\sin t}} \int_0^{\frac{\pi}{2}} \sin^3 t\cos^2 t\mathrm{d}t = \int_0^{\frac{\pi}{2}} \sin^3 t\mathrm{d}t - \int_0^{\frac{\pi}{2}} \sin^5 t\mathrm{d}t = \frac{2}{3}\cdot 1 - \frac{4}{5}\cdot\frac{2}{3}\cdot 1 = \frac{2}{15}.$$

【例 6】 计算第二类曲面积分$\oiint_S z\cos\gamma \mathrm{d}S$,其中 S 是抛物面 $z=x^2+y^2$ 与平面 $z=4$ 所围区域的曲面,法向取外侧(如图 14-10 所示),符号“$\oiint$”表示封闭曲面上的曲面积分.

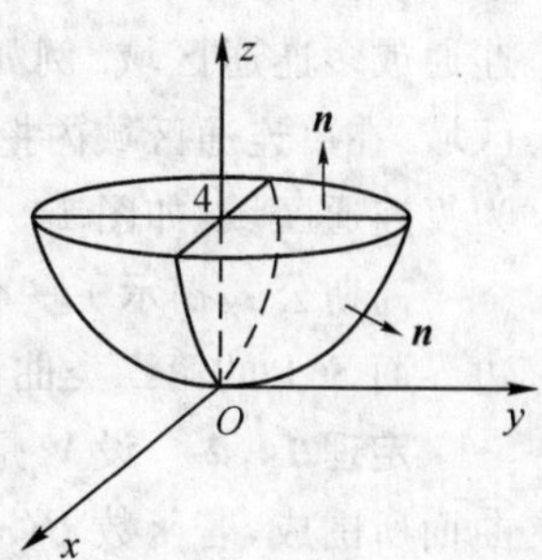

图 14-10

解 设 S 由两个面 $S_1: z=x^2+y^2$, $S_2: z=4$ 组成.

在 S_1 上 γ 为钝角,$\cos\gamma<0$,在 S_2 上 $\gamma=0$,$\cos\gamma=1$. S_1 与 S_2 在 xOy 平面上的投影区域都为:

$D_{xy}=\{(x,y)\,|\,0\leqslant x^2+y^2\leqslant 4\}$,因此有

$$\oiint_S z\cos\gamma \mathrm{d}S = \iint_{S_1} z\cos\gamma \mathrm{d}S + \iint_{S_2} z\cos\gamma \mathrm{d}S$$

$$= \iint_{D_{xy}} 4\mathrm{d}\sigma - \iint_{D_{xy}} (x^2+y^2)\mathrm{d}\sigma = 16\pi - \int_0^{2\pi}\mathrm{d}\theta\int_0^2 r^3\mathrm{d}r = 8\pi.$$

另外,由第二类曲面积分的定义可知,第二类曲面积分也可化为第一类曲面积分计算,其公式为:

$$\iint_S P\mathrm{d}y\mathrm{d}z + Q\mathrm{d}z\mathrm{d}x + R\mathrm{d}x\mathrm{d}y = \iint_S (P\cos\alpha + Q\cos\beta + R\cos r)\mathrm{d}S,$$

其中$\boldsymbol{n}^0=\{\cos\alpha,\cos\beta,\cos\gamma\}$为 S 的指定侧的单位法向量.

【例 7】 计算第二类曲面积分

$$I=\iint_S \frac{x}{\sqrt{x^2+y^2+z^2}}\mathrm{d}y\mathrm{d}z + \frac{y}{\sqrt{x^2+y^2+z^2}}\mathrm{d}z\mathrm{d}x + \frac{z}{\sqrt{x^2+y^2+z^2}}\mathrm{d}x\mathrm{d}y.$$

其中 S 是球面 $x^2+y^2+z^2=R^2$ 被平面 $z=0$ 所截得的上半球面,$\boldsymbol{n}$ 取为朝上.

解 由题意得,S 指定侧的单位法向量为:

$$\boldsymbol{n}^0=\left\{\frac{x}{\sqrt{x^2+y^2+z^2}},\frac{y}{\sqrt{x^2+y^2+z^2}},\frac{z}{\sqrt{x^2+y^2+z^2}}\right\}.$$

由定义,有

$$I=\iint_S\left(\frac{x}{\sqrt{x^2+y^2+z^2}}\cos\alpha+\frac{y}{\sqrt{x^2+y^2+z^2}}\cos\beta+\frac{z}{\sqrt{x^2+y^2+z^2}}\cos\gamma\right)\mathrm{d}S$$

$$=\iint_S\left(\frac{x}{\sqrt{x^2+y^2+z^2}}\cdot\frac{x}{\sqrt{x^2+y^2+z^2}}+\frac{y}{\sqrt{x^2+y^2+z^2}}\cdot\frac{y}{\sqrt{x^2+y^2+z^2}}\right.$$

$$+\frac{z}{\sqrt{x^2+y^2+z^2}}\cdot\frac{z}{\sqrt{x^2+y^2+z^2}})\mathrm{d}S=\iint_S\mathrm{d}S=\frac{1}{2}4\pi R^2=2\pi R^2.$$

第三节　高斯公式与散度

一、高斯公式

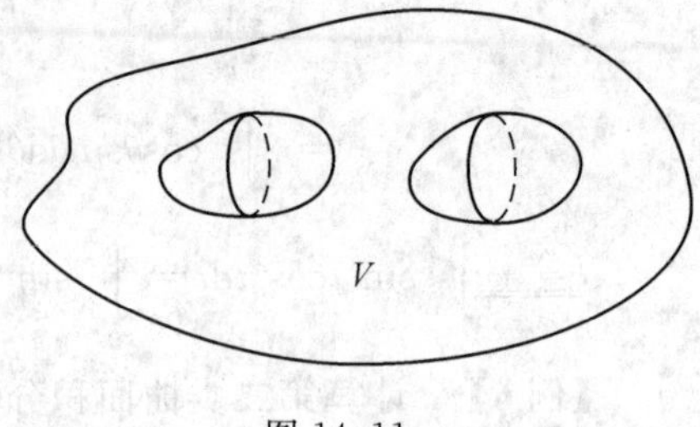

图 14-11

设 V 是 R^3 中的区域,若对于包含在 V 内的任一闭曲面在收缩成一点的过程中,闭曲面内的点总是属于 V,则称这样的区域为单连通区域,否则称 V 为复连通或多连通区域. 例如球域、圆柱域等都是单连通区域. 在单连通区域内挖去一个或若干个洞之后就成为复连通区域,如图 14-11 所示.

高斯公式揭示了一个函数在区域 V(单连通或复连通区域)上的三重积分与区域 V 的边界面 S 上的第二类曲面积分之间的关系,具体由以下定理给出.

定理 14.2　设 V 是 R^3 中的一个有界闭区域,V 的边界面 S 是由双侧分片光滑的封闭曲面所围成,若函数 $P(x,y,z)$,$Q(x,y,z)$,$R(x,y,z)$ 在 V 上连续,且在 V 内具有一阶连续偏导数,则有

$$\oiint_S[P\cos\alpha+Q\cos\beta+R\cos\gamma]\mathrm{d}S=\iiint_V(\frac{\partial P}{\partial x}+\frac{\partial Q}{\partial y}+\frac{\partial R}{\partial z})\mathrm{d}V,$$

或
$$\oiint_S P\,\mathrm{d}y\mathrm{d}z+Q\mathrm{d}z\mathrm{d}x+R\mathrm{d}x\mathrm{d}y=\iiint_V(\frac{\partial P}{\partial x}+\frac{\partial Q}{\partial y}+\frac{\partial R}{\partial z})\mathrm{d}V. \tag{14.9}$$

其中 $\cos\alpha,\cos\beta,\cos\gamma$ 是封闭曲线面 S 的外侧法线的方向余弦.

证明　先证

$$\oiint_S R\,\mathrm{d}x\mathrm{d}y=\oiint_S R\cos\gamma\mathrm{d}S=\iiint_V\frac{\partial R}{\partial z}\mathrm{d}V,$$

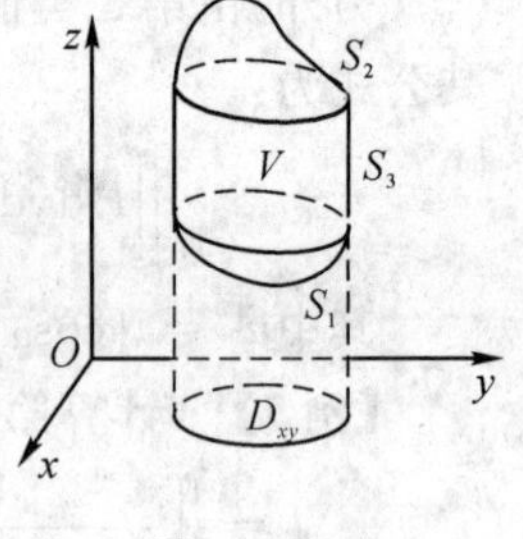

图 14-12

设 V 为单连通区域,V 的边界 $S=S_1\cup S_2\cup S_3$,其中 S_1,S_2 的方程为 $z=z_1(x,y)$,$z=z_2(x,y)$,$(x,y)\in D_{xy}$,S_3 为柱面,其母线平行 Oz 轴,D_{xy} 为 V 在 xOy 平面上的投影,如图 14-12 所示,并称为 xy-型区域.

根据三重积分计算方法,有

$$\begin{aligned}\iiint_V\frac{\partial R}{\partial z}\mathrm{d}V&=\iint_{D_{xy}}\mathrm{d}\sigma\int_{z_1(x,y)}^{z_2(x,y)}\frac{\partial R}{\partial z}\mathrm{d}z\\&=\iint_{D_{xy}}(R(x,y,z_2(x,y))\mathrm{d}\sigma-\iint_{D_{xy}}(R(x,y,z_1(x,y))\mathrm{d}\sigma.\end{aligned}$$

又由第二类曲面积分的计算,可得

$$\oiint_S R\,\mathrm{d}x\mathrm{d}y=\oiint_S R\cos\gamma\mathrm{d}S=(\iint_{S_1}+\iint_{S_2}+\iint_{S_3})R\cos\gamma\mathrm{d}S$$

$$= \iint_{S_1} R\cos\gamma \mathrm{d}S + \iint_{S_2} R\cos\gamma \mathrm{d}S + 0$$

$$= -\iint_{D_{xy}} R(x,y,z_1(x,y))\mathrm{d}\sigma + \iint_{D_{xy}} R(x,y,z_2(x,y))\mathrm{d}\sigma.$$

两式比较，便得
$$\iiint_V \frac{\partial R}{\partial z}\mathrm{d}V = \oiint_S R\cos\gamma \mathrm{d}S = \oiint_S R\,\mathrm{d}x\mathrm{d}y,$$

用类似方法可得
$$\iiint_V \frac{\partial P}{\partial x}\mathrm{d}V = \oiint_S P\cos\alpha \mathrm{d}S = \oiint_S P\,\mathrm{d}y\mathrm{d}z,$$

$$\iiint_V \frac{\partial Q}{\partial y}\mathrm{d}V = \oiint_S Q\cos\beta \mathrm{d}S = \oiint_S Q\,\mathrm{d}z\mathrm{d}x.$$

以上三式相加，便得到高斯公式(14.9).

若区域 V 是单连通区域，且不是如上所述 xy-型区域，则可用有限个光滑曲面将它分割成若干个 xy-型区域来讨论，对于复连通区域也可用若干曲面将它分割成单连通区域来讨论，详细的推导与格林公式相似，以上情况可以证明高斯公式也是成立的. □

【例 8】 计算第二类曲面积分 $\oiint_S z\cos\gamma \mathrm{d}S$，其中 S 是抛物面 $z = x^2 + y^2$ 与平面 $z = 4$ 所围区域的曲面，法向取外侧(如图 14-13 所示).

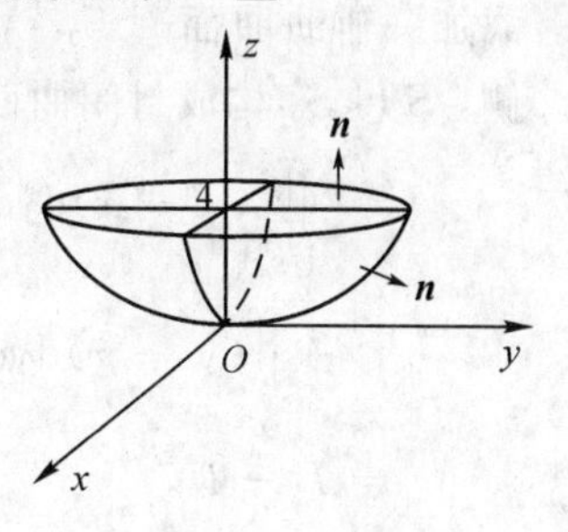

图 14-13

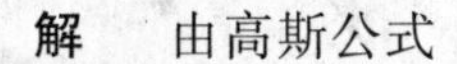

解 由高斯公式

$$\oiint_S z\cos\gamma \mathrm{d}S = \iiint_V \frac{\partial}{\partial z} z\,\mathrm{d}V = \iint_D \mathrm{d}\sigma \int_{x^2+y^2}^{4} \mathrm{d}z$$

$$= \int_0^{2\pi}\mathrm{d}\theta \int_0^2 r\mathrm{d}r \int_{r^2}^{4}\mathrm{d}z$$

$$= 2\pi\int_0^2 (4r - r^3)\mathrm{d}r = 8\pi.$$

【例 9】 计算第二类曲面积分 $\oiint_S \boldsymbol{A}\,\mathrm{d}\boldsymbol{S}$，其中 $\boldsymbol{A} = x\boldsymbol{i} + y\boldsymbol{j} + z\boldsymbol{k}$，$S$ 是球面 $x^2 + y^2 + z^2 = a^2$ 表面的外侧，如图 14-14 所示.

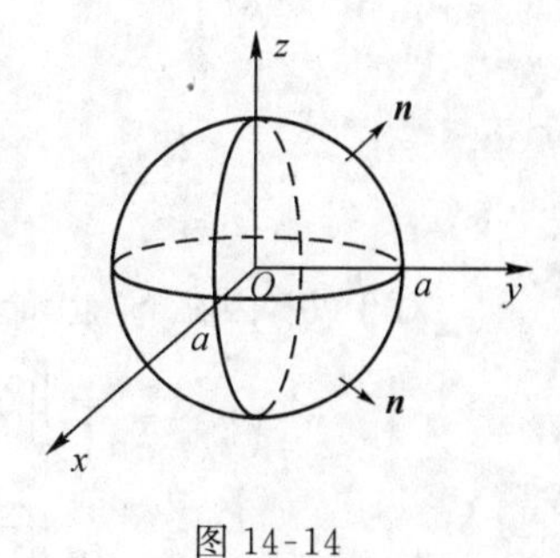

图 14-14

解 应用高斯公式，并由三重积分的计算方法得

$$\oiint_S \boldsymbol{A}\,\mathrm{d}\boldsymbol{S} = \oiint_S x\mathrm{d}y\mathrm{d}z + y\mathrm{d}z\mathrm{d}x + z\mathrm{d}x\mathrm{d}y$$

$$= \iiint_V \left(\frac{\partial}{\partial x}x + \frac{\partial}{\partial y}y + \frac{\partial}{\partial z}z\right)\mathrm{d}V$$

$$= \iiint_V (1+1+1)\mathrm{d}V$$

$$= 3\cdot\frac{4}{3}\pi a^3 = 4\pi a^3.$$

【例 10】 计算第二类曲面积分 $\oiint_S (yx - yz)\mathrm{d}y\mathrm{d}z + x^2\mathrm{d}z\mathrm{d}x + (y^2 + xz)\mathrm{d}x\mathrm{d}y$，其中 S 是如图 14-15 所示的边长为 a 的正方体 V 的表面，法线取外侧.

解　应用高斯公式,并由三重积分的计算方法得

$$\oiint_S (yx-yz)\mathrm{d}y\mathrm{d}z+x^2\mathrm{d}z\mathrm{d}x+(y^2+xz)\mathrm{d}x\mathrm{d}y$$

$$=\iiint_V \left[\frac{\partial}{\partial x}(yx-yz)+\frac{\partial}{\partial y}x^2+\frac{\partial}{\partial z}(y^2+xz)\right]\mathrm{d}V$$

$$=\iiint_V (y+x)\mathrm{d}V=\int_0^a \mathrm{d}x\int_0^a \mathrm{d}y\int_0^a (y+x)\mathrm{d}z$$

$$=\int_0^a \mathrm{d}x\int_0^a (ay+ax)\mathrm{d}y=a^4.$$

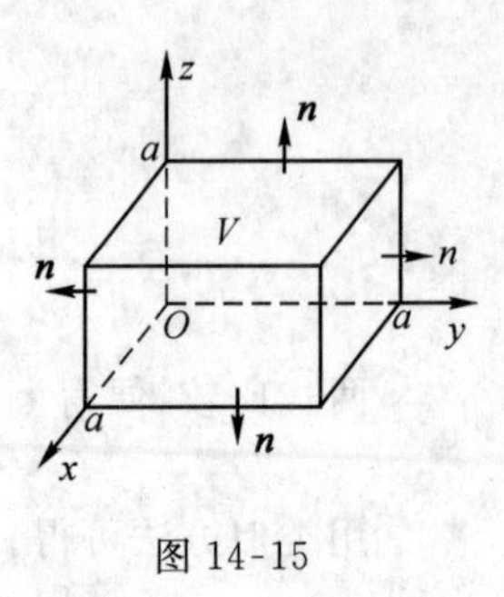

图 14-15

【例 11】　计算曲面积分

$$I=\iint_S (y^2-x)\mathrm{d}y\mathrm{d}z+(x^2-y)\mathrm{d}z\mathrm{d}x+(x^2-z)\mathrm{d}x\mathrm{d}y,$$

其中 S 为抛物面:$z=2-x^2-y^2$ 的 $z\geqslant 0$ 的部分,法线取上侧,如图 14-16 所示.

解　S 不是封闭曲面,为应用高斯公式计算这一曲面积分,需添加一辅助曲面　$S_0=\{z=0,0\leqslant x^2+y^2\leqslant 2\}$,$S_0$ 法线取下侧,$S\cup S_0$ 构成封闭曲面,法线取外侧,所围区域记为 V.

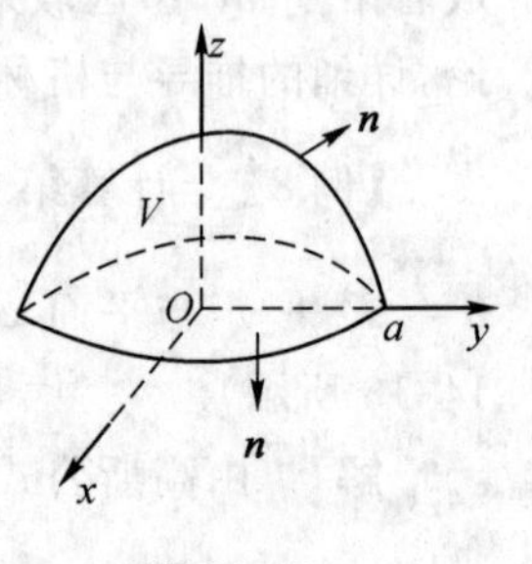

图 14-16

$$I=\oiint_{S\cup S_0} (y^2-x)\mathrm{d}y\mathrm{d}z+(z^2-y)\mathrm{d}z\mathrm{d}x+(x^2-z)\mathrm{d}x\mathrm{d}y$$

$$-\iint_{S_0}(y^2-x)\mathrm{d}y\mathrm{d}z+(z^2-y)\mathrm{d}z\mathrm{d}x+(x^2-z)\mathrm{d}x\mathrm{d}y$$

$$=I_2-I_1,$$

对于 I_2,应用高斯公式,并由三重积分计算可以得到

$$I_2=\iiint_V(-1-1-1)\mathrm{d}V=-3\iint_{S_0}\mathrm{d}\sigma\int_0^{2-x^2-y^2}\mathrm{d}z$$

$$=-3\iint_{S_0}(2-x^2-y^2)\mathrm{d}x\mathrm{d}y=-3\int_0^{2\pi}\mathrm{d}\theta\int_0^{\sqrt{2}}(2-r^2)r\mathrm{d}r$$

$$=-6\pi\left(r^2-\frac{1}{4}r^4\right)\Big|_0^{\sqrt{2}}=-6\pi.$$

对于 I_1,因在 S_0 上 $\cos\alpha=\cos\beta=0,\cos\gamma=-1$,由第二类曲面积分计算方法,可得

$$I_1=\iint_{S_0}(y^2-x)\mathrm{d}y\mathrm{d}z+(z^2-y)\mathrm{d}z\mathrm{d}x+(x^2-z)\mathrm{d}x\mathrm{d}y$$

$$=\iint_{S_0}[(y^2-x)\cos\alpha+(z^2-y)\cos\beta+(x^2-z)\cos\gamma]\mathrm{d}S$$

$$=-\iint_{S_0}(x^2-0)\mathrm{d}x\mathrm{d}y=-\int_0^{2\pi}\mathrm{d}\theta\int_0^{\sqrt{2}}r^2\cos^2\theta r\mathrm{d}r=-\pi,$$

所以　$$I=I_2-I_1=-6\pi-(-\pi)=-5\pi.$$

二、散度

1. 通量

设有向量场(例如流体的流速场)为

$$\boldsymbol{A}(M) = \boldsymbol{A}(x,y,z) = P(x,y,z)\boldsymbol{i} + Q(x,y,z)\boldsymbol{j} + R(x,y,z)\boldsymbol{k}.$$

S是场内一块光滑或分片光滑的定侧曲面，$\boldsymbol{n}^0$ 表示S上指定侧的单位法向量，则第二类曲面积分

$$\iint_S \boldsymbol{A} \cdot \boldsymbol{n}^0 \mathrm{d}S = \iint_S \boldsymbol{A} \cdot \mathrm{d}\boldsymbol{S}$$

称为向量场$\boldsymbol{A}(M) = \boldsymbol{A}(x,y,z)$通过曲面$S$指定侧的通量或流量(单位时间内通过曲面$S$的总流量).

2. 源与汇

设 S 是封闭曲面，取 S 的法向量 $\boldsymbol{n}$ 是从 S 的内部指向外部，$\boldsymbol{A}(M) = \boldsymbol{A}(x,y,z)$ 表示流速场，这时

$$\boldsymbol{\Phi} = \oiint_S \boldsymbol{A} \cdot \boldsymbol{n}^0 \mathrm{d}S = \oiint_S \boldsymbol{A} \cdot \mathrm{d}\boldsymbol{S}$$

表示单位时间内通过封闭曲面 S 的流量.

在流体流出 S 处，$\boldsymbol{A}$ 与$\boldsymbol{n}^0$ 的夹角为锐角，$\boldsymbol{A} \cdot \boldsymbol{n}^0 \mathrm{d}S > 0$；

在流体流入 S 处，$\boldsymbol{A}$ 与$\boldsymbol{n}^0$ 的夹角为钝角，$\boldsymbol{A} \cdot \boldsymbol{n}^0 \mathrm{d}S < 0$；

在流体没有流入和流出的 S 处，$\boldsymbol{A}$ 与$\boldsymbol{n}^0$ 的夹角为直角，$\boldsymbol{A} \cdot \boldsymbol{n}^0 \mathrm{d}S = 0$；

因此　$\oiint_S \boldsymbol{A} \cdot \boldsymbol{n}^0 \mathrm{d}S$ 实际表示流入 S 和流出 S 的流量的代数和.

当$\oiint_S \boldsymbol{A} \cdot \boldsymbol{n}^0 \mathrm{d}S > 0$ 时，表示流出量多于流入量，称 S 内含有正源；

当$\oiint_S \boldsymbol{A} \cdot \boldsymbol{n}^0 \mathrm{d}S < 0$ 时，表示流入量多于流出量，称 S 内含有负源(也称为汇)；

当$\oiint_S \boldsymbol{A} \cdot \boldsymbol{n}^0 \mathrm{d}S = 0$ 时，表示流出量等于流入量，称 S 内没有净源.

对于封闭曲面 S 而言，在 S 内含有源或汇时，才可能有穿过曲面 S 的净流出量或流入量.

3. 散度

向量场在闭曲面 S 上的通量是由 S 内通量源(正源或负源)决定的，它只能总体描绘 S 内源的分布情况. 这里引入散度的概念，用于描述向量场中源在各点的强弱程度.

设$\boldsymbol{A}$为一向量场，在该向量场中取一点M，作一包含M点的任一封闭曲面S，它所包含的区域记为V(V 的体积仍记为V)，若当V以任何方式缩成一点M时，极限

$$\lim_{V \to M} \frac{\oiint_S \boldsymbol{A} \cdot \mathrm{d}\boldsymbol{S}}{V}$$

存在，则称此极限为向量场 $\boldsymbol{A}$ 在点 M 的**散度**(divergence)，记为 $\mathrm{div}\boldsymbol{A}$.

由定义不难理解，$\mathrm{div}\boldsymbol{A}$ 就是M 点通量源$\boldsymbol{A}$ 的密度. 在 M 点处，$\mathrm{div}\boldsymbol{A} > 0$ 表示该点是正源；$\mathrm{div}\boldsymbol{A} < 0$ 表示该点是负源；$\mathrm{div}\boldsymbol{A} = 0$ 表示该点是无源的.

由散度的定义得知，散度与坐标系选择无关. 但在不同坐标系中它的表示式是不同的. 下面仅给出直角坐标系下的表示式.

设　$\boldsymbol{A} = P(x,y,z)\boldsymbol{i} + Q(x,y,z)\boldsymbol{j} + R(x,y,z)\boldsymbol{k}$，其中 $P(x,y,z)$，$Q(x,y,z)$，$R(x,y,z)$ 分别是$\boldsymbol{A}$在直角坐标系x，y，z轴上的分量，$P(x,y,z)$，$Q(x,y,z)$，$R(x,y,z)$具有一阶连续

偏导数.应用高斯公式及三重积分中值定理,可以得出

$$\operatorname{div}\boldsymbol{A}(M)=\lim_{V\to M}\frac{\displaystyle\oiint_S \boldsymbol{A}\cdot\boldsymbol{n}^0\,\mathrm{d}S}{V}=\lim_{V\to M}\frac{\displaystyle\iiint_V\left(\frac{\partial P}{\partial x}+\frac{\partial Q}{\partial y}+\frac{\partial R}{\partial z}\right)\mathrm{d}V}{V}$$

$$=\lim_{\substack{V\to M\\(M^*\to M)}}\left(\frac{\partial P}{\partial x}+\frac{\partial Q}{\partial y}+\frac{\partial R}{\partial z}\right)\Big|_{M^*}=\left(\frac{\partial P}{\partial x}+\frac{\partial Q}{\partial y}+\frac{\partial R}{\partial z}\right)_M,\qquad(14.10)$$

有 $$\operatorname{div}\boldsymbol{A}=\frac{\partial P}{\partial x}+\frac{\partial Q}{\partial y}+\frac{\partial R}{\partial z}.$$

由向量场 $\boldsymbol{A}$ 的散度所形成的数量场,称为散度场.应用散度的定义,容易证明下列运算法则

(1) 若 $\boldsymbol{A},\boldsymbol{B}$ 是向量函数,则 $\operatorname{div}(\boldsymbol{A}\pm\boldsymbol{B})=\operatorname{div}\boldsymbol{A}\pm\operatorname{div}\boldsymbol{B}$;

(2) 若 $u=u(x,y,z)$ 是数量函数,则 $\operatorname{div}(u\boldsymbol{A})=u\operatorname{div}\boldsymbol{A}+\boldsymbol{A}\cdot\operatorname{grad}u$.

高斯公式的散度表示,利用散度的表达式,高斯公式可写成

$$\oiint_S\boldsymbol{A}\cdot\mathrm{d}\boldsymbol{S}=\iiint_V\left(\frac{\partial P}{\partial x}+\frac{\partial Q}{\partial y}+\frac{\partial R}{\partial z}\right)\mathrm{d}V=\iiint_V\operatorname{div}\boldsymbol{A}\,\mathrm{d}V.$$

若 $\boldsymbol{A}$ 表示流速场,则上式左端式子表示流入和流出 S 的流量的代数和,右端式子表示分布在 V 中的源和汇所流出或吸收的总流量,两者相等.

【例 12】 求向量场 $\boldsymbol{A}(M)=\boldsymbol{A}(x,y,z)=xy^2\boldsymbol{i}+x^2y\boldsymbol{j}-(x+y+z^2)\boldsymbol{k}$ 在点$M(2,1,1)$处的散度.

解 由散度公式:

$$\operatorname{div}\boldsymbol{A}=\frac{\partial P}{\partial x}+\frac{\partial Q}{\partial y}+\frac{\partial R}{\partial z}$$

$$=\frac{\partial}{\partial x}(xy^2)+\frac{\partial}{\partial y}(x^2y)+\frac{\partial}{\partial z}(-x-y-z^2)$$

$$=y^2+x^2-2z,$$

$$\operatorname{div}\boldsymbol{A}(2,1,1)=(y^2+x^2-2z)_{(2,1,1)}=1+4-2=3.$$

*第四节 斯托克斯公式与旋度

一、斯托克斯公式

在这一节,我们要将平面上的格林公式推广到空间的情况,就是建立沿空间某一曲面 S 上的积分与沿着曲面 S 的边界曲线 Γ 的积分之间的联系.

首先对曲面 S 的侧与它边界 Γ 的方向作如下规定:若当人沿着 Γ 某个方向行走时,S 总在人的左侧,我们规定这一方向为 Γ 的正向,并规定 S 的侧向与 Γ 的正方向符合右手法则.也就是说:若右手四指的指向是 Γ 的正向时,其大拇指指向 S 的侧向,如图 14-17 所示.

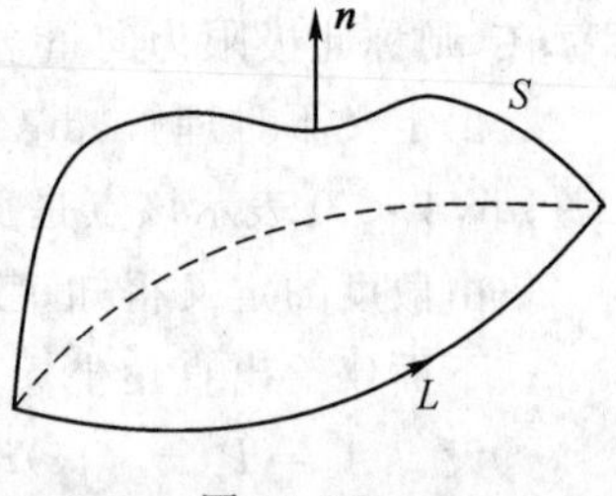

图 14-17

设 $V\subset\mathbf{R}^3$ 中的一个区域,若对于 V 内任一闭曲线 Γ 皆可以不经过 V 外的点而收缩于 V 内的一个点,则称 V 为(线)单

连通区域,否则称 V 为复连通区域.

定理 14.3　设 Γ 是光滑曲面 S 的边界,若函数 $P(x,y,z)$,$Q(x,y,z)$,$R(x,y,z)$ 在 S 上连续,且在 S 内具有一阶连续偏导数,则有

$$\iint_S \left(\frac{\partial R}{\partial y}-\frac{\partial Q}{\partial z}\right)\mathrm{d}y\mathrm{d}z+\left(\frac{\partial P}{\partial z}-\frac{\partial R}{\partial x}\right)\mathrm{d}z\mathrm{d}x+\left(\frac{\partial Q}{\partial x}-\frac{\partial P}{\partial y}\right)\mathrm{d}x\mathrm{d}y=\oint_\Gamma P\,\mathrm{d}x+Q\mathrm{d}y+R\mathrm{d}z, \tag{14.11}$$

其中 S 的侧向(系指上下侧,左右侧,前后侧)与 Γ 的正向符合右手法则.

上式称为**斯托克斯公式**.

这个公式的左边与曲面有关,右边只与曲面的边界线有关,而与曲面的形状无关,证明略.

上述(14.11)式可写成

$$\iint_S \left[\left(\frac{\partial R}{\partial y}-\frac{\partial Q}{\partial z}\right)\cos\alpha+\left(\frac{\partial P}{\partial z}-\frac{\partial R}{\partial x}\right)\cos\beta+\left(\frac{\partial Q}{\partial x}-\frac{\partial P}{\partial y}\right)\cos\gamma\right]\mathrm{d}S$$
$$=\oint_\Gamma P\,\mathrm{d}x+Q\mathrm{d}y+R\mathrm{d}z.$$

其中 $\cos\alpha,\cos\beta,\cos\gamma$ 是曲面法线的方向余弦.

为了便于记忆,将上式写成

$$\iint_S \begin{vmatrix}\cos\alpha & \cos\beta & \cos\gamma\\ \dfrac{\partial}{\partial x} & \dfrac{\partial}{\partial y} & \dfrac{\partial}{\partial z}\\ P & Q & R\end{vmatrix}\mathrm{d}S=\oint_\Gamma P\,\mathrm{d}x+Q\mathrm{d}y+R\mathrm{d}z. \tag{14.12}$$

【例 13】　计算 $I=\oint_\Gamma (y-z)\mathrm{d}x+(z-x)\mathrm{d}y+(x-y)\mathrm{d}z$,其中 Γ 为平面 $x+y+z=1$ 与各坐标平面的交线,取逆时针方向,如图 14-18 所示.

解　应用斯托克斯公式(14.12),可以得

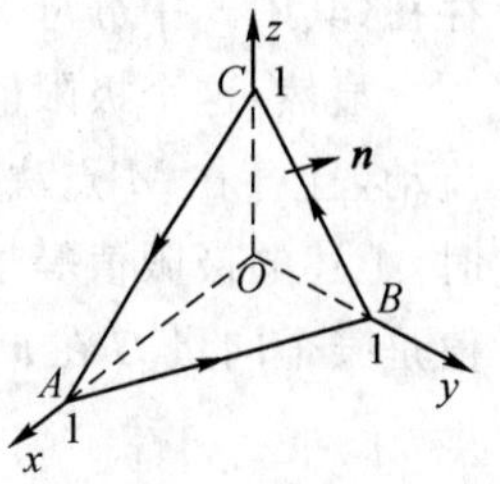

$$\oint_\Gamma (y-z)\mathrm{d}x+(z-x)\mathrm{d}y+(x-y)\mathrm{d}z$$
$$=\iint_S \begin{vmatrix}\cos\alpha & \cos\beta & \cos\gamma\\ \dfrac{\partial}{\partial x} & \dfrac{\partial}{\partial y} & \dfrac{\partial}{\partial z}\\ y-z & z-x & x-y\end{vmatrix}\mathrm{d}S$$
$$=-2\iint_S \cos\alpha\mathrm{d}S+\cos\beta\mathrm{d}S+\cos\gamma\mathrm{d}S,$$

图 14-18

$$\iint_S \cos\alpha\mathrm{d}S=\triangle BOC\text{ 的面积}=\frac{1}{2}\cdot 1\cdot 1=\frac{1}{2}.$$

同理　$$\iint_S \cos\beta\mathrm{d}S=\iint_S \cos\gamma\mathrm{d}S=\frac{1}{2},$$

所以　$$I=-2\cdot 3\cdot\frac{1}{2}=-3.$$

* 第五节　空间第二类曲线积分与路径的无关性

一、向量场的环量与旋度

1. 向量场的环量

在向量场 $\boldsymbol{A}=P(x,y,z)\boldsymbol{i}+Q(x,y,z)\boldsymbol{j}+R(x,y,z)\boldsymbol{k}$ 中，向量 $\boldsymbol{A}$ 沿着某一闭曲线的线积分，称为该向量沿此闭曲线的**环量**，记作 Φ，即

$$\Phi=\oint_{\Gamma}\boldsymbol{A}\cdot\mathrm{d}\boldsymbol{l}=\oint_{\Gamma}(\boldsymbol{A}\cdot\boldsymbol{\tau}^{0})\,\mathrm{d}l,$$

其中 $\boldsymbol{\tau}^{0}$ 是 Γ 的单位切向量，$\mathrm{d}l$ 是 Γ 的弧微分.

如果 $\boldsymbol{A}$ 是力场，则 Φ 为物体沿着闭曲线 Γ 移动一周所做的功；如果 $\boldsymbol{A}$ 是电场，则 Φ 是电动势.

如果环量 $\Phi\neq 0$，则称这个向量场为有旋涡源；如果在向量场中沿着任一闭曲线 $\Phi=0$，则称这个向量场为无旋场. 例如，重力场(或保守力场)，静电场等都是无旋场.

2. 旋度

环量描述了向量场 $\boldsymbol{A}$ 的大范围的一个性质. 为了反映向量场 $\boldsymbol{A}$ 关于环量在某一点 M 处的性质，需引入环量密度概念. 为此，在向量场中，取包含 M 点的任一曲面 S，并设 S 在 M 点的法向量为 $\boldsymbol{n}$，S 的边界为 Γ，Γ 的正向与 $\boldsymbol{n}$ 符合右手法则，若保持 M 点及 $\boldsymbol{n}$ 的方向不变，对任意曲面 S，当 S 收缩成 M 点时，极限

$$\lim_{S\to M}\frac{\oint_{\Gamma}\boldsymbol{A}\cdot\mathrm{d}\boldsymbol{l}}{S}$$

存在(其中式中分母 S 表示曲面 S 的面积)，则称这个极限值为 M 点绕 $\boldsymbol{n}$ 方向的**环量密度**.

显然，这个极限值与方向 $\boldsymbol{n}$ 有关，在流体情形中，$\boldsymbol{A}$ 为流速场，若在 M 点附近呈旋涡状流动，且 S 在 M 点法线 $\boldsymbol{n}$ 与旋涡面法向 $\boldsymbol{l}$ 一致，则上述的极限值取得最大值；当 $\boldsymbol{n}$ 与 $\boldsymbol{l}$ 垂直时，上述的极限值等于零；当 $\boldsymbol{n}$ 与 $\boldsymbol{l}$ 夹角为 θ 时，这个极限值总小于最大值. 这表明这个极限值是某个向量 $\boldsymbol{G}$ 在 $\boldsymbol{n}$ 上的投影，于是，记

$$\lim_{S\to M}\frac{\oint_{\Gamma}\boldsymbol{A}\cdot\mathrm{d}\boldsymbol{l}}{S}=\boldsymbol{G}_{n}=\boldsymbol{G}\cdot\boldsymbol{n}^{0},$$

其中 $\boldsymbol{n}^{0}$ 是 $\boldsymbol{n}$ 的单位向量.

显然，当 $\boldsymbol{n}$ 与 $\boldsymbol{G}$ 一致时，环量密度达到最大值，我们称 $\boldsymbol{G}$ 为向量场 $\boldsymbol{A}$ 的**旋度**(rotation)，记为 $\mathrm{rot}\boldsymbol{A}$，也就是说沿着旋度 $\mathrm{rot}\boldsymbol{A}$ 方向环量密度达到最大值，最大值等于旋度 $\mathrm{rot}\boldsymbol{A}$ 的模 $|\mathrm{rot}\boldsymbol{A}|$，即　$|\mathrm{rot}\boldsymbol{A}|=\max\limits_{\boldsymbol{n}}\boldsymbol{G}\cdot\boldsymbol{n}^{0}$.

从以上分析得知，$|\mathrm{rot}\boldsymbol{A}|$ 是度量向量场 $\boldsymbol{A}$ 的旋涡强弱的一个物理量，它与坐标系选择无关，但在不同坐标系中有不同的表示式.

下面仅给出在直角坐标系中旋度 $\mathrm{rot}\boldsymbol{A}$ 的表示式.

由斯托克斯公式与曲面积分中值定理，可以得

$$\lim_{S\to M}\frac{\oint_L \boldsymbol{A}\cdot d\boldsymbol{l}}{S}=\lim_{S\to M}\frac{\iint_S \begin{vmatrix} \boldsymbol{i} & \boldsymbol{j} & \boldsymbol{k} \\ \frac{\partial}{\partial x} & \frac{\partial}{\partial y} & \frac{\partial}{\partial z} \\ P & Q & R \end{vmatrix}\cdot \boldsymbol{n}^0 dS}{S}$$

$$=\lim_{\substack{S\to M\\ M^*\in S}}\left(\begin{vmatrix} \boldsymbol{i} & \boldsymbol{j} & \boldsymbol{k} \\ \frac{\partial}{\partial x} & \frac{\partial}{\partial y} & \frac{\partial}{\partial z} \\ P & Q & R \end{vmatrix}\cdot \boldsymbol{n}^0\right)_{M^*}=\begin{vmatrix} \boldsymbol{i} & \boldsymbol{j} & \boldsymbol{k} \\ \frac{\partial}{\partial x} & \frac{\partial}{\partial y} & \frac{\partial}{\partial z} \\ P & Q & R \end{vmatrix}\cdot \boldsymbol{n}^0,$$

因此当$\boldsymbol{n}^0$与$\begin{vmatrix} \boldsymbol{i} & \boldsymbol{j} & \boldsymbol{k} \\ \frac{\partial}{\partial x} & \frac{\partial}{\partial y} & \frac{\partial}{\partial z} \\ P & Q & R \end{vmatrix}$一致时，环量密度达到最大值$\left\|\begin{matrix} \boldsymbol{i} & \boldsymbol{j} & \boldsymbol{k} \\ \frac{\partial}{\partial x} & \frac{\partial}{\partial y} & \frac{\partial}{\partial z} \\ P & Q & R \end{matrix}\right\|$，所以

$$\mathrm{rot}\boldsymbol{A}=\begin{vmatrix} \boldsymbol{i} & \boldsymbol{j} & \boldsymbol{k} \\ \frac{\partial}{\partial x} & \frac{\partial}{\partial y} & \frac{\partial}{\partial z} \\ P & Q & R \end{vmatrix}.$$

由向量积运算法则，可以得到下列有关旋度的运算法则：

① 若$\boldsymbol{u},\boldsymbol{v}$是向量函数，$\alpha,\beta$为常数，则$\mathrm{rot}(\alpha\boldsymbol{u}\pm\beta\boldsymbol{v})=\alpha\mathrm{rot}\boldsymbol{u}\pm\beta\mathrm{rot}\boldsymbol{v}$).

② 若φ是数量函数，$\boldsymbol{u}$是向量函数，则$\mathrm{rot}(\varphi\boldsymbol{u})=\varphi\mathrm{rot}\boldsymbol{u}+\mathrm{grad}\varphi\times\boldsymbol{u}$.

下面讨论刚体绕定轴转动的问题，以便读者能更进一步了解旋度的物理意义.

设一刚体以角速度$\boldsymbol{w}$绕某一轴l旋转，$\boldsymbol{w}$方向取为旋转轴的方向，如图14-19所示，刚体上任一点$P(x,y,z)$的线速度为$\boldsymbol{v}$，由物理的公式得

$$\boldsymbol{v}=\boldsymbol{w}\times\boldsymbol{r},$$

其中　$\boldsymbol{r}=x\boldsymbol{i}+y\boldsymbol{j}+z\boldsymbol{k}$，向量$\boldsymbol{r},\boldsymbol{v},\boldsymbol{w}$符合右手制，设

$\boldsymbol{w}=w_x\boldsymbol{i}+w_y\boldsymbol{j}+w_z\boldsymbol{k}$，$w_x,w_y,w_z$为常数，

$$\boldsymbol{v}=\boldsymbol{w}\times\boldsymbol{r}=\begin{vmatrix} \boldsymbol{i} & \boldsymbol{j} & \boldsymbol{k} \\ w_x & w_y & w_z \\ x & y & z \end{vmatrix}$$

$$=(zw_y-yw_z)\boldsymbol{i}-(zw_x-xw_z)\boldsymbol{j}+(yw_x-xw_y)\boldsymbol{k},$$

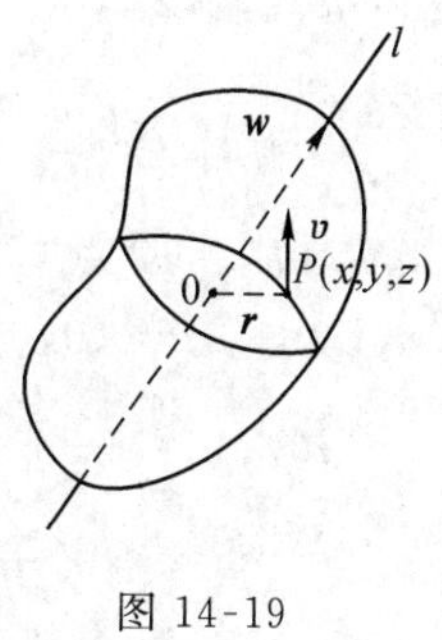

图 14-19

$$\mathrm{rot}\boldsymbol{v}=\begin{vmatrix} \boldsymbol{i} & \boldsymbol{j} & \boldsymbol{k} \\ \frac{\partial}{\partial x} & \frac{\partial}{\partial y} & \frac{\partial}{\partial z} \\ zw_y-yw_z & -(zw_x-xw_z) & yw_x-xw_y \end{vmatrix}$$

$$=\{2w_x,2w_y,2w_z\}=2\boldsymbol{w}.$$

由此可知，$\boldsymbol{v}$的旋度与旋转的角速度$\boldsymbol{w}$成正比，这说明了旋度是度量旋转的一个物理量.

二、空间曲线积分与路径的无关性

由第十三章曲线积分可知，第二类曲线积分一般不仅与曲线的起点与终点有关，还与

所取具体路径有关.但在实际问题中,例如在保守力场中,计算力沿着某一曲线移动时所做功,得到的结论是功与起点与终点有关,而与所取的路径无关.在数学上,我们要探讨曲线积分与路径无关的条件,与平面曲线积分相仿,空间曲线积分与路径无关性也有下述相应的定理.

定理 14.4 设 $V\subset\mathbf{R}^3$ 是空间线单连通区域,$P(x,y,z)$,$Q(x,y,z)$,$R(x,y,z)$ 在 V 上连续,且有一阶连续偏导数,则下列四个断语是等价的:

(1) 对于 V 中任一分段光滑闭曲线 Γ,有 $\oint_\Gamma P\mathrm{d}x+Q\mathrm{d}y+R\mathrm{d}z=0$;

(2) 对于 V 中任一分段光滑曲线 Γ,曲线积分 $\int_\Gamma P\mathrm{d}x+Q\mathrm{d}y+R\mathrm{d}z$ 仅与 Γ 的起点与终点有关,而与 Γ 所取的路线无关;

(3) 在 V 内存在一可微函数 $u=u(x,y,z)$,使得

$$\mathrm{d}u=P(x,y,z)\mathrm{d}x+Q(x,y,z)\mathrm{d}y+R(x,y,z)\mathrm{d}z;$$

(4) 在 V 内每一点都有 $\dfrac{\partial R}{\partial y}=\dfrac{\partial Q}{\partial z},\dfrac{\partial R}{\partial x}=\dfrac{\partial P}{\partial z},\dfrac{\partial Q}{\partial x}=\dfrac{\partial P}{\partial y}.$

定理证明与定理 13.3 的证明相仿,这里不再赘述.

若在空间曲线单连通区域内曲线积分与路径无关,则上述定理中的可微函数 $u=u(x,y,z)$ 可表示成 $u(x,y,z)=\int_{(x_0,y_0,z_0)}^{(x,y,z)}P(x,y,z)\mathrm{d}x+Q(x,y,z)\mathrm{d}y+R(x,y,z)\mathrm{d}z$,则原函数的全体可表示为:

$$u(x,y,z)=\int_{(x_0,y_0,z_0)}^{(x,y,z)}P(x,y,z)\mathrm{d}x+Q(x,y,z)\mathrm{d}y+R(x,y,z)\mathrm{d}z+C.$$

若积分路径取如图 14-20 所示的折线,则可得

$$u(x,y,z)=\int_{x_0}^{x}P(x,y_0,z_0)\mathrm{d}x+\int_{y_0}^{y}Q(x,y,z_0)\mathrm{d}y+\int_{z_0}^{z}R(x,y,z)\mathrm{d}z+C.$$

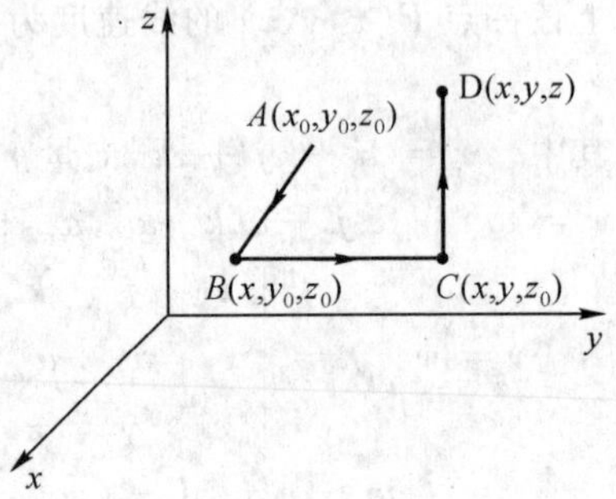

图 14-20

通常若原点 $(0,0,0)$ 满足上述条件时,可取起点 $(x_0,y_0,z_0)=(0,0,0)$,以简便计算.

$$\begin{aligned}u(x,y,z)&=\int_{(0,0,0)}^{(x,y,z)}P(x,y,z)\mathrm{d}x+Q(x,y,z)\mathrm{d}y+R(x,y,z)\mathrm{d}z+C\\&=\int_0^xP(x,0,0)\mathrm{d}x+\int_0^yQ(x,y,0)\mathrm{d}y+\int_0^zR(x,y,z)\mathrm{d}z+C.\end{aligned}$$

注 以上四个断语中有一个成立,则其他三个都成立,但若 V 不是线单连通区域,那么当(4) 成立时,却不能保证其他三个成立.

阅读

魏尔斯特拉斯(Weierstrass, Karl Wilhelm Theodor, 1815－1897)德国数学家

魏尔斯特拉斯,1815年10月31日生于奥斯腾费尔德,魏尔斯特拉斯是一位海关官员之子,中学时代成绩十分优异,他的德文通常是第一名,并获得过拉丁文、希腊文及数学这三门功课的第一名。1834年,父亲让他到波恩大学学习法律与财政学,由于事与愿违,他便委靡消沉了起来,终日在击剑与饮酒中虚度光阴。四年后,他未获得学位返家。1839年他为取得中学教师的资格而进入闵斯特学院,在那里他自学数学。1841年他获得中学教师的职务,先后在不同的中学任教达15年之久。他除教数学,还教物理、德语、作文、地理、体育以及教儿童写字。

魏尔斯特拉斯酷爱数学。但由于白天有繁重的教学工作,他只好利用晚上的时间刻苦钻研数学问题。由于他身在中学,学术界对他注意不多。直到1854年,他因为在《纯粹与应用数学杂志》上发表了《关于阿贝尔函数理论》的论文,成功地解决了椭圆积分的逆问题,才轰动了数学界。

魏尔斯特拉斯是将微积分学置于严密的逻辑基础之上的一位大师,被后人誉为“现代分析之父”,现今教材中的“ε-δ”的极限定义和函数在一点的连续的定义就是他给出的,这种“算术化”的极限定义将莱布尼兹的固定无穷小,柯西的“无限趋近”、“想要多小就多小”、“无穷小量的最后比”等等不明确的提法给以精确形式的描述。他陈述了闭区间上连续函数必定达到上确界和下确界的性质。他在幂级数的基础上建立了解析函数的理论和解析延拓的方法,提出了级数理论中关于一致收敛的概念及其判别准则。

在19世纪初期,人们还相信一般的连续函数都是可导的(除了一些孤立点以外),但魏尔斯特拉斯在1872年7月18日居然给出了一个处处连续但处处不可微的函数的例子:

$$f(x)=\sum_{n=0}^{\infty}b^n\cos(a^n\pi x)$$

其中a是一个奇数,b是(0,1)中的一个常数,使得$ab>1+\frac{3}{2}\pi$。这个“病态函数”震惊了数学界,其巨大的历史意义是:直观地或想当然地对待某些数学问题有时可能是错误的。

魏尔斯特拉斯除了对微积分基础作出了重大贡献外,还写下了超椭圆积分、阿贝尔函数等方面的论文。在变分学方面,他给出了泛函达到强极值的充分条件。在微分几何方面他研究了测地线的最小面积。在线性代数方面,他与史密斯一起创立了λ矩阵和初等因子理论,并对双线性和二次型作过深入研究。

魏尔斯特拉斯是数学大师,但他又平易近人,他经常与学生一起讨论数学问题。他治学严谨,对上课的每一个细节都加以推敲,“魏尔斯特拉斯式的严谨”成为“极仔细地推理”的同义词。

魏尔斯特拉斯不但在数学上有精深的造诣,而且精通诗文,他曾说:“一个没有几分诗人气质的数学家,永远不会成为一个完美的数学家。”

魏尔斯特拉斯11岁时丧母,父亲第二年再婚,他有一弟二妹,两个妹妹终身未嫁,后来在生活中一直照顾同样终身未娶的魏尔斯特拉斯。

著名数学家希尔伯特说:“魏尔斯特拉斯以其酷爱批判的精神和深邃的洞察力为数学分析建立了坚实的基础。通过澄清极小、函数、导数等概念,他排除了微积分中仍在涌现的各种异议,扫清了关于无穷大和无穷小的各种混乱观念,决定性地克服了起源于无穷大无穷小的困难 …… 分析达到这样和谐、可靠和完善的程度 …… 本质上应归功于魏尔斯特拉斯的科学活动。”

魏尔斯特拉斯 1897 年 2 月 19 日卒于柏林。

习题十四

基本题

第一节习题

1. 求下列第一类曲面积分.

(1) $\iint\limits_S (x+y+z)\mathrm{d}S$,其中 S 为曲面 $x^2+y^2+z^2=a^2,\quad z\geqslant 0$;

(2) 求 $\iint\limits_S xyz\,\mathrm{d}S$,其中 S 为平面 $x+y+z=1, x=0, y=0, z=0$ 所围四面体的全表面;

(3) 求 $\iint\limits_S z\,\mathrm{d}S$,其中 S 是抛物面 $z=\frac{1}{2}(x^2+y^2)$,$(0\leqslant z\leqslant 1)$ 的一部分;

(4) 求 $\iint\limits_S \frac{\mathrm{d}S}{(1+x+y)^2}$,其中 S 为由 $x+y+z=1, x=0, y=0, z=0$ 所围四面体的全表面.

第二节习题

2. 计算下列第二类曲面积分.

(1) $\oiint\limits_S (x+y)\mathrm{d}z\mathrm{d}x$,其中 S 是球面 $x^2+y^2+z^2=a^2$ 的内侧;

(2) $\iint\limits_S x\mathrm{d}y\mathrm{d}z+y\mathrm{d}z\mathrm{d}x+z\mathrm{d}x\mathrm{d}y$,其中 S 是柱面 $x^2+y^2=1$ 被平面 $z=0$ 及 $z=3$ 所截下的位于第一卦限部分的前侧;

(3) $\iint\limits_S x\mathrm{d}y\mathrm{d}z+y\mathrm{d}z\mathrm{d}x+z\mathrm{d}x\mathrm{d}y$,其中 S 为球面 $x^2+y^2+z^2=a^2$ 的内侧;

(4) $\iint\limits_S yz\,\mathrm{d}z\mathrm{d}x+2\mathrm{d}x\mathrm{d}y$,其中 S 是上半球面 $x^2+y^2+z^2=4$ 的外侧.

3. 计算第二类曲面积分 $\iint\limits_S xyz\,\mathrm{d}y\mathrm{d}z$,其中 S 是 $x^2+y^2+z^2=1, y\geqslant 0,\ z\geqslant 0$ 的外侧.

第三节习题

4. 利用高斯公式计算下列第二类曲面积分.

(1)$\oiint\limits_S xy\,\mathrm{d}y\mathrm{d}z + yz\,\mathrm{d}z\mathrm{d}x + xz\,\mathrm{d}x\mathrm{d}y$,其中$S$是由平面$x+y+z=1$,$x=0$,$y=0$,$z=0$所围立体全表面,取外侧;

(2)$\oiint\limits_S x^3\,\mathrm{d}y\mathrm{d}z + x^2y\,\mathrm{d}z\mathrm{d}x + x^2z\,\mathrm{d}x\mathrm{d}y$,其中$S$为圆柱面$x^2+y^2=a^2$与平面$z=0$,$z=h$所围的立体全表面,取外侧;

(3)$\oiint\limits_S xz^2\,\mathrm{d}y\mathrm{d}z + (x^2y - z^3)\,\mathrm{d}z\mathrm{d}x + (2xy + y^2z)\,\mathrm{d}x\mathrm{d}y$,其中$S$为半球面$z=\sqrt{a^2-x^2-y^2}$和平面$z=0$所围的区域的边界面,取外侧;

(4)$\oiint\limits_S x^3\,\mathrm{d}y\mathrm{d}z + \left[\frac{1}{z}f\left(\frac{y}{z}\right)+y^3\right]\mathrm{d}z\mathrm{d}x + \left[\frac{1}{y}f\left(\frac{y}{z}\right)+z^3\right]\mathrm{d}x\mathrm{d}y$,其中$f(u)$具有连续导数,$S$为锥面$z=\sqrt{x^2+y^2}$与球面$x^2+y^2+z^2=1$,$x^2+y^2+z^2=4$所围立体表面的外侧.

5.用适当方法计算下列第二类曲面积分

(1)$\iint\limits_S \frac{x\,\mathrm{d}y\mathrm{d}z + z^2\,\mathrm{d}x\mathrm{d}y}{\sqrt{x^2+y^2+z^2}}$,其中$S$为球面$x^2+y^2+z^2=a^2$的外侧;

(2)$\iint\limits_S yz\,\mathrm{d}y\mathrm{d}z + (x^2+z^2)\,\mathrm{d}z\mathrm{d}x + xy\,\mathrm{d}x\mathrm{d}y$,其中$S$为曲面$4-y=x^2+z^2$在$xOz$平面的右侧;

(3)$\iint\limits_S y^2z^2\,\mathrm{d}y\mathrm{d}z + z^2x^2\,\mathrm{d}z\mathrm{d}x + x^2y^2\,\mathrm{d}x\mathrm{d}y$,其中$S$是$xOy$平面上以椭圆$\frac{x^2}{a^2}+\frac{y^2}{b^2}=1$为边界线的任意光滑凸曲面;

(4)$\iint\limits_S 4zx\,\mathrm{d}y\mathrm{d}z - 2zy\,\mathrm{d}z\mathrm{d}x + (1-z^2)\,\mathrm{d}x\mathrm{d}y$,其中$S$是由曲线$\begin{cases} z=\mathrm{e}^y, \\ x=0, \end{cases} 0\leqslant y\leqslant a$,绕$z$轴旋轴一周所形成的曲面的下侧.

6.设对于半空间$x>0$内,任意光滑有向闭曲面都有$\oiint\limits_S xf(x)\,\mathrm{d}y\mathrm{d}z - xyf(x)\,\mathrm{d}z\mathrm{d}x - \mathrm{e}^{2x}z\,\mathrm{d}x\mathrm{d}y = 0$,其中函数$f(x)$在$(0,+\infty)$内具有连续的一阶导数,且$\lim\limits_{x\to 0^+}f(x)=1$,试求$f(x)$.

7.求下列向量$\boldsymbol{A}$穿过曲面S流向指定一侧的通量.

(1)$\boldsymbol{A}=yz\boldsymbol{i}+xz\boldsymbol{j}+xy\boldsymbol{k}$,$S$为圆柱面$x^2+y^2=a^2(0\leqslant z\leqslant h)$,流向外侧;

(2)$\boldsymbol{A}=(2x+3z)\boldsymbol{i}-(xz+y)\boldsymbol{j}+(y^2+2z)\boldsymbol{k}$,$S$是以$P(3,-1,2)$为球心,$R=3$为半径的球面,流向内侧.

8.设$\boldsymbol{A}(x,y,z)=xy^2\boldsymbol{i}+y\mathrm{e}^z\boldsymbol{j}+x\ln(1+z^2)\boldsymbol{k}$,求(1)$\mathrm{div}\boldsymbol{A}$;(2)$(\mathrm{div}\boldsymbol{A})\big|_{(1,1,0)}$.

9.设$\boldsymbol{A}(x,y,z)=\mathrm{e}^{xy}\boldsymbol{i}+\cos(xy)\boldsymbol{j}+\cos(xz^2)\boldsymbol{k}$,求(1)$\mathrm{div}\boldsymbol{A}$;(2)$(\mathrm{div}\boldsymbol{A})\big|_{(0,1,1)}$.

第四节习题

10.利用斯托克斯公式计算下列曲线积分.

(1)$\oint\limits_\Gamma -y^2\,\mathrm{d}x + x\,\mathrm{d}y + z^2\,\mathrm{d}z$,其中$\Gamma$是柱面$x^2+y^2=1$与平面$z=0$的交线,若从$z$轴

的正向看去,Γ 取逆时针方向;

(2) $\int_{\Gamma}(x^2-yz)\mathrm{d}x+(y^2-xz)\mathrm{d}y+(z^2-xy)\mathrm{d}z$,其中 Γ 是由点 $A(a,0,0)$ 沿着螺旋线

$$\begin{cases}x=a\cos\varphi,\\ y=a\sin\varphi,\\ z=\dfrac{h}{2\pi}\varphi,\end{cases}\quad(0\leqslant\varphi\leqslant 2\pi)$$ 到 $B(a,0,h)$ 的弧段;

(3) $\oint_{\Gamma}y\mathrm{d}x+z\mathrm{d}y+x\mathrm{d}z$,其中 Γ 为圆周线 $\begin{cases}x^2+y^2+z^2=a^2\\ x+y+z=0\end{cases}$,从 x 轴正向看去,Γ 取逆时针方向.

第五节习题

11. 求下列向量场 $\boldsymbol{A}$ 沿着闭曲线 Γ(从 z 轴正向看去,Γ 为逆时针方向)的环量.

(1) $\boldsymbol{A}=y\boldsymbol{i}+x\boldsymbol{j}+z\boldsymbol{k}$, $\Gamma: x^2+y^2=1, z=0$;

(2) $\boldsymbol{A}=(x-z)\boldsymbol{i}+(x^2+yz)\boldsymbol{j}-3xy^2\boldsymbol{k}$, $\Gamma: z=2-\sqrt{x^2+y^2}, z=0$.

12. 求下列向量场 $\boldsymbol{A}$ 的旋度.

(1) $\boldsymbol{A}=(2z-3y)\boldsymbol{i}+(3x-z)\boldsymbol{j}+(y-2x)\boldsymbol{k}$;

(2) $\boldsymbol{A}=(z+\sin y)\boldsymbol{i}-(z-x\cos y)\boldsymbol{j}$.

自测题

一、单项选择

1. 设 S 为半球面 $z=\sqrt{1-x^2-y^2}$,则 $\iint_S(x+y+z)\mathrm{d}S=$(　　).

A. 0　　B. $\dfrac{1}{3}$　　C. $\dfrac{2}{3}\pi$　　D. π

2. 设 S 为锥面 $z=\sqrt{x^2+y^2}$, $(0\leqslant z\leqslant H)$ 下侧,则 $\iint_S \mathrm{d}z\mathrm{d}x+2\mathrm{d}y\mathrm{d}z-3\mathrm{d}x\mathrm{d}y=$(　　).

A. πH^2　　B. $3\pi H^2$　　C. $2\pi H^2$　　D. 0

3. 若光滑闭曲面 S 所围立体体积为 V,取 S 的外侧,则该体积 V 的表达式为(　　).

A. $\oiint_S x\mathrm{d}y\mathrm{d}z$　　B. $\oiint_S y\mathrm{d}y\mathrm{d}z$

C. $\oiint_S z\mathrm{d}y\mathrm{d}z$　　D. $\oiint_S x\mathrm{d}x\mathrm{d}y$

4. 若 S 为球面 $x^2+y^2+z^2=1$,外侧,S_1 为上半球面,上侧,则(　　)成立.

A. $\iint_S z\mathrm{d}x\mathrm{d}y=0$　　B. $\iint_S z^2\mathrm{d}x\mathrm{d}y=2\iint_{S_1}z^2\mathrm{d}x\mathrm{d}y$

C. $\iint_S z\mathrm{d}x\mathrm{d}y=2\iint_{S_1}z\mathrm{d}x\mathrm{d}y$　　D. $\iint_S z\mathrm{d}S=2\iint_{S_1}z\mathrm{d}S$

5. 设 $r=\sqrt{x^2+y^2+z^2}$,则 $\mathrm{div}(\mathrm{grad}r)\big|_{(1,-2,2)}=$　　(　　)

A. 0　　B. 1　　C. $\frac{2}{3}$　　D. $\frac{3}{4}$

二、填空题

1. 若 S 是球面 $x^2+y^2+z^2=a^2$ 的外侧，则 $\oiint\limits_{S}(y-z)\mathrm{d}y\mathrm{d}z+(z-x)\mathrm{d}z\mathrm{d}x+(x-y)\mathrm{d}x\mathrm{d}y$ $=$ ________.

2. 设 S 为三坐标面与平面 $x=a, y=b, z=c\quad(a,b,c>0)$ 所围成的长方体的外侧，则 $\oiint\limits_{S}(x^2-e^{yz})\mathrm{d}y\mathrm{d}z=$ ________.

三、计算题

1. 计算球面 $x^2+y^2+z^2=a^2$ 介与平面 $z=0z=h(0<h<a)$ 之间的部分的面积.

2. 计算下列第一类曲面积分：

(1) $\iint\limits_{S}\frac{1}{z}\mathrm{d}S$，其中 S 是球面 $x^2+y^2+z^2=a^2$ 在平面 $z=h(0<h<a)$ 的 $z>h$ 的部分；

(2) $\iint\limits_{S}\sqrt{x^2+y^2}\,\mathrm{d}S$，其中 S 上半锥面 $z=\sqrt{x^2+y^2}$ 被平面 $z=h(h>0)$ 截下的有限部分.

3. 计算第二类曲面积分 $\iint\limits_{S}\boldsymbol{A}\cdot\mathrm{d}\boldsymbol{S}$，其中 $\boldsymbol{A}=yz\boldsymbol{i}+xy\boldsymbol{j}+xz\boldsymbol{k}$，$S$ 是平面 $x+y+z=1$ 在第一卦限部分的上侧.

4. 计算第二类曲面积分 $\iint\limits_{S}yz\cos\beta\mathrm{d}S+2\cos\gamma\mathrm{d}S$，其中 S 是球面 $x^2+y^2+z^2=4$ 外侧在 $z\geqslant 0$ 部分.

5. 求第二类曲面积分 $\iint\limits_{S}(y-z)\mathrm{d}y\mathrm{d}z+(z-x)\mathrm{d}z\mathrm{d}x+(x-y)\mathrm{d}x\mathrm{d}y$，其中 S 为圆锥面 $x^2+y^2=z^2(0\leqslant z\leqslant h)$ 的外侧面.

6. 利用高斯公式计算下列第二类曲面积分：

(1) $\oiint\limits_{S}yz\mathrm{d}y\mathrm{d}z+xy\mathrm{d}z\mathrm{d}x+xy\mathrm{d}x\mathrm{d}y$，$S$ 是平面 $x+y+z=1, x=0, y=0, z=0$ 所围全表面，外侧；

(2) $\oiint\limits_{S}x^3\mathrm{d}y\mathrm{d}z+y^3\mathrm{d}z\mathrm{d}x+z^3\mathrm{d}x\mathrm{d}y$，$S$ 是圆柱面 $x^2+y^2+z^2=a^2$ 所围全表面的外侧.

7. 用适当的方法计算第二类曲面积分：

$\iint\limits_{S}xz\mathrm{d}y\mathrm{d}z+yz\mathrm{d}z\mathrm{d}x+(x^2-z^2+z)\mathrm{d}x\mathrm{d}y$，$S$ 是上半球面 $z=\sqrt{a^2-x^2-y^2}$ 的上侧.

习题答案

习题八

第一节

1. (1)3；　(2)1；　(3)2；　(4)1.　　2. 满足.　　3. 满足.

5. (1)$y=-\ln|\cos x|+1$；　(2)$s=\frac{1}{2}gt^2-5t+10$.

第二节

6. (1)$y^2=2\ln|x|-x^2+C$；　(2)$y=-\ln(1-Cx)$；

(3)$y-x+\ln|(1+x)(1-y)|+C=0$ 或 $y=1$；

(4)$\frac{1}{x}+\frac{1}{y}+\ln\left|\frac{y}{x}\right|+C=0$；　(5)$y=-\frac{x^2}{4}+1$；　(6)$x=t^t$.

7. (1)$Cx\sin\frac{y}{x}+\cos\frac{y}{x}=1$；　(2)$e^{-\frac{y}{x}}+\ln|x|+C=0$；　(3)$y=e^{\frac{x^2}{2y^2}}$；

(4)$y+\sqrt{x^2+y^2}=x^2$.

8. (1)$(x-y)^2=-2x+C$；　(2)$\frac{1-x+y}{3-x+y}=Ce^{2x}$；　(3)$e^{-xy}=-x+C$.

9. (1)$y=\frac{1}{2}(x+1)^4+C(x+1)^2$；　(2)$y=\sin x-1+Ce^{-\sin x}$；

(3)$y=\frac{4x^3+C}{3(x^2+1)}$；　(4)$x=\frac{1}{2}\ln y+\frac{C}{\ln y}$；

(5)$y=-\frac{1}{4}e^{-x^2}+\frac{5}{4}e^{x^2}$；　(6)$y=x+\sqrt{1-x^2}$.

10. (1)$y^2=Ce^{x^2}-1$；　(2)$2xy-y^2=1$；　(3)$\sqrt{x^2+y^2}=Ce^{-\arctan\frac{y}{x}}$；

(4)$y=x(e^x+1)$；　(5)$x=\frac{1}{t}(\sin t-t\cos t+C)$；　(6)$y=-\frac{3}{1+e^{-\frac{3}{2}x^2}}$.

第三节

11. (1)$y=-x\sin x-2\cos x+C_1x+C_2$；　(2)$y=x^3+\sin 2x+1$；

(3)$y=xe^x+C_1e^x+C_2$；　(4)$y=x^3+3x+2$；　(5)$y=C_1\ln x+C_2$；

(6) $y=\dfrac{(x+2)^4}{16}$；　(7) $C_1 y=C_2 e^{C_1 x}+1$；　(8) $y=e^{2x}$.

第五节

12. (1) $y=C_1+C_2 e^{2x}$；　(2) $y=C_1\cos\sqrt{2}x+C_2\sin\sqrt{2}x$；

(3) $y=(C_1+C_2 x)e^x$；　(4) $y=C_1 e^{(1+\sqrt{3})x}+C_2 e^{(-1-\sqrt{3})x}$；　(5) $y=4e^x+e^{4x}$；

(6) $y=(4+2x)e^{-x}$；　(7) $y=e^x\left(C_1\cos\dfrac{x}{2}+C_2\sin\dfrac{x}{2}\right)$.

13. 方程为 $y''-6y'+13y=0$，通解 $y=e^{3x}(C_1\cos 2x+C_2\sin 2x)$.

14. $\lambda=n^2\pi^2$，　$n=1,2,\cdots$　$y=\sin n\pi x$.　　15. $p>0, q>0$.

第六节

16. (1) $y=C_1+C_2 e^{-4x}-\dfrac{x}{4}$；　(2) $y=C_1 e^x+C_2 e^{-5x}-2x+4$；

(3) $y=C_1\cos x+C_2\sin x+\dfrac{1}{2}(x+1)e^{-x}$；　(4) $y=\dfrac{15}{16}e^{2x}+\dfrac{1}{16}e^{-2x}+\dfrac{1}{4}xe^{2x}$；

(5) $y=C_1 e^{-x}+C_2 e^{\frac{x}{2}}+e^x$；　(6) $y=C_1 e^{-2x}+C_2 e^{-x}+\left(\dfrac{3}{2}x^2-3x\right)e^{-x}$；

(7) $y=(C_1+C_2 x)e^{3x}+x^2\left(\dfrac{1}{6}x+\dfrac{1}{2}\right)e^{3x}$；　(8) $y=C_1\cos x+C_2\sin x-\dfrac{1}{2}x\cos x$；

(9) $y=C_1\cos x+C_2\sin x+\dfrac{e^x}{2}+\dfrac{x}{2}\sin x$；　(10) $y=C_1\cos x+C_2\sin x-\dfrac{1}{6}\sin 2x$；

(11) $y=C_1+C_2 e^{-\frac{5}{2}x}+\dfrac{x}{10}-\dfrac{1}{41}\cos 2x+\dfrac{5}{164}\sin 2x$；

(12) $y=e^{-x}(C_1\cos x+C_2\sin x)+\dfrac{1}{8}e^{-x}(\cos x-\sin x)$.

17. $\varphi(x)=\dfrac{1}{2}(\cos x+\sin x+e^x)$.

18. (1) $C_1 x+C_2 x-x\ln x-\dfrac{1}{2}x(\ln x)^2$；　(2) $y=C_1\cos(\ln x)+C_2\sin(\ln x)+\dfrac{1}{2x}$；

(3) $y=C_1 x^2+C_2\dfrac{1}{x^2}+\dfrac{1}{5}x^3$；　(4) $y=C_1 x^2+C_2 x^2\ln x+x+\dfrac{1}{6}x^2\ln^3 x$；

(5) $y=x\ln x+\ln^2 x$.

第七节

19. (1) $\begin{cases} y=C_1 e^x+C_2 e^{-x}, \\ z=C_1 e^x-C_2 e^{-x}; \end{cases}$　(2) $\begin{cases} x=3+C_1\cos t+C_2\sin t, \\ y=-C_1\sin t+C_2\cos t; \end{cases}$

(3) $\begin{cases} x=e^t, \\ y=4e^t; \end{cases}$　(4) $\begin{cases} x=2\cos t-4\sin t-\dfrac{e^t}{2}, \\ y=-2\cos t+14\sin t+2e^t. \end{cases}$

第八节

20. 0.25克.　　21. $\dfrac{dT}{dt}=-k(T-20)$，　$T(t)=20-15e^{-kt}$.　　22. $Q=1200\times 3^{-P}$.

23. $s=\dfrac{mg}{2}\left(t+\dfrac{m}{2}e^{-\frac{2}{m}t}-\dfrac{m}{2}\right)$.

24. (1)$c(t)=0.05(1-e^{-\frac{1}{3}\times10^{-4}t})$；　(2) 约 606 分钟.　　25. $y^2=2Cx+C^2$.

26. $S=\dfrac{v_0^2}{2k}$.　　27. $i=\dfrac{2}{3}(e^{-50t}-e^{-200t})$.

第九节

28. (1)$2t+3,2$；　(2)$e^{2t}(e^2-1),e^{2t}(e^2-1)^2$；　(3)$\ln\left(1+\dfrac{1}{t}\right),\ln\dfrac{t(t+2)}{(t+1)^2}$；

(4)$2\sin\dfrac{3}{2}\cos\dfrac{6t+3}{2}-4\sin\dfrac{3}{2}\sin3\sin(6t+6)$.　　30. (1)$y_t=C(-1)^t+\dfrac{2^t}{5}$；

(2)$y_t=\dfrac{161}{125}(-4)^t+\dfrac{2}{5}t^2+\dfrac{1}{25}t-\dfrac{36}{125}$.

31. (1)$y_t=\dfrac{32}{3}+\dfrac{4}{3}(-2)^t+4t$；　(2)$y_t=C_1(-4)^t+C_2(-1)^t-\dfrac{7}{100}+\dfrac{1}{10}t$；

(3)$y_t=C_1+C_2(-4)^t+\dfrac{e^t}{e^2+3e-4}$.

32. $u_n=\dfrac{1}{2}\left(1+\dfrac{\sqrt{5}}{5}\right)\left(\dfrac{1+\sqrt{5}}{2}\right)^n+\dfrac{1}{2}\left(1-\dfrac{\sqrt{5}}{5}\right)\left(\dfrac{1-\sqrt{5}}{2}\right)^n$.

33. (1)$P_{t+1}+2P_t=2$；　(2)$P_t=(P_0-\dfrac{2}{3})(-2)^t+\dfrac{2}{3}$.

自测题

一、1. 2.　　2. $y=Ce^{3x}$.　　3. $(1+x^2)(1+y^2)=Cx^2$.　　4. $y=-x-2+3e^x$.

5. $y=e^{-3x}(C_1\cos x+C_2\sin x)$.　　6. $y=C_1\cos3x+C_2\sin3x+\dfrac{2}{9}x+\dfrac{1}{9}$.

二、$x=\dfrac{y^2-y^3}{2}$.

三、$y^2=x^2(\ln|x|+C)$.

四、$y=\dfrac{1}{12}(x+C_1)^3+C_2$.

五、$y=C_1+C_2e^{-3x}-\dfrac{3}{5}\cos x-\dfrac{1}{5}\sin x$.

六、$y=-6x^2+5x+1,x\in[0,1]$.

七、$x=\dfrac{k}{v_0}\left(\dfrac{1}{2}ay^2-\dfrac{1}{3}y^3\right)$，船到达对岸地点为 $A\left(\dfrac{k}{6v_0}a^3,a\right)$.

习题九

第一节

1. (1) 原点；　(2)y 轴上；　(3)zOx 平面上；　(4)xOy 平面上.

2. (1) $(-1,2,-3)$；　(2) $(-1,-2,-3)$；　(3) $(-1,-2,3)$.

3. $\sqrt{21},\sqrt{20},1$.　　4. $5,\sqrt{17},\sqrt{30}$.

第二节

5. (1) $\{-1,\frac{1}{2},0\}$；　(2) $(0,-3,6)$.　　6. $5\sqrt{2}, \pm\frac{\sqrt{2}}{10}(3\boldsymbol{i}-4\boldsymbol{j}+5\boldsymbol{k})$.

7. $\{-2,3,-3\}$.　　8. $\frac{10}{3}\boldsymbol{i}-\frac{5}{3}\boldsymbol{j}+\frac{10}{3}\boldsymbol{k}$.

9. $(2,-4,7)$, $\cos\alpha=\frac{3\sqrt{2}}{10}$, $\cos\beta=-\frac{4\sqrt{2}}{10}$, $\cos\gamma=\frac{\sqrt{2}}{2}$.

10. $\gamma=90^\circ$, $\boldsymbol{a}=\{2\sqrt{3},-2,0\}$.　　11. $\boldsymbol{F}=-\frac{KMm}{(x^2+y^2+z^2)^{\frac{3}{2}}}(x\boldsymbol{i}+y\boldsymbol{j}+z\boldsymbol{k})$.

第三节

12. $\boldsymbol{a}\cdot\boldsymbol{b}=4$, $\boldsymbol{a}\times\boldsymbol{b}=\{3,6,3\}$.　　13. (1) -3；　(2) 4；　(3) -36；　(4) $2\sqrt{7}$；
(5) $24\sqrt{3}$.

14. $\arccos\frac{\sqrt{6}}{3}$.　　15. (1) 是；　(2) $k=\frac{35}{9}$.　　16. $\frac{1}{2}\sqrt{389}, \frac{1}{5}\sqrt{\frac{389}{17}}$.

18. $\pm\frac{1}{\sqrt{35}}\{-1,3,5\}$.　　19. $40, \{-10,-3,-1\}$.

第四节

20. $x-2y+3z-5=0$.　　21. $2x-3y+4z+5=0$.　　22. $x+y+z=2$.

23. $6x+8y-5z=0$.　　24. $y-z=0$.　　25. $\frac{2\sqrt{14}}{7}$.

26. $\frac{\pi}{3}$.　　27. $\frac{x+1}{1}=\frac{y-2}{-2}=\frac{z-2}{3}$.　　28. $\frac{x+1}{3}=\frac{y-2}{1}=\frac{z}{-1}$.

29. $\left(\frac{4}{7},\frac{5}{7},\frac{27}{7}\right)$.　　30. $\frac{x+1}{3}=\frac{y-2}{2}=\frac{z-1}{1}$.　　31. $\frac{x-1}{-1}=\frac{y+1}{5}=\frac{z+1}{4}$；
$\begin{cases} x=1-t, \\ y=-1+5t, \\ z=-1+4t. \end{cases}$　　32. (1) $\frac{x+1}{4}=\frac{y}{5}=\frac{z-2}{-1}$；　(2) $4x+5y-z+6=0$；
(3) $\frac{x+1}{52}=\frac{y}{-61}=\frac{z-2}{-97}$.

第五节

33. $(x+2)^2+(y-1)^2+(z-3)^2=19$.

34. $\left(x+\frac{1}{2}\right)^2+(y-2)^2+\left(z+\frac{3}{2}\right)^2=\frac{26}{4}$.

35. (1) 球面；　(2) 圆柱面；　(3) 椭圆柱面；　(4) 抛物柱面；　(5) 旋转抛物面.

36. (1)$\begin{cases}-\dfrac{y^2}{16}+\dfrac{z^2}{4}=1,\\ x=0,\end{cases}$ 双曲线；(2)$\begin{cases}\dfrac{x^2}{18}+\dfrac{z^2}{8}=1,\\ y=4,\end{cases}$ 椭圆；

(3)$\begin{cases}\dfrac{x}{3}+\dfrac{y}{4}=0,\\ z=2,\end{cases}$ 和 $\begin{cases}\dfrac{x}{3}-\dfrac{y}{4}=0,\\ z=2,\end{cases}$ 两条相交直线．

37. (1)$z^2+y^2=4x^4$；(2)$4(x^2+z^2)+y^2=4$；(3)$4(x^2+y^2)-9z^2=36$.

38. 投影柱面方程 $x^2+y^2=\dfrac{1}{3}$，投影曲线方程：$\begin{cases}x^2+y^2=\dfrac{1}{3},\\ z=0.\end{cases}$

39. (1) 椭球面；(2) 单叶双曲面；(3) 双叶双曲面；(4) 圆锥面；(5) 双曲抛物面；(6) 旋转抛物面．

自测题

一、1. (1) $\dfrac{10}{3}$；(2) $-\dfrac{3}{2}$.　2. $\pm\left\{\dfrac{2}{3},-\dfrac{2}{3},\dfrac{1}{3}\right\}$.　3. $-\dfrac{3}{2}$.　4. $\{5,14,-6\}$.

5. $x-3y+4z+7=0$.　6. $\dfrac{x+1}{1}=\dfrac{y-2}{-3}=\dfrac{z}{4}$，$\left\{-\dfrac{17}{26},\dfrac{25}{26},\dfrac{18}{13}\right\}$.

7. $\dfrac{\sqrt{26}}{26}$.　8. $4(x^2+z^2)+y^2=4$

二、$4y-z-2=0$.　三、$2x-y-4=0$.　四、$\dfrac{x}{2}=\dfrac{y}{-1}=\dfrac{z-1}{2}$.

五、$\begin{cases}x=1-2t,\\ y=3t,\\ z=-1+10t.\end{cases}$　六、$x^2+\left(y-\dfrac{1}{4}\right)^2+z^2=\dfrac{65}{16}$.

七、$x^2+y^2=2$，$\begin{cases}x^2+y^2=2,\\ z=0.\end{cases}$

习题十

第一节

1. (1)$\{(x,y)\mid y\geqslant x^2\}$；(2)$\{(x,y)\mid x\neq 0,y\neq 0\}$；

(3)$\{(x,y)\mid x\in\mathbf{R},y\in\mathbf{R}\}$；(4)$\{(x,y)\mid x^2+y^2\geqslant 4,(x,y)\neq(0,3)\}$.

2. t^2.　3. (1)6；(2)$9+\sqrt{2\cos 1}$；(3) $|t|+\sin^2 t$.

4. (1)0；(2)0.

6. (1)$\{(x,y)\mid x^2+y^2=1\}\cup\{(x,y)\mid x^2+y^2=0\}$；(2)$\{(x,y)\mid x^2=y\}$.

第二节

7. (1) $\dfrac{\partial f}{\partial x}=4x$，$\dfrac{\partial f}{\partial y}=-3$；(2) $\dfrac{\partial f}{\partial x}=\dfrac{y^2-x^2}{(x^2+y^2)^2}$，$\dfrac{\partial f}{\partial y}=\dfrac{-2xy}{(x^2+y^2)^2}$；

(3) $\frac{\partial f}{\partial x}=\frac{-y}{x^2+y^2},\frac{\partial f}{\partial y}=\frac{x}{x^2+y^2}$； (4) $\frac{\partial f}{\partial x}=\frac{\sqrt{x}y}{2x\sqrt{1-xy^2}},\frac{\partial f}{\partial y}=\frac{\sqrt{x}}{\sqrt{1-xy^2}}$；

(5) $\frac{\partial f}{\partial x}=\frac{1}{2\sqrt{x}}\sin xy+\sqrt{x}y\cos xy,\frac{\partial f}{\partial y}=x^{\frac{3}{2}}\cos xy$；

(6) $\frac{\partial f}{\partial x}=y^x\ln y+yx^{y-1},\frac{\partial f}{\partial y}=xy^{x-1}+x^y\ln x.$

8. $z'_x=(1+x+y)^x\ln(1+x+y)+x(1+x+y)^{x-1},z'_x(1,1)=3\ln 3+1,$

$z'_y=x(1+x+y)^{x-1},z'_y(1,1)=1.$

9. $u'_x=\frac{1}{y}\cos\frac{x}{y}\cos\frac{y}{z},u'_x\Big|_{(1,2,3)}=\frac{1}{2}\cos\frac{1}{2}\cos\frac{2}{3},$

$u'_z=\frac{y}{z^2}\sin\frac{x}{y}\sin\frac{y}{z},u_z\Big|_{(1,2,3)}=\frac{2}{9}\sin\frac{1}{2}\sin\frac{2}{3}.$

10. $u'_x=\frac{1}{1+x+y^2+z^2},u'_y=\frac{2y}{1+x+y^2+z^2},u'_z=\frac{2z}{1+x+y^2+z^2},$

$u'_x+u'_y+u'_z\Big|_{(1,1,1)}=\frac{5}{4}.$

12. (1) $\frac{\partial z}{\partial x}=2x,\frac{\partial z}{\partial y}=2y,\frac{\partial^2 z}{\partial x^2}=2,\frac{\partial^2 z}{\partial x\partial y}=\frac{\partial^2 z}{\partial y\partial x}=0,\frac{\partial^2 z}{\partial y^2}=2$；

(2) $\frac{\partial z}{\partial x}=\frac{1}{x},\frac{\partial^2 z}{\partial x^2}=-\frac{1}{x^2},\frac{\partial^2 z}{\partial x\partial y}=\frac{\partial^2 z}{\partial y\partial x}=0,\frac{\partial z}{\partial y}=\frac{2y}{1+(1+y^2)^2},$

$\frac{\partial^2 z}{\partial y^2}=\frac{4-4y^2-6y^4}{(1+(1+y^2)^2)^2}$；

(3) $\frac{\partial z}{\partial x}=-\frac{1}{(x+y)^2},\frac{\partial^2 z}{\partial x^2}=\frac{2}{(x+y)^3},\frac{\partial^2 z}{\partial x\partial y}=\frac{\partial^2 z}{\partial y\partial x}=\frac{2}{(x+y)^3},$

$\frac{\partial z}{\partial y}=-\frac{1}{(x+y)^2},\frac{\partial^2 z}{\partial y^2}=\frac{2}{(x+y)^3}$；

(4) $\frac{\partial u}{\partial x}=y+z,\frac{\partial u}{\partial y}=x+z,\frac{\partial u}{\partial z}=x+y,\frac{\partial^2 u}{\partial x^2}=0,\frac{\partial^2 u}{\partial y^2}=0,\frac{\partial^2 u}{\partial z^2}=0,$

$\frac{\partial^2 u}{\partial x\partial y}=\frac{\partial^2 u}{\partial y\partial x}=1,\frac{\partial^2 u}{\partial x\partial z}=\frac{\partial^2 u}{\partial z\partial x}=1,\frac{\partial^2 u}{\partial y\partial z}=\frac{\partial^2 u}{\partial y\partial z}=1.$

13. $\frac{\partial z}{\partial x}=\frac{y}{\sqrt{1-x^2y^2}},\frac{\partial^2 z}{\partial x^2}=\frac{xy^3}{(\sqrt{1-x^2y^2})^3},\frac{\partial^2 z}{\partial x\partial y}=\frac{1}{(\sqrt{1-x^2y^2})^3},$

$\frac{\partial^2 z}{\partial x^2}\Big|_{(0,\frac{1}{2})}=0,\frac{\partial^2 z}{\partial x\partial y}\Big|_{(0,\frac{1}{2})}=1.$

第三节

14. (1) $\frac{\partial z}{\partial s}=3s^2t^3\cos(s^3t^3),\frac{\partial z}{\partial t}=3s^3t^2\cos(s^3t^3)$；

(2) $\frac{\partial z}{\partial s}=0,\frac{\partial z}{\partial t}=1$；

(3) $\frac{\mathrm{d}z}{\mathrm{d}t}=\frac{4\mathrm{e}^{4t}}{1+\mathrm{e}^{4t}\sin^2 t}+\frac{\sin 2t}{1+\mathrm{e}^{4t}+\sin^2 t}$；

(4) $\frac{\partial u}{\partial s}=\cos(s^2t^2+s^4+(s+t)^2)(2st^2+4s^3+2(s+t)),$

$\frac{\partial u}{\partial t}=\cos(s^2t^2+s^4+(s+t)^2)(2s^2t+2(s+t))$.

16. (1) $\frac{\partial z}{\partial x}=f'_1+f'_2y,\frac{\partial z}{\partial y}=f'_1+f'_2x$;

(2) $\frac{\partial z}{\partial x}=f'_1\frac{1}{x}+f'_2\cos(x+y),\frac{\partial u}{\partial y}=f'_1\frac{1}{y}+f'_2\cos(x+y)$;

(3) $\frac{\partial u}{\partial x}=f'_1+f'_2y+f'_3yz,\frac{\partial u}{\partial y}=f'_2x+f'_3xz,\frac{\partial u}{\partial z}=f'_3xy$;

(4) $\frac{\partial u}{\partial x}=\varphi'(2x+yz),\frac{\partial u}{\partial y}=\varphi'(2y+xz),\frac{\partial u}{\partial z}=\varphi'xy$.

17. $\frac{\partial u}{\partial x}=2x^2y(x^2+y^2)^{xy-1}+y(x^2+y^2)^{xy}\ln(x^2+y^2)$,

$\frac{\partial u}{\partial y}=2xy^2(x^2+y^2)^{xy-1}+x(x^2+y^2)^{xy}\ln(x^2+y^2)$.

第四节

19. (1) $\frac{y^2-e^x}{\cos y-2xy}$; (2) $-\frac{y}{x}$; (3) $\frac{\partial z}{\partial x}=-\frac{\sqrt{xyz}-yz}{3\sqrt{xyz}-xy},\frac{\partial z}{\partial y}=-\frac{2\sqrt{xyz}-xz}{3\sqrt{xyz}-xy}$;

(4) $\frac{\partial z}{\partial x}=\frac{z}{xz-x},\frac{\partial z}{\partial y}=\frac{z}{yz-y},\frac{\partial^2 z}{\partial x^2}=\frac{-z^3+2z^2-2z}{x^2(z-1)^3},\frac{\partial^2 z}{\partial x\partial y}=-\frac{z}{xy(z-1)^3}$.

20. $\frac{\partial z}{\partial x}\Big|_{(1,1,\sqrt{2})}=-\frac{1}{\sqrt{2}},\frac{\partial z}{\partial y}\Big|_{(1,1,\sqrt{2})}=-\frac{1}{\sqrt{2}}$.

第五节

21. (1)$dz=\frac{1}{y}dx-\frac{x}{y^2}dy$; (2)$dz=\cos(ax+by)(adx+bdy)$;

(3)$dz=\frac{1}{1+x^2y^2}(ydx+xdy)$.

22. $df=yx^{y-1}dx+x^y\ln x dy,df\Big|_{(1,1)}=1dx+0dy=dx$.

23. $df=\frac{z}{y}\left(\frac{x}{y}\right)^{z-1}dx-\frac{xz}{y^2}\left(\frac{x}{y}\right)^{z+1}dy+\left(\frac{x}{y}\right)^z\ln\left(\frac{x}{y}\right)dz,df\Big|_{(1,1,1)}=dx-dy$.

24. 0.005. 25. 0.5023. 26. 7.4m^3.

27. $dz\Big|_{(2,1)}=25dx-dy,\Delta z\approx 0.77$.

第六节

28. (1) $\frac{x-\frac{R}{2}}{-2}=\frac{y-\frac{R}{2}}{0}=\frac{z-\frac{\sqrt{2}}{2}R}{\sqrt{2}},\sqrt{2}z-2x=0$;

(2) $\frac{x-1}{2}=\frac{y+1}{-1}=\frac{z-1}{4},2x-y+4z-7=0$;

(3) $\frac{x-1}{1}=\frac{y-1}{2}=\frac{z-2}{6},x+2y+6z-15=0$.

29. (1) $x-y+2z-\frac{\pi}{2}=0, \frac{x-1}{1}=\frac{y-1}{-1}=\frac{z-\frac{\pi}{4}}{2}$； (2) $ax_0(x-x_0)+by_0(y-y_0)+cz_0(z-z_0)=0, \frac{x-x_0}{ax_0}=\frac{y-y_0}{by_0}=\frac{z-z_0}{cz_0}$；

(3) $2(x-1)+4(y-2)-(z-5)=0, \frac{x-1}{2}=\frac{y-2}{4}=\frac{z-5}{-1}$； (4) $x+2y-4=0, \frac{x-2}{1}=\frac{y-1}{2}=\frac{z}{0}$.

30. $x-y+2z=\pm\sqrt{\frac{11}{2}}$.

第七节

31. (1) 在 $(0,2)$ 处取得极小值为 4； (2) 在 $(-4,1)$ 处取得极小值为 -1；

(3) 在 $\left(-\frac{10}{3},-\frac{10}{3}\right)$ 处取得极大值为 $\frac{500}{27}$； (4) 在 $\left(\frac{1}{2},-1\right)$ 处取得极小值为 $-\frac{e}{2}$.

32. 最大(极大)值为 5，最小(极小)值为 -5.　　33. 极小值为 $\frac{a^2b^2}{a^2+b^2}$.

34. $V_{\max}=\frac{4\sqrt{3}}{9}R^3, \left(x=y=\frac{2\sqrt{3}}{3}R, z=\frac{\sqrt{3}}{3}\right)$.　　35. $x=15, y=10$.

第八节

36. (1) 0； (2) $\pm\frac{\sqrt{2}}{3}$； (3) $\frac{98}{13}$； (4) $\sqrt{3}$； (5) $\frac{3}{2}(1+\sqrt{2})$.

37. $\boldsymbol{l}=\{2,-4,1\}, \sqrt{21}$.　38. (1) $-2\boldsymbol{i}$； (2) $\boldsymbol{i}+2\boldsymbol{j}+3\boldsymbol{k}$； (3) $2\boldsymbol{i}-2\boldsymbol{j}+4\boldsymbol{k}$.

39. $\boldsymbol{l}=\frac{2}{9}(\boldsymbol{i}+2\boldsymbol{j}-2\boldsymbol{k})$，　$-\boldsymbol{l}$，　$\perp \boldsymbol{l}$.

自测题

一、1. A.　2. A.　3. D.　4. C.　5. B.　6. D.

二、1. $AC-B^2>0$ 且 $A<0$.　2. $du=e^{xyz}(yz\,dx+xz\,dy+xy\,dz$，

3. $\frac{\partial z}{\partial x}=\frac{2yz-2z-\frac{1}{x}}{2x-2xy+\frac{1}{z}}$.

三、1. $\frac{\partial z}{\partial x}=-2xy\sin(x^2y)$.　2. $dz=-\frac{\sin 2x}{\sin 2z}dx-\frac{\sin 2y}{\sin 2z}dy$.

3. $\frac{\partial z}{\partial x}=f'_u\cdot\sin y+f'_v\cdot y\cos x, \frac{\partial z}{\partial y}=f'_u\cdot x\cos y+f'_v\cdot\sin x$.

4. $y'=\frac{x+y}{x-y}$.

五、驻点为 $(0,0)$ 与 $(2,2)$，其中 $(0,0)$ 为极大值点，极大值为 3，$(2,2)$ 为非极值点.

习题十一

第一节

1. $Q=\iint\limits_D \mu(x,y)\mathrm{d}\sigma$.　　2. (1) 18π；(2) 1.

3. (1) $\iint\limits_D (x+y)^3\mathrm{d}\sigma \leqslant \iint\limits_D (x+y)^2\mathrm{d}\sigma$；　(2) $\iint\limits_D (x+y)^2\mathrm{d}\sigma \leqslant \iint\limits_D (x+y)^3\mathrm{d}\sigma$；

(3) $\iint\limits_D (\ln(x+y))^2\mathrm{d}\sigma \leqslant \iint\limits_D (\ln(x+y))^3\mathrm{d}\sigma$.

4. (1) $0\leqslant I\leqslant 2$；　(2) $0\leqslant I\leqslant \pi^2$；　(3) $36\pi\leqslant I\leqslant 100\pi$.

第二节

5. (1) $\int_0^1\mathrm{d}x\int_{x-1}^{1-x}f(x,y)\mathrm{d}y=\int_{-1}^0\mathrm{d}y\int_0^{1+y}f(x,y)\mathrm{d}x+\int_0^1\mathrm{d}y\int_0^{1-y}f(x,y)\mathrm{d}x$；

(2) $\int_0^1\mathrm{d}x\int_{x^3}^{x}f(x,y)\mathrm{d}y=\int_0^1\mathrm{d}y\int_y^{\sqrt[3]{y}}f(x,y)\mathrm{d}x$；

(3) $\int_{-1}^1\mathrm{d}x\int_0^{\sqrt{1-x^2}}f(x,y)\mathrm{d}y=\int_0^1\mathrm{d}y\int_{-\sqrt{1-y^2}}^{\sqrt{1-y^2}}f(x,y)\mathrm{d}x$；

(4) $\int_0^1\mathrm{d}x\int_x^{2x}f(x,y)\mathrm{d}y=\int_0^1\mathrm{d}y\int_{\frac{y}{2}}^{y}f(x,y)\mathrm{d}x+\int_1^2\mathrm{d}y\int_{\frac{y}{2}}^{1}f(x,y)\mathrm{d}x$；

(5) $\int_{-\ln 2}^0\mathrm{d}x\int_{\mathrm{e}^{-x}}^{2}f(x,y)\mathrm{d}y+\int_0^{\ln 2}\mathrm{d}x\int_{\mathrm{e}^{x}}^{2}f(x,y)\mathrm{d}y=\int_1^2\mathrm{d}y\int_{-\ln y}^{\ln y}f(x,y)\mathrm{d}x$；

(6) $\int_0^2\mathrm{d}x\int_{\sqrt{2x-x^2}}^{\sqrt{2-x}}f(x,y)\mathrm{d}y=\int_0^1\mathrm{d}y\left[\int_{\frac{y^2}{2}}^{1-\sqrt{1-y^2}}f(x,y)\mathrm{d}x+\int_{1+\sqrt{1-y^2}}^{2}f(x,y)\mathrm{d}x\right]$

$$+\int_1^2\mathrm{d}y\int_{\frac{y^2}{2}}^{2}f(x,y)\mathrm{d}x.$$

6. (1) -2；　(2) $\frac{1}{12}$；　(3) $25\frac{1}{3}$；　(4) $\frac{16}{45}$；　(5) $\frac{49}{72}$；

(6) $3\ln 2-2$；　(7) $\frac{8}{3}$.

7. (1) $\int_{-1}^1\mathrm{d}x\int_0^{\sqrt{1-x^2}}f(x,y)\mathrm{d}y$；　(2) $\int_0^1\mathrm{d}y\int_{\mathrm{e}^y}^{\mathrm{e}}f(x,y)\mathrm{d}x$；

(3) $\int_{-1}^0\mathrm{d}y\int_{-\sqrt{y+1}}^{\sqrt{y+1}}f(x,y)\mathrm{d}x+\int_0^1\mathrm{d}y\int_{-\sqrt{1-y}}^{\sqrt{1-y}}f(x,y)\mathrm{d}x$；　(4) $\int_0^1\mathrm{d}y\int_{2-y}^{1+\sqrt{1-y^2}}f(x,y)\mathrm{d}x$；

(5) $\int_0^4\mathrm{d}x\int_{\frac{x}{2}}^{\sqrt{x}}f(x,y)\mathrm{d}y$.

第三节

8. (1) $\int_0^{\pi}\mathrm{d}\theta\int_0^1 f(r\cos\theta,r\sin\theta)r\,\mathrm{d}r$；　(2) $\int_0^{2\pi}\mathrm{d}\theta\int_1^{\sqrt{2}}f(r\cos\theta,r\sin\theta)r\,\mathrm{d}r$；

(3) $\int_{-\frac{\pi}{2}}^{\frac{\pi}{2}} d\theta \int_0^{2\cos\theta} f(r\cos\theta, r\sin\theta) r dr$；　(4) $\int_{-\frac{\pi}{3}}^{\frac{\pi}{3}} d\theta \int_a^{2a\cos\theta} f(r\cos\theta, r\sin\theta) r dr$；

(5) $\int_0^{\frac{\pi}{4}} d\theta \int_0^{2a\sin\theta} f(r\cos\theta, r\sin\theta) r dr + \int_{\frac{\pi}{4}}^{\frac{\pi}{2}} d\theta \int_0^{2a\cos\theta} f(r\cos\theta, r\sin\theta) r dr$.

9. (1) $-6\pi^2$；(2) $\frac{16}{9}$；　(3) $\frac{45}{2}\pi$；　(4) $\frac{2}{5}\pi$；(5) $\frac{\pi}{2}(2\ln 2 - 1)$.　　10. $\frac{\sqrt{2}-1}{2}$.

第四节

11. (1) 因为 $\sin(x^2+y^2)$ 在 D 上关于 x, y 均为偶函数，所以成立；(2) 因为 $(x+y)^2 = x^2 + 2xy + y^2$，而 $2xy$ 在 D 上关于 x 为奇函数，积分为零，所以成立.

12. (1) 2π；(2) $\frac{\pi}{2}a^4$.　　13. $\frac{k\pi a^4}{4}$.　　14. 32π.　15. $(\frac{\pi}{2}, \frac{\pi}{8})$.

自测题

一、1. $\frac{2}{3}\pi a^3$.　　2. 0.

3. $\int_0^{\frac{\pi}{4}} d\theta \int_0^{2a\sin\theta} f(r\cos\theta, r\sin\theta)\, r dr + \int_{\frac{\pi}{4}}^{\frac{\pi}{2}} d\theta \int_0^{2a\cos\theta} f(r\cos\theta, r\sin\theta)\, r dr$.

4. 0.　　5. $-\pi$.

二、1. D.　　2. B.　　3. D.　　4. B.

三、1. $\int_0^{\frac{\pi}{6}} d\theta \int_0^{2\sin\theta} f(r\cos\theta, r\sin\theta)\, r dr + \int_{\frac{\pi}{6}}^{\frac{5\pi}{6}} d\theta \int_0^1 f(r\cos\theta, r\sin\theta)\, r dr$

$+ \int_{\frac{5}{6}\pi}^{\pi} d\theta \int_0^{2\sin\theta} f(r\cos\theta, r\sin\theta) r dr$.

2. (1) $\int_0^1 dx \int_{2-x}^{1+\sqrt{1-x^2}} f(x,y) dy$；　(2) $\int_0^2 dy \int_{1-\frac{y^2}{4}}^{\sqrt{4-y^2}} f(x,y) dx$.

3. $\frac{1}{3}a^3\left(\pi - \frac{4}{3}\right)$.　　4. $\frac{\sqrt{8}+1}{9}$.　　5. $\frac{2}{3}$.　　6. $\frac{32}{3}\pi$.

习题十二

第一节

1. $Q = \iiint_{\Omega} \mu(x,y,z) dV$.　　2. (1) $\frac{64}{3}\pi$；　(2) $\frac{1}{6}$.

第二节

3. (1) 1；　(2) $\frac{1}{8}$；　(3) $\frac{1}{2}(\ln 2 - \frac{5}{8})$；　(4) $\frac{\pi^2}{16} - \frac{1}{2}$.

4. (1) $\int_0^1 dx \int_0^{1-x} dy \int_0^{1-x-y} f(x,y,z) dz$；　(2) $\int_{-1}^1 dx \int_{-\sqrt{1-x^2}}^{\sqrt{1-x^2}} dy \int_{x^2+y^2}^1 f(x,y,z) dz$；

(3) $\int_{-a}^{a}\mathrm{d}x\int_{-\frac{b}{a}\sqrt{a^2-x^2}}^{\frac{b}{a}\sqrt{a^2-x^2}}\mathrm{d}y\int_{-C\sqrt{1-\frac{x^2}{a^2}-\frac{y^2}{b^2}}}^{C\sqrt{1-\frac{x^2}{a^2}-\frac{y^2}{b^2}}}f(x,y,z)\mathrm{d}z$;

(4) $\int_{-1}^{1}\mathrm{d}x\int_{-\sqrt{1-x^2}}^{\sqrt{1-x^2}}\mathrm{d}y\int_{0}^{1-x^2-y^2}f(x,y,z)\mathrm{d}z$;

(5) $\int_{-a}^{a}\mathrm{d}x\int_{-\sqrt{a^2-x^2}}^{\sqrt{a^2-x^2}}\mathrm{d}y\int_{C-\sqrt{a^2-x^2-y^2}}^{C+\sqrt{a^2-x^2-y^2}}f(x,y,z)\mathrm{d}z$.

第三节

5. (1) $\frac{1}{3}$; (2) $\frac{4\pi}{15}$; (3) $\frac{8}{9}a^2$.

第四节

6. (1) $\frac{1}{48}$; (2) $\frac{8-5\sqrt{2}}{30}\pi a^5$; (3) $\frac{7}{6}\pi a^4$. 7. $\frac{4}{5}\pi$.

第五节

8. (1) $2\pi a^3$; (2) $\frac{\pi}{6}$; (3) $\frac{32}{3}\pi$. 9. πa^3. 10. $k\pi R^4$. 11. $\left(0,0,\frac{2}{3}\right)$.

自测题

一、1. (1) $\frac{1}{3}\pi h^3$; (2) $\frac{1}{6}$.

2. $\int_0^{2\pi}\mathrm{d}\theta\int_0^{\pi}\mathrm{d}\varphi\int_0^1 f(\rho)\rho^2\sin\varphi\mathrm{d}\rho$. 3. $\int_0^{\pi}\mathrm{d}\theta\int_0^{\sin\theta}r\mathrm{d}r\int_0^{\sqrt{3}r}f(r^2+z^2)\mathrm{d}z$.

二、1. B. 2. C.

三、1. (1) $\int_{-1}^{1}\mathrm{d}x\int_{-\sqrt{1-x^2}}^{\sqrt{1-x^2}}\mathrm{d}y\int_{x^2+y^2}^{\sqrt{x^2+y^2}}f(x,y,z)\mathrm{d}z$

$=\int_0^{2\pi}\mathrm{d}\theta\int_0^1 r\mathrm{d}r\int_{r^2}^{r}f(r\cos\theta,r\sin\theta,z)\mathrm{d}z$

$=\int_0^{2\pi}\mathrm{d}\theta\int_{\frac{\pi}{4}}^{\frac{\pi}{2}}\sin\varphi\mathrm{d}\varphi\int_0^{\frac{\cos\varphi}{(\sin\varphi)^2}}f(\rho\sin\varphi\cos\theta,\rho\sin\varphi\sin\theta,\rho\cos\varphi)\rho^2\mathrm{d}\rho$;

(2) $\int_{-\sqrt{2}}^{-1}\mathrm{d}x\int_{-\sqrt{2-x^2}}^{\sqrt{2-x^2}}\mathrm{d}y\int_{\sqrt{\frac{x^2+y^2}{2}}}^{1}f(x,y,z)\mathrm{d}z+\int_{-1}^{1}\mathrm{d}x\int_{-\sqrt{1-x^2}}^{\sqrt{1-x^2}}\mathrm{d}y\int_{\sqrt{\frac{x^2+y^2}{2}}}^{\sqrt{x^2+y^2}}f(x,y,z)\mathrm{d}z+$
$\int_{-1}^{1}\mathrm{d}x\int_{\sqrt{1-x^2}}^{\sqrt{2-x^2}}\mathrm{d}y\int_{\sqrt{\frac{x^2+y^2}{2}}}^{1}f(x,y,z)\mathrm{d}z+\int_{-1}^{1}\mathrm{d}x\int_{-\sqrt{2-x^2}}^{-\sqrt{1-x^2}}\mathrm{d}y\int_{\sqrt{\frac{x^2+y^2}{2}}}^{1}f(x,y,z)\mathrm{d}z+$
$\int_{1}^{\sqrt{2}}\mathrm{d}x\int_{-\sqrt{2-x^2}}^{\sqrt{2-x^2}}\mathrm{d}y\int_{\sqrt{\frac{x^2+y^2}{2}}}^{1}f(x,y,z)\mathrm{d}z$

$=\int_0^{2\pi}\mathrm{d}\theta\int_0^1 r\mathrm{d}r\int_{\frac{r}{\sqrt{2}}}^{r}f(r\cos\theta,r\sin\theta,z)\mathrm{d}z+\int_0^{2\pi}\mathrm{d}\theta\int_1^{\sqrt{2}}r\mathrm{d}r\int_{\frac{r}{\sqrt{2}}}^{1}f(r\cos\theta,r\sin\theta,z)\mathrm{d}z$

$=\int_0^{2\pi}\mathrm{d}\theta\int_{\frac{\pi}{4}}^{\arctan\sqrt{2}}\sin\varphi\mathrm{d}\varphi\int_0^{\frac{1}{\cos\varphi}}f(\rho\sin\varphi\cos\theta,\rho\sin\varphi\sin\theta,\rho\cos\varphi)\rho^2\mathrm{d}\rho$.

2.(1) $\frac{17}{6}$；(2)π；(3) $\frac{88}{105}$；(4)π；(5) $\frac{2\pi a^3}{3}$.

3.上部为$\frac{19}{6}\pi$,下部为$\frac{15}{2}\pi$.

习题十三

第一节

1.(1)$2\sqrt{2}\pi a^{\frac{3}{2}}$；(2)$1+\sqrt{2}$；(3) $\frac{a^3}{4}$；(4)$2(e^a-1)+\frac{1}{4}\pi a e^a$；

(5) $\sqrt{4\pi^2a^2+h^2}\ a^2$；(6) $\frac{15}{2}\sqrt{29}$.

第二节

2.(1)0；(2) $\frac{1}{3}$；(3)-1. 3.(1)0；(2)2π；(3)0；(4) $\frac{\pi}{4}-1$.

4.$\frac{23}{2}$.　5.$\frac{1}{35}$.

第三节

6.(1)$-2\pi ab$；(2) $\frac{\pi a^4}{2}$；(3)$-\frac{1}{5}(e^\pi-1)$；(4) $\frac{m\pi a^2}{8}$；(5)2π；(6)2π.

7.(1)π；(2)3π.　8.2.　9.$k\left(1-\frac{1}{\sqrt{5}}\right)$,其中$k$为万有引力系数.

10.(1)e^2+5；(2)-2；(3)4；(4)62.

11.(1)$f(x)=\cos x$；(2) $\frac{1}{2}+\frac{\sqrt{2}}{8}\pi$.

第四节

12.(1)$x^5y+\frac{x^4}{4}=C$；(2) $\frac{x^2}{2}+2xy-\frac{5}{2}y^2+\frac{5}{2}=0$；

(3)$y\sin x+x^3-y^4=C$；(4)$xy^2-x^3=C$.

自测题

一、1.A.　2.D.

二、1.π.　2.13.

三、1.(1)$1+\sqrt{2}$；(2)$2a^2$；(3) $\frac{3\sqrt{14}}{2}+18$；(4) $\frac{2\sqrt{2}}{3}\pi(3+4\pi^2)$.

2.5.　3.(1) $\frac{2}{3}$；(2) $\frac{7}{10}$；(3)1.　4.$-2\pi ab$.

5. $-2\pi a^2$.　6. (1) 1；(2) 1.

习题十四

第一节

1. (1) πa^3；(2) $\frac{\sqrt{3}}{120}$；(3) $\frac{2\pi(1+6\sqrt{3})}{15}$；(4) $\frac{3-\sqrt{3}}{2}+(\sqrt{3}-1)\ln 2$.

第二节

2. (1) $-\frac{4}{3}\pi a^3$；(2) $\frac{3}{2}\pi$；(3) $-4\pi a^3$；(4) 12π.　3. $\frac{2}{15}$.

第三节

4. (1) $\frac{1}{8}$；(2) $\frac{5}{4}\pi a^4 h$；(3) $\frac{2}{5}\pi a^5$；(4) $\frac{93\pi}{5}(2-\sqrt{2})$.

5. (1) $\frac{4}{3}\pi a^2$；(2) $\frac{32}{3}\pi$；(3) $\frac{1}{24}\pi a^3 b^3$；(4) $\pi a^2(e^{2a}-1)$.

6. $f(x)=\frac{e^x}{x}(x-1)$.　7. (1) 0；(2) -108π；

8. (1) $y^2+e^z+\frac{2xz}{1+z^2}$；(2) 2.　9. (1) $ye^{xy}-x\sin(xy)-2xz\sin(xz^2)$；(2) 1.

第四节

10. (1) π；(2) $\frac{1}{3}h^3$；(3) $-\sqrt{3}\pi a^2$.

第五节

11. (1) 2π；(2) 12π.　12. (1) $\{2,4,6\}$；(2) $\{1,1,0\}$.

自测题

一、1. D.　2. B.　3. A.　4. C.　5. C.

二、1. 0.　2. a^2bc.

三、1. $2\pi ah$.　2. (1) $2\pi a\ln\frac{a}{h}$；(2) $\frac{2\sqrt{2}}{3}\pi h^3$.

3. $\frac{1}{8}$.　4. 12π.　5. 0.

6. (1) $\frac{1}{24}$；(2) $\frac{12}{5}\pi a^5$.　7. $\frac{2}{3}\pi a^3+\frac{\pi a^4}{4}$.